Baulicher Brandschutz im Bestand

Baulicher Brandschutz im Bestand – Band 4

Jetzt diesen Titel zusätzlich als E-Book downloaden und 70 % sparen!

Als Käufer dieses Buchtitels haben Sie Anspruch auf ein besonderes Kombi-Angebot: Sie können den Titel zusätzlich zum Ihnen vorliegenden gedruckten Exemplar für nur 30 % des Normalpreises als E-Book beziehen.

Der BESONDERE VORTEIL: Im E-Book recherchieren Sie in Sekundenschnelle die gewünschten Themen und Textpassagen. Denn die E-Book-Variante ist mit einer komfortablen Volltextsuche ausgestattet!

Deshalb: Zögern Sie nicht. Laden Sie sich am besten gleich Ihre persönliche E-Book-Ausgabe dieses Titels herunter.

In 3 einfachen Schritten zum E-Book:

❶ Rufen Sie die Website **www.beuth.de/e-book** auf.

❷ Geben Sie hier Ihren persönlichen, nur einmal verwendbaren E-Book-Code ein:

261892D68BBB7KD

❸ Klicken Sie das „Download-Feld“ an und gehen dann weiter zum Warenkorb. Führen Sie den normalen Bestellprozess aus.

Hinweis: Der E-Book-Code wurde individuell für Sie als Erwerber dieses Buches erzeugt und darf nicht an Dritte weitergegeben werden. Mit Zurückziehung dieses Buches wird auch der damit verbundene E-Book-Code für den Download ungültig.

Gerd Geburtig

Baulicher Brandschutz im Bestand

Band 4: Ausgewählte historische Normen und TGL für Rauch- und Feuerschutzabschlüsse seit 1953

1. Auflage 2016

Herausgeber:
DIN Deutsches Institut für Normung e. V.

Beuth Verlag GmbH · Berlin · Wien · Zürich

Herausgeber: DIN Deutsches Institut für Normung e. V.

Berlin · Wien · Zürich
Am DIN-Platz
Burggrafenstraße 6
10787 Berlin

Telefon: +49 30 2601-0
Telefax: +49 30 2601-1260
Internet: www.beuth.de
E-Mail: kundenservice@beuth.de

Titelbild: © G. Geburtig
Satz: B & B Fachübersetzergesellschaft mbH, Berlin
Druck: Medienhaus Plump GmbH, Rheinbreitbach
Gedruckt auf säurefreiem, alterungsbeständigem Papier nach DIN EN ISO 9706

ISBN 978-3-410-26189-6
ISBN (E-Book) 978-3-410-26190-2

Vorwort

Beim sachgerechten Umgang mit bestehenden baulichen Anlagen stellt sich häufig die Frage nach der möglichen Erhaltung von bauzeitlichen Feuer- und Rauchschutzabschlüssen bzw. von brandschutztechnisch klassifizierten Abschlüssen in Aufzugsschächten. Bereits mit der ersten DIN 4102 wurden dahingehend normative Aussagen zu solchen Öffnungsabschlüssen vorgenommen, die umgangssprachlich oft auch „Brandschutztüren" genannt werden. Die mögliche Ausführung der Öffnungsabschlüsse ist somit seit dem Beginn der 1930er Jahre normativ beschrieben.

In der Praxis treten jedoch eine Vielzahl variierender Ausführungen auf. Somit ist es für einen mit der Brandschutzplanung für ein bestehendes Gebäude beauftragten Planer nicht immer leicht, die tatsächliche Leitungsfähigkeit derartiger, im Bestand vorhandener Öffnungsabschlüsse korrekt einzuschätzen. Diese Unsicherheit führt dann wiederum in häufigen Fällen zu unnötigem Austausch funktionierender bauzeitlicher Öffnungsabschlüsse, was im Einzelfall insbesondere aus denkmalpflegerischer Sicht ein erheblicher Verlust sein kann. Wenn eine gepflegt bestehende Brandschutztür erhalten wird, stellt es zudem ein Gebot der Wirtschaftlichkeit und nicht zuletzt der Ökologie dar, weil ein Bauteil so lange im Bauwerk verbleiben sollte, so lange für dieses die erforderliche Leistungsfähigkeit nachgewiesen werden kann.

In diesem Band werden wesentliche Teile verschiedener Normen der Bundesrepublik Deutschland sowie der in der DDR geltenden Technischen Normen, Gütevorschriften und Lieferbestimmungen (TGL) zusammengefasst vorgestellt, mit denen die in der 2. Hälfte des 20. Jahrhunderts beginnende Reglementierung der brandschutztechnisch klassifizierten Öffnungsabschlüsse vorgenommen wurde. Mithilfe dessen ist die brandschutztechnische Einstufung dieser möglich, wenn sie auf einer normativen Grundlage hergestellt wurden. Zugleich ist eine Abgrenzung gegenüber Öffnungsabschlüssen möglich, die über eine allgemeine bauaufsichtlich Zulassung geregelt auf der Basis von DIN 4102 geprüft wurden. Dahingehend werden auch Hinweise gegeben, wie man mit diesen Abschlüssen umzugehen hat. Solche Öffnungsabschlüsse sind jedoch kein detaillierter Bestandteil dieser Veröffentlichung, weil es bei diesen auf die präzise Einhaltung des jeweiligen konkreten Verwendbarkeitsnachweises ankommt. Das bedeutet, dass für solche Fälle der Bauherr die Leistungsfähigkeit der Bauteile ausschließlich über die in dem betreffenden Verwendbarkeitsnachweis festgelegten Nachweise belegen kann. Besonders schmerzhaft ist das für Eigentümer bzw. Bauherrn, die die dafür notwendigen Akten nicht ordnungsgemäß verwalteten.

Da in der Bundesrepublik alle normativ geregelten Öffnungsabschlüsse einheitlich nach der jeweils geltenden DIN 4102 und in der DDR nach der jeweils geltenden TGL auf der Grundlage der Einheitstemperatur- bzw. Standardkurve geprüft und entsprechend eingestuft wurden, ist das Attestieren eines Bestandsschutzes und die vergleichbare Annahme gegebener brandschutztechnischer Klassifikationen des Bestandes gegenüber heutigen Klassifikationen gleichermaßen möglich. Es gelingt anhand der jeweils zur Errichtungszeit gültigen Norm der Nachweis des Bestandsschutzes, was der Erhaltung vieler betreffender Abschlüsse dienen kann. Zugleich können sicher gegebenenfalls erforderliche Nachrüstungsmaßnahmen bestimmt werden.

Der Band setzt die Serie „Baulicher Brandschutz im Bestand“ fort und ist als ergänzendes Nachschlagewerk für die Bewertung vorhandener Bauteile im Rahmen der Erstellung von Brandschutzkonzepten, aber auch zur Anwendung während der brandschutztechnischen Fachbauleitung – sozusagen „für die Baustelle“ – gedacht, weil ein konkreter Abgleich mit den zur Errichtungszeit geltenden Bestimmungen möglich ist.

Prof. Gerd Geburtig
Ribnitz-Damgarten/Weimar, im Januar 2016

Autorenporträt

Gerd Geburtig, Jahrgang 1967

1986–1991 Architekturstudium an der Hochschule für Architektur Bauwesen Weimar

1991–1995 Wissenschaftlicher Mitarbeiter an der HAB Weimar

Seit 1993 Inhaber der Planungsgruppe Geburtig, Architekten & Ingenieure

Gastvorlesungen an der Bauhaus-Universität; Dozent EIPOS e. V., Bauhaus Akademie Schloss Ettersburg gGmbH, Deutsche Stiftung Denkmalschutz, Architekten- und Ingenieurkammer Mecklenburg-Vorpommern u. a.

Fachbuchautor. Zahlreiche Veröffentlichungen in Fachzeitschriften

Seit 2001 Referatsleiter Fachwerk in der Wissenschaftlich-Technischen Arbeitsgemeinschaft für Bauwerkserhaltung und Denkmalpflege e. V. (WTA) und seit 2006 1. Vorsitzender der regionalen Gruppe der WTA in Deutschland

Seit 2003 Mitglied im Deutschen Nationalkomitee von ICOMOS

Seit 2006 Nachweisberechtigter für vorbeugenden Brandschutz in Thüringen und Hessen, Brandschutzplaner Mecklenburg-Vorpommern und Sachverständiger für Energieeffizienz von Gebäuden (EIPOS Dresden)

Seit 2007 Mitglied im NA 005-52-21 AA (Arbeitsausschuss Brandschutzingenieurverfahren) beim DIN

2008 Promotion zum Dr.-Ing.

Seit 2008 Prüfingenieur für Brandschutz

Honorarprofessor Fachgebiet Brandschutz an der Bauhaus-Universität Weimar

Inhalt

Einführung 1

Der Nachweis eines gegebenen Bestandsschutzes in Bezug auf den Brandschutz kann für bestehende Bauteile nur gelingen, wenn man diese mit den zur Errichtungszeit gültigen Vorschriften vergleichen kann. Nur auf diesem Weg ist es ohne nachträgliche Brandprüfungen möglich, das notwendige Sicherheitsniveau für ein bestehendes Gebäude zu bestimmen. Die jeweilige brandschutztechnische Klassifikation zur Errichtungszeit kann man dahingehend mit den jeweils zur Errichtungszeit geltenden normativen Bestimmungen erkunden.

Dieser Band enthält zunächst dazu abgedruckte Teile der Normen für feuerhemmende und feuerbeständige einflügelige Stahltüren, die sämtlich nach DIN 4102 eingestuft wurden. Diese wurden sowohl für diejenigen, die sich im Rahmen der Erstellung eines Brandschutzkonzeptes für eine bestehende bauliche Anlage um die Erhaltung bauzeitlicher Öffnungsabschlüsse bemühen, als auch für diejenigen, die während der Sanierung eines bestehenden Gebäudes vorhandene Abschlüsse einzuschätzen und über deren möglichen Verbleib zu urteilen haben, zusammengestellt. Auf den ergänzenden Abdruck von Prüfnormen etc. wurde bewusst verzichtet, um die Konzentration auf die praktische Bewertung der Abschlüsse zu legen. Es erfolgt somit wiederum – wie bei Band 2 der Serie – keine Wiedergabe aller dazugehörigen Normteile, sondern nur derjenigen, die für die Beurteilung, in diesem Fall von brandschutztechnisch klassifizierten Öffnungsabschlüssen maßgeblich sind.

Außerdem wurden wesentliche Technische Normen, Gütevorschriften und Lieferbestimmungen (TGL), die in der DDR galten und anzuwenden waren, zusammengefasst und deren Abfolge erläutert. Hier wird auf die Grundlagen des Bandes 3 der Serie Bezug genommen.

Dabei wird, wie im Band 1 bereits erörtert, auf die allgemeingültige Regelung in der Berliner Bauordnung (BauO Bln) Bezug genommen, die gemäß § 85 (1) Folgendes besagt: *„Rechtmäßig bestehende bauliche Anlagen sind, soweit sie nicht den Vorschriften dieses Gesetzes oder den auf Grund dieses Gesetzes erlassenen Vorschriften genügen, mindestens in dem Zustand zu erhalten, der den bei ihrer Errichtung geltenden Vorschriften entspricht.“* [1]

Um somit einen Bestandsschutz für einen Öffnungsabschluss bestätigen zu können, ist ein Abgleich mit den normativen Dokumenten während einer ordnungsgemäßen brandschutztechnischen Bestandsanalyse unerlässlich. Da seit dem Jahr 1934 für Deutschland dementsprechende Normen bzw. Normteile nachzuweisen sind, die teilweise auch bauaufsichtlich eingeführt waren, ist es weitgehend für den Bestand des 20. Jahrhunderts problemlos möglich. Davor geltende Regelungen werden darüber hinaus ausführlich im Band 1 dieser Buchreihe erörtert. [2] Im Band 2 der Buchreihe sind erweiternd dazu die maßgeblichen Normteile von DIN 4102 zusammengestellt [3], während im Band 3 die wesentlichen in der DDR geltenden Bestimmungen zusammengetragen wurden. [4] Für Türen und andere Öffnungsabschlüsse wurde in den betreffenden Normteilen darüber hinaus seit 1965 auf ergänzende Normen verwiesen, die sich ausschließlich mit entsprechenden feuerhemmenden oder feuerbeständigen, ein- bzw. zweiflügeligen Stahltüren beschäftigten. Außerdem wurden normative Bestimmungen für Türen in feuerbeständigen Aufzugsschächten getroffen.

Weil es, wie leider immer noch zu häufig angenommen, aus brandschutztechnischen Gründen grundsätzlich nicht erforderlich ist, eine vollständige Anpassung an das heutige Bauordnungsrecht anzustreben, kann ein Abgleich mit den bauzeitlichen Normen der Erhaltung bestehender Öffnungsabschlüsse dienen. Wenn die tatsächliche brandschutztechnische Klassifikation des Bauteiles dargelegt werden kann, wird damit entweder der Nachweis des Bestandsschutzes oder die Begründung eines abweichenden Tatbestandes ermöglicht. Ein weiterer Grund, sich mit den jeweiligen bauzeitlichen Regelungen für Öffnungsabschlüsse zu auseinanderzusetzen.

Eine zuständige Bauaufsichtsbehörde kann gemäß § 67 (1) MBO Abweichungen von bauaufsichtlichen Anforderungen der Bauordnung oder aufgrund dieser erlassenen Vorschriften (Sonderbauverordnungen) zulassen, *„wenn sie unter Berücksichtigung des Zwecks der jeweiligen Anforderung unter Würdigung der öffentlich-rechtlichen geschützten nachbarlichen Belange mit den öffentlichen Belangen, insbesondere den Anforderungen des § 3 Abs. 1 vereinbar sind“*. [5]

Demnach muss eine entsprechende Abweichungsentscheidung der zuständigen Behörde bzw. des beauftragten Prüfenden als gebundene Ermessensentscheidung positiv ausfallen, wenn das Erreichen des Schutzzieles auf anderem Wege nachgewiesen wird. [6] Dem dient ein Nachweis der brandschutztechnischen Qualität gemäß den zur Errichtungszeit geltenden Vorschriften auch für Öffnungsabschlüsse.

Einer förmlichen Abweichungsentscheidung bedarf es allerdings nicht, wenn eine Abweichung von einer eingeführten Technischen Baubestimmung, z. B. der aktuell gültigen Fassung von DIN 4102-4, vorliegt. Der Nachweis der technischen Gleichwertigkeit kann dazu anhand der ehemals gültigen Fassungen der Norm erfolgen, weil das grundsätzliche Prüfkriterium, die Einheits-Temperatur- bzw. Tem-

Abbildung 1: Vorhandene Feuerschutztür

peraturzeitkurve, seit dem ersten Erscheinen nahezu identisch ist. Die Brauchbarkeit kann damit grundsätzlich bewiesen werden. [7]

Der Rechtsanspruch auf das Zulassen einer Abweichung (Standardgebäude) bzw. die Gestattung einer Erleichterung (Sonderbau) beruht auf dem Nachweis der Schutzziele. Dieser Ansatz ist für das Bauen im Bestand entscheidend, weil somit durch ein gebäude- und damit bestandsorientiertes Brandschutzkonzept die Basis für zulässige Abweichungen aus bauordnungsrechtlicher Sicht gelegt wird.

An dieser Stelle soll in diesem Zusammenhang kurz auf die notwendige, einhergehende Gefahrenanalyse verwiesen werden, die im Band 1 ausführlich vorgenommen wird. Zu unterscheiden ist zwischen den juristischen Begriffen einer „konkreten", damit wird die reale bezeichnet, und einer „abstrakten" Gefahr, die mit der potenziellen identisch ist. Die Letztere entsteht aus der Rechtsverletzung, einer Nichtübereinstimmung mit dem geltenden Recht.

Eine konkrete (reale) Gefahr besteht aus juristischer Sicht jedoch immer dann, wenn mit der Schädigung von Leben und Gesundheit zu rechnen ist und diese mit hoher Wahrscheinlichkeit erwartet werden muss [8], sie liegt jedoch nicht schon vor, wenn ein *„Abweichen von Vorschriften, die der Sicherheit dienen"* [9] festgestellt wird.

Demzufolge bedarf die Einzelfallentscheidung über das Vorliegen einer realen Gefahr stets einer detaillierten Gefährdungsanalyse, insbesondere hinsichtlich der möglichen brandschutztechnischen Qualität bestehender Bauteile, um festzustellen, ob im jeweiligen Fall tatsächlich eine erhebliche Gefahrensituation vorliegt. Es kann dabei nur vordergründig um das Beseitigen realer Gefährdungen gehen, mit dem ein Sicherheitsniveau geschaffen wird, damit eine weitere Nutzung der baulichen Anlage möglich ist.

Etwas anders verhält sich dieser Sachverhalt, wenn wesentliche Änderungen an einem Gebäude geplant werden. Dann sind die weitergehenden bauordnungsrechtlichen Anforderungen einzuhalten, wie diese beispielsweise im Absatz 3 des bereits zitierten § 85 BauO Bln enthalten sind: *„Sollen rechtmäßig bestehende bauliche Anlagen wesentlich geändert werden, so kann gefordert werden, dass auch die nicht unmittelbar berührten Teile der baulichen Anlage mit diesem Gesetz oder den aufgrund dieses Gesetzes erlassenen Vorschriften in Einklang gebracht werden, wenn die Bauteile, die diesen Vorschriften nicht mehr entsprechen, mit den beabsichtigten Arbeiten in einem konstruktiven Zusammenhang stehen und die Durchführung dieser Vorschriften bei den von den Arbeiten nicht berührten Teilen der baulichen Anlage keine unzumutbaren Mehrkosten verursacht."* [10]

Ein zunächst gegebener Bestandsschutz wird demnach durch wesentliche Änderungen zunächst in Frage gestellt. Die bisher erworbene Rechtsposition wird somit durch die Möglichkeit des sog. bauordnungsrechtlichen Anpassungsverlangens angegriffen, was aber durch eine Bestandsanalyse auf der Grundlage der bauzeitlichen Standards mittels einer begründeten Abweichung bzw. Erleichterung verhindert werden kann.

Umso wichtiger ist es, ggf. die vorhandene Eignung bestehender Bauteile nach der eingehenden Analyse zu begründen oder diese bei der Möglichkeit des Ausschließens einer realen Gefahr ohne Änderung im Bestand zu belassen, um einem unverhältnismäßigen Anpassungsverlangen entgehen zu können. Oftmals stellt sich im Nachhinein heraus, dass eine Anpassung aus bauordnungsrechtlicher Sicht nicht verlangt worden wäre, wenn vorher eine glaubhafte Bestandserkundung betrieben worden wäre. Ein schutzzielorientiertes Brandschutzkonzept kann nur erfolgreich zwischen den aktuellen materiellen bauordnungsrechtlichen Anforderungen und den vorhandenen Bauteileigenschaften vermitteln, wenn die Ausgangsposition hinreichend geklärt ist. In den Abbildungen 2 und 3 ist eine Feuerschutztür zu sehen, die überflüssigerweise erneuert wurde, obwohl sie bei dem denkmalgeschützten Gebäude hätte erhalten bleiben können. Das erfolgte zudem, wie bei bestehenden Gebäuden leider immer wieder zu beobachten, abweichend von den Einbauvorschriften der bauaufsichtlichen Zulassung des Feuerschutzabschlusses.

Abbildung 2: Diese Bestandstür wurde nicht notwendig ...

Abbildung 3: ... gegen diesen neuen Öffnungsabschluss ausgetauscht.

Besonders wichtig ist diese Erkenntnis im Zusammenhang mit einem aktuellen Beschluss des Bundesgerichtshofes, der entschied, dass für sich für im Nachhinein als überflüssige Brandschutzmaßnahmen herausstellende Festlegungen in einem Brandschutzkonzept der jeweilige Brandschutzplaner zu haften habe. [11] Das sogar für den Fall, dass diese Brandschutzmaßnahmen aus behördlicher Sicht gefordert worden waren. Der mit dieser Entscheidung nicht komfortabler gewordene Rahmen für eine exakte Brandschutzplanung ist damit auch einer gebotenen Wirtschaftlichkeit unterworfen, was eine Beschäftigung mit bauzeitlichen Rahmenbedingungen zur Bewertung eines Bestandsschutzes im Detail umso dringlicher macht.

Dagegen war beim folgenden Beispiel die bestehende Feuerschutztür (s. Abb. 5) verschlissen und konnte nicht repariert werden. In solchen Fällen sind entsprechende Erneuerungen unausweichlich (s. beispielsweise Abb. 6), damit die nach dem Brandschutzkonzept erforderlichen brandschutztechnischen Eigenschaften nachgewiesen werden können.

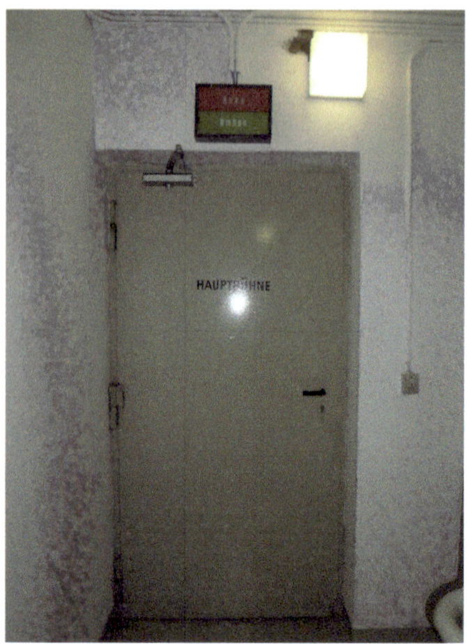

Abbildung 4: Im Bestand erhaltene Feuerschutztür aus den 1960er Jahren

Abbildung 5: Verschlissene Feuerschutztür aus den 1960er Jahren

Abbildung 6:
Korrekt erneuerter Feuerschutzabschluss

Historische Öffnungsabschlüsse allein können demzufolge nicht generell als ausreichende Garantie der brandschutztechnischen Schutzziele angesehen werden. Um aber eine bestehende Tür hinsichtlich ihrer brandschutztechnischen Eigenschaften zuverlässig beurteilen zu können, ist ein Rückgriff auf die zu ihrer Bauzeit gültig gewesenen Regeln bzw. Normen unerlässlich.

Zu beachten ist, dass auch in diesem Band wegen der gebotenen Übersichtlichkeit ausschließlich zurückgezogene, nicht mehr gültige Normteile für die betreffenden Öffnungsabschlüsse zusammengestellt wurden, die ansonsten kaum noch verfügbar sind. Die Auswahl betrifft dabei solche Teile, die für Ersteller eines Brandschutzkonzeptes für ein Bestandsgebäude oder für mit einer Sanierung eines bestehenden Gebäudes beteiligte Planer maßgeblich sind, nicht jedoch Entwürfe für Normteile oder solche Ausgaben, die sich vordergründig mit dem Ablauf durchzuführender Brandprüfungen etc. auseinandersetzen.

Außerdem enthält dieser Band – wie die Vorgängerbände auch – keine zur jeweiligen Drucklegung noch geltenden Normen.

Zur Beurteilung vorhandener Rauch- und Feuerschutzabschlüsse 2

Historische Türkonstruktionen mit Feuerwiderstand 2.1

Für historische Stahltüren ist es anhand historischer Literaturquellen oftmals schwierig, die entsprechenden brandschutztechnischen Eigenschaften festzustellen. Dennoch können diese unter einer Brandbeanspruchung durchaus wertvolle Dienste leisten, was beispielsweise der prominente Brand in der Herzogin-Anna-Amalia-Bibliothek in Weimar zeigt (s. Abb. 7). Es ist daraus ersichtlich, dass sich die betreffenden Türen in den historischen Brandmauern bewährt haben und eine weitere Brandausbreitung wirksam verhinderten.

Als raumabschließende Bauteile können vergleichbare Türen wegen der fehlenden Dichtungen jedoch oftmals nicht akzeptiert werden, da sowohl ihre Konstruktionsart den gültigen Normen nicht entspricht als auch ihre Einbausituation die Rauchundurchlässigkeit in vollem Umfang nicht gewährleisten kann.

Abbildung 7: Historische Stahltür (nach Brandbelastung durch einen Vollbrand)

Stahltüren jedoch, die bauzeitlichen Normen oder Standards seit dem Beginn der 1950er Jahre entsprachen, genießen aber zunächst generell Bestandsschutz (s. Abb. 8 und 9), es sein denn, ihre Funktionsfähigkeit ist nicht mehr gegeben oder es wurden Nachrüstungsverpflichtungen durch ergänzende länderspezifische Regelungen erlassen.

Abbildung 8: Bestehende Stahltür, genormt nach DIN 18081

Abbildung 9: Bestehende Stahltür, zugelassen durch das damalige Aufbauministerium der DDR

Wenn keine Kennzeichnung einer vorhandenen Tür nach bauzeitlicher Vorschrift, Norm oder Zulassung aufzufinden ist, besteht zudem die Möglichkeit, die Bauart solcher Türen anhand vorliegender, in diesem Band zusammengestellter Dokumente mit dem anzutreffenden Bestand zu vergleichen.

Dazu ist allerdings eine zerstörende Untersuchung unerlässlich, damit festgestellt werden kann, ob die im Einzelfall vorliegenden Türen mit der Konstruktionsart der bauzeitlichen technischen Dokumente übereinstimmen. Im Zweifelsfall ist eine Brandprüfung gemäß den historischen Regeln zu empfehlen.

Rauchdichte Türen und Rauchschutzabschlüsse 2.2

Bei der Beurteilung bestehender Türen besteht häufig die Frage, ob diese im Einzelfall die bauordnungsrechtlich erforderliche Qualität „rauchdicht" erfüllen. Zunächst ist dabei zu unterscheiden, dass einerseits bereits seit längerem in den Bauordnungen der Länder an ausgewählte Türen die Anforderung der Rauchdichtigkeit an Öffnungsabschlüsse existiert, andererseits bis zum Jahr 1988 keine einheitliche normative Grundlage für die Klassifikation dieser Anforderung bestand.

Wenn aktuell im Allgemeinen aus bauordnungsrechtlicher Sicht davon ausgegangen wird, dass die Anforderung „rauchdicht" durch Rauchschutztüren nach DIN 18095 [12] erfüllt wird, ist es wichtig zu beachten, dass diese Normenreihe erst seit dem Oktober 1988 im sogenannten Weißdruck existiert. Zuvor gab es dafür keine einheitlichen Regelungen.

Die Dokumente in diesem Band zu dieser Entwicklung spiegeln die Entwicklung der Normenreihe DIN 18095 wider (s. Kap. 3.8). Das Studium dieser mittlerweile historischen Unterlagen lässt die umfangreiche Diskussion zum Thema lebendig werden und erkennen, dass es zuvor keine einheitlichen Regelungen für Rauchschutztüren gab. Ein Grund mehr, bei der Beurteilung bestehender Türen nicht voreilig zu handeln und einen im Einzelfall unbegründeten Austausch zu fordern.

Für eine mögliche Überprüfung von nach diesem Zeitpunkt eingebauten Türen im Bestand wird im Kap. 3.8 auch der mittlerweile für Rauchschutztüren nicht mehr gültige Teil 2 von DIN 18095 abgedruckt, anhand dessen eine sachgerechte Beurteilung betreffender Bestandstüren vorgenommen werden kann.

2.3 Mögliche Untersuchungen

Insbesondere, wenn bereits die zur Errichtungszeit geltenden historischen Dokumente eine entsprechende Kennzeichnungspflicht für die Öffnungsabschlüsse mit brandschutztechnischen Eigenschaften vorschreiben, besteht eine Problemstellung des Leistungsnachweises, wenn dieser in der Örtlichkeit nicht (mehr) vorhanden ist. Ein Bestandsschutz kann nicht ohne Weiteres attestiert werden. Im Regelfall ist dann ein Feststellen der konkreten Eigenschaften entweder mit einem präzisen Analogievergleich vorzunehmen, der zumeist eine zerstörende Untersuchung in Form eines Aufschneidens zumindest einer historischen Tür erfordert. Dadurch können die wesentlichen Bestandteile konkret analysiert und die Zusammenstellung gemäß den in den historischen Dokumenten enthaltenen Schnittdarstellungen überprüft werden.

Eigenschaftstests können auch durch nachträgliche Brandprüfungen nach den zur Errichtungszeit geltenden Regeln erfolgen. In diesen könnte durchaus auf die Brandprüfungen der Errichtungszeit zurückgegriffen werden, weil die heutigen im Allgemeinen höhere Anforderungen stellen und diese Tests nur in Ausnahmefällen bestanden werden können. In solchen Fällen ist das Hinzuziehen einer versierten Materialprüfanstalt anzuraten, die über entsprechende Erfahrungen auf diesem Gebiet verfügt. Selbstverständlich ist vor einer zerstörenden Untersuchung bei einer denkmalgeschützten baulichen Anlage das Einholen einer denkmalrechtlichen Erlaubnis notwendig. Wenn allerdings durch eine derartig nachträgliche Überprüfung die Erhaltung einer Vielzahl bauzeitlicher Türen ermöglicht werden kann, sollte das mit einer hinreichenden Begründung gelingen.

Sollte auch diese Möglichkeit ausscheiden, bleibt noch die Möglichkeit einer ingenieurgemäßen Betrachtung. Dafür wäre die Simulation der bei einem Brand unter Berücksichtigung der konkreten Brandlasten und der gegebenen Ventilationsbedingungen zu prognostizierenden Temperaturentwicklungen in den betreffenden Räumen oder Raumfolgen zu bestimmen, damit man feststellen kann, ob eine kritische Situation zu erwarten ist oder die vorherzusagende Temperaturentwicklung eine Erhaltung der jeweiligen Türen ermöglicht.

Es ist darüber hinaus denkbar, im Bestand vorhandene Türen auf ihre Rauchdichtigkeit hin in der Örtlichkeit zu überprüfen. Als geeignet hat sich dabei das als „BlowerDoor-Test" bekannte Prüfverfahren im örtlichen Zustand herausgestellt, mit dem sich adäquat die rauchdichten Eigenschaften von bestehenden Öffnungsabschlüssen erproben lassen. Es ist mit dem BlowerDoor-Messsystem möglich, einen entsprechenden Überdruck von 50 Pascal aufzubauen und

Abbildung 10: Untersuchung der Rauchdichtigkeit im Bestand

den durch ein Nebelgerät erzeugten „Rauch" durch diesen Druck vor der jeweils zu prüfenden Tür zu verteilen. Dabei stellen sich ggf. vorhandene Leckagen, wie beispielsweise im Bereich von Türklinken oder Schlössern, heraus, die i. Allg. problemlos nachgerüstet werden können. Weil auch bei einer normativen Prüfung dabei das Prüfmedium Luft nicht heißer als 200 °C zu sein hat, spricht nichts gegen die Anwendung handelsüblicher Nebelgeräte. Die entsprechend geprüften Türen können nach einem solchen durchgeführten Test zwar nicht nachklassifiziert werden, es ist aber der ordnungsgemäße Nachweis der bauordnungsrechtlich geforderten Eigenschaft einer Rauchdichtigkeit zu führen (s. Abb. 10). [13]

Mit einem Abgleich zwischen bauordnungsrechtlichem Erfordernis und tatsächlicher Beschaffenheit ist zudem eine präzise Abwägung geboten. Dem möge dieser Band 4 mit einer Zusammenstellung der für eine Einschätzung von brandschutztechnisch erforderlichen Öffnungsabschlüssen dienen. Der Abdruck der mittlerweile zurückgezogenen Teile relevanter Normen für Feuer- und Rauschschutzabschlüssen sowie für Türen in feuerbeständigen Aufzugsschächten soll dem Verständnis der brandschutztechnischen Grundlagen zu dieser Zeit errichteter Gebäude und der den damaligen Einstufungen zu Grunde liegenden brandschutztechnischen Prüfbedingungen dienen. Es wird damit ermöglicht, die entsprechenden Bauteile sicher zu klassifizieren und ggf. die richtigen Reparaturen zu ermöglichen. Zugleich wird ein sicheres Zitieren der historischen Quelle innerhalb eines gebäudeorientierten Brandschutzkonzeptes oder einer brandschutztechnischen Gefahrenanalyse für Öffnungsabschlüsse gewährleistet, die im 20. Jahrhundert errichtet wurden, je nachdem, ob das zu beurteilende Bauteil mit den späteren Normen zu vergleichen ist. Ein Analogievergleich in dieser Hinsicht ist problemlos möglich und deckt sich auch mit den aktuellen Regelungen der europäisch geltenden Bauproduktenverordnung. [14]

3 Normative Regelungen für Öffnungsabschlüsse mit brandschutztechnischer Klassifikation in Deutschland

3.1 Regelungen zu Türen mit brandschutztechnischen Eigenschaften seit Beginn des 20. Jahrhunderts und Entwicklung der Prüfgrundsätze für Feuerschutzabschlüsse in DIN 4102

Vor der ersten Veröffentlichung von DIN 4102 galten bis zu diesem Zeitpunkt in Deutschland durchaus verschiedene Bestimmungen zu den brandschutztechnischen Eigenschaften von Bauteilen, wie auch von Türen. Nach einer Vorgabe aus dem Jahr 1920 galt beispielsweise eine Tür als *„feuerfest“* bzw. *„feuerbeständig“*, wenn diese *„einer Feuersglut von 900 °C mindestens eine halbe Stunde lang Widerstand leistet“*. [15] In Abbildung 11 ist eine vergleichbare Tür zu sehen, die diesen Anforderungen genügte und im Bestand verblieb.

Als *„feuersicher“* wurden nach der vorgenannten Regelung Bauteile eingestuft, *„die dem Feuer in gleicher Weise Widerstand leisten wie ein 1½ cm starker Kalkputz“*. Als Bauweise waren in dieser Hinsicht beispielsweise benannt: *„Türen aus 25 mm starken gespundeten Brettern mit beiderseitig aufgeschraubter oder aufgenieteter Eisenblechbekleidung, mit unverbrennlicher Schwelle und Türwandung, in massive Falze schlagend und selbsttätig schließend.“* [16] (s. Abb. 12).

Darüber hinaus gab ab 12. März 1925 der Erlass über *„Baupolizeiliche Bestimmungen über Feuerschutz“* darüber Auskunft, was unter feuerhemmenden bzw. feuerbeständigen Bauteilen gemäß dem Entwurf einer Bauordnung des Jahres 1919 [17] zu verstehen war. [18]

Gleichzeitig durften nach einem Erlass aus dem Jahr 1930 bereits zu diesem Zeitpunkt *„neue Bauweisen“*, für die es noch keine verbindlichen Anforderungen gab, nur eine *„Zulassungsbescheinigung“* von der *„staatlichen Prüfungsstelle für statische Prüfungen in Berlin“* erhalten. [19]

Seit dem Jahr 1934 erfolgte in Deutschland anhand der DIN 4102 die Einstufung von Bauteilen, für die eine brandschutztechnische Klassifikation erforderlich ist. Die genaue Abfolge dieser Normung seit ihrem ersten Erscheinen wird in den Bänden 1 und 2 der Buchreihe detailliert erläutert bzw. zusammengestellt. [20]

Abbildung 11: Historische feuerfeste (feuerbeständige) Tür

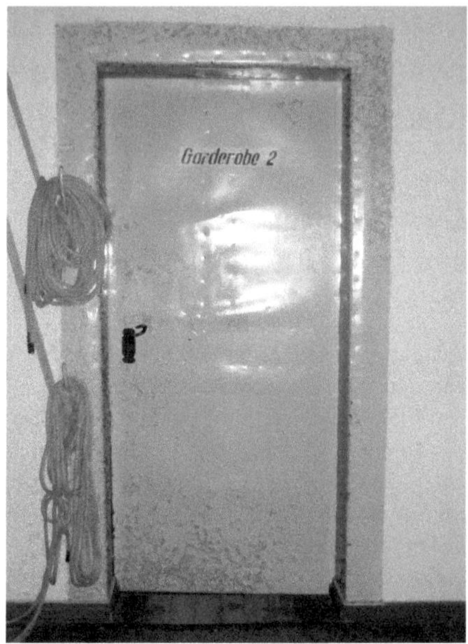

Abbildung 12: Historische feuersichere Tür (1906)

Zur Bestimmung des Feuerwiderstandes von Bauteilen ist aktuell immer noch der Teil 4 von DIN 4102 in allen Bundesländern eine sogenannte eingeführte Technische Baubestimmung. [21]

Die Norm DIN 4102 widmete sich in der vorliegenden Form das erste Mal in dieser umfangreichen Form der Widerstandsfähigkeit von Bauteilen gegen Feuer und Wärme. Es wurden die brandschutztechnischen Eigenschaften von Baustoffen und Bauteilen und die dazugehörigen Prüfverfahren beschrieben. In den ersten beiden Ausgaben von DIN 4102 wurden auch die Anforderungen bzw. die Einstufungen von Türen mit geregelt. Das erfolgte jeweils im Blatt 2 der jeweiligen Norm, wobei nur Türen mit feuerhemmenden Eigenschaften als Eichholztüren genormt waren. [22]

Mit dem Jahr 1965 wurde DIN 4102, beginnend mit den Blättern 2 und 4, vollständig neu überarbeitet und sukzessive in Teilen herausgegeben. Im Blatt 4 von DIN 4102 wurde seit der Fassung vom September 1965 hinsichtlich der Feuerschutzabschlüsse auf DIN 18081 ff. (s. Kap. 2.2 ff.) verwiesen. Im Blatt 3 von DIN 4102 wurden im Jahr 1970 die für die brandschutztechnische Beurteilung von Bauteilen maßgebenden Regelungen neu gefasst und an internationale Vereinbarungen angeglichen. [23] Dabei wurden die in Blatt 3 i. d. F. vom Februar 1970 enthaltenen Prüf- und Beurteilungsgrundsätze für die Türen in mehreren wesentlichen Punkten verändert. [24] Nachdem sich mit einem Forschungsvorhaben zum Beginn der 1970er Jahre herausstellte, dass die im Zeitraum von 1952 bis 1959 entwickelten Türbauarten nicht den in dem neuen Blatt 3 von DIN 4102 aufgestellten Anforderungen standhielten, wurden daraufhin neue „Türenbauarten“ entwickelt, die diesen genügten. Diese Erkenntnisse flossen dann auch in die entsprechenden Normungen für Feuerschutzabschlüsse ein. [25]

Ein eigenständiger Teil 5 von DIN 4102 für die Prüfung von Feuerschutzabschlüssen, der heute noch Gültigkeit hat, erschien erst zum September 1977 unter dem Titel „Feuerschutzabschlüsse, Abschlüsse in Fahrschachtwänden und gegen Feuer widerstandsfähige Verglasungen – Begriffe, Anforderungen und Prüfungen“, mit dem die entsprechenden notwendigen Prüfungen genormt wurden. [26]

Seit etwa Mitte der 1970er etablierte sich auch der Begriff des „Feuerschutzabschlusses“ anstelle der bisherigen „Stahltür“.

Die Normblätter von DIN 4102, mit denen die brandschutztechnischen Anforderungen an Öffnungsabschlüsse mit brandschutztechnischen Eigenschaften geregelt wurden, sind der Tabelle 1 zu entnehmen.

Tabelle 1: Blätter bzw. Teile von DIN 4102 mit Regelungen zu Feuerschutzabschlüssen

Dokumenten-nummer	Dokumenten-art	Ausgabe	Titel des Normteils
DIN 4102 Blatt 2	Norm	1934-09[1)]	Widerstandsfähigkeit von Baustoffen und Bauteilen gegen Feuer und Wärme Einreihung in die Begriffe
DIN 4102 Blatt 2	Norm	1940-11[1),2)]	Widerstandsfähigkeit von Baustoffen und Bauteilen gegen Feuer und Wärme Einreihung in die Begriffe
DIN 4102 Blatt 4	Norm	1965-09[3),4)]	Brandverhalten von Baustoffen und Bauteilen Einreihung in die Begriffe
DIN 4102 Blatt 3	Norm	1970-02[5)]	Brandverhalten von Baustoffen und Bauteilen Begriffe, Anforderungen und Prüfungen von Sonderbauteilen
DIN 4102 Teil 5	Norm	1977-09[6)]	Brandverhalten von Baustoffen und Bauteilen; Feuerschutzabschlüsse, Abschlüsse in Fahrschachtwänden und gegen Feuer widerstandsfähige Verglasungen, Begriffe, Anforderungen und Prüfungen

Erläuterungen:

1) *In diesen Normen erfolgten nur Angaben zu feuerhemmende Türen aus Eichenholz.*

2) *Im Blatt 3 der Norm wurde zudem erstmals eine Prüfung zur Rauchdichtheit von Türen mit einer Nebelbombe beschrieben.*

3) *Hinsichtlich der Türen wurde auf feuerhemmende Türen aus Eichholz und auf DIN 18082 verwiesen. In Bezug auf Stahltüren erfolgte nunmehr der Verweis auf DIN 18081 Blatt 1, DIN 18082 Blatt 1, DIN 18084 und DIN 18090 bis 18092 (s. Kap. 2.2 ff.).*

4) *Weitere Normteile von DIN 4102 s. Band 2 der Buchserie.*

5) *Während eines umfangreichen Forschungsvorhabens wurden bis zur Mitte der 1970er Jahre die Eigenschaften von Bauarten bisheriger Feuerschutzabschlüsse, die in den Jahren 1952 bis 1959 entwickelt wurden bzw. deren Bauart den Fassungen der Normen vom Februar 1969, welche auf den Ergebnissen der bis 1959 durchgeführten Entwicklungsversuche basierten, nach den in der Neufassung des Blattes 3 von DIN 4102 enthaltenen Anforderungen überprüft. Dabei stellte sich heraus, dass ein Vergleich der Einreihungen in die Feuerwiderstandsklassen T 30 und T 90 nicht möglich ist und die geprüften Türbauarten nicht in die Feuerwiderstandsklassen nach DIN 4102 Blatt 3, Ausgabe Februar 1970, eingereiht werden konnten. Keine der entsprechend genormten Stahltüren hatte eine ausreichende Feuerwiderstandsfähigkeit i. S. der Neufassung der DIN 4102 vom Februar 1969 (s. Kap. 3.2 und 3.3 sowie 3.6).* [27] *Daraufhin wurden neue Türenbauarten entwickelt, die den neuen Anforderungen von DIN 4102, Blatt 3, im Wesentlichen entsprachen.* [28] *Die Ergebnisse der Untersuchungen flossen in die daraufhin neu konzipierten Normen wie DIN 18081 und DIN 18082 der 1970er Jahre ein.*

Tabelle 1 *(fortgesetzt)*

Dokumentennummer	Dokumentenart	Ausgabe	Titel des Normteils
Hinweis: Unabhängig von den vorgenannten nachträglichen Prüfergebnissen genießen dennoch die vorher rechtmäßig eingebauten Feuerschutzabschlüsse Bestandsschutz, weil die zur Errichtungszeit geltenden Vorschriften eingehalten wurden. [29]			
[6)] *Dieser Teil 5 ist noch gültig.*			

Zur weiteren Entwicklung von DIN 4102 und zum Abdruck der in Tabelle 1 aufgeführten Normteile wird auf den Band 2 der Buchserie „Baulicher Brandschutz im Bestand" verwiesen. [30]

Im Folgenden wird die weitere Entwicklung von spezifischen Normteilen in der Bundesrepublik Deutschland (Kap. 2 und 3) bzw. von Technischen Normen, Gütevorschriften und Lieferbestimmungen (TGL) beleuchtet, die in der DDR galten (Kap. 4 und 5).

DIN 18081, Blatt 1 — 3.2

Zum Oktober 1953 erfolgte in der Bundesrepublik erstmals die Veröffentlichung einer spezifischen Norm für einflüglige feuerbeständige Stahltüren. Somit war es möglich, anhand dieser Regelungen entsprechende Feuerschutztüren zu fertigen und einzubauen.

Diese Norm wurde im Jahr 1969 vollständig überarbeitet und neu herausgegeben.

In den Blättern 2 und 3 von DIN 18081 wurden des Weiteren die Güte- und Prüfbestimmungen für gebrannte Kieselgurplatten (Blatt 2) bzw. für Mineralfaser-Einlagen (Blatt 3) festgelegt. Eine Auflistung bzw. der Abdruck dieser Normblätter erfolgt an dieser Stelle nicht.

Die chronologische Übersicht zum Erscheinen des Blattes 1 von DIN 18081 ist der Tabelle 2 zu entnehmen.

Tabelle 2: Normblatt 1 von DIN 18081

Dokumenten-nummer	Dokumenten-art	Ausgabe	Titel des Normteils
DIN 18081 Blatt 1	Norm	1953-10[1)]	Feuerbeständige Stahltür (Fb1-Tür) Einflüglig
DIN 18081 Blatt 1	Norm-Entwurf	1962-07	Feuerbeständige Stahltür (Fb1-Tür) Einflüglig
DIN 18081 Blatt 1	Norm	1969-02[2),3)]	Feuerbeständige einflügelige Stahltüren (T90-1-Türen) Maße und Anforderungen

Erläuterungen:

1) *Seit der ersten Normausgabe wird hinsichtlich der möglichen Einlagen in den feuerbeständigen Stahltüren auf die folgenden Normblätter 2 und 3 verwiesen. Außerdem war bereits in der ersten Fassung des Normblattes die notwendige Kennzeichnung der Türen festgelegt.*

2) *Ab dieser zweiten Normblattfassung wird hinsichtlich der Federbänder auf DIN 18262 „Einstellbares, nichttragendes Federband für Feuerschutztüren" verwiesen, die sich zum Februar 1969 jedoch noch in der Entwurfsphase befand.*

3) *Besonders zu beachten sind die Erläuterungen in dieser Normblattfassung, in denen zu nicht sachgerecht hergestellten Türen der 1950er und 60er Jahre eingegangen wird.*

DK 69.028.1 Oktober 1953

Feuerbeständige Stahltür (Fb 1-Tür)

einflüglig

18 081

Blatt 1

1 Allgemeines

Die nachstehend genormte Stahltür gilt ohne besonderen Nachweis als feuerbeständig nach DIN 4102 „Widerstandsfähigkeit von Baustoffen und Bauteilen gegen Feuer und Wärme".

2 Abmessungen und Gewicht

2.1 Die Vorzugsgrößen der feuerbeständigen Stahltür haben die Rohbau-Richtmaße:

875 mm × 2000 mm
1000 mm × 2000 mm.

Die lichten Durchgangmaße hierzu betragen:

815 mm × 1970 mm
940 mm × 1970 mm.

2.2 Das größte zulässige Rohbau-Richtmaß ist:

1250 mm × 2250 mm.

Das lichte Durchgangmaß hierzu beträgt:

1190 mm × 2220 mm.

2.3 Das Gewicht des Türblattes der Tür
1000 mm × 2000 mm
beträgt in der Regel etwa 130 kg.

3 Beschreibung

3.1 Türblatt[1])

Es besteht aus 2 SM-Blechen St. II/23 von je 1,5 mm Dicke, die auf mindestens 48 mm Dicke mit einer 3 mm Bandstahleinlage zusammengefalzt werden. In den Falzecken sind sie in Abständen von 500 mm durch etwa 30 mm Raupenschweißung zusammenzufügen.

Jedes Türblech wird durch 2 in der Querrichtung elektrisch aufgeschweißte L-Profile ausgesteift, deren horizontale Schenkel nicht über 20 mm lang sein dürfen. (Siehe Bild 1 u. 3.) Eine Verbindung oder Berührung der beiden Türblechflächen darf nicht eintreten.

3.2 Zarge[1])

Die Zarge ist aus ⌐L-Profil ≧ 45/40/25 × 3 bis 4 mm gewalzt, kaltgezogen oder gepreßt. Die Zargenenden sind durch einen Stahlwinkel 30 × 30 mm zu verbinden, dessen oberer Schenkel bündig mit dem Fußboden abschließt. Eine Schwelle aus nichtbrennbarem Material kann in besonderen Fällen gefordert werden[2]).

3.3 Türbänder

Die Tür wird in 2 Türbänder 200/14/4 mm eingehängt. Das obere Türband ist 200 mm von oben, das untere 200 mm von unten bis Mitte Band anzuschrauben oder anzuschweißen.

In der Mitte ist ein einstellbares Federband anzubringen, das ein selbständiges Schließen sicherstellt. An seiner Stelle darf auch ein einfaches Türband sowie ein zusätzlicher automatischer Türschließer verwendet werden.

3.4 Verschluß

Der Verschluß muß aus einem Dreifalleneinsteckschloß bestehen. Schloß und Verriegelungsstangen müssen in einem besonderen allseitig geschlossenen Gehäuse liegen. Dieses Gehäuse ist mit 2 mm dicken Asbestplatten seitlich zu verkleiden. Die Fallen müssen mindestens 6 mm in die Zarge eingreifen und mit je einer Schleifrippe versehen sein.

3.5 Dämmstoff

Die Dämmstoffe sind gebrannte Kieselgurplatten von möglichst 200 × 200 mm Kantenlänge und mindestens 44 mm Dicke.

Die Stöße sind in geeigneter Weise mit Asbestfaser oder Asbestpappe abzudichten.

Die Platten müssen den Gütevorschriften nach DIN 18 081, Blatt 2, entsprechen und sind lufttrocken einzubauen.

3.6 Schutzanstrich

Alle Metallteile sind allseitig vor dem Zusammenbau mit einem Rostschutzanstrich zu versehen; die Zarge nur insoweit, als sie nicht eingeputzt wird.

4 Einbau

Die Zarge wird beiderseitig durch je 3 Stück Maueranker aus Flachstahl von etwa 40/4/130 mm in der Wand befestigt (siehe Bild 1).

5 Kennzeichnung

Jede feuerbeständige Tür ist mit einem Metallschild zu versehen, in das der Name der Herstellerfirma und die DIN-Nummer (DIN 18 081) erhaben eingeprägt sind.

---

[1]) Falls für die Zarge nach Abschnitt 3.2 ein ⌐L-Profil von 48 mm Höhe gewählt wird, kann die nach Abschnitt 3.1 vorgesehene Bandstahleinlage entfallen.

[2]) Diese Fälle können gegeben sein, wenn es sich um den Abschluß von Räumen handelt, in denen rauchempfindliche Waren, Lebensmittel, Tabak, Textilien und dergl., lagern.

Fortsetzung Seite 2 und 3

Fachnormenausschuß Bauwesen im Deutschen Normenausschuß (DNA)

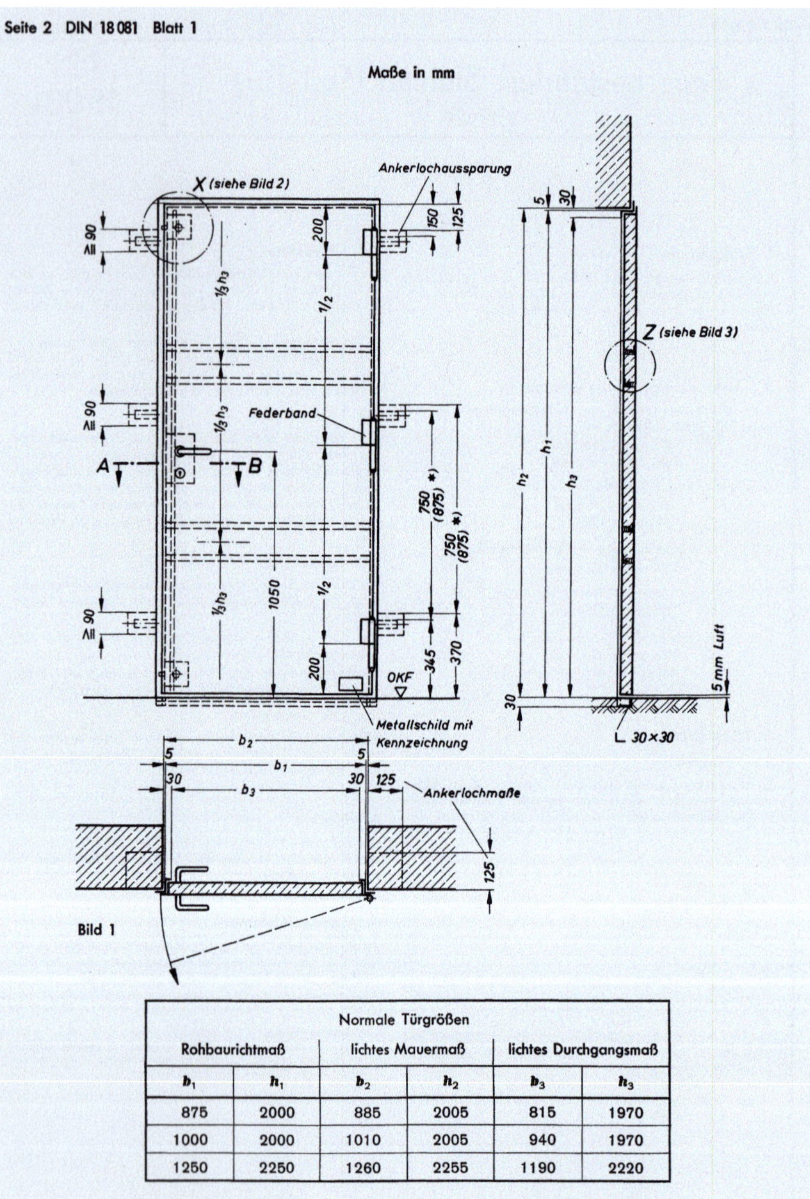

Bild 1

Normale Türgrößen					
Rohbaurichtmaß		lichtes Mauermaß		lichtes Durchgangsmaß	
b_1	h_1	b_2	h_2	b_3	h_3
875	2000	885	2005	815	1970
1000	2000	1010	2005	940	1970
1250	2250	1260	2255	1190	2220

Bezeichnungsbeispiel: **Feuerschutztür Fb 1 875 × 2000 DIN 18 081**

*) 750 bei 2000 mm Türhöhe
875 bei 2200 mm Türhöhe

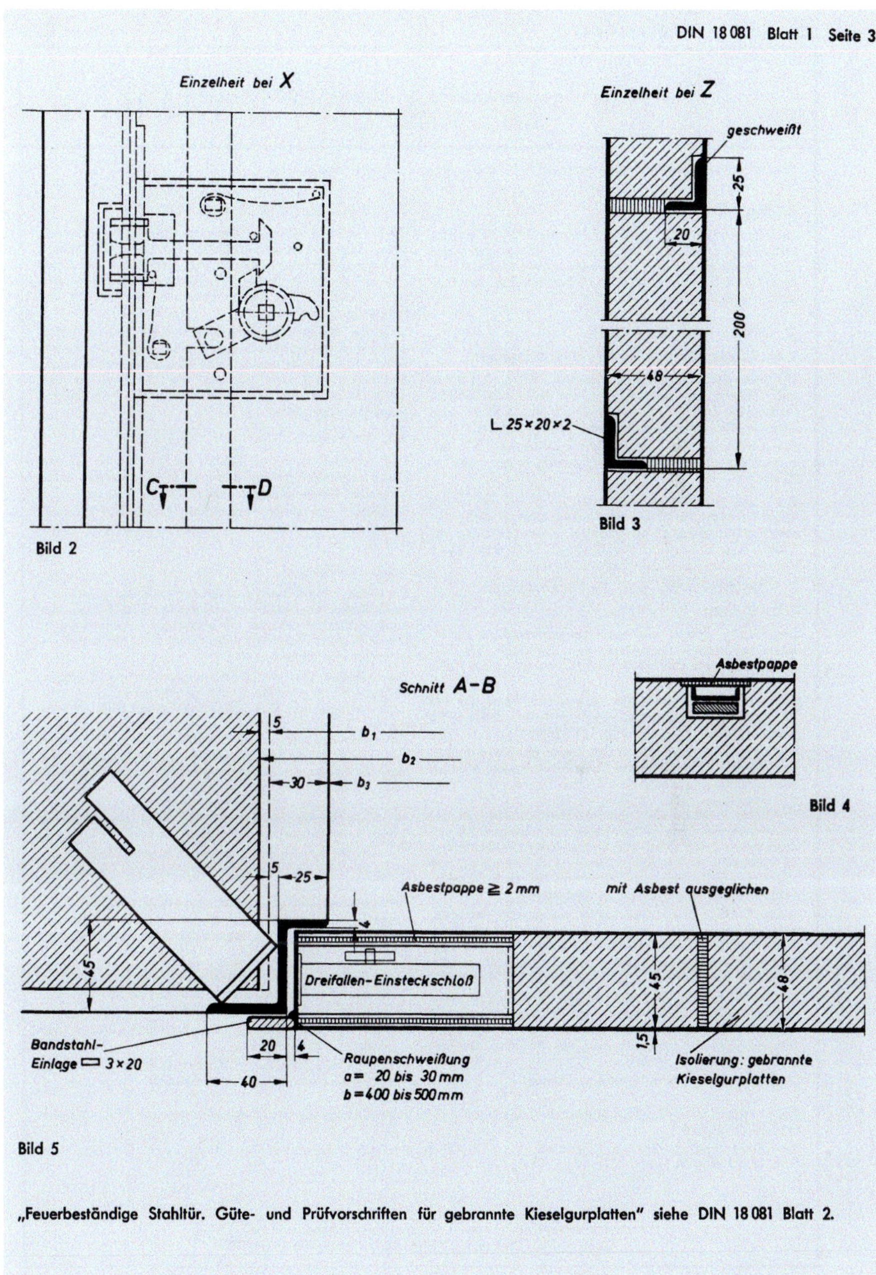

Bild 2

Bild 3

Bild 4

Bild 5

„Feuerbeständige Stahltür. Güte- und Prüfvorschriften für gebrannte Kieselgurplatten" siehe DIN 18 081 Blatt 2.

DK 69.028.1 : 699.81 : 614.84 — Februar 1969

	Feuerbeständige einflügelige Stahltüren (T90-1-Türen); Maße und Anforderungen	DIN 18081 Blatt 1

Fire resisting single wing steel doors (T90-1-doors); dimensions and requirements

1. Begriff

Feuerbeständige einflügelige Stahltüren (T90-1-Türen) sind selbstschließende Stahltüren, die den Festlegungen dieser Norm entsprechen und ohne besonderen Nachweis als feuerbeständig nach DIN 4102 „Brandverhalten von Baustoffen und Bauteilen" gelten [1]).

2. Maße und Gewichte

2.1. Rohbau-Richtmaße der Wandöffnungen

Die Breite des Rohbau-Richtmaßes darf 750 mm nicht unter- und 1250 mm nicht überschreiten; die Höhe des Rohbau-Richtmaßes darf 1750 mm nicht unter- und 2250 mm nicht überschreiten. Vorzugsmaße siehe Tabelle auf Seite 5.

Bei Ausführung mit Schwelle (siehe Abschnitt 3.5.1) verringern sich die lichten Durchgangsmaße in der Höhe um 20 mm.

2.2. Das Gewicht des Türblattes je m² beträgt in der Regel bei einer Türfüllung mit Kieselgurplatten (siehe Abschnitt 3.4.1) etwa 60 kg und bei einer Türfüllung mit Mineralfaser-Einlagen (siehe Abschnitt 3.4.2) etwa 43 kg.

3. Beschreibung und Anforderungen

3.1. Türblatt

Das Türblatt (Bild 1) wird aus zwei spannungsfrei gerichteten Feinblechen mindestens der Grundgüte TSt 1003 zunderfrei, nach DIN 1623 Blatt 1 von je 1,5 mm Dicke zusammengefalzt.

Die Dicke beträgt mindestens 48 mm und richtet sich bei Verwendung von Mineralfaser-Einlagen nach deren Dicke (siehe Abschnitt 3.4.2 und Bild 1, Einzelheit *Z*).

Die beiden Türbleche sind in den Kastenecken und an den Falzecken (d. h. am Stoß der überfalzten Bleche) dicht zu verschweißen. Die Bleche sind an den Falzkanten (d. h. an der Umbördelung des Anschlagfalzes) an drei Seiten des Türblattes in Abständen von höchstens 500 mm, an der vierten, unteren Seite in Abständen von höchstens 200 mm durch etwa 2 mm dicke und 30 mm lange Schweißnähte zu verbinden (siehe Schnitt *E – F*). Die Falzkanten sind hinter den Bandoberteilen mindestens mit zwei Schweißnähten von je 30 mm Länge zu verbinden.

Jedes Türblech wird durch zwei waagerecht liegende, aufgeschweißte Winkelprofile von mindestens 2 mm Dicke ausgesteift. Die freien Schenkel der Aussteifungen müssen 15 bis 20 mm lang sein (siehe Bild 1 Schnitt *C – D* und Einzelheit *Z*).

Bei Verwendung eines automatischen Türschließers (siehe Abschnitt 3.2) ist das Blech an der Bandseite durch ein aufgeschweißtes 4 mm dickes Blech zu verstärken, dessen Abmessungen und Lage sich nach den Angaben des Türschließer-Herstellers richten.

Die Türen dürfen keine Verglasung haben.

3.2. Türbänder und Türschließer

Die Tür wird in 3 stählerne Türbänder 180 mm × 14 mm × 4 mm eingehängt. Das obere Türband ist 200 mm von Oberkante Türkasten, das untere 200 mm von Unterkante Türkasten, das mittlere in der halben Türhöhe anzuschrauben oder anzuschweißen. Die Maße beziehen sich jeweils auf Bandmitte.

Es ist ein automatischer (federhydraulischer) Türschließer oder ein einstellbares Federband vorzusehen [2]). Das Federband [3]) ist an Stelle des mittleren Türbandes anzubringen. Blattfedern sind nicht zulässig. Der automatische Türschließer oder das Federband muß ein selbsttätiges Schließen sicherstellen.

3.3. Verschluß

Der Verschluß muß das Türblatt an drei Stellen mit der Zarge verbinden und den Bildern 2 bis 5 sowie den nachfolgenden Beschreibungen entsprechen.

Er besteht aus einem Hauptschloß (siehe Bild 3), zwei Fallenschlössern (siehe Bild 4) und der Schloßstange (siehe Bild 2).

3.3.1. Schlösser

Die in den Bildern 3 und 4 dargestellten Schlösser besitzen durch Abkanten allseitig geschlossene Schloßkästen, die außen schutzlackiert oder mit einem gleichwertigen Überzug (z. B. durch Verzinken oder Kadmieren) als Rostschutz versehen sein müssen.

Die Schlösser sind mit scharfkantigem Stulp und ebener Stulpoberfläche zu liefern. Die Senklöcher im Stulp sind nicht durchgedrückt. Das Schloßblech ist am Stulp an mindestens 3 Stellen dauerhaft zu befestigen. Die Verbindungsstellen dürfen an der Stulpoberfläche nicht sichtbar sein. Die Falle darf in zurückgezogenem Zustand nicht mehr als 0,5 mm, die Riegelvorderkante einschließlich Wölbung (Wellung) in zurückgeschlossenem Zustand nicht mehr als 1,0 mm über die Stulpoberfläche vorstehen; in den Durchbrüchen im Stulp ist ein Spiel von höchstens 0,3 mm in Höhe und Breite zulässig.

Die Anfangsfederkraft der selbstschließenden Fallen muß mindestens 250 p bis höchstens 400 p betragen. Sie besitzen eine Fallenschräge von 45°, haben keine Rippe und sind nicht von rechts auf links oder umgekehrt umlegbar.

Vorderkante von Falle und Riegel müssen gerade und parallel zum Stulp sein. Der Riegel des Hauptschlosses muß verdeckt liegen.

---

[1]) Für feuerbeständige Türen, die dieser Norm nicht entsprechen, ist die Eignung nachzuweisen.

[2]) Über ihre Verwendung siehe Einführungserlasse der Länder für diese Norm.

[3]) DIN 18 262 „Einstellbares, nichttragendes Federband für Feuerschutztüren" (z. Z. noch Entwurf)

Feuerbeständige einflügelige Stahltüren (T90-1-Türen); Gebrannte Kieselgurplatten, Anforderungen und Prüfung siehe DIN 18 081 Blatt 2

Feuerbeständige einflügelige Stahltüren (T90-1-Türen); Mineralfaser-Einlagen, Anforderungen und Prüfung siehe DIN 18 081 Blatt 3

Fortsetzung Seite 2 bis 8
Erläuterungen Seite 8 bis 10

Fachnormenausschuß Bauwesen im Deutschen Normenausschuß (DNA)
Arbeitsgruppe Einheitliche Technische Baubestimmungen (ETB)

Frühere Ausgaben: 10.53

Änderung Februar 1969: Titel geändert. Inhalt vollständig überarbeitet und dem neuesten Stand angepaßt. Angaben zum Dreifallenverschluß aufgenommen. Abschnitt Gütesicherung sowie Erläuterungen hinzugefügt.

Das Werk hat eine Höhe von mindestens 10 mm. Es enthält je eine Feder für Falle und Nuß. Die Nußhochhaltefeder muß 1,5 kg am 100 mm langen Hebel tragen.

Die Deckenschrauben zur Befestigung der Schloßdecken sowie der Mitnehmerdorn müssen gegen Lösen gesichert sein. Die Dicke der Schlösser, über alle vorstehenden Teile — außer Mitnehmerdorn und Fallenkopf — gemessen, darf nicht mehr als 16,5 mm betragen.

Die Werkstoffe der Schlösser müssen den Angaben der Stückliste zu den Bildern 3 und 4 entsprechen.

Wenn nicht anders angegeben, werden alle Schlösser mit 2 Schlüsseln geliefert. Kennzeichnung der Schlösser siehe Abschnitt 6.1.

3.3.2. Einbau der Schlösser

Die Fallenschlösser (siehe Bild 4) besitzen je eine unabhängige selbstschließende Falle, die durch die Drückerbetätigung des Hauptschlosses geöffnet wird. Die Sperrflächen in der Zarge für die obere und untere Falle sind gegenüber der Sperrfläche für das Hauptschloß nach der Bauseite hin um 2 mm zu versetzen.

Der Abstand des unteren Verschlußpunktes (Mitte Falle) darf nicht mehr als 200 mm von Unterkante Türkasten, der des oberen Verschlußpunktes nicht mehr als 110 mm von Oberkante Türkasten betragen.

Die Fallen müssen beim Schließen der Tür unabhängig von der Drückerbetätigung einfallen und mindestens 6 mm in die Zarge eingreifen. Ihre Anfangsfederkraft muß auch im eingebauten Zustand den Festlegungen nach Abschnitt 3.3.1 entsprechen.

Jedes Schloß ist mit dem Stulp bündig in die Tür einzulassen; er darf an keiner Stelle mehr als 0,5 mm vor- oder zurückstehen.

3.3.3. Schloßtaschen und Stulpbefestigung

Die Schlösser müssen jeweils in einer bis auf die notwendigen — möglichst klein zu haltenden — Durchbrüche allseitig geschlossenen und staubdichten Schloßtasche aus 1 bis 2 mm dickem Blech liegen. Sie sind in den Schloßtaschen gegen seitliche Bewegung zu sichern.

Die Stirnseite der Schloßtasche — mindestens 3 mm dick — dient gleichzeitig zur Befestigung des Schloßstulps und zur Verstärkung des Türblattes im Bereich des Stulpdurchbruchs. Sie ist aus diesem Grunde mit der Stirnseite des Türblattes zu verschweißen. Die Aussparung zur Aufnahme des Schloßkastens darf höchstens 20 mm breit sein; für den Mitnehmerdorn ist eine zusätzliche Aussparung von 5 mm × 10 mm zulässig.

3.3.4. Schloßstange und Führungsrohr

Die Schloßstange zwischen den Schlössern muß in einem staubdichten, rechteckigen Führungsrohr nach Bild 2 und Schnitte *G—H* untergebracht und ohne Schwierigkeit von der oberen oder unteren Stirnseite des Türblattes zugänglich sein. Die freien Enden der Schloßstange müssen geführt sein. Die Hohlräume zwischen den Führungsrohren und den Türblechen sind sorgfältig auszufüllen (siehe Schnitte *G—H*).

3.3.5. Asbestpappen-Verkleidungen

Die Schloßtaschen sind bei Verwendung von Kieselgurplatten als Dämmstoff mit mindestens 2 mm dicken Asbestplatten allseitig zu verkleiden (siehe Schnitt *E—F*); bei Verwendung von Mineralfaser-Einlagen genügt eine Verkleidung der beiden Seitenflächen.

Der Hohlraum zwischen den Seitenflächen der Schloßtaschen und den Türblechen muß mit Asbestpappen vollständig ausgefüllt sein.

Bei der Verkleidung des Führungsrohres (siehe Schnitte *G—H*) gilt dies auch für den Hohlraum zwischen dem Führungsrohr und der Verschluß-Stirnseite des Türkastens.

Sämtliche Asbestpappen-Verkleidungen sind vor dem Schließen des Türkastens durch metallische Verbindungsmittel oder anorganische Kleber sorgfältig gegen Verrutschen zu sichern.

3.3.6. Beschläge und Drücker

Es können Langschilder oder Rosetten verwendet werden. Diese Beschläge werden mit mindestens 2 Schrauben am Türblatt befestigt. Das Drückerlager in Langschild oder Rosette muß mindestens 5 mm breit sein. Durchgehende Schlüssellöcher sind auf beiden Seiten durch eine selbständig schließende Schlüssellochblende abzudecken, die durch stählerne Verbindungsmittel mit dem Schild verbunden sein müssen. Langschild, Rosette und Schlüssellochblende sind aus Stahlblech, Gußeisen (Grauguß) oder Temperguß herzustellen; sie dürfen mit einem Überzug aus anderen Werkstoffen versehen sein.

Auf beiden Seiten muß ein Drücker mit Bund, der das Drückerlager abdeckt, vorhanden sein. Der Drückeransatz muß im Drückerlager geführt sein. Der Drückervierkant muß aus Stahl sein. Sofern Drücker aus unterhalb 1000 °C schmelzenden Werkstoffen verwendet werden, müssen sie einen mit dem Vierkant verbundenen Stahlkern enthalten, der annähernd bis zum Ende des Drückergriffs durchgezogen ist. Der Stahlkern muß so beschaffen sein, daß eine Drückerbetätigung auch nach Brandbeanspruchung möglich ist.

3.4. Dämmstoff

Als Dämmstoff sind gebrannte Kieselgurplatten oder Mineralfaser-Einlagen zu verwenden. Die Dämmstoffe müssen die gesamte Fläche des Türkastens ausfüllen.

3.4.1. Kieselgurplatten

Die gebrannten Kieselgurplatten sollen 43 mm dick sein und eine Seitenlänge von möglichst 200 mm × 200 mm haben. Es dürfen stumpf gestoßene Platten oder solche mit Falzen verwendet werden. Stumpfe Stöße sind mit Asbestfasern oder Asbestpappe abzudichten.

Als Ausgleich für Abweichungen der einzelnen Platten in der Dicke ist eine 2 bis 3 mm dicke, weiche Asbestpappe einzulegen, die jedes der durch die Winkelaussteifungen gegebenen drei Felder ganzflächig überdecken muß (siehe Schnitt *G — H* Ausführung mit Kieselgurplatten).

Die Kieselgurplatten müssen DIN 18 081 Blatt 2 entsprechen und sind lufttrocken einzubauen.

3.4.2. Mineralfaser-Einlagen

Die Mineralfaser-Einlagen müssen mindestens 51 mm dick sein und die Anforderungen DIN 18 081 Blatt 3 erfüllen. Die Einlagen müssen hinsichtlich ihres Flächengewichtes und ihrer Dicke im eingebauten Zustande den Angaben eines Prüfzeugnisses einer amtlichen Prüfstelle entsprechen, das nicht älter als $^1/_2$ Jahr ist.

Die Mineralfaser-Einlagen dürfen während des Transportes, der Lagerung und des Einbaues weder zusammengerollt noch geknickt werden. Sie sind lufttrocken und ungeteilt einzubauen und dürfen an den Aussteifungswinkeln der Tür nicht eingeschnitten werden.

Bei Türkästen von mehr als 1000 mm Breite ist ein senkrechter Stoß der Matten zulässig. Um in diesem Falle ein festes Aneinanderliegen der beiden Mattenteile zu gewährleisten, ist am Stoß eine Zugabe von mindestens 10 mm erforderlich. Die Drahtgewebe der beiden Mattenteile müssen durch Bindedraht miteinander verbunden sein.

3.5. Zarge

3.5.1. Die Zarge besteht aus gewalztem oder kaltgezogenem oder gepreßtem Z-Stahl mindestens 48 mm × 50 mm × 25 mm × 4 mm bei Verwendung von Kieselgurplatten und mindestens 54 mm × 50 mm × 25 mm × 3 mm bis 4 mm bei Verwendung von Mineralfaser-Einlagen (siehe Schnitt *E — F*). Die Zargenenden sind bei Ausführung ohne Schwelle durch

Winkelstahl mindestens 30×3 nach DIN 1028 oder DIN 59 370 zu verbinden. Eine Schwelle kann in besonderen Fällen erforderlich sein[4]). Bei Ausführung mit Schwelle ist hochkant ein Flachstahl anzuschweißen (siehe Bild 1).

3.5.2. Die Schließlöcher in der Zarge sind so anzuordnen, daß Falle und Riegel einen Spielraum nach oben von mindestens 5 mm und nach unten von mindestens 10 mm haben. Schließlöcher für das Hauptschloß siehe Bild 5.

Die Durchbrüche in der Zarge für Falle und Riegel sind mit Schutzkästen zu versehen.

3.5.3. An jedes der beiden seitlichen Zargenprofile sind 3 flachgestellte Maueranker aus Bandstahl 40 × 4 nach DIN 1016 angeschweißt (siehe Bild 1).

Anstelle des 4 mm dicken Bandstahles dürfen auch 2 Bandstähle von je 2 mm Dicke angebracht werden (siehe Schnitt *E – F*).

Die freien Enden der Maueranker müssen vom Hersteller der Tür mindestens 10 mm rechtwinklig abgekantet oder mindestens 25 mm lang aufgeschlitzt und um etwa 45° nach oben und unten abgebogen oder gewellt (mindestens eine volle Welle von 10 mm Höhe) sein.

3.6. Rostschutz

Sämtliche Metallteile sind allseitig vor dem Zusammenbau mit einem Rostschutz zu versehen; die Zarge mindestens insoweit, als sie nicht eingeputzt wird. Anstelle von Rostschutzfarben kann auch eine Verzinkung angebracht werden.

4. Einbau

4.1. Die Zarge wird mit ihren flachgestellten Ankern nach dem Höhenriß ausgerichtet und lotrecht in der Wand befestigt. Sie ist voll und bündig einzuputzen. Um einen einwandfreien Arbeitsablauf zu erreichen, ist es zweckmäßig, die Löcher für die Anker in der Wand auszusparen.

4.2. Falls die Feuerschutztür in eine Wand von weniger als 240 mm Dicke oder in eine Wand aus Baustoffen geringer Festigkeit eingebaut wird (Druckfestigkeit unter 100 kp/cm²), ist die Zarge in Pfeiler und einen Türsturz aus Vollsteinen von mindestens 100 kp/cm² Druckfestigkeit einzusetzen. Die Pfeiler sollen einen Querschnitt von mindestens 240 mm×240 mm haben, in die Wand einbinden und bis zur Decke hochgeführt werden. Sie sind in Mörtel der Mörtelgruppe II (nach DIN 1053 „Mauerwerk, Berechnung und Ausführung") zu mauern. Die Pfeiler und Türstürze dürfen wahlweise auch aus Beton mindestens der Güte B 160 nach DIN 1045 „Bestimmungen für Ausführung von Bauwerken aus Stahlbeton" gefertigt werden.

5. Gütesicherung

Zur Gütesicherung haben die Hersteller von Türen, Schlössern und Dämmstoffen nach dieser Norm die Güte ihrer Erzeugnisse selbständig zu überwachen und zu prüfen (Eigenüberwachung). Sie haben sich ferner einer Fremdüberwachung zu unterziehen.

Der Eigenüberwachung und der Fremdüberwachung sind die Forderungen dieser Norm zugrunde zu legen.

Zur Gütesicherung der Dämmstoffe siehe Blatt 2 und Blatt 3 dieser Norm.

5.1. Eigenüberwachung

Im Rahmen der Gütesicherung hat der Schloßhersteller aus seiner laufenden Produktion von je 500 Stück der gefertigten Schlösser jeder Art (Hauptschloß, Fallenschloß) mindestens 1 Stück wahllos zu entnehmen und auf Übereinstimmung mit den Forderungen des Abschnittes 3.3.1 sowie den Angaben der Bilder 3 und 4 zu überprüfen. Die Überprüfung hat sich auf die für Funktion und Einbau der Schlösser wesentlichen Maße und Werte zu erstrecken.

Der Türenhersteller hat von den in der Fertigung befindlichen Türblättern und Zargen bei großen Fertigungsserien an jedem Arbeitstage mindestens 1 Stück, bei nicht ständig laufender Fertigung je 50 Feuerschutztüren mindestens 1 Stück wahllos zu entnehmen und auf Übereinstimmung mit den Forderungen des Abschnittes 3 zu überprüfen.

Von den verwendeten Mineralfaser-Einlagen sind vom Türenhersteller bei Anlieferung der Einlagen 1 Stück je 500 Einlagen, mindestens aber 2 Stück je Lieferung wahllos zu entnehmen und hinsichtlich ihres Flächengewichtes (ermittelt an der ganzen Einlage) zu überprüfen. Einlagen, deren Flächengewicht nicht mit den Angaben des Prüfzeugnisses (siehe Abschnitt 3.4.2) übereinstimmt oder die bei der Lagerung beschädigt wurden, sind von der Verwendung auszuschließen.

Sämtliche Prüfungsergebnisse der Eigenüberwachung sind schriftlich niederzulegen; die Niederschriften sind der die Fremdüberwachung durchführenden Stelle unaufgefordert vorzulegen und 5 Jahre lang aufzubewahren.

5.2. Fremdüberwachung

Die normgerechte Ausführung und die ordnungsmäßige Durchführung der Eigenüberwachung sind bei Feuerschutztüren mindestens halbjährlich, bei Schlössern mindestens einmal im Jahr zu überprüfen. Die Überprüfung hat sich auch auf die Kennzeichnung zu erstrecken.

Zum Nachweis einer Fremdüberwachung hat jeder Hersteller von Schlössern und Türen nach dieser Norm einen Überwachungsvertrag mit einer anerkannten Güteschutzgemeinschaft oder mit einer anerkannten Materialprüfstelle abzuschließen.

6. Kennzeichnung

6.1. Auf den Stulp jedes Schlosses nach dieser Norm müssen das Herstellerzeichen und „DIN 18 081" eingeschlagen sein.

6.2. Gebrannte Kieselgurplatten müssen auf der Verpackung durch ein Schild gekennzeichnet sein, auf dem die Herstellerfirma, das Herstelljahr, die Bezeichnung „Gebrannte Kieselgurplatte nach DIN 18 081 Blatt 2" und ein Gütesicherungsvermerk angegeben sind.

6.3. Die Mineralfaser-Einlagen müssen durch einen roten Beilauffaden oder rote Kennfarbe sowie durch einen Zettel gekennzeichnet sein, der Angaben über Hersteller, Herstelljahr, Sortenbezeichnung, Auslieferungsgröße und Gewicht enthält (siehe DIN 18 081 Blatt 3).

Auf der Verpackung müssen die Herstellerfirma, das Herstelljahr, die Bezeichnung „Mineralfaser-Einlagen nach DIN 18 081 Blatt 3", die Kennfarbe, sowie ein Gütesicherungsvermerk angegeben sein.

6.4. An jeder Tür ist vom Hersteller ein Schild 52 mm×105 mm aus Stahlblech mit 4 Schweißungen oder Nieten aus Stahl anzubringen. Dieses Kennzeichnungsschild trägt erhöht eingeprägt den Namen des Herstellers oder ein ihm zugewiesenes Hersteller-Kennzeichen[5]), das Herstelljahr, den Vermerk der Gütesicherung und die Bezeichnung „T90-1-Tür DIN 18 081".

Der Name des Herstellers darf über dem Schild 52 mm × 105 mm auch auf einem zweiten Stahlblechschild angegeben werden, das 105 mm breit und mindestens 26 mm hoch sein muß. Das zweite Schild ist an den vier Ecken ebenso mit dem Türblech zu verbinden wie das erste.

Wird die Tür nicht durch die Herstellerfirma vertrieben, so darf zusätzlich ein Schild aus Stahlblech mit dem Namen der Vertriebsfirma angebracht werden.

---

[4]) Diese Fälle können gegeben sein, wenn es sich um den Abschluß von Räumen handelt, in denen rauchempfindliche Waren, Lebensmittel, Textilien und dgl. lagern.

[5]) Siehe Erlasse der Länder zu dieser Norm.

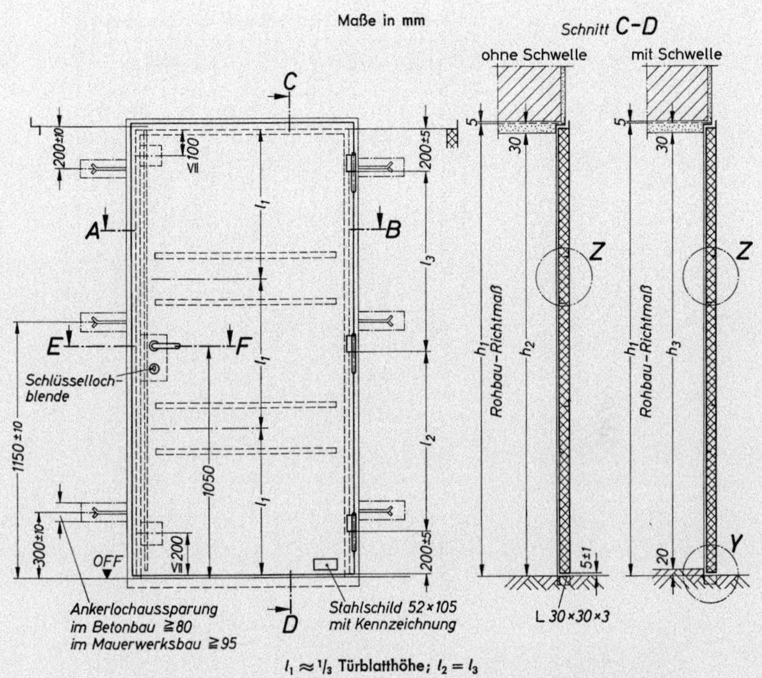

$l_1 \approx 1/3$ Türblatthöhe; $l_2 = l_3$

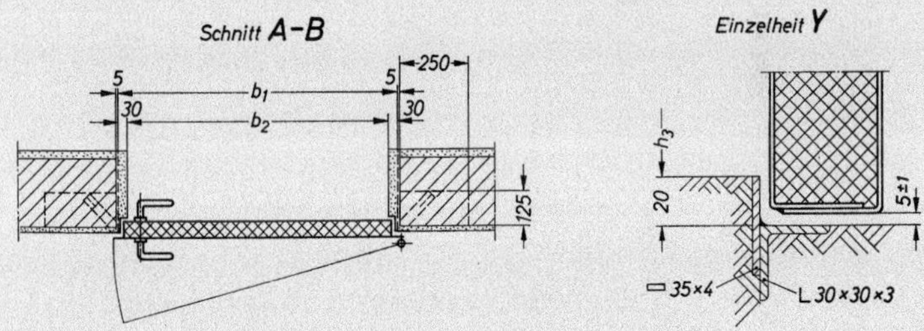

Einzelheit *Z* und Schnitt *E–F* siehe Seite 5

Bild 1. Rechtstür (Linkstür spiegelbildlich)

Bezeichnung einer feuerbeständigen einflügeligen Stahltür (T90-1-Tür) als Rechtstür (R) für eine Breite b_1 = 1250 mm und eine Höhe h_1 = 2250 mm (Rohbau-Richtmaße) mit Dreifallen-Verriegelung, ohne Schwelle:

Feuerschutztür T90-1R 1250 × 2250 DIN 18 081

Ausführung mit Schwelle bei Bestellung besonders vereinbaren

DIN 18 081 Blatt 1 Seite 5

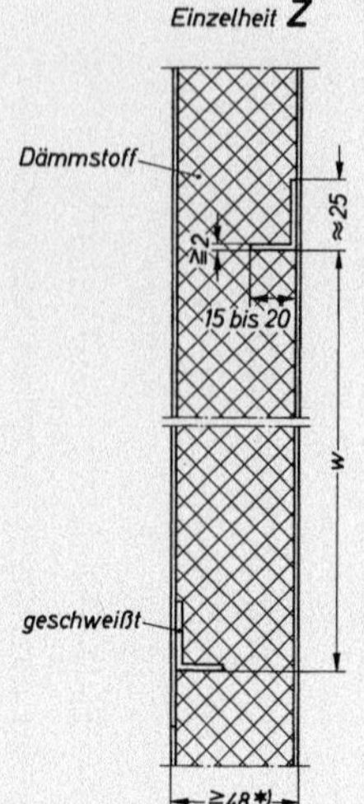

Tabelle 1. **Breiten- und Höhenmaße (Vorzugsmaße)**

Rohbau-Richtmaß		lichtes Durchgangsmaß	ohne Schwelle	mit Schwelle
b_1	h_1	b_2	h_2	h_3
875	2000	815	1970	1950
	2125		2095	2075
1000	2000	940	1970	1950
	2125		2095	2075
1250	2250	1190	2220	2200

Winkelabstand *w*

(205 + 5) mm bei Kieselgurplatten
(200 ± 10) mm bei Mineralfaser-Einlagen

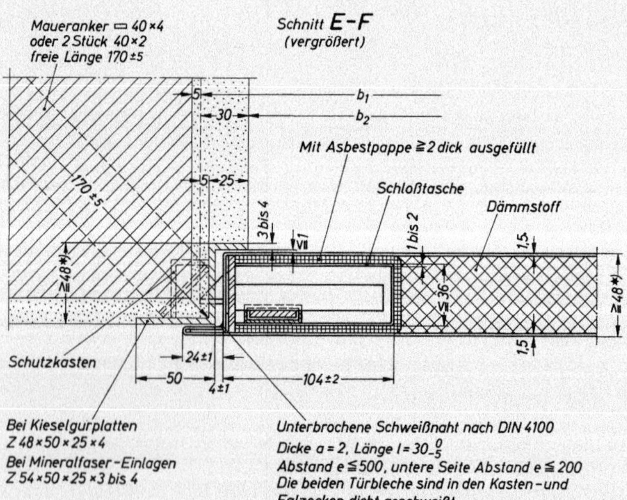

*) ≧ 48 bei Kieselgurplatten, ≧ 54 bei Mineralfaser-Einlagen. Größere Türblatt-Dicke als angegebenes Mindestmaß erfordert Zargenprofile mit entsprechend längerem Steg

Ansicht nach Abnehmen des Türbleches auf der Bandseite und der dahinterliegenden Schloßtaschenseite

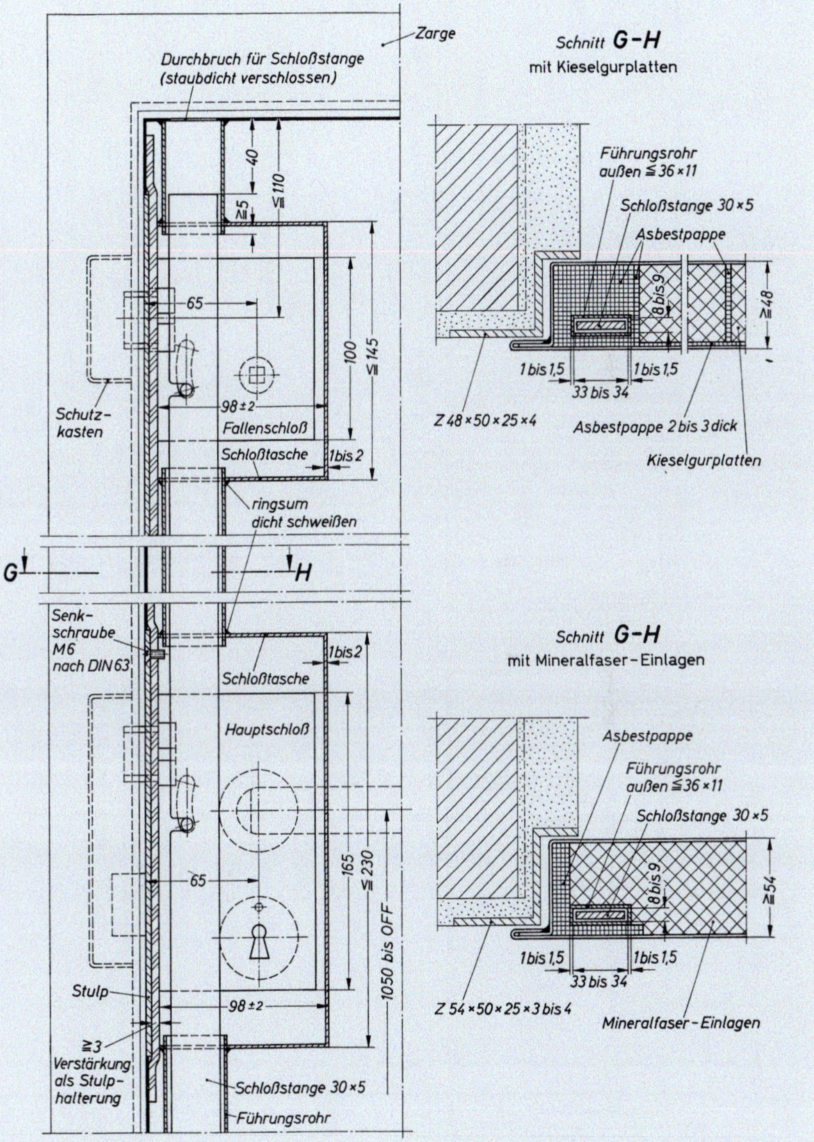

Zarge
Durchbruch für Schloßstange (staubdicht verschlossen)
40
≦ 110
≧5
65
100
≦ 145
98 ± 2
Fallenschloß
Schutz-kasten
Schloßtasche
1 bis 2
ringsum dicht schweißen
G
H
Senk-schraube M6 nach DIN 63
1 bis 2
Schloßtasche
Hauptschloß
65
165
≦ 230
1050 bis OFF
98 ± 2
Stulp
≧3
Verstärkung als Stulp-halterung
Schloßstange 30 × 5
Führungsrohr

Schnitt **G-H**
mit Kieselgurplatten

Führungsrohr außen ≦ 36 × 11
Schloßstange 30 × 5
Asbestpappe
8 bis 9
≧48
1 bis 1,5
1 bis 1,5
33 bis 34
Z 48 × 50 × 25 × 4
Asbestpappe 2 bis 3 dick
Kieselgurplatten

Schnitt **G-H**
mit Mineralfaser-Einlagen

Asbestpappe
Führungsrohr außen ≦ 36 × 11
Schloßstange 30 × 5
8 bis 9
≧54
1 bis 1,5
1 bis 1,5
33 bis 34
Z 54 × 50 × 25 × 3 bis 4
Mineralfaser-Einlagen

Bild 2. Verschluß

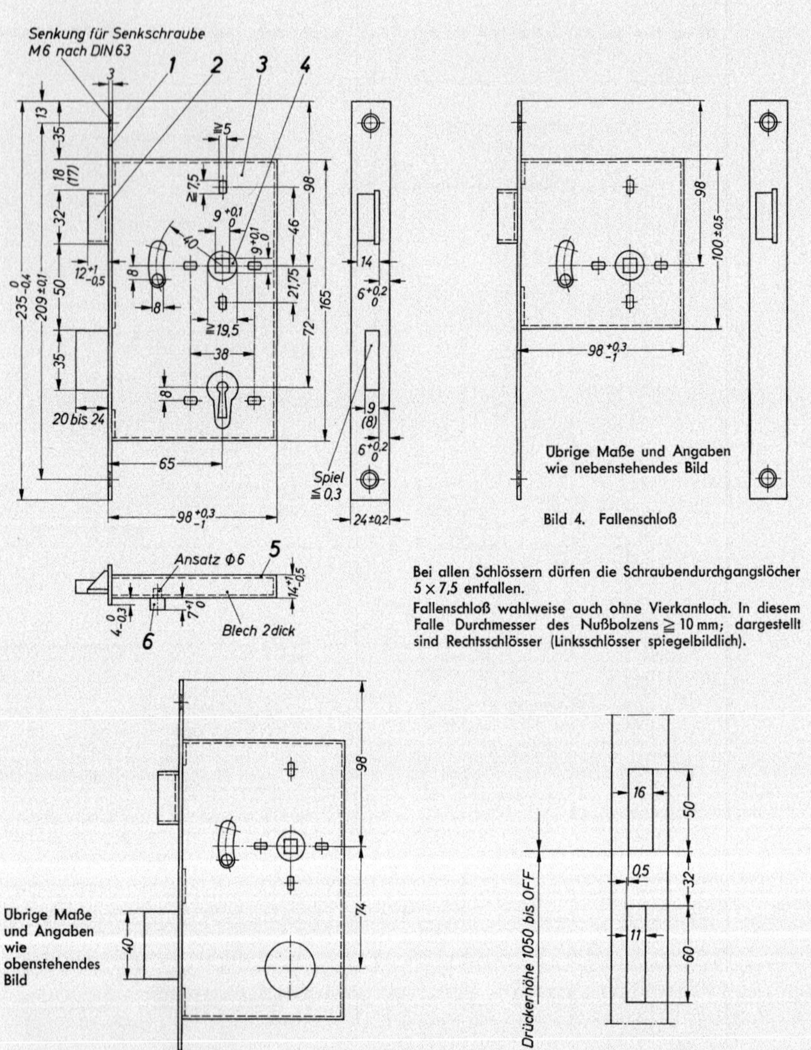

DIN 18 081 Blatt 1 Seite 7

Übrige Maße und Angaben wie nebenstehendes Bild

Bild 4. Fallenschloß

Bei allen Schlössern dürfen die Schraubendurchgangslöcher 5 × 7,5 entfallen.

Fallenschloß wahlweise auch ohne Vierkantloch. In diesem Falle Durchmesser des Nußbolzens ≧ 10 mm; dargestellt sind Rechtsschlösser (Linksschlösser spiegelbildlich).

Übrige Maße und Angaben wie obenstehendes Bild

Bild 3. Hauptschloß

Bild 5. Anordnung der Schließlöcher in der Zarge

Für die Maße ohne Toleranzangaben gelten entsprechend DIN 7168 Genauigkeitsgrad mittel folgende zul. Abweichungen:

Tabelle 2

Nennmaßbereich mm	bis 6	über 6 bis 30	über 30 bis 120	über 120 bis 315
zulässige Abweichungen	±0,1	±0,2	±0,3	±0,5

Tabelle 3. **Stückliste zu Bild 3 und 4**

Lfd. Nr	Stückzahl Haupt-schloß	Stückzahl Fallen-schloß	Benennung	Werkstoff (Halbzeug)
1	1	1	Stulp	Stahl nach DIN 1652
2	1	1	Falle	GTW 35 nach DIN 1692
3	1	1	Schloßblech	TSt 10 03 nach DIN 1623; zu verwenden: Band NK nach DIN 1544 – St 1 LGD
4	1	1	Drückernuß	GTW 35 nach DIN 1692 TSt 10 03 nach DIN 1623
5	1	1	Schloßdecke	TSt 10 03 nach DIN 1623; zu verwenden: Band NK nach DIN 1544 – St 1 LGD
6	1	1	Mitnehmerdorn	St 60 K nach DIN 668
7	3	2	Stulpniet*)	USt 36-2 nach DIN 17 111
8	1	1	Riegel	TSt 10 03 nach DIN 1623; zu verwenden: Band NK nach DIN 1544 – St 1 LGD
9	1	1	Fallenfeder (gehärtet)	55 Si 7 nach DIN 17 221 55 Si 7 nach DIN 17 222
10	1	1	Feder (gehärtet)	CK 53 nach DIN 17 222 X 12 CrNi 17 7 nach DIN 17 225
11	1	1	Doppelansatzdorn	9 S 20 K nach DIN 1651
12	mind. 3	mind. 2	Gewindebüchse	9 S 20 K nach DIN 1651
13	mind. 3	mind. 2	Deckenschrauben (Senkschrauben)	9 S 20 K nach DIN 1651
14	1	1	Vierkantdorn für Fallenfeder	9 S 20 K nach DIN 1651
15	1	1	Vierkantdorn	9 S 20 K nach DIN 1651

*) Bei Schweißung keine Stulpniete

Bezeichnung eines Dreifallen-Verschlusses (D) mit Rechtsschlössern mit 2 Schlüsseln:

Dreifallen-Verschluß D DIN 18 081 – rechts

Erläuterungen

Nach Einführung der ersten Ausgaben der Normen DIN 18 081 (Oktober 1953) und DIN 18 082 (Juni 1959) haben sich dem Bau von Feuerschutztüren auch Hersteller zugewandt, die keine oder nur geringe Erfahrungen auf diesem Gebiet hatten. Da die Normen zunächst absichtlich wenig einengende Forderungen enthielten, wurden leider von diesen Herstellern häufig Feuerschutztüren angefertigt, die nicht die vorgesehenen brandschutztechnischen Eigenschaften besaßen.

Der FNBau-Arbeitsausschuß „Feuerschutztüren" hat deshalb die Normen überarbeitet und ergänzt. Nach den inzwischen bei vielen Gütesicherungsüberprüfungen gesammelten Erfahrungen schien es unumgänglich, Text und Bilder eingehender zu fassen und Fertigungstoleranzen anzugeben.

Die Normen wurden ferner erweitert durch eine ausführlichere Fassung des Abschnittes „Gütesicherung", da dies von den zuständigen Fachkommissionen der ARGEBAU (Arbeitsgemeinschaft der für das Bau-, Wohnungs- und Siedlungswesen zuständigen Minister der Länder) für notwendig gehalten wurde.

Dadurch und durch die Aufnahme von Festlegungen für die einzubauenden Schlösser sind die Normen wesentlich umfangreicher geworden. Um ihren Inhalt übersichtlich zu halten, werden einige beim Bau von Feuerschutztüren nach DIN 18 081, DIN 18 082 und DIN 18 084 zu beachtende Punkte, die auch allgemein für Feuerschutztüren anderer Bauart gelten, nachfolgend angeführt:

a) Die Normen sind aufgestellt nach Brandversuchen an Türen bestimmter Bauart und Größe. Bei diesen Versuchen hat sich herausgestellt, daß die bei einer bestimmten Türgröße gesammelten Erfahrungen nicht ohne weiteres auf Türen anderer Größe — auch nicht auf kleinere Türen — übertragen werden können. Die in den Normen angegebenen oberen und unteren Grenzwerte für Breite und Höhe dürfen also nicht überschritten werden, auch nicht, wenn die Konstruktionsmerkmale im übrigen beibehalten werden. Kleinere oder größere Türen dürfen deshalb nicht als Türen nach diesen Normen bezeichnet werden; ihre Eignung ist gesondert nachzuweisen. Auch gelten diese Normen nicht für waagerechte Raumabschlüsse, z. B. Bodenlukenklappen.

b) Feuerschutztüren sollen die Öffnungen in Brandabschnitte bildenden Wänden so verschließen, daß ein Schadensfeuer nicht durchtreten kann. Sie dürfen — um ein Durchzünden zu verhindern — unter der Einwirkung eines Brandes auf der dem Feuer abgekehrten Seite nur eine gewisse Temperaturerhöhung erfahren.

Der für die zulässige Temperaturerhöhung nach Erfahrungswerten festgelegte Grenzwert wird in jedem Falle weit überschritten, wenn die Tür mit einer Verglasung versehen ist. Um der Gefahr des Durchzündens eines Schadensfeuers durch Strahlung vorzubeugen, wird deshalb in den Normen ausdrücklich erwähnt, daß die Türen keine Verglasung haben dürfen.

DIN 18 081 Blatt 1 Seite 9

c) Ein Schadenfeuer kann auch durch Fugen und Spalte, z. B. zwischen Türblatt und Zarge, übertragen werden. Um dies zu verhindern und um sicherzustellen, daß die Schloßfallen richtig in die Zarge eingreifen, müssen die Abmessungen des Türkastens und der Zarge so aufeinander abgestimmt sein, daß die zulässige Spaltbreite (4 mm ± 1 mm seitlich und oben bzw. 5 mm ± 1 mm an der Schwelle) nicht überschritten wird. Die Spaltbreite darf aber auch nicht wesentlich geringer als gefordert sein, damit nicht bei einer geringen Verformung der Tür möglicherweise das selbsttätige Zufallen unmöglich wird.

Das sorgfältige Abstimmen der Abmessungen aufeinander ist nur möglich, wenn Türblatt und Zarge gleichzeitig hergestellt und zusammen ausgeliefert werden. Es ist deshalb — auch wenn dies in den Normen nicht ausdrücklich erwähnt ist — grundsätzlich unzulässig, einzelne Türblätter oder Zargen als Türen oder Zargen nach diesen Normen zu kennzeichnen und auszuliefern.

Einzeln angelieferte Türblätter und Zargen von Feuerschutztüren dürfen nicht zum Zwecke des baulichen Brandschutzes verwendet werden, auch nicht, wenn sie vom gleichen Hersteller stammen.

Aus gegebener Veranlassung wird ferner darauf hingewiesen, daß es nicht zulässig ist, eine Tür nachträglich zu verändern, z. B. durch Kürzen des Türblattes oder Anbringen von Zusatzkonstruktionen am Türblatt oder an der Zarge.

d) Die bezüglich der Verschweißung der Türbleche gestellten Forderungen sollen zur Folge haben, daß das Türblatt ausreichend steif ist und daß ein möglichst geringer Luftaustausch von der freien Atmosphäre zum Innern des Türkastens stattfindet, um die Gefahr einer Korrosion durch Kondensationsfeuchtigkeit herabzumindern.

Es liegt im Sinne dieser Forderung, daß auch andere Durchbrüche in den Türblechen, z. B. zum Einstecken von Bandlappen, möglichst klein gehalten und dichtgeschweißt werden. Die Eignung einer Punktschweißung als alleiniges Verbindungsmittel der Türkastenbleche ist für Türen dieser Bauart bisher nicht nachgewiesen worden.

e) Nach dieser Norm hergestellte Feuerschutztüren mit Federbändern, deren Ausbildung nicht DIN 18 262 „Einstellbares, nichttragendes Federband für Feuerschutztüren" (z. Z. noch Entwurf) entspricht, entsprechen nicht den Festlegungen dieser Norm; ihre Eignung ist nachzuweisen.

f) Die Schloßtaschen müssen staubdicht sein, um zu verhindern, daß wichtige Teile des Schlosses durch feine Bestandteile verschmutzt werden, die sich bei häufigem Gebrauch einer Feuerschutztür von den Dämmstoffen lösen. Der Begriff „staubdicht" konnte bisher nicht festgelegt werden, weil der notwendige Grad der Dichtheit von der Größe der Dämmstoffteilchen abhängt. Bei der Verwendung von gebrannten Kieselgurplatten und von Einlagen mit sehr dünnen und kurzen Mineralfasern ist an die Dichtheit der Schloßtaschen ein strengerer Maßstab anzulegen als bei der Verwendung von Einlagen aus langen Mineralfasern. Bei der Gefahr des Auftretens feiner pulverförmiger Bestandteile dürfen Spalte oder Stoßfugen an der Schloßtasche nicht so groß sein, daß solche Teile durchgerüttelt werden können. Wenn sich im Türkasten langfaserige Mineralfaser-Einlagen befinden, dürfen an der Schloßtasche keine Fugen sein, die breiter als 0,2 mm und länger als 50 mm sind.

Es ist nicht zulässig, das Abdichten von Spalten oder Fugen an der Schloßtasche nur mit Hilfe der zur Wärmedämmung eingelegten Asbestpappe zu bewirken.

g) Das Führungsrohr für die Schloßstange der Dreifallen-Verriegelung muß staubdicht sein, damit sich die Schloßstange nicht bei Verschmutzung des Rohres festklemmt. Der Arbeitsausschuß „Feuerschutztüren" hält es für erforderlich, Führungsrohre, in welche die Schloßstange von oben eingeführt wird, oben so abzudichten, daß kein Staub eindringen kann. Bei Führungsrohren, die am unteren Rande des Türkastens offen sind, braucht die untere Öffnung nicht abgedichtet zu werden, weil angenommen werden kann, daß der hier gegebenenfalls eindringende Staub sich nicht festsetzt.

h) Beim Zusammenbau des Türkastens sind Wärmebrücken zu vermeiden. Es ist also nicht zulässig, Türschließer in das Türblatt einzubauen, zusätzliche durchgehende Aussteifungen für die Türbleche einzusetzen, Schloßtaschen mit anderen Abmessungen als in den Normen angegeben zu verwenden oder am Türblatt außen Verstärkungen anzubringen mit Hilfe von Schrauben oder Niete, die beide Türbleche miteinander verbinden (Ausnahme: Hülsenschrauben zur Befestigung der Langschilder oder Rosetten).

Wärmebrücken können auch entstehen, wenn die Schloßtaschenisolierung nicht hinreichend sicher am Blech der Taschen befestigt ist, so daß sie sich während des Transports oder bei Benutzung der Türen verlagert. Die Asbestpappen sind mit Hilfe metallischer Verbindungsmittel oder geeigneter Kleber zu befestigen. Die Verwendung von Klebestreifen oder Gummibändern ist nicht zulässig.

i) Gebrannte Kieselgurplatten nach DIN 18 081 Blatt 2 dürfen höchstens 43 mm dick sein.

Bei Gütesicherungsüberprüfungen sind häufig Platten vorgefunden worden, die dicker als 43 mm waren und die nach Angaben ihres Herstellers vom Türenhersteller auf die geforderte Dicke abgeschliffen werden sollen.

Da nicht alle Türenhersteller über geeignete Schleifgeräte verfügen und da von ihnen häufig diese zusätzliche Bearbeitung unterlassen wird, müssen gebrannte Kieselgurplatten nach dieser Norm die geforderte Dicke bereits vor der Auslieferung aus dem Herstellerwerk besitzen.

j) Mineralfaser-Einlagen dürfen nicht so gelagert werden, daß ihre Dämmwirkung dauernd beeinträchtigt wird oder daß sie Stoffe aufnehmen können, die sich nach dem Zusammenbau der Tür schädigend auswirken.

Sie sollen deshalb trocken (möglichst in einem geschlossenen Raum) und so gelagert werden, daß sie nicht beschädigt oder bleibend verdichtet werden können. Es hat sich als zweckmäßig erwiesen, auf Drahtgeflecht gesteppte Mineralfaser-Einlagen mit Holzbeilagen so zu verpacken, daß sie aufrechtstehend transportiert werden können. Es dürfen jedoch — gegebenenfalls unter Verwendung von Distanzstücken — nur soviel Mineralfaser-Einlagen übereinander gelagert oder verpackt werden, daß die geforderte Mindestdicke unmittelbar nach Entlastung noch gewährleistet ist.

k) Da die Dämmwirkung von Mineralfaser-Einlagen beim Herstellen, gewollt oder ungewollt, von vielen Faktoren beeinflußt werden kann, sind die Hersteller dieser Einlagen zu einer strengen Eigenkontrolle verpflichtet. Sie haben immer wieder nachzuweisen, mit welchem Flächengewicht die Einlagen die hinsichtlich der Dämmwirkung gestellten Forderungen erfüllen.

Wegen der besonderen Wichtigkeit dieses Punktes sind auch die Verarbeiter zu stichprobeartigen Überprüfungen der Einlagen verpflichtet.

l) Die Normen enthalten keine Aussagen über Umfassungszargen, da deren Eignung bei Feuerschutztüren bisher nicht nachgewiesen ist. Es ist nicht zulässig, Feuerschutztüren nach DIN 18 081, DIN 18 082 und DIN 18 084 mit anderen, als den in diesen Normen geforderten Zargen zu versehen. Es ist ebenfalls nicht zulässig, mit den vorgeschriebenen Zargen-Profilen andere Teile als die in den Normen angegebenen Maueranker, Schutzkästen, Bänder und Türschließer-Bestandteile zu verbinden. Für jeden konstruktiven Zusatz zur genormten Zargen-Ausführung ist ein Eignungsnachweis erforderlich.

Die Verbraucher sind in geeigneter Weise darauf hinzuweisen, daß die Türen nur dann die vorgesehene Schutzwirkung besitzen, wenn die Zarge voll eingeputzt ist.

m) Der Rostschutz — auch im Inneren des Türkastens — muß lückenlos sein. Ein ungeschützter Streifen zwischen Türblech und Aussteifungswinkel wird noch hingenommen, wenn der Anschluß zwischen Türblech und angeschweißtem Winkel gut mit Rostschutzfarbe abgedichtet wird.

Der Rostschutz im Inneren des Türkastens ist mangelhaft, wenn die Mineralfaser-Einlage in die noch feuchte Farbe gelegt und dabei der Farbfilm stellenweise abgewischt oder beschädigt wurde.

n) Das selbsttätige Schließen der Tür ist nicht sicher gewährleistet, wenn die Bänder so angebracht sind, daß sie nicht genau fluchten oder wenn das Federband einen schleifenden Lappen besitzt, der so kurz ist, daß er bei einem größeren Öffnungswinkel der Tür vom Türblatt abrutscht.

Der Verschweißung der Kastenbleche im Bereich der oberen Bandlappen sowie der Verschweißung dieser Bandlappen mit dem Türblatt ist besondere Sorgfalt zuzuwenden.

o) Zusatzgeräte zu den genormten Feuerschutztüren, die das selbsttätige Schließen dauernd oder zeitweise verhindern, z. B. Schließzeitverzögerer, Vorrichtungen mit Auslösung infolge Temperaturerhöhung oder Rauch, bedürfen einer bauaufsichtlichen Genehmigung. Sie dürfen ferner nur mit besonderer Genehmigung der örtlich zuständigen Bauaufsichtsbehörde verwendet werden. Diese Geräte bedürfen ständiger Kontrolle. Das Festsetzen der Türflügel durch Keile, Feststeller oder das Entspannen der Türschließmittel ist nicht zulässig.

p) Als „freie Länge" eines Mauerankers wird der Abstand von der Spitze des Zargenwinkels bis zum Ende des waagerecht von der Zarge abgebogenen Ankerprofils bezeichnet. Die freie Länge ist nicht gleichbedeutend mit der Abwicklung des Ankerbandstahls.

q) Langschilder sollen möglichst mit 4 Schrauben am Türblatt befestigt sein, mindestens aber mit 2 Schrauben. Im letzteren Falle müssen durchgehende Hülsenschrauben verwendet werden. Rosetten sind mit jeweils 2 durchgehenden Hülsenschrauben zu befestigen.

Diese Beschläge müssen aus mindestens 1 mm dickem Stahlblech, Gußeisen oder Stahlguß hergestellt sein.

Drückergarnituren nur aus Leichtmetall oder mit durchgehenden Kunststoffgriffen sind nicht zulässig, da die Tür bei ihrer Verwendung im Falle eines Brandes möglicherweise von Eingeschlossenen vom Brandraum her nicht geöffnet werden kann und als Fluchtweg ausfällt.

Die in den Normen bezüglich der Ausbildung von Drücker und Drückerlager in Langschild oder Rosette gestellten Anforderungen sollen sicher gewährleisten, daß die am Drückerlager auftretenden Zug-, Druck- und Kippkräfte von den Beschlägen aufgenommen werden.

r) Der Hersteller der Tür muß aus der Beschriftung des Kennzeichnungsschildes zu ersehen sein. Enthält das Schild nicht den Namen des Herstellers, sondern eine entsprechende verschlüsselte Angabe (z. B. durch Kennziffern), so muß vor dieser das Wort „Hersteller" stehen.

In diesem Falle dürfen auf dem Kennzeichnungsschild außer der Jahreszahl und der Normblatt-Nummer keine anderen Zahlen angegeben sein.

Die Kennzeichnungsschilder müssen an 4 Stellen mit dem Türblech verbunden sein. Dazu dürfen keine Schrauben oder Schlagschrauben verwendet werden.

Die Kennzeichnungsschilder müssen auch dann 105 mm × 52 mm groß sein, wenn sie anstelle des Namens der Herstellfirma nur deren Kennziffer enthalten. Ist der Hersteller auf einem aufgesteckten Zusatzschild zum Kennzeichnungsschild angegeben, so muß das Kennzeichnungsschild mit der verschlüsselten Herstellerangabe versehen sein.

Feuerschutztüren ohne Kennzeichnungsschild oder mit einem Kennzeichnungsschild, das unvollständig oder nicht den Forderungen der Normen entsprechend beschriftet ist, sind nicht normgerecht.

3.3 DIN 18082, Blatt 1

Nach den normativen Regelungen für feuerbeständige Türen im Jahr 1953 erfolgte zum Juni 1959 die Normung für feuerhemmende einflüglige Stahltüren. Auch die erste Norm zu diesem Gebiet umfasste sowohl die Regeln für die Herstellung als auch den Einbau dieser Türen.

Die chronologische Übersicht des seit 1959 herausgegebenen Blattes 1 von DIN 18082 ist der Tabelle 3 zu entnehmen.

Tabelle 3: Normblatt 1 von DIN 18082

Dokumenten-nummer	Dokumenten-art	Ausgabe	Titel des Normteils
DIN 18082 Blatt 1	Norm	1959-06[1)]	Feuerhemmende Stahltür (Fh1-Tür) Einflüglig
DIN 18082 Blatt 1	Norm-Entwurf	1962-07	Feuerhemmende Stahltür (Fh1-Tür) Einflüglig
DIN 18082 Blatt 1	Norm	1969-02[2)]	Feuerhemmende einflügelige Stahltüren (T30-1-Türen) Maße und Anforderungen
DIN 18082 Blatt 1	Norm-Entwurf	1976-04[3)]	Feuerschutzabschlüsse, T 30-1-Türen (feuerhemmende einflügelige Stahltüren) Größenbereich A; Maße und Anforderungen
DIN 18082 Blatt 1	Norm	1976-12[4)]	Feuerschutzabschlüsse, Stahltüren T 30-1 Bauart für den Größenbereich A
DIN 18082 Blatt 1	Norm	1985-01[4)]	Feuerschutzabschlüsse, Stahltüren T 30-1 Bauart für den Größenbereich A
DIN 18082 Blatt 1	Norm	1991-12[5)]	Feuerschutzabschlüsse, Stahltüren T 30-1 Bauart für den Größenbereich A

Erläuterungen:

1) *Seit der ersten Normausgabe wird hinsichtlich der Mineralfaser-Einlagen in den feuerhemmenden Stahltüren auf das folgende Normblatt 2 verwiesen. Das war jedoch nicht korrekt, weil es sich um das Normblatt 3 handelte (s. auch Kap. 2.2). Außerdem war bereits in der ersten Fassung des Normblattes die notwendige Kennzeichnung der Türen festgelegt.*

2) *Besonders zu beachten sind die Erläuterungen in dieser Normblattfassung, in denen zu nicht sachgerecht hergestellten Türen der 1950er und 60er Jahre eingegangen wird.*

3) *Mit diesem Normentwurf wurde die geplante weitere Normung in mehreren Normteilen für feuerhemmende Türen in drei verschiedenen Größenbereichen (A bis C) erläutert, zu der es in dieser Form jedoch nicht kam. Stattdessen wurde zu einem späteren Zeitpunkt der Größenbereich bzw. die Bauart B in DIN 18082 Teil 3 genormt. Bauart C erfuhr jedoch keine gesonderte Normung (s. dazu auch 5)).*

4) *Diese Normteile enthielten nur die Anforderungen an feuerhemmende Stahltüren für den Größenbereich A (Breite 750 bis 1 000 mm und Höhe 1 750 bis 2 000 mm). Der Größenbereich bzw. die Bauart B wurde folgend in Blatt 3 von DIN 18082 Teil 3 genormt.*

5) *Nunmehr wurde die Bauart A (statt „Größenbereich A“) für Größen wie folgt genormt: Breite von 625 mm bis 1 000 mm und Höhe von 1 250 bis 2 000 mm. Die Bauart C konnte deswegen entfallen.*

DK 69.028.1 : 699.81 Juni 1959

Feuerhemmende Stahltür (Fh 1-Tür)

einflüglig

DIN 18 082 Blatt 1

1. Allgemeines

Fh1-Türen sind Stahltüren, die den Festlegungen dieser Norm entsprechen und ohne besonderen Nachweis als feuerhemmend nach DIN 4102 „Widerstandsfähigkeit von Baustoffen und Bauteilen gegen Feuer und Wärme" gelten. Abweichungen bedürfen einer allgemeinen Zulassung.

2. Maße und Gewicht [1])

2.1 Die Maueröffnungen für feuerhemmende einflüglige Stahltüren haben die Rohbau-Richtmaße:

875 mm × 2000 mm bzw. 2125 mm
1000 mm × 2000 mm bzw. 2125 mm
1250 mm × 2250 mm.

Die lichten Durchgangsmaße hierzu betragen [2]):

815 mm × 1970 mm bzw. 2095 mm
940 mm × 1970 mm bzw. 2095 mm
1190 mm × 2220 mm.

2.2 Das Gewicht des Türblattes der Tür
1000 mm × 2000 mm
beträgt in der Regel etwa 80 kg.

3. Beschreibung

3.1 Türblatt

3.11 Türen mit den Rohbau-Richtmaßen bis 1000 mm × 2000 mm

(Bild 1 bis 3) bestehen aus spannungsfrei gerichteten Feinblechen St II/23, und zwar an der Bandseite von 1,5 mm, an der Gegenbandseite von 1 mm Dicke [3]). Sie werden zu einem Türkasten von mindestens 40 mm Dicke zusammengefalzt.

An der Schloßseite ist zur Aussteifung der Tür ein Bandstahl von 4 mm Dicke eingeschweißt, dessen Breite sich nach der Dicke des Türkastens richtet (Bild 3).

3.12 Türen mit den Rohbau-Richtmaßen über 1000 mm × 2000 mm

(Bild 4 bis 10) bestehen aus zwei spannungsfrei gerichteten SM-Blechen St II/23 von je 1,5 mm Dicke, die zu einem Türkasten von 48 mm Dicke zusammengefalzt werden.

3.13 Die Türen nach den Abschnitten 3.11 und 3.12 sind in den Falzecken in Abständen von 500 mm durch etwa 30 mm lange Raupenschweißung zusammenzufügen.

Jedes Türblech wird durch zwei in der Querrichtung elektrisch aufgeschweißte ∟-Profile ausgesteift, deren waagerecht liegende Schenkel nicht über 15 mm lang sein dürfen (Bild 1, 2, 4 und 5). Eine Verbindung oder Berührung der beiden Türblechflächen darf nicht eintreten.

3.2 Türbänder

Die Tür wird in drei Türbänder 200×14×4 mm (Länge, Breite, Dicke) eingehängt. Das obere Türband ist 200 mm von oben, das untere 200 mm von unten bis Mitte Band, das mittlere in der halben Türhöhe anzuschrauben oder anzuschweißen.

An geeigneter Stelle ist ein automatischer Türschließer oder statt dessen ein einstellbares Federband vorzusehen. Dieses Federband wird an Stelle des mittleren Türbandes angebracht und mit der Zarge fest verbunden. Blattfedern sind nicht zulässig. Türschließer bzw. Federband müssen jederzeit ein selbsttätiges Schließen aus einem Öffnungswinkel von 45° sicherstellen [4]).

3.3 Verschluß

3.31 Bei Türen nach Abschnitt 3.11 muß der Verschluß aus einem schweren Einsteckschloß bestehen. Das Schloß muß in einem besonderen, allseitig geschlossenen und dichten Gehäuse liegen. Dieses Gehäuse ist mit 2 mm dicken Asbestplatten seitlich zu verkleiden. Die Falle muß mindestens 6 mm in die Zarge eingreifen (Bild 3).

3.32 Bei Türen nach Abschnitt 3.12 muß der Verschluß das Türblatt an drei Stellen mit der Zarge verbinden und den Zeichnungen (Bild 7 bis 10) sowie der Beschreibung (vgl. Abschnitt 3.321 bis 3.323) entsprechen.

3.321 Der Verschluß besteht aus einem Hauptschloß (Bild 9) und zwei Fallenschlössern (Bild 10). Abstand des unteren Verschlußpunktes (Mitte Falle) nicht über 200 mm

1) Vgl. auch DIN 18 100 „Türöffnungen im Wohnungsbau; Rohbau-Richtmaße und DIN 18 223 Blatt 1 „Tür- und Toröffnungen für den Industriebau; Rohbau-Richtmaße".

2) Bei Ausführung mit Schwelle (vgl. Abschnitt 3.51) verringert sich das Höhenmaß um 21 mm.

3) Die Verschiedenheit der Blechdicken des Türblattes ist für das Verhalten dieser Türen im Brande entscheidend und daher unbedingt einzuhalten.

4) Das einstellbare Federband soll vornehmlich in den Fällen verwendet werden, bei denen die Türen als Durchgang nur wenig benutzt werden.

„Feuerhemmende Stahltür (Fh 1-Tür), Güte- und Prüfbestimmungen für Mineralfaser-Einlagen" vgl. DIN 18 082 Blatt 2

Fortsetzung Seite 2 bis 8

Fachnormenausschuß Bauwesen im Deutschen Normenausschuß (DNA)
Arbeitsgruppe Einheitliche Technische Baubestimmungen (ETB)
des Fachnormenausschusses Bauwesen im DNA

Deutscher Normenausschuß, Berlin W 15.

von unten, des oberen nicht über 110 mm von oben. Die Fallen müssen mindestens 6 mm in die Zarge eingreifen.

3.322 Das Hauptschloß hat eine mit dem Drücker verbundene Betätigungseinrichtung für die Fallenschlösser. Die Fallenschlösser besitzen eine unabhängig selbstschließende Falle, die durch die Drückerbetätigung des Hauptschlosses geöffnet wird. Die Fallen müssen beim Schließen der Tür unabhängig von der Drückerbetätigung einfallen und müssen unter einer Federkraft von mindestens 250 g und höchstens 300 g stehen. Den Sperrflächen für die obere und untere Falle sind gegenüber der Sperrfläche des Hauptschlosses nach der Bandseite hin 2 mm Spielraum zu geben. Im Höhenmaß sind die Durchbrüche mit einem Spielraum nach oben von 5 mm und nach unten von 10 mm auszuführen.

3.323 Jedes Schloß ist mit dem Stulp in die Tür einzulassen. Es muß in einem gesonderten, allseitig geschlossenen staubdichten Gehäuse liegen und ist gegen seitliche Bewegung zu sichern. Die Betätigungseinrichtung zwischen den Schlössern muß in einem staubdichten Kanal untergebracht und ohne Schwierigkeit zugänglich sein. Die Gehäuse sind mit 2 mm dicken Asbestplatten seitlich zu verkleiden. Die Türdurchbrüche für die Schloßstulpe müssen in geeigneter Weise verstärkt sein. Hohlräume zwischen Gehäuse sowie Führungskanal und Türblech sind mit Asbest auszufüllen. Diese Asbestausfüllung ist in geeigneter Weise gegen Verrutschen zu sichern.

Das Schlüsselloch ist durch eine Schlüssellochblende abzudecken. Die Drücker müssen mit einem Bund versehen sein.

3.4 Dämmstoff

Dämmstoff-Einlagen von mindestens 37 mm bzw. 45 mm Dicke aus Glas-, Stein- oder Hüttenfasern, die mit einem Drahtgeflecht versteppt sind.

Die Einlagen müssen den Anforderungen nach DIN 18 082 Blatt 2 entsprechen. Sie sind lufttrocken und ungeteilt einzubauen.

3.5 Zarge

3.51 Die gewalzte, kaltgezogene oder gepreßte Zarge besteht aus Z-Profil ≧ 40 × 35 × 25 × 3 bis 4 mm für Türen nach Abschnitt 3.11 und 48 × 50 × 25 × 3 bis 4 mm für Türen nach Abschnitt 3.12. Die Zargenenden sind durch Profilstahl ∟ 30 × 30 × 3 DIN 1028 bzw. DIN 59 370 zu verbinden, dessen waagerecht liegender Schenkel bündig mit dem Fußboden abschließt. Eine Schwelle kann in besonderen Fällen gefordert werden [5]). Bei Ausführung mit Schwelle besteht die Verbindung der Zargenenden aus einem Profilstahl ∟ 25 × 40 × 4 mm bei Türen nach Abschnitt 3.11 bzw. ∟ 25 × 50 × 4 mm bei Türen nach Abschnitt 3.12 (Bild 1 und 4).

3.52 Die Durchbrüche in der Zarge für Falle, Riegel und ggf. Federband sind durch Schließkästen zu schützen.

3.6 Schutzanstrich

Alle Metallteile sind allseitig vor dem Zusammenbau mit einem Rostschutzanstrich zu versehen, die Zarge nur insoweit, als sie nicht eingeputzt wird.

4. Einbau

4.1 Die Zarge wird beiderseitig durch je drei Stück flachgestellte Maueranker aus Bandstahl von etwa 40×4×180 DIN 1016 in der Wand befestigt (Bild 1, 3, 4 und 6); sie ist voll einzuputzen. Um einen fertigungstechnisch einwandfreien Arbeitsablauf zu erreichen, ist es zweckmäßig, die Löcher für die Anker in der Wand auszusparen und die Zarge vor dem Putzen so einzusetzen, daß sie bündig eingeputzt werden kann.

4.2 Falls die Feuerschutztür in eine dünne Wand oder in eine Wand aus Baustoffen geringer Festigkeit eingebaut wird (Druckfestigkeit unter 100 kg/cm²), ist die Zarge in Pfeiler und einen Türsturz aus Vollsteinen von mindestens 100 kg/cm² Druckfestigkeit einzusetzen. Die Pfeiler sollen einen Querschnitt von mindestens 240 mm × 240 mm haben, in die Wand einbinden und bis zur Decke hochgeführt werden. Sie sind in Mörtel der Mörtelgruppe II (nach DIN 1053 „Mauerwerk; Berechnung und Ausführung") zu mauern. Die Pfeiler und Türstürze dürfen wahlweise auch aus Beton mindestens der Güte B 160 (nach DIN 1045 „Bestimmungen für Ausführung von Bauwerken aus Stahlbeton", Ausgabe 1943× × ×, § 5) gefertigt werden.

5. Gütesicherung

Die normgerechte Ausführung der Feuerschutztüren ist mindestens zweimal im Jahr durch eine amtlich anerkannte Materialprüfanstalt zu überprüfen, wenn nicht eine laufende Überwachung im Rahmen einer amtlich anerkannten Gütesicherung vorgenommen wird.

6. Kennzeichnung

Jede feuerhemmende Tür ist mit einem Metallschild zu versehen, in das der Name der Herstellerfirma, das Herstellungsjahr, der Vermerk der Gütesicherung und die DIN-Nummer (DIN 18 082) eingeprägt sind.

---

[5]) Diese Fälle können gegeben sein, wenn es sich um den Abschluß von Räumen handelt, in denen rauchempfindliche Waren, Lebensmittel, Tabak, Textilien und dgl. lagern.

DIN 18 082 Blatt 1 Seite 3

Türen nach Abschnitt 3.11 mit Rohbau-Richtmaßen bis 1000 mm × 2000 mm (mit einfachem Einsteckschloß)

Maße in mm

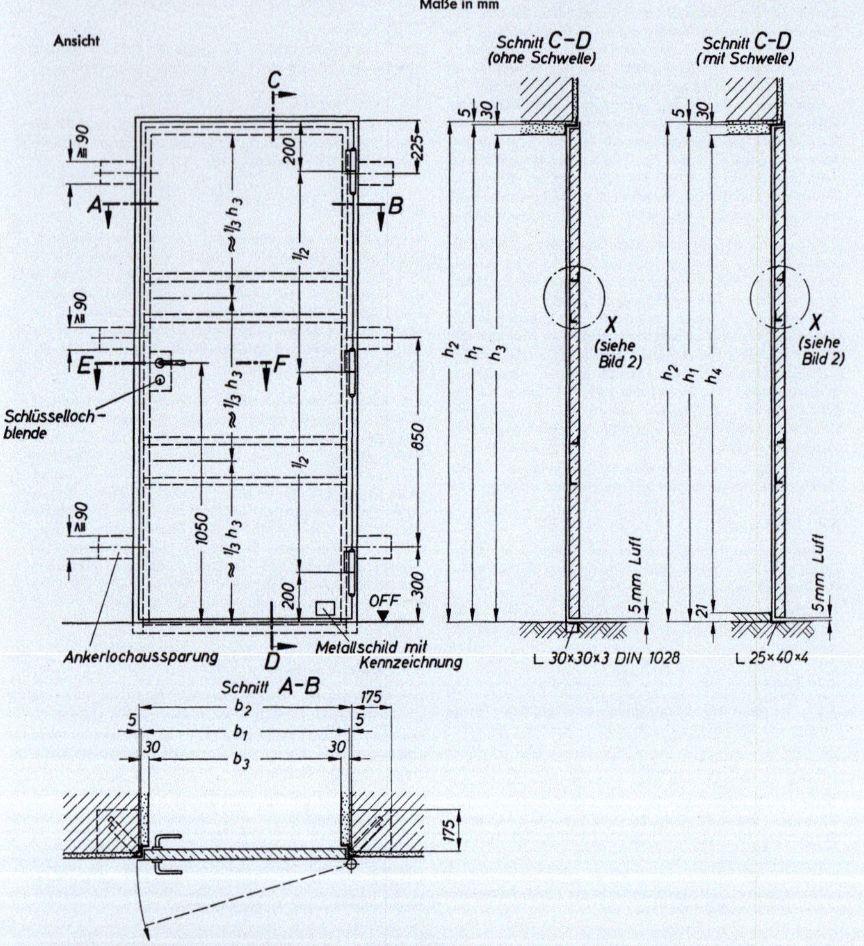

Bild 1. Darstellung einer Rechtstür (Linkstür spiegelbildlich)

Bezeichnungsbeispiel:

Bezeichnung einer einflügligen feuerhemmenden Stahltür (Fh 1-Tür als Rechtstür (R) mit der Breite 875 mm und der Höhe 2000 mm (Rohbau-Richtmaße) mit einfachem Einsteckschloß, ohne Schwelle [6]):

Feuerschutztür Fh 1 R 875 × 2000 DIN 18 082

[6]) Ausführung mit Schwelle bei Bestellung besonders angeben.

Tabelle 1. Breiten- und Höhenmaße

Rohbau-Richtmaß		lichtes Mauermaß		lichtes Durchgangsmaß		
b_1	h_1	b_2	h_2	b_3	ohne Schwelle h_3	mit Schwelle [6] h_4
875	**2000**	885	2005	815	1970	1950
1000	**2000**	1010	2005	940	1970	1950

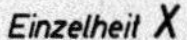

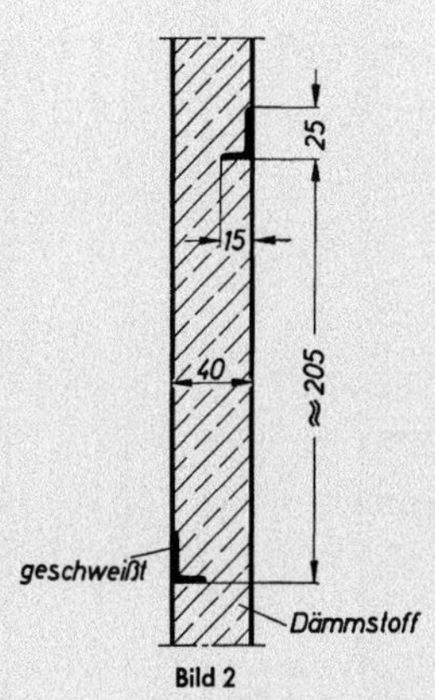

Bild 2

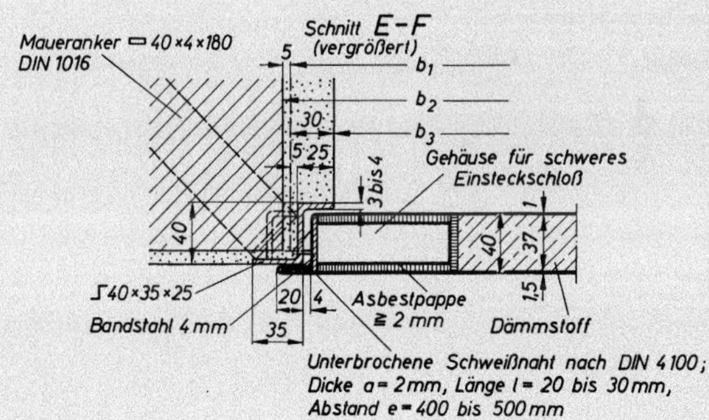

Bild 3

[6] siehe Seite 3

DIN 18 082 Blatt 1 Seite 5

Türen nach Abschnitt 3.12 mit Rohbau-Richtmaßen über 1000 mm × 2000 mm (mit Dreifallen-Verriegelung)

Maße in mm

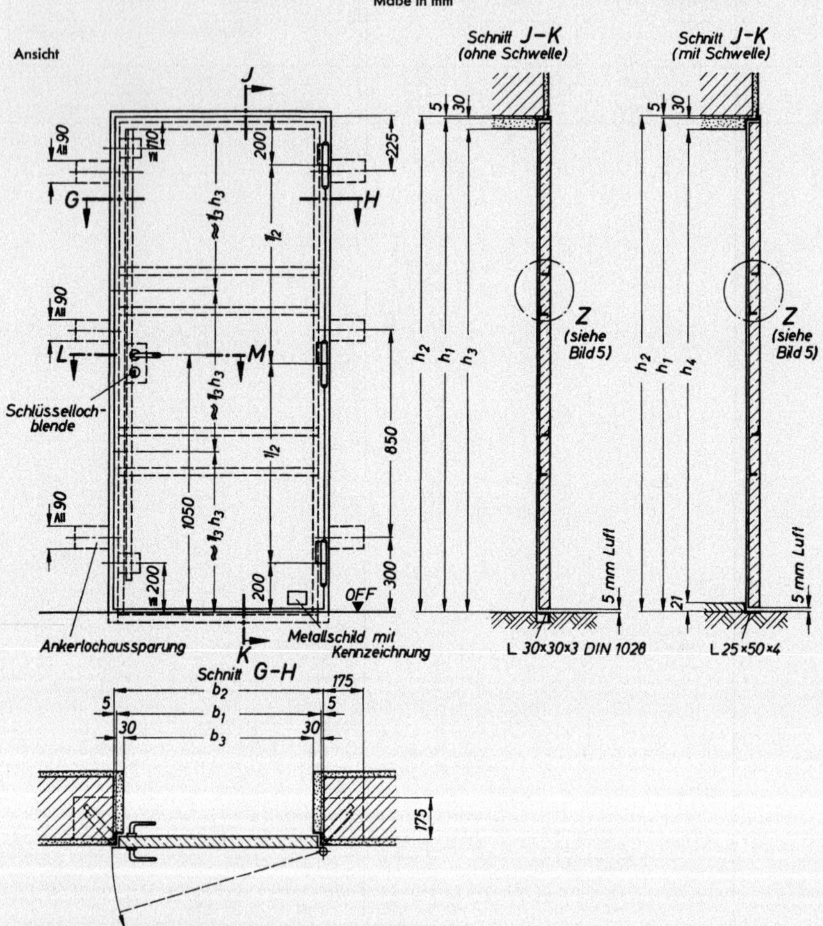

Bild 4. Darstellung einer Rechtstür (Linkstür spiegelbildlich)

Bezeichnungsbeispiel:

Bezeichnung einer einflügligen feuerhemmenden Stahltür (Fh 1-Tür) als Rechtstür (R) mit der Breite 1250 mm und der Höhe 2250 mm (Rohbau-Richtmaße) mit Dreifallen-Verriegelung, ohne Schwelle [6]):

Feuerschutztür Fh 1 R 1250 × 2250 DIN 18 082

[6]) siehe Seite 3

Tabelle 2. Breiten- und Höhenmaße

Rohbau-Richtmaß		lichtes Mauermaß		lichtes Durchgangsmaß		
b_1	h_1	b_2	h_2	b_3	ohne Schwelle h_3	mit Schwelle [6] h_4
875	**2125**	885	2130	815	2095	2075
1000		1010		940		
1250	**2250**	1260	2255	1190	2220	2200

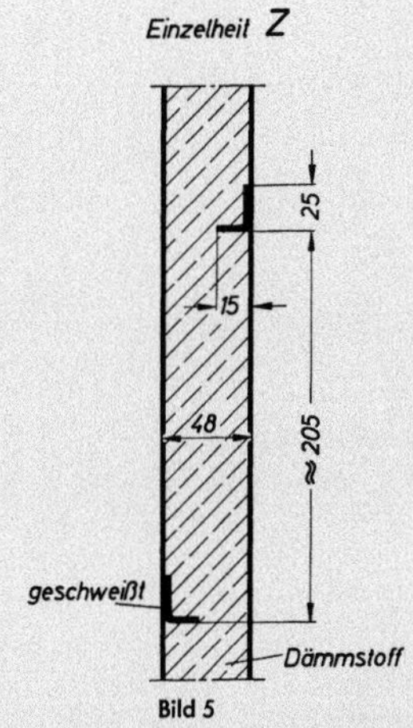

Bild 5

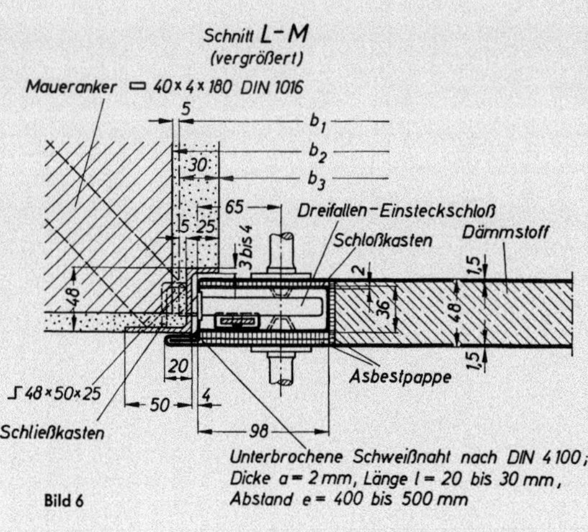

Bild 6

[6] siehe Seite 3

DIN 18082 Blatt 1 Seite 7

Verschluß für Türen nach Abschnitt 3.12 mit Rohbau-Richtmaßen über 1000 mm × 2000 mm

Maße in mm

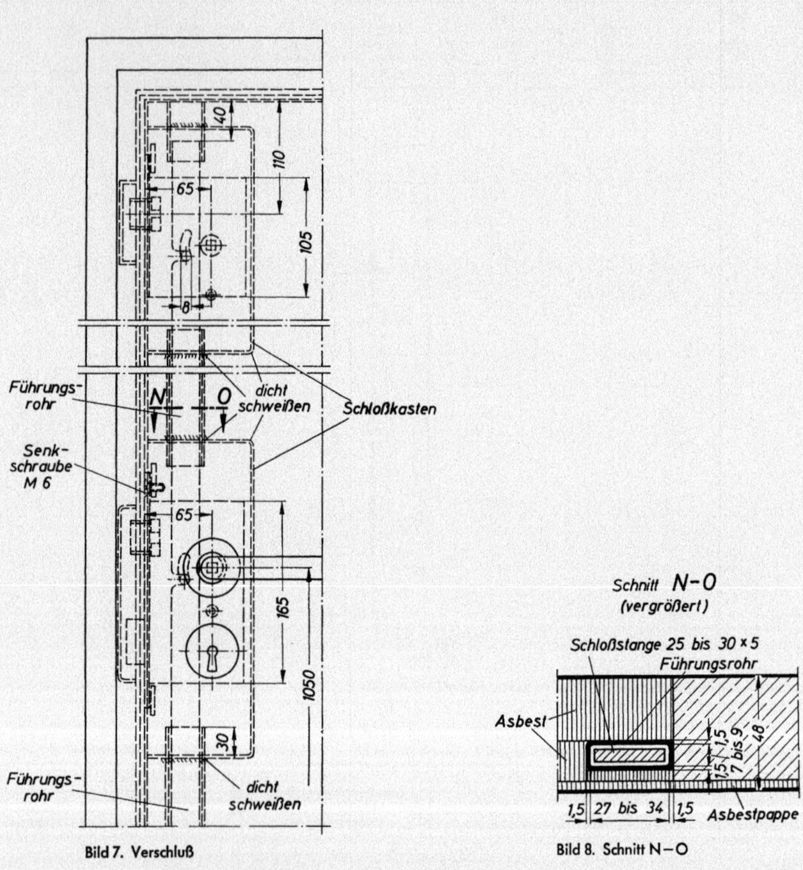

Bild 7. Verschluß

Bild 8. Schnitt N–O

Seite 8 DIN 18 082 Blatt 1

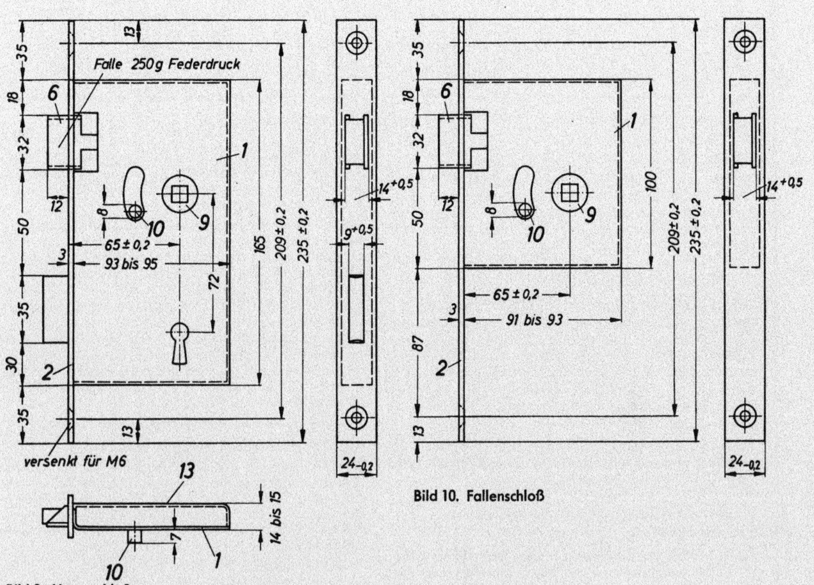

Bild 9. Hauptschloß

Bild 10. Fallenschloß

Stückliste

Lfd. Nr	Stückzahl	Benennung	Werkstoff
1	1	Grundblech	NPO DIN 1623
2	1	Stulp	St 37.12 DIN 1544
3	3 *)	Stulpniete	St 34.13 DIN 1613
4	1 *)	Doppelansatzdorn	9 S 20 K DIN 1651
5	2 *)	Gewindebuchse	9 S 20 K DIN 1651
6	1	Falle	GTW 35 DIN 1692
7	1 *)	Vierkantdorn	9 S 20 K DIN 1651
		für Fallenfeder	
8	1 *)	Fallenfeder	55 Si 7 DIN 17 222
9	1	Nuß	GTW 35 DIN 1692
10	1	Mitnehmerdorn	St 60.11 DIN 1611
11	1 *)	Vierkantdorn	9 S 20 K DIN 1651
		für Feder	
12	1 *)	Feder	55 Si 7 DIN 17 222
13	1	Deckblech	NPO DIN 1623
14	2 *)	Deckenschrauben	9 S 20 K DIN 631

*) In den Darstellungen nicht enthalten

DK 69.028.1 : 699.81 : 614.84 Februar 1969

Feuerhemmende einflügelige Stahltüren (T 30-1-Türen); Maße und Anforderungen	DIN 18082 Blatt 1

Fire retarding single wing steel doors (T 30-1-doors); dimensions and requirements

1. Begriff

Feuerhemmende einflügelige Stahltüren (T 30-1-Türen) sind selbstschließende Stahltüren, die den Festlegungen dieser Norm entsprechen und ohne besonderen Nachweis als feuerhemmend nach DIN 4102 „Brandverhalten von Baustoffen und Bauteilen" gelten [1]).

2. Maße und Gewichte

2.1. Rohbau-Richtmaße der Wandöffnungen

Die Breite des Rohbau-Richtmaßes darf 750 mm nicht unter- und 1250 mm nicht überschreiten; die Höhe des Rohbau-Richtmaßes darf 1750 mm nicht unter- und 2250 mm nicht überschreiten. Vorzugsmaße siehe Tabelle 1 und 2.

Bei Ausführung mit Schwelle (siehe Abschnitt 3.5.1) verringern sich die lichten Durchgangsmaße in der Höhe um 20 mm.

2.2. Das Gewicht des Türblattes je m² beträgt in der Regel bei Türen nach Abschnitt 3.1.1 etwa 30 kg, bei Türen nach Abschnitt 3.1.2 etwa 40 kg.

3. Beschreibung und Anforderungen

3.1. Türblatt

3.1.1. Türblätter für Türen mit den Rohbau-Richtmaßen bis 1000 mm × 2000 mm (siehe Bild 1) bestehen aus spannungsfrei gerichteten Feinblechen mindestens der Grundgüte TSt 10 03, zunderfrei, nach DIN 1623 Blatt 1, und zwar an der Bandseite von 1,5 mm, an der Gegenbandseite von 1 mm Dicke [2]). Sie werden zu einem Türkasten von 40 mm Dicke zusammengefalzt.

An der Schloßseite ist zur Aussteifung der Tür ein über die ganze Höhe des Türkastens reichender Bandstahl 37 mm × 4 mm eingeschweißt (siehe Schnitt *E-F*). Die Abstände der Schweißungen dürfen höchstens 300 mm betragen.

Dieser Bandstahl darf im Bereich des Türschlosses eine Aussparung lediglich in der Größe des Schloßkastens erhalten. Die Breite der Aussparung beträgt 17 mm.

Der Bandstahl ist zur Aufnahme des Schloßstulps so tief zu kröpfen, daß der Schloßstulp bündig mit der Stirnseite des Türblattes abschließt (siehe Abschnitt 3.3.2).

3.1.2. Türblätter für Türen mit den Rohbau-Richtmaßen über 1000 mm × 2000 mm (siehe Bild 2) bestehen aus zwei spannungsfrei gerichteten Feinblechen mindestens der Grundgüte TSt 10 03 zunderfrei, nach DIN 1623 Blatt 1 von je 1,5 mm Dicke, die zu einem Türkasten von mindestens 48 mm Dicke zusammengefalzt werden.

3.1.3. Die Türbleche nach den Abschnitten 3.1.1 und 3.1.2 sind in den Kastenecken und an den Falzecken (d. h. am Stoß der überfalzten Bleche) dicht zu verschweißen. Die Bleche sind an den Falzkanten (d. h. an der Umbördelung des Anschlagfalzes) an drei Seiten des Türblattes in Abständen von höchstens 500 mm, an der vierten, unteren Seite in Abständen von höchstens 200 mm durch etwa 2 mm dicke und 30 mm lange Schweißnähte zu verbinden (siehe Schnitte *E—F* und *L—M*). Die Falzkanten sind hinter den Bandoberteilen mindestens mit 2 Schweißnähten von je 30 mm Länge zu verbinden.

Jedes Türblech wird durch zwei waagerecht liegende, aufgeschweißte Winkelprofile von mindestens 2 mm Dicke ausgesteift. Bei Türen nach Abschnitt 3.1.1 müssen die freien Schenkel der Aussteifungen 15 mm lang sein (Bild 1 und Einzelheit *X*), bei Türen nach Abschnitt 3.1.2 müssen diese Schenkel 15 bis 20 mm lang sein (siehe Bild 2 und Einzelheit *Z*).

Bei Verwendung eines automatischen Türschließers (siehe Abschnitt 3.2) ist das Blech an der Bandseite durch ein aufgeschweißtes 4 mm dickes Blech zu verstärken, dessen Abmessungen und Lage sich nach den Angaben des Türschließer-Herstellers richten.

Die Türen dürfen keine Verglasung haben.

3.2. Türbänder und Türschließer

Die Tür wird in 3 stählerne Türbänder 180 mm × 14 mm × 4 mm eingehängt. Das obere Türband ist 200 mm von Oberkante Türkasten, das untere 200 mm von Unterkante Türkasten, das mittlere in der halben Türhöhe anzuschrauben oder anzuschweißen. Die Maße beziehen sich jeweils auf Bandmitte.

Es ist ein automatischer (federhydraulischer) Türschließer oder ein einstellbares Federband vorzusehen [3]). Das Federband [4]) ist an Stelle des mittleren Türbandes anzubringen. Blattfedern sind nicht zulässig. Der automatische Türschließer oder das Federband muß ein selbsttätiges Schließen sicherstellen.

3.3. Verschluß

Türen mit den Rohbau-Richtmaßen bis 1000 mm × 2000 mm nach Abschnitt 3.1.1 werden mit einem Einsteckschloß (siehe Bild 3) versehen. Türen, deren Rohbau-Richtmaß in der Breite oder in der Höhe über diese Grenzwerte hinausgehen, müssen mit einer Dreifallen-Verriegelung gemäß DIN 18 081 Blatt 1 versehen werden.

3.3.1. Verschluß für Türen nach Abschnitt 3.1.1

3.3.1.1. Schloß

Das Schloß ist ein Einsteckschloß nach Bild 3.

Es besitzt einen durch Abkanten allseitig geschlossenen Schloßkasten, der außen schutzlackiert oder mit einem gleichwertigen Überzug (z. B. durch Verzinken oder Kadmieren) als Rostschutz versehen sein muß.

---

[1]) Für feuerhemmende Türen, die dieser Norm nicht entsprechen, ist die Eignung nachzuweisen.

[2]) Die Verschiedenheit der Blechdicken des Türblattes ist für das Verhalten dieser Türen im Brand entscheidend und deshalb unbedingt einzuhalten

[3]) Über ihre Verwendung siehe Einführungserlasse der Länder für diese Norm

[4]) DIN 18 262 „Einstellbares, nichttragendes Federband für Feuerschutztüren" (z. Z. noch Entwurf)

Feuerhemmende einflügelige Stahltüren (T 30-1-Türen); Mineralfaser-Einlagen siehe DIN 18 082 Blatt 2

Fortsetzung Seite 2 bis 9
Erläuterungen Seite 9 bis 11

Fachnormenausschuß Bauwesen im Deutschen Normenausschuß (DNA)
Arbeitsgruppe Einheitliche Technische Baubestimmungen (ETB)

Frühere Ausgaben: 6.59

Änderung Februar 1969: Titel geändert. Inhalt vollständig überarbeitet und dem neuesten Stand angepaßt. Angaben zum Dreifallenverschluß gestrichen (Hinweis auf DIN 18 081 Blatt 1), Erläuterungen hinzugefügt.

Deutscher Normenausschuß, Berlin 30

Das Schloß ist mit scharfkantigem Stulp und ebener Stulpoberfläche zu liefern. Die Senklöcher im Stulp sind nicht durchgedrückt. Das Schloßblech ist am Stulp an mindestens 3 Stellen dauerhaft zu befestigen. Die Verbindungsstellen dürfen an der Stulpoberfläche nicht sichtbar sein. Die Falle darf in zurückgezogenem Zustande nicht mehr als 0,5 mm, die Riegelvorderkante — einschließlich Wölbung (Wellung) — in zurückgeschlossenem Zustande nicht mehr als 1,0 mm über die Stulpoberfläche vorstehen; in den Durchbrüchen im Stulp ist ein Spiel von höchstens 0,3 mm in Höhe und Breite zulässig. Die Anfangsfederkraft der selbstschließenden Falle muß mindestens 250 p bis höchstens 400 p betragen. Sie besitzt eine Fallenschräge von 45°, hat keine Rippe und ist nicht von rechts auf links oder umgekehrt umlegbar. Vorderkante von Falle und Riegel müssen gerade und parallel zum Stulp sein. Der Riegel muß verdeckt liegen.

Das Werk hat eine Höhe von mindestens 10 mm. Es enthält je eine Feder für Falle und Nuß. Die Nußhochhaltefeder muß 1,5 kg am 100 mm langen Hebel tragen.

Die Deckenschrauben zur Befestigung der Schloßdecken müssen gegen Lösen gesichert sein. Die Dicke des Schlosses, über alle vorstehenden Teile — außer Fallenkopf — gemessen, darf nicht mehr als 16,5 mm betragen.

Die Werkstoffe des Schlosses müssen den Angaben der Stückliste zu Bild 3 entsprechen.

Wenn nicht anders angegeben, wird das Schloß mit zwei Schlüsseln geliefert. Kennzeichnung des Schlosses siehe Abschnitt 6.1.

3.3.1.2. Einbau des Schlosses

Die Falle muß beim Schließen der Tür unabhängig von der Drückerbetätigung einfallen und mindestens 6 mm in die Zarge eingreifen. Ihre Anfangsfederkraft muß auch im eingebauten Zustande Abschnitt 3.3.1.1 entsprechen. Das Schloß ist mit dem Stulp bündig in die Tür einzulassen; er darf an keiner Stelle mehr als 0,5 mm vor- oder zurückstehen.

3.3.1.3. Schloßtasche

Das Schloß muß in einer bis auf die notwendigen — möglichst klein zu haltenden — Durchbrüche allseitig geschlossenen und staubdichten Schloßtasche aus 1 bis 2 mm dickem Blech liegen. Es ist in der Tasche gegen seitliche Bewegung zu sichern.

3.3.1.4. Asbestpappen-Verkleidung

Die Schloßtasche ist mit mindestens 2 mm dicken Asbestpappen zu verkleiden (siehe Schnitt *E–F*); es genügt eine Verkleidung der beiden großen Seitenflächen.

Der Hohlraum zwischen den Seitenflächen der Schloßtasche und den Türblechen muß mit Asbestpappen vollständig ausgefüllt sein.

Die Asbestpappen-Verkleidungen sind vor dem Schließen des Türkastens durch metallische Verbindungsmittel oder anorganische Kleber sorgfältig gegen Verrutschen zu sichern.

3.3.1.5. Beschläge und Drücker

Es können Langschilder oder Rosetten verwendet werden. Diese Beschläge werden mit mindestens 2 Schrauben am Türblatt befestigt. Das Drückerlager in Langschild oder Rosette muß mindestens 5 mm breit sein. Durchgehende Schlüssellöcher sind auf beiden Seiten durch eine selbständig schließende Schlüssellochblende abzudecken, die durch stählerne Verbindungsmittel mit dem Schild verbunden sein müssen. Langschild, Rosette und Schlüssellochblende sind aus Stahlblech, Gußeisen (Grauguß) oder Temperguß herzustellen; sie dürfen mit einem Überzug aus anderen Werkstoffen versehen sein.

Auf beiden Seiten muß ein Drücker mit Bund, der das Drückerlager abdeckt, vorhanden sein. Der Drückeransatz muß im Drückerlager geführt sein. Der Drückervierkant muß aus Stahl sein. Sofern Drücker aus unterhalb 1000 °C schmelzenden Werkstoffen verwendet werden, müssen sie einen mit dem Vierkant verbundenen Stahlkern enthalten, der annähernd bis zum Ende des Drückergriffs durchgezogen ist. Der Stahlkern muß so beschaffen sein, daß eine Drückerbetätigung auch nach Brandbeanspruchung möglich ist.

3.3.2. Verschluß für Türen nach Abschnitt 3.1.2

Bei Türen nach Abschnitt 3.1.2 muß der Verschluß das Türblatt an drei Stellen mit der Zarge verbinden und DIN 18 081 Blatt 1, Ausgabe Februar 1969, Abschnitt 3.3, in allen Einzelheiten entsprechen.

3.4. Dämmstoff

Die Dämmstoffeinlagen müssen aus Mineralfasern bestehen, mindestens 37 mm (für Türen nach Abschnitt 3.1.1) bzw. 45 mm (für Türen nach Abschnitt 3.1.2) dick sein und DIN 18 082 Blatt 2 entsprechen. Die Einlagen müssen hinsichtlich ihres Flächengewichtes und ihrer Dicke im eingebauten Zustande den Angaben eines Prüfungszeugnisses einer amtlichen Prüfstelle entsprechen, das nicht älter als ein Jahr ist.

Die Mineralfaser-Einlagen dürfen während des Transportes, der Lagerung und des Einbaus weder zusammengerollt noch geknickt werden. Die Einlagen sind lufttrocken und ungeteilt einzubauen und dürfen an den Aussteifungswinkeln der Tür nicht eingeschnitten werden; sie müssen die gesamte Fläche des Türkastens ausfüllen.

Bei Türkästen von mehr als 1000 mm Breite ist ein senkrechter Stoß der Matten zulässig. Um in diesem Falle ein festes Aneinanderliegen der beiden Mattenteile zu gewährleisten, ist am Stoß eine Zugabe von mindestens 10 mm erforderlich. Die Drahtgewebe der beiden Mattenteile müssen durch Bindedraht miteinander verbunden sein.

3.5. Zarge

3.5.1. Die Zarge besteht aus gewalztem oder kaltgezogenem oder gepreßtem Z-Stahl 40 mm × 25 mm × 3 mm bis 4 mm für Türen nach Abschnitt 3.1.1 mit 40 mm dicken Türblättern (siehe Schnitt *E–F*) und mindestens 48 mm × 50 mm × 25 mm × 3 mm bis 4 mm für Türen nach Abschnitt 3.1.2 mit 48 mm dicken Türblättern (siehe Schnitt *L–M*). Eine größere Türblattdicke als 48 mm erfordert Zargenprofile mit entsprechend längerem Steg. Die Zargenenden sind bei Ausführung ohne Schwelle durch Winkelstahl mindestens 30 × 3 nach DIN 1028 oder DIN 59 370 zu verbinden. Eine Schwelle kann in besonderen Fällen erforderlich sein[5]). Bei Ausführung mit Schwelle ist hochkant ein Flachstahl anzuschweißen (siehe Bild 1 und 2).

3.5.2. Die Schließlöcher in der Zarge sind so anzuordnen, daß Falle und Riegel einen Spielraum nach oben von mindestens 5 mm und nach unten von mindestens 10 mm haben (siehe Bild 4).

Die Durchbrüche in der Zarge für Falle und Riegel sind mit Schutzkästen zu versehen.

3.5.3. An jedes der beiden seitlichen Zargenprofile sind 3 flachgestellte Maueranker aus Bandstahl 40 × 4 nach DIN 1016 angeschweißt (siehe Bild 1 und 2).

Anstelle des 4 mm dicken Bandstahls dürfen auch 2 Bandstähle von je 2 mm Dicke angebracht werden (siehe Schnitt *E–F*).

Die freien Enden der Maueranker müssen vom Hersteller der Tür mindestens 10 mm rechtwinklig abgekantet oder mindestens 25 mm lang aufgeschlitzt und um etwa 45° nach oben und unten abgebogen oder gewellt (mindestens eine volle Welle von 10 mm Höhe) sein.

---

[5]) Diese Fälle können gegeben sein, wenn es sich um den Abschluß von Räumen handelt, in denen rauchempfindliche Waren, Lebensmittel, Textilien und dgl. lagern.

3.6. Rostschutz

Sämtliche Metallteile sind allseitig vor dem Zusammenbau mit einem Rostschutz zu versehen; die Zarge mindestens insoweit, als sie nicht eingeputzt wird. Anstelle von Rostschutzfarben kann auch eine Verzinkung angebracht werden.

4. Einbau

4.1. Die Zarge wird mit ihren flachgestellten Ankern nach dem Höhenriß ausgerichtet und lotrecht in der Wand befestigt. Sie ist voll und bündig einzuputzen. Um einen einwandfreien Arbeitsablauf zu erreichen, ist es zweckmäßig, die Löcher für die Anker in der Wand auszusparen.

4.2. Falls die Feuerschutztür in eine Wand von weniger als 240 mm Dicke oder in eine Wand aus Baustoffen geringerer Festigkeit eingebaut wird (Druckfestigkeit unter 100 kp/cm²), ist die Zarge in Pfeiler und einen Türsturz aus Vollsteinen von mindestens 100 kp/cm² Druckfestigkeit einzusetzen. Die Pfeiler sollen einen Querschnitt von mindestens 240 mm × 240 mm haben, in die Wand einbinden und bis zur Decke hochgeführt werden. Sie sind in Mörtel der Mörtelgruppe II (nach DIN 1053 „Mauerwerk; Berechnung und Ausführung") zu mauern. Die Pfeiler und Türstürze dürfen wahlweise auch aus Beton mindestens der Güte B 160 nach DIN 1045 „Bestimmungen für Ausführung von Bauwerken aus Stahlbeton" gefertigt werden.

5. Gütesicherung

Zur Gütesicherung haben die Hersteller von Türen, Schlössern und Dämmstoffen nach dieser Norm die Güte ihrer Erzeugnisse selbständig zu überwachen und zu prüfen (Eigenüberwachung). Sie haben sich ferner einer Fremdüberwachung zu unterziehen. Der Eigenüberwachung und der Fremdüberwachung sind die Forderungen dieser Norm zugrunde zu legen.

Zur Gütesicherung der Dämmstoffe siehe Blatt 2 dieser Norm.

5.1. Eigenüberwachung

Im Rahmen der Gütesicherung hat der Schloßhersteller aus seiner laufenden Produktion von je 500 Stück der gefertigten Schlösser mindestens 1 Stück wahllos zu entnehmen und auf Übereinstimmung mit den Forderungen des Abschnittes 3.3.1 sowie den Angaben des Bildes 3 zu überprüfen. Die Überprüfung hat sich auf die für Funktion und Einbau der Schlösser wesentlichen Maße und Werte zu erstrecken.

Der Türenhersteller hat von den in der Fertigung befindlichen Türblättern und Zargen bei großen Fertigungsserien an jedem Arbeitstage mindestens 1 Stück, bei nicht ständig laufender Fertigung je 50 Feuerschutztüren mindestens 1 Stück wahllos zu entnehmen und auf Übereinstimmung mit den Forderungen des Abschnittes 3 zu überprüfen.

Von den verwendeten Mineralfaser-Einlagen sind vom Türenhersteller bei Anlieferung der Einlagen 1 Stück je 500 Einlagen, mindestens aber 2 Stück je Lieferung wahllos zu entnehmen und hinsichtlich ihres Flächengewichtes (ermittelt an der ganzen Einlage) zu überprüfen.

Einlagen, deren Flächengewicht nicht mit den Angaben des Prüfzeugnisses (siehe Abschnitt 3.4) übereinstimmt oder die bei der Lagerung beschädigt wurden, sind von der Verwendung auszuschließen.

Sämtliche Prüfungsergebnisse der Eigenüberwachung sind schriftlich niederzulegen; die Niederschriften sind der die Fremdüberwachung durchführenden Stelle unaufgefordert vorzulegen und 5 Jahre lang aufzubewahren.

5.2. Fremdüberwachung

Die normgerechte Ausführung und die ordnungsmäßige Durchführung der Eigenüberwachung sind bei Feuerschutztüren mindestens halbjährlich, bei Schlössern mindestens einmal im Jahr zu überprüfen. Zum Nachweis einer Fremdüberwachung hat jeder Hersteller von Schlössern und Türen nach dieser Norm einen Überwachungsvertrag mit einer anerkannten Güteschutzgemeinschaft oder mit einer anerkannten Materialprüfstelle abzuschließen.

6. Kennzeichnung

6.1. Auf den Stulp jedes Schlosses für Türen nach Abschnitt 3.1.1 dieser Norm müssen das Herstellerzeichen und „DIN 18 082" eingeschlagen sein. Schlösser für Türen nach Abschnitt 3.1.2 dieser Norm müssen entsprechend DIN 18 081 Blatt 1, Ausgabe Februar 1969, Abschnitt 6.1 gekennzeichnet sein.

6.2. Die Mineralfaser-Einlagen für 40 mm dicke Türblätter für Türen nach Abschnitt 3.1.1 müssen durch einen gelben Beilauffaden oder gelbe Kennfarbe, die Einlagen für Türen nach Abschnitt 3.1.2 durch einen grünen Beilauffaden oder grüne Kennfarbe gekennzeichnet sein.

Sämtliche Einlagen müssen mit einem Zettel versehen sein, der Angaben über Hersteller, Herstelljahr, Sortenbezeichnung, Auslieferungsgröße und Gewicht enthält (siehe DIN 18 082 Blatt 2).

Auf der Verpackung müssen die Herstellerfirma, das Herstelljahr, die Bezeichnung „Mineralfaser-Einlagen nach DIN 18 082 Blatt 2", die Kennfarbe sowie ein Gütesicherungsvermerk angegeben sein.

6.3. An jeder Tür ist vom Hersteller ein Schild 52 mm × 105 mm aus Stahlblech mit 4 Schweißungen oder Nieten aus Stahl anzubringen. Dieses Kennzeichnungsschild trägt erhöht eingeprägt den Namen des Herstellers oder ein ihm zugewiesenes Hersteller-Kennzeichen[6]), das Herstelljahr, den Vermerk der Gütesicherung und die Bezeichnung „T 30-1-Tür DIN 18 082".

Der Name des Herstellers darf über dem Schild 52 mm × 105 mm auch auf einem zweiten Stahlblechschild angegeben werden, das 105 mm breit und mindestens 26 mm hoch sein muß. Das zweite Schild ist an den vier Ecken ebenso mit dem Türblech zu verbinden wie das erste.

Wird die Tür nicht durch die Herstellerfirma vertrieben, so darf zusätzlich ein Schild aus Stahlblech mit dem Namen der Vertriebsfirma angebracht werden.

---

[6]) Siehe Erlasse der Länder zu dieser Norm

Türen DIN 18 082 mit Rohbau-Richtmaßen bis 1000 mm × 2000 mm (mit einfachem Einsteckschloß)

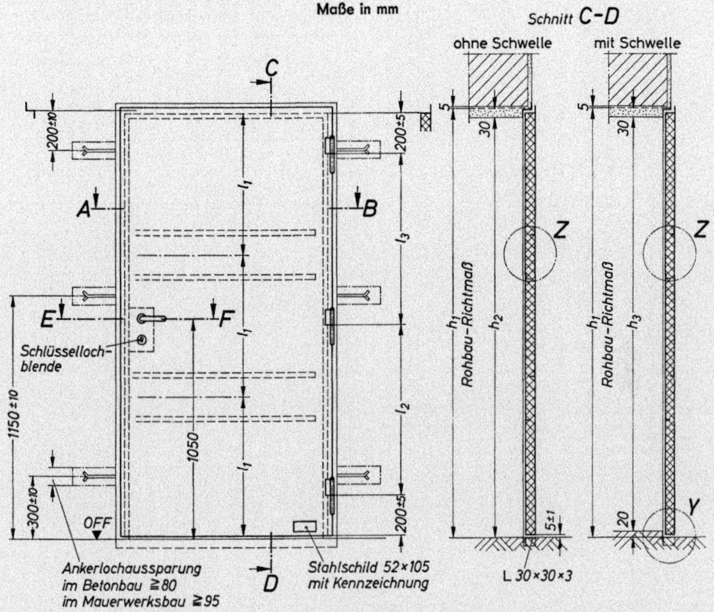

$l_1 \approx {}^1/_3$ Türblatthöhe; $l_2 = l_3$

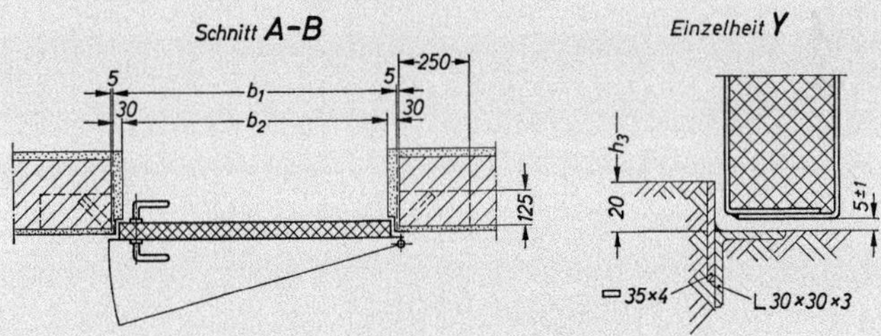

Einzelheit *Z* und Schnitt *E–F* siehe Seite 5

Bild 1. Rechtstür (Linkstür spiegelbildlich) mit Rohbau-Richtmaß bis 1000 mm × 2000 mm

Bezeichnung einer feuerhemmenden einflügeligen Stahltür (T 30-1-Tür) als Rechtstür (R) für eine Breite b_1 = 875 mm und eine Höhe h_1 = 2000 mm (Rohbau-Richtmaße) mit einfachem Einsteckschloß, ohne Schwelle:

Feuerschutztür T30-1 R 875 × 2000 DIN 18 082

Ausführung mit Schwelle bei Bestellung besonders vereinbaren

DIN 18 082 Blatt 1 Seite 5

Einzelheit Z

≈25
≧2
15±1
200±10
geschweißt
Dämmstoff
Mineralfaser-Einlagen
nach DIN 18082 Blatt 2
40

Tabelle 1.

Breiten- und Höhenmaße (Vorzugsmaße) von Türen bis 1000 mm × 2000 mm Rohbau-Richtmaß

Rohbau-Richtmaß		lichtes Durchgangsmaß		
			ohne Schwelle	mit Schwelle
b_1	h_1	b_2	h_2	h_3
875	2000	815	1970	1950
1000	2000	940	1970	1950

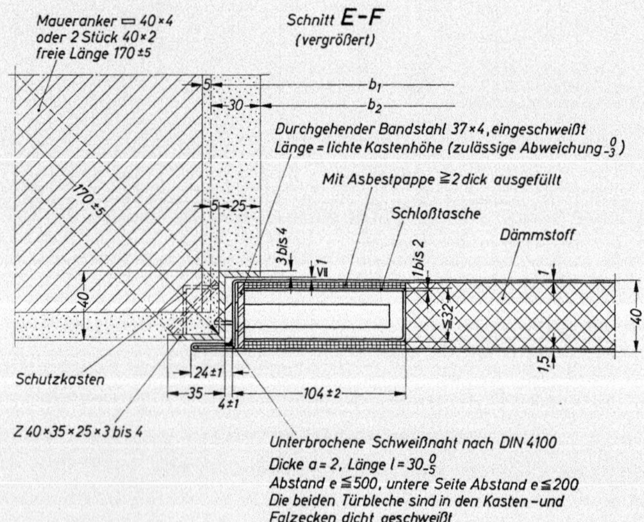

Türen DIN 18 082 mit Rohbau-Richtmaßen über 1000 mm × 2000 mm (mit Dreifallen-Verriegelung)

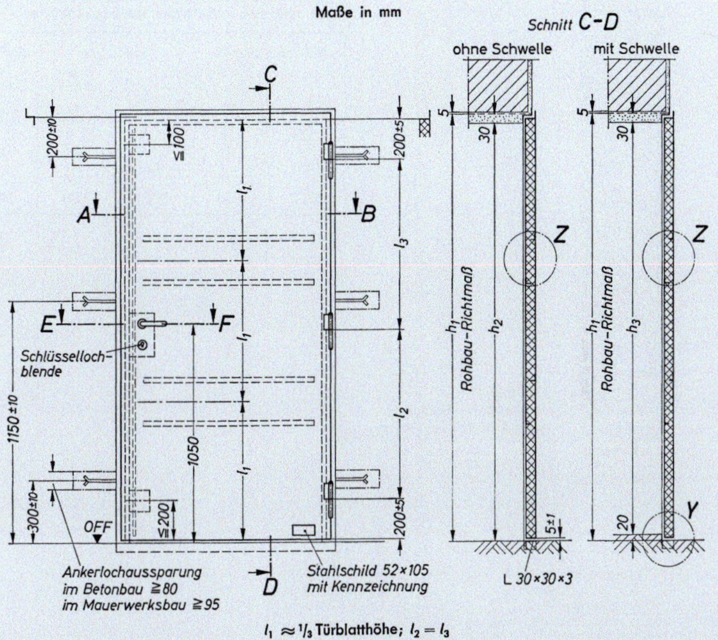

$l_1 \approx {}^1/_3$ Türblatthöhe; $l_2 = l_3$

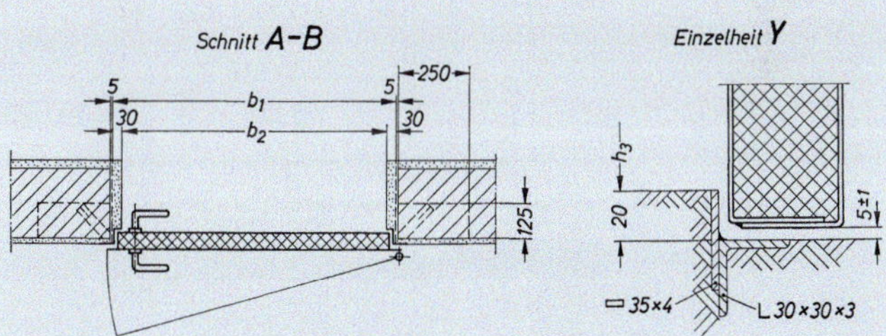

Einzelheit Z und Schnitt E–F siehe Seite 7

Bild 2. Rechtstür (Linkstür spiegelbildlich)

Bezeichnung einer feuerhemmenden einflügeligen Stahltür (T 30-1-Tür) als Rechtstür (R) für eine Breite b_1 = 1250 mm und eine Höhe h_1 = 2250 mm (Rohbau-Richtmaß) mit Dreifallen-Verriegelung ohne Schwelle:

Feuerschutztür T30-1 R 1250 × 2250 DIN 18 082

Ausführung mit Schwelle bei Bestellung besonders vereinbaren

DIN 18 082 Blatt 1 Seite 7

Einzelheit Z

≧2
≈25
15 bis 20
200±10
geschweißt
Dämmstoff
Mineralfaser-Einlagen
nach DIN 18082 Blatt 2
≧48*)

Tabelle 2.

Breiten- und Höhenmaße (Vorzugsmaße) von Türen über 1000 mm × 2000 mm Rohbau-Richtmaß

Rohbau-Richtmaß		lichtes Durchgangsmaß		
			ohne Schwelle	mit Schwelle
b_1	h_1	b_2	h_2	h_3
875	2125	815	2095	2075
1000		940		
1250	2250	1190	2220	2200

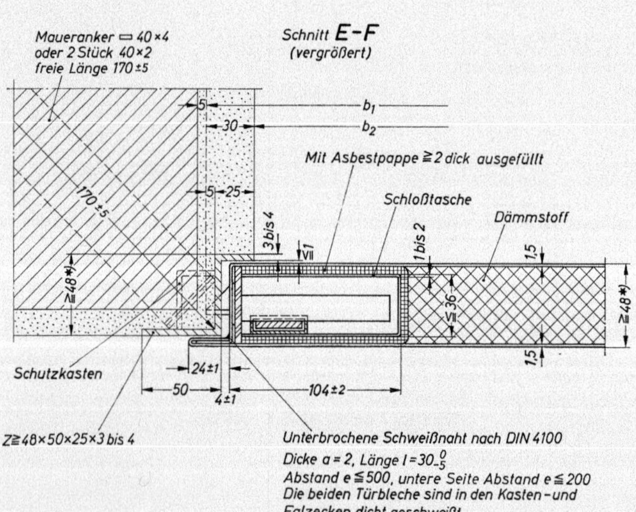

Einzelheiten zur Ausbildung des Verschlusses und der Schlösser siehe DIN 18 081 Blatt 1

*) Größere Türblattdicke als angegebenes Mindestmaß erfordert Zargenprofile mit entsprechend längerem Steg

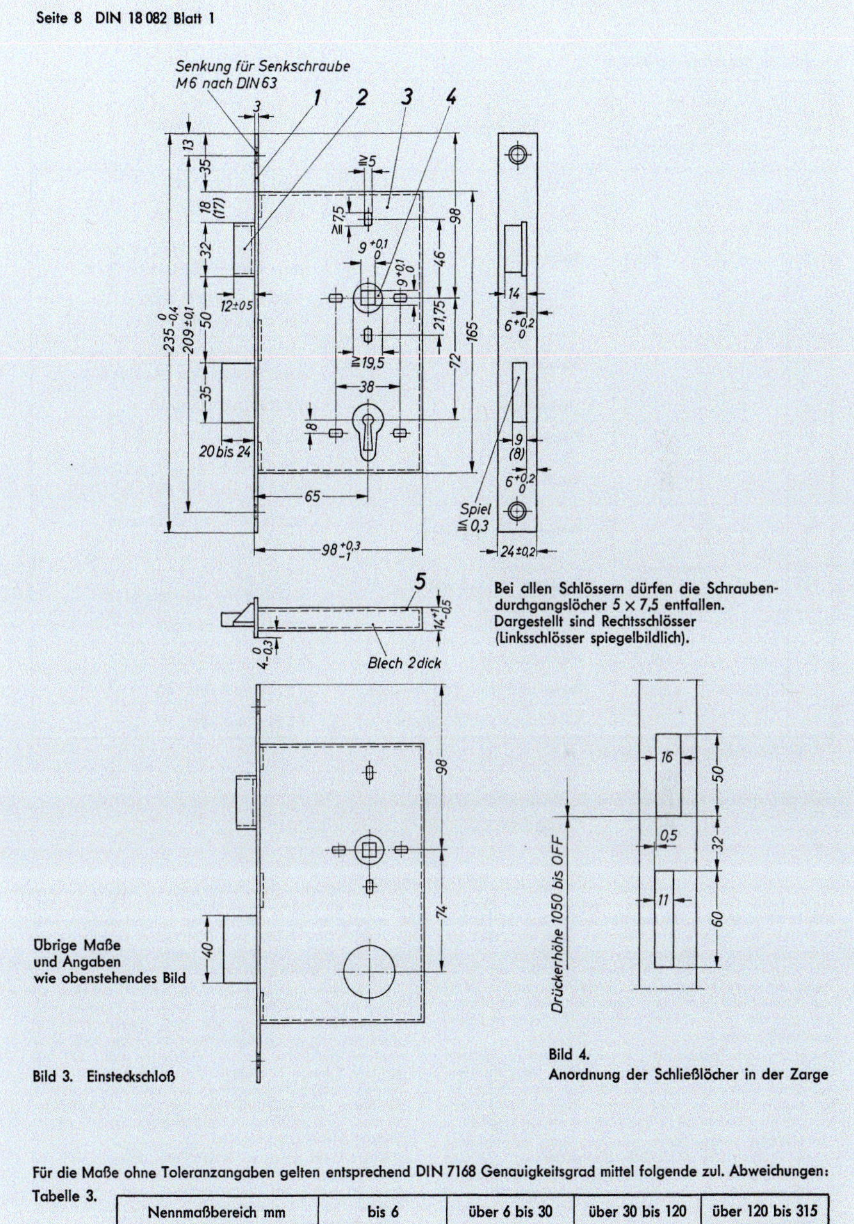

Bei allen Schlössern dürfen die Schraubendurchgangslöcher 5 × 7,5 entfallen. Dargestellt sind Rechtsschlösser (Linksschlösser spiegelbildlich).

Übrige Maße und Angaben wie obenstehendes Bild

Bild 3. Einsteckschloß

Bild 4. Anordnung der Schließlöcher in der Zarge

Für die Maße ohne Toleranzangaben gelten entsprechend DIN 7168 Genauigkeitsgrad mittel folgende zul. Abweichungen:

Tabelle 3.

Nennmaßbereich mm	bis 6	über 6 bis 30	über 30 bis 120	über 120 bis 315
zulässige Abweichungen	±0,1	±0,2	±0,3	±0,5

Tabelle 4. **Stückliste zu Bild 3**

Lfd. Nr	Stückzahl		Benennung	Werkstoff (Halbzeug)
	Hauptschloß	Fallenschloß		
1	1	1	Stulp	Stahl nach DIN 1652
2	1	1	Falle	GTW 35 nach DIN 1692
3	1	1	Schloßblech	TSt 10 03 nach DIN 1623; zu verwenden: Band NK nach DIN 1544 – St 1 LGD
4	1	1	Drückernuß	GTW 35 nach DIN 1692 TSt 10 03 nach DIN 1623
5	1	1	Schloßdecke	TSt 10 03 nach DIN 1623; zu verwenden: Band NK nach DIN 1544 – St 1 LGD
6	1	1	Vierkantdorn	9 S 20 K nach DIN 1651
7	3	2	Stulpniet *)	USt 36-2 nach DIN 17 111
8	1	1	Riegel	TSt 10 03 nach DIN 1623; zu verwenden: Band NK nach DIN 1544 – St 1 LGD
9	1	1	Fallenfeder (gehärtet)	55 Si 7 nach DIN 17 221 oder 55 Si 7 nach DIN 17 222
10	1	1	Feder (gehärtet)	CK 53 nach DIN 17 222 X 12 CrNi 17 7 nach DIN 17 225
11	1	1	Doppelansatzdorn	9 S 20 K nach DIN 1651
12	mind. 3	mind. 2	Gewindebüchse	9 S 20 K nach DIN 1651
13	mind. 3	mind. 2	Deckenschrauben (Senkschrauben)	9 S 20 K nach DIN 1651
14	1	1	Vierkantdorn für Fallenfeder	9 S 20 K nach DIN 1651

*) Bei Schweißung keine Stulpniete

Bezeichnung eines Einsteckschlosses (E), Rechtsschloß, mit 2 Schlüsseln:

Einsteckschloß E DIN 18 082 – rechts

Erläuterungen

Nach Einführung der ersten Ausgaben der Normen DIN 18 081 (Oktober 1953) und DIN 18 082 (Juni 1959) haben sich dem Bau von Feuerschutztüren auch Hersteller zugewandt, die keine oder nur geringe Erfahrungen auf diesem Gebiet hatten. Da die Normen zunächst absichtlich wenig einengende Forderungen enthielten, wurden leider von diesen Herstellern häufig Feuerschutztüren angefertigt, die nicht die vorgesehenen brandschutztechnischen Eigenschaften besaßen.

Der FNBau-Arbeitsausschuß „Feuerschutztüren" hat deshalb die Normen überarbeitet und ergänzt. Nach den inzwischen bei vielen Gütesicherungs-Überprüfungen gesammelten Erfahrungen schien es unumgänglich, Text und Bilder eingehender zu fassen und Fertigungstoleranzen anzugeben.

Die Normen wurden ferner erweitert durch eine ausführlichere Fassung des Abschnittes „Gütesicherung", da dies von den zuständigen Fachkommissionen der ARGEBAU (Arbeitsgemeinschaft der für das Bau-, Wohnungs- und Siedlungswesen zuständigen Minister der Länder) für notwendig gehalten wurde.

Dadurch und durch die Aufnahme von Festlegungen für die einzubauenden Schlösser sind die Normen wesentlich umfangreicher geworden. Um ihren Inhalt übersichtlich zu halten, werden einige beim Bau von Feuerschutztüren nach DIN 18 081, DIN 18 082 und DIN 18 084 zu beachtende Punkte, die auch allgemein für Feuerschutztüren anderer Bauart gelten, nachfolgend angeführt:

a) Die Normen sind aufgestellt nach Brandversuchen an Türen bestimmter Bauart und Größe. Bei diesen Versuchen hat sich herausgestellt, daß die bei einer bestimmten Türgröße gesammelten Erfahrungen nicht ohne weiteres auf Türen anderer Größe — auch nicht auf kleinere Türen — übertragen werden können. Die in den Normen angegebenen oberen und unteren Grenzwerte für Breite und Höhe dürfen also nicht überschritten werden, auch nicht, wenn die Konstruktionsmerkmale im übrigen beibehalten werden.

   Kleinere oder größere Türen dürfen deshalb nicht als Türen nach diesen Normen bezeichnet werden; ihre Eignung ist gesondert nachzuweisen. Auch gelten diese Normen nicht für waagerechte Raumabschlüsse, z. B. Bodenlukenklappen.

b) Feuerschutztüren sollen die Öffnungen in Brandabschnitte bildenden Wänden so verschließen, daß ein Schadensfeuer nicht durchtreten kann. Sie dürfen — um ein Durchzünden zu verhindern — unter der Einwirkung eines Brandes auf der dem Feuer abgekehrten Seite nur eine gewisse Temperaturerhöhung erfahren.

Der für die zulässige Temperaturerhöhung nach Erfahrungswerten festgelegte Grenzwert wird in jedem Falle weit überschritten, wenn die Tür mit einer Verglasung versehen ist. Um der Gefahr des Durchzündens eines Schadensfeuers durch Strahlung vorzubeugen, wird deshalb in den Normen ausdrücklich erwähnt, daß die Türen keine Verglasung haben dürfen.

c) Ein Schadensfeuer kann auch durch Fugen und Spalte, z. B. zwischen Türblatt und Zarge, übertragen werden. Um dies zu verhindern und um sicherzustellen, daß die Schloßfallen richtig in die Zarge eingreifen, müssen die Abmessungen des Türkastens und der Zarge so aufeinander abgestimmt sein, daß die zulässige Spaltbreite (4 mm ± 1 mm seitlich und oben bzw. 5 mm ± 1 mm an der Schwelle) nicht überschritten wird. Die Spaltbreite darf aber auch nicht wesentlich geringer als gefordert sein, damit nicht bei einer geringen Verformung der Tür möglicherweise das selbsttätige Zufallen unmöglich wird.

Das sorgfältige Abstimmen der Abmessungen aufeinander ist nur möglich, wenn Türblatt und Zarge gleichzeitig hergestellt und zusammen ausgeliefert werden. Es ist deshalb — auch wenn dies in den Normen nicht ausdrücklich erwähnt ist — grundsätzlich unzulässig, einzelne Türblätter oder Zargen als Türen oder Zargen nach diesen Normen zu kennzeichnen und auszuliefern.

Einzeln angelieferte Türblätter und Zargen von Feuerschutztüren dürfen nicht zum Zweck des baulichen Brandschutzes verwendet werden, auch nicht, wenn sie vom gleichen Hersteller stammen.

Aus gegebener Veranlassung wird ferner darauf hingewiesen, daß es nicht zulässig ist, eine Tür nachträglich zu verändern, z. B. durch Kürzen des Türblattes oder Anbringen von Zusatzkonstruktionen am Türblatt oder an der Zarge.

d) Die bezüglich der Verschweißung der Türbleche gestellten Forderungen sollen zur Folge haben, daß das Türblatt ausreichend steif ist und daß ein möglichst geringer Luftaustausch von der freien Atmosphäre zum Innern des Türkastens stattfindet, um die Gefahr einer Korrosion durch Kondensationsfeuchtigkeit herabzumindern.

Es liegt im Sinne dieser Forderung, daß auch andere Durchbrüche in den Türblechen, z. B. zum Einstecken von Bandlappen, möglichst klein gehalten und dichtgeschweißt werden. Die Eignung einer Punktschweißung als alleiniges Verbindungsmittel der Türkastenbleche ist für Türen dieser Bauart bisher nicht nachgewiesen worden.

e) Nach dieser Norm hergestellte Feuerschutztüren mit Federbändern, deren Ausbildung nicht DIN 18 262 „Einstellbares, nichttragendes Federband für Feuerschutztüren" (z. Z. noch Entwurf) entspricht, entsprechen nicht den Festlegungen dieser Norm; ihre Eignung ist nachzuweisen.

f) Die Schloßtaschen müssen staubdicht sein, um zu verhindern, daß wichtige Teile des Schlosses durch feine Bestandteile verschmutzt werden, die sich bei häufigem Gebrauch einer Feuerschutztür von den Dämmstoffen lösen. Der Begriff „staubdicht" konnte bisher nicht festgelegt werden, weil der notwendige Grad der Dichtheit von der Größe der Dämmstoffteilchen abhängt. Bei der Verwendung von Einlagen mit sehr dünnen und kurzen Mineralfasern ist an die Dichtheit der Schloßtaschen ein strengerer Maßstab anzulegen als bei der Verwendung von Einlagen aus langen Mineralfasern. Bei der Gefahr des Auftretens feiner pulverförmiger Bestandteile dürfen Spalte oder Stoßfugen an der Schloßtasche nicht so groß sein, daß solche Teile durchgerüttelt werden können. Wenn sich im Türkasten langfaserige Mineralfaser-Einlagen befinden, dürfen an der Schloßtasche keine Fugen sein, die breiter als 0,2 mm und länger als 50 mm sind. Es ist nicht zulässig, das Abdichten von Spalten oder Fugen an der Schloßtasche nur mit Hilfe der zur Wärmedämmung eingelegten Asbestpappe zu bewirken.

g) Das Führungsrohr für die Schloßstange der Dreifallen-Verriegelung muß staubdicht sein, damit sich die Schloßstange nicht bei Verschmutzung des Rohres festklemmt. Der Arbeitsausschuß „Feuerschutztüren" hält es für erforderlich, Führungsrohre, in welche die Schloßstange von oben eingeführt wird, oben so abzudichten, daß kein Staub eindringen kann. Bei Führungsrohren, die am unteren Rande des Türkastens offen sind, braucht die untere Öffnung nicht abgedichtet zu werden, weil angenommen werden kann, daß der hier gegebenenfalls eindringende Staub sich nicht festsetzt.

h) Beim Zusammenbau des Türkastens sind Wärmebrücken zu vermeiden. Es ist also nicht zulässig, Türschließer in das Türblatt einzubauen, zusätzliche durchgehende Aussteifungen für die Türbleche einzusetzen, Schloßtaschen mit anderen Abmessungen als in den Normen angegeben zu verwenden oder am Türblatt außen Verstärkungen anzubringen mit Hilfe von Schrauben oder Niete, die beide Türbleche miteinander verbinden (Ausnahme: Hülsenschrauben zur Befestigung der Langschilder oder Rosetten).

Wärmebrücken können auch entstehen, wenn die Schloßtaschenisolierung nicht hinreichend sicher am Blech der Taschen befestigt ist, so daß sie sich während des Transports oder bei Benutzung der Türen verlagert. Die Asbestpappen sind mit Hilfe metallischer Verbindungsmittel oder geeigneter Kleber zu befestigen. Die Verwendung von Klebestreifen oder Gummibändern ist nicht zulässig.

i) Mineralfaser-Einlagen dürfen nicht so gelagert werden, daß ihre Dämmwirkung dauernd beeinträchtigt wird oder daß sie Stoffe aufnehmen können, die sich nach dem Zusammenbau der Tür schädigend auswirken.

Sie sollen deshalb trocken (möglichst in einem geschlossenen Raum) und so gelagert werden, daß sie nicht beschädigt oder bleibend verdichtet werden können. Es hat sich als zweckmäßig erwiesen, auf Drahtgeflecht gesteppte Mineralfaser-Einlagen mit Holzbeilagen so zu verpacken, daß sie aufrechtstehend transportiert werden können. Es dürfen jedoch — gegebenenfalls unter Verwendung von Distanzstücken — nur soviel Mineralfaser-Einlagen übereinander gelagert oder verpackt werden, daß die geforderte Mindestdicke unmittelbar nach Entlastung noch gewährleistet ist.

j) Da die Dämmwirkung von Mineralfaser-Einlagen beim Herstellen, gewollt oder ungewollt, von vielen Faktoren beeinflußt werden kann, sind die Hersteller dieser Einlagen zu einer strengen Eigenkontrolle verpflichtet. Sie haben immer wieder nachzuweisen, mit welchem Flächengewicht die Einlagen die hinsichtlich der Dämmwirkung gestellten Forderungen erfüllen.

Wegen der besonderen Wichtigkeit dieses Punktes sind auch die Verarbeiter zu stichprobenartigen Überprüfungen der Einlagen verpflichtet.

k) Die Normen enthalten keine Aussagen über Umfassungszargen, da deren Eignung bei Feuerschutztüren bisher nicht nachgewiesen ist. Es ist nicht zulässig, Feuerschutztüren nach DIN 18 081, DIN 18 082 und DIN 18 084 mit anderen, als den in diesen Normen geforderten Zargen zu versehen. Es ist ebenfalls nicht zulässig, mit den vorgeschriebenen Zargenprofilen andere Teile als die in den Normen angegebenen Maueranker, Schutzkästen, Bänder und Türschließer-Bestandteile zu verbinden. Für jeden konstruktiven Zusatz zur genormten Zargen-Ausführung ist ein Eignungsnachweis erforderlich.

Die Verbraucher sind in geeigneter Weise darauf hinzuweisen, daß die Türen nur dann die vorgesehene

Schutzwirkung besitzen, wenn die Zarge voll eingeputzt ist.

l) Der Rostschutz — auch im Inneren des Türkastens — muß lückenlos sein. Ein ungeschützter Streifen zwischen Türblech und Aussteifungswinkel wird noch hingenommen, wenn der Anschluß zwischen Türblech und angeschweißtem Winkel gut mit Rostschutzfarbe abgedichtet wird.

Der Rostschutz im Inneren des Türkastens ist mangelhaft, wenn die Mineralfaser-Einlage in die noch feuchte Farbe gelegt und dabei der Farbfilm stellenweise abgewischt oder beschädigt wurde.

m) Das selbsttätige Schließen der Tür ist nicht sicher gewährleistet, wenn die Bänder so angebracht sind, daß sie nicht genau fluchten oder wenn das Federband einen schleifenden Lappen besitzt, der so kurz ist, daß er bei einem größeren Öffnungswinkel der Tür vom Türblatt abrutscht.

Der Verschweißung der Kastenbleche im Bereich der oberen Bandlappen sowie der Verschweißung dieser Bandlappen mit dem Türblatt ist besondere Sorgfalt zuzuwenden.

n) Zusatzgeräte zu den genormten Feuerschutztüren, die das selbsttätige Schließen dauernd oder zeitweise verhindern, z. B. Schließzeitverzögerer, Vorrichtungen mit Auslösung infolge Temperaturerhöhung oder Rauch, bedürfen einer bauaufsichtlichen Genehmigung. Sie dürfen ferner nur mit besonderer Genehmigung der örtlich zuständigen Bauaufsichtsbehörde verwendet werden. Diese Geräte bedürfen ständiger Kontrolle. Das Festsetzen der Türflügel durch Keile, Feststeller oder das Entspannen der Türschließmittel sind nicht zulässig.

o) Als „freie Länge" eines Maverankers wird der Abstand von der Spitze des Zargenwinkels bis zum Ende des waagerecht von der Zarge abgebogenen Ankerprofils bezeichnet. Die freie Länge ist nicht gleichbedeutend mit der Abwicklung des Ankerbandstahls.

p) Langschilder sollen möglichst mit 4 Schrauben am Türblatt befestigt sein, mindestens aber mit 2 Schrauben. Im letzteren Falle müssen durchgehende Hülsenschrauben verwendet werden. Rosetten sind mit jeweils 2 durchgehenden Hülsenschrauben zu befestigen.

Diese Beschläge müssen aus mindestens 1 mm dickem Stahlblech, Grau- oder Stahlguß hergestellt sein.

Drückergarnituren nur aus Leichtmetall oder mit durchgehenden Kunststoffgriffen sind nicht zulässig, da die Tür bei ihrer Verwendung im Falle eines Brandes möglicherweise von Eingeschlossenen vom Brandraum her nicht geöffnet werden kann und als Fluchtweg ausfällt.

Die in den Normen bezüglich der Ausbildung von Drücker und Drückerlager in Langschild oder Rosette gestellten Anforderungen sollen sicher gewährleisten, daß die am Drückerlager auftretenden Zug-, Druck- und Kippkräfte von den Beschlägen aufgenommen werden.

q) Der Hersteller der Tür muß aus der Beschriftung des Kennzeichnungsschildes zu ersehen sein. Enthält das Schild nicht den Namen des Herstellers, sondern eine entsprechende verschlüsselte Angabe (z. B. durch Kennziffern), so muß vor dieser das Wort „Hersteller" stehen.

In diesem Falle dürfen auf dem Kennzeichnungsschild außer der Jahreszahl und der Normblatt-Nummer keine anderen Zahlen angegeben sein.

Die Kennzeichnungsschilder müssen an 4 Stellen mit dem Türblech verbunden sein. Dazu dürfen keine Schrauben oder Schlagschrauben verwendet werden.

Die Kennzeichnungsschilder müssen auch dann 105 mm × 52 mm groß sein, wenn sie anstelle des Namens der Herstellfirma nur deren Kennziffer enthalten. Ist der Hersteller auf einem aufgesteckten Zusatzschild zum Kennzeichnungsschild angegeben, so muß das Kennzeichnungsschild mit der verschlüsselten Herstellerangabe versehen sein.

Feuerschutztüren ohne Kennzeichnungsschild oder mit einem Kennzeichnungsschild, das unvollständig oder nicht den Forderungen der Normen entsprechend beschriftet ist, sind nicht normgerecht.

DK 69.028.1-034.14 : 699.81 : 614.84

Entwurf April 1976

Feuerschutzabschlüsse

T 30-1-Türen (feuerhemmende einflügelige Stahltüren)

Größenbereich A; Maße und Anforderungen

DIN 18 082 Teil 1

Fire barriers; T 30-1-doors (fire retarding single leaf steel doors), range A of sizes, dimensions and requirements

Einsprüche bis 30. September 1976

Dieser Norm-Entwurf, dessen Inhalt noch nicht die endgültige Fassung der beabsichtigten Norm darstellt und deshalb noch nicht für die Anwendung bestimmt ist, wird der Öffentlichkeit zur Prüfung und Stellungnahme vorgelegt, damit er erforderlichenfalls verbessert werden kann. Er enthält teilweise die vorgesehene Fassung für die Neuausgabe von DIN 18 082 Teil 1, Ausgabe Februar 1969. Die genannte Ausgabe wird hiermit nicht ungültig, siehe aber Vorbemerkung.

Einsprüche und Änderungsvorschläge zu diesem Norm-Entwurf werden in zweifacher Ausfertigung erbeten an den Fachnormenausschuß Bauwesen, Reichpietschufer 72-76, Postfach 3460, 1000 Berlin 30.

Diese Norm ist den obersten Bauaufsichtsbehörden vom Institut für Bautechnik, Berlin, zur bauaufsichtlichen Einführung empfohlen worden.

Vorbemerkung:

Im Zusammenhang mit der Zurückziehung zum 31. Dezember 1976 der sechs Normen über Feuerschutztüren

DIN 18 081 Teil 1 Feuerbeständige, einflügelige Stahltüren (T 90-1-Türen); Maße und Anforderungen (Ausgabe Februar 1969)
Teil 2 —; gebrannte Kieselgurplatten; Anforderungen und Prüfung (Ausgabe Februar 1969)
Teil 3 —; Mineralfaser-Einlagen. Anforderungen und Prüfung (Ausgabe Februar 1969)

DIN 18 082 Teil 1 Feuerhemmende einflügelige Stahltüren (T 30-1-Türen); Maße und Anforderungen (Ausgabe Februar 1969)
Teil 2 —; Mineralfaser-Einlagen; Anforderungen und Prüfung (Ausgabe Februar 1969)

DIN 18 084 Feuerhemmende zweiflügelige Stahltüren (T 30-2-Türen); Maße und Anforderungen (Ausgabe Februar 1969)

und der zwischenzeitlich eingesetzten Überarbeitung soll der Inhalt der vorgenannten Normen neu gegliedert werden. Alle drei erhalten den Gruppentitel „Feuerschutzabschlüsse".

Mit dem hier vorgelegten Norm-Entwurf soll zunächst die meist gebräuchliche Tür („feuerhemmende Tür" in derzeitiger bauaufsichtlicher Benennung) neu genormt werden. Es ist vorgesehen, DIN 18 082 wie folgt zu gliedern:

Teil 1 T 30-1-Türen (feuerhemmende einflügelige Stahltüren); Größenbereich A, Maße und Anforderungen

Teil 2 T 30-1-Türen (feuerhemmende einflügelige Stahltüren); Mineralfaser-Einlagen, Anforderungen und Prüfungen (erscheint in Kürze als Entwurf)

Teil ... T 30-1-Türen (feuerhemmende einflügelige Stahltüren); Größenbereich B, Maße und Anforderungen (in Vorbereitung)

Teil ... T 30-1-Türen (feuerhemmende einflügelige Stahltüren); Größenbereich C, Fh-Klappen, Maße und Anforderungen (in Vorbereitung)

Der Größenbereich A erfaßt die T 30-1-Türen für Wandöffnungen von
750 bis 1000 mm Breite und
1750 bis 2000 mm Höhe (Baurichtmaß)

Der Größenbereich B erfaßt die (größeren) T 30-1-Türen für Wandöffnungen > 1000 mm Breite und > 2000 mm Höhe (Baurichtmaß) mit einer noch nicht genau festgelegten Begrenzung nach oben.

Der Größenbereich C erfaßt die (kleineren) T 30-1-Türen für Wandöffnungen < 750 mm Breite und < 1750 mm Höhe (Baurichtmaß), im wesentlichen also die sogenannten „Fh-Klappen" für Öllagerräume usw.

Maße in mm

Inhalt

Gegenüber Ausgabe Februar 1969 beachten: Inhalt vollständig überarbeitet und den Anforderungen der DIN 4102, Ausgabe Februar 1970, angepaßt (entspricht ebenfalls E DIN 4102 Teil 5, Ausgabe Januar 1976).

Fortsetzung Seite 2 bis 9

Fachnormenausschuß Bauwesen (FNBau) im DIN Deutsches Institut für Normung e.V.

Seite 2 Entwurf DIN 18 082 Teil 1

1 Begriff

T 30-1-Türen (feuerhemmende einflügelige Stahltüren) sind selbstschließende Stahltüren ohne Verglasung, die den Festlegungen dieser Norm entsprechen und ohne besonderen Nachweis als feuerhemmend nach DIN 4102 „Brandverhalten von Baustoffen und Bauteilen" gelten [1]).

2 Maße für Größenbereich A

2.1 Wandöffnungen

Die Breite der Wandöffnungen darf 750 mm nicht unter- und 1000 mm nicht überschreiten; die Höhe der Wandöffnungen darf 1750 mm nicht unter- und 2000 mm nicht überschreiten. Vorzugsmaße siehe Tabelle 1. Bei Ausführung mit unterem Anschlag (siehe Abschnitt 3.5.1 und Bild 3) verringern sich die lichten Durchgangsmaße in der Höhe um 20 mm. Wandöffnungen sind in DIN 18 100 genormt.

2.2 Maße von Türblatt und Zarge

Die Maße sind in den Bildern 1 bis 5 angegeben.

Es ergeben sich für eine Wandöffnung von

b_1 = 750 mm eine Flügelbreite b_3 = 726 mm
b_1 = 800 mm eine Flügelbreite b_3 = 776 mm
b_1 = 1000 mm eine Flügelbreite b_3 = 976 mm
h_1 = 1750 mm eine Flügelhöhe h_3 = 1733 mm
h_1 = 2000 mm eine Flügelhöhe h_3 = 1983 mm

Wenn Türen in anderen als den in Tabelle 1 genannten Vorzugsgrößen erforderlich werden (Zwischengrößen), sind die Maße des Türkastens (Türblatt) und der Zarge so zu wählen, daß alle übrigen in Bild 2 und 3 eingetragenen Maße (z. B. Breite des Luftspalts zwischen Türkasten und Zarge) mit einer Toleranz von ± 1 mm eingehalten werden.

2.3 Bezeichnung

Bezeichnung eines Feuerschutzabschlusses (FSA) als feuerhemmende einflügelige Stahltür, als Rechtstür (siehe DIN 107) für eine Wandöffnung mit dem Baurichtmaß nach DIN 4172

Breite b_1 = 875 mm und
Höhe h_1 = 2000 mm

ohne unteren Anschlag

FSA T 30 — 1 R 875 × 2000 DIN 18 082

Bezeichnung eines Feuerschutzabschlusses als feuerhemmende einflügelige Stahltür, als Linkstür (siehe DIN 107) für eine Wandöffnung mit dem Koordinationsmaß nach DIN 18 000

Breite b_1 = 900 mm (9 M) und
Höhe h_1 = 2000 mm (20 M)

mit unterem Anschlag

FSA T 30 — 1 L 9M × 20M AS DIN 18 082

3 Beschreibung und Anforderungen

3.1 Türblatt

3.1.1 Das Türblatt besteht aus zwei spannungsfrei gerichteten Feinblechen nach DIN 1623 Teil 1 von je 1,0 mm Dicke mindestens aus St 1203.

Die Bleche sind zu einem allseitig geschlossenen 54 mm dicken Türkasten zusammenzufügen, und zwar so, daß am oberen Rand und an den beiden seitlichen Türblatträndern umbördelte Anschlagfalze von 24 mm Breite entstehen. Am unteren Rand des Türkastens ist ein Überlappstoß auszuführen.

3.1.2 Die Türbleche sind in den Kastenecken und an den Falzecken (d. h. am Stoß der überfalzten Bleche) dicht zu verschweißen. Die Türbleche sind an der Umbördelung des Anschlagfalzes an den Längsseiten und an der Kopfseite in Abständen von höchstens 330 mm, an der Fußseite in Abständen von höchstens 200 mm durch mindestens 20 mm lange Schweißnähte miteinander zu verbinden. Anstelle von unterbrochenen Schweißnähten darf an der Umbördelung des Anschlagfalzes auch eine Punktschweißung angewandt werden. Dazu sind die Türbleche, unmittelbar an den Ecken beginnend (Abstand von der Ecke maximal 30 mm), derart miteinander zu verbinden, daß auf 1000 mm mindestens 3 Schweißpunkte angeordnet sind.

3.1.3 In den Türkasten sind zur Aussteifung des Türblattes vier Bandstähle einzuschweißen. Die Bandstähle haben einen Querschnitt von 50 mm × 5 mm. Die Bandstähle sind mit dem Türkastenblech in Abständen von höchstens 170 mm durch Punktschweißung zu verbinden. Abstand der Schweißpunkte von den Ecken beginnend ≦ 150 mm.

---

[1]) Für feuerhemmende Türen, die dieser Norm nicht entsprechen, ist die Eignung nachzuweisen. (S. a. „Richtlinien für die Zulassung von Feuerschutzabschlüssen", erhältlich beim Institut für Bautechnik, Reichpietschufer 72-76, 1000 Berlin 30.)

Tabelle 1. Lichte Durchgangsmaße in Abhängigkeit von der Wandöffnung

Baurichtmaß nach DIN 4172			lichtes Durchgangsmaß	
Breite b_1	Höhe h_1	Breite b_2	ohne unteren Anschlag Höhe h_2	mit unterem Anschlag Höhe h_3
750	**1750**	690	1720	1700
1000	**2000**	940	1970	1950
Koordinationsmaß nach DIN 18 000				
Breite b_1	Höhe h_1			
800	**2000**	740		
900	**2000**	840	1970	1950
1000	**2000**	940		

Im Schloßbereich darf der Punktabstand 280 mm bis 340 mm betragen. Im Bereich des Schlosses ist eine zusätzliche Bandstahlverstärkung 50 mm × 5 mm × 500 mm einzuschweißen.

Die Bandstähle an der Schloß- und Bänderseite müssen jeweils 7,5 mm kürzer als die lichte Türkastenhöhe sein. Die Bandstähle sind so in den Türkasten einzuschweißen, daß am oberen Rand 5 mm und am unteren Rand 2,5 mm Luft zwischen ihnen und den Kastenstegen ist (siehe Bild 5).

Die Bandstähle sind in den Ecken nicht verschweißt. Die Bandstähle an der Schloßseite sind so tief zu kröpfen, daß das Schloß mit dem Stulp bündig mit der Stirnseite des Türkastens abschließt.

3.1.4 An dem waagerechten oberen Bandstahl ist für die Befestigung eines Türschließers ein Winkelstahl L 35 × 3 DIN 1028-USt 37-1 der Länge 380 mm so anzuschweißen, daß er auf der Bandseite einen Abstand von 30 mm von der Innenkante des Verstärkungs-Bandstahls hat (siehe Bilder 1 und 3).

3.2 Türbänder, Türschließer und Sicherungszapfen

3.2.1 Das Türblatt ist an zwei 2teiligen stählernen Konstruktionsbändern 180 mm × 14 mm × 4 mm mit je einer gehärteten Stahlscheibe aufzuhängen. Das freie Ende der 90 mm hohen oberen Bandlappen ist hinter den Falz des Türblattes zu schweißen und zwar so, daß jeder Bandlappen mit dem Falz am oberen und unteren Lappenrand jeweils senkrecht zur Falzkante verschweißt ist. Zusätzlich ist das Ende jedes Bandlappens durch zwei mindestens 20 mm lange Schweißnähte mit dem Kastensteg so zu verbinden, daß die Nähte bis auf den Aussteifungsbandstahl durchgeschweißt werden. Der Falz ist für die Anbringung der Bandlappen um die Dicke des Bandlappenbleches nach außen durchzudrücken (siehe Bild 2 und Bild 4).

Die Bänder sind zu fetten. Die Bandbolzen müssen gegen Herauswandern gesichert sein. Die Bandrollen sind mit Schmierlöchern zu versehen.

3.2.2 Zwischen den Konstruktionsbändern (auf halber Türkastenhöhe) ist ein einstellbares, nichttragendes Federband nach DIN 18 262 anzuschweißen. Bei Verwendung eines Federbandes der Form B ist der obere Bandlappen entsprechend den oberen Bandlappen der Konstruktionsbänder anzubringen. Bei Verwendung eines Federbandes der Form A darf der obere Bandlappen schleifend auf dem Bandseitenblech des Türblattes aufliegen.

Die Federbänder sind zu fetten. Die Bandrollen sind mit Schmierlöchern zu versehen.

3.2.3 Anstelle eines Federbandes darf als Schließmittel auch ein obenliegender Türschließer mit hydraulischer Dämpfung für Feuerschutztüren nach DIN 18 263 verwendet werden.

Der Türschließer ist an dem in Abschnitt 3.1.4 genannten Winkel anzuschrauben. Anstelle eines Türschließers nach DIN 18 263 können auch andere Türschließer verwendet werden, deren Eignung für diese Tür nachgewiesen ist und deren Anschlußmaße gegebenenfalls unter Verwendung einer Zwischenplatte den Forderungen der DIN 18 263 entsprechen.

Federbänder und Türschließer müssen ein selbsttätiges Schließen der Türen sicherstellen. Sie müssen überwachten Fertigungen entstammen.

3.2.4 Auf der Bänderseite muß sich 90 mm über der halben Höhe des Türblattes ein Sicherungszapfen aus Stahl nach Bild 4 befinden, der beim Schließen der Tür in die Zarge eingreift und im Falle eines Brandes ein Ausbiegen des Türblattes an dieser Stelle verhindert. Der Sicherungszapfen ist in den Aussteifungsbandstahl 50 mm × 5 mm einzuschrauben und durch eine Heftschweißung außen am Kastensteg gegen Lösen zu sichern.

3.3 Verschluß

3.3.1 Schloß

Als Schloß ist ein Einsteckschloß nach Bild 6 zu verwenden. Es besitzt einen allseitig geschlossenen Schloßkasten. Alle Teile des Schlosses — mit Ausnahme der Federn — sind (z. B. durch Verzinken oder Kadmieren) mit einem Rostschutz zu versehen. Die beweglichen Teile der Schlösser sind zu fetten.

Das Schloß ist mit abgerundeten Stulpenden und ebener Stulpoberfläche zu liefern. Die Senklöcher im Stulp sind nicht durchgedrückt. Das Schloßblech ist am Stulp an mindestens drei Stellen dauerhaft zu befestigen. Die Falle darf in zurückgezogenem Zustand nicht mehr als 0,5 mm, die Riegelvorderkante — einschließlich Wölbung (Wellung) — in zurückgeschlossenem Zustand nicht mehr als 1,0 mm über die Stulpoberfläche vorstehen; in den Durchbrüchen im Stulp ist ein Spiel von höchstens 0,3 mm in Höhe und Breite zulässig. Die Anfangsfederkraft der selbstschließenden Falle muß mindestens 2,5 N (250 p) und darf höchstens 4,0 N (400 p) betragen. Sie besitzt eine Fallenschräge von 45°, hat keine Rippe und ist nicht von rechts auf links oder umgekehrt umlegbar. Vorderkante von Falle und Riegel müssen gerade und parallel zum Stulp sein. Der Riegel muß verdeckt liegen.

Die Werkhöhe beträgt mindestens 10 mm. Die Nußhochhaltefeder muß so ausgelegt sein, daß der Drücker mit einem Drehmoment von (1,5 ± 0,4) Nm [(0,15 ± 0,04) kpm] hochgehalten wird. Die Deckenschrauben zur Befestigung der Schloßdecken müssen gegen Lösen gesichert sein. Die Dicke des Schloßkastens über alle vorstehenden Teile — außer Fallenkopf — gemessen, darf nicht mehr als 16,5 mm betragen.

Das Schloß darf mit einem Wechsel ausgerüstet sein (siehe Abschnitt 3.3.5). Die Werkstoffe des Schlosses müssen den Angaben der Stückliste (Tabelle 2) entsprechen. Wenn nicht anders angegeben, wird das Schloß mit zwei Schlüsseln geliefert [2]). Kennzeichnung des Schlosses siehe Abschnitt 6.3. Das Schloß muß einer überwachten Fertigung entstammen.

3.3.2 Bezeichnung

Bezeichnung eines Einsteckschlosses nach dieser Norm als Rechtsschloß mit einem Dornmaß von 65 mm, vorgerichtet für Profilzylinder, mit Wechsel

Schloß PZ 65—W—R—DIN 18 082

(Schloßbezeichnung siehe auch DIN 18 251, z. Z. noch Entwurf Oktober 1975).

3.3.3 Einbau des Schlosses

Für das Türschloß sind die an der Schloßseite des Türkastens befindlichen zusammengeschweißten Bandstähle 50 mm × 5 mm mit einer Aussparung zu versehen, die nicht größer als 18 mm × 170 mm sein darf. Für den Fallenkopf darf die Aussparung auf einer Länge von 40 mm auf 20 mm verbreitert werden.

Die Falle muß beim Schließen der Tür unabhängig von der Drückerbetätigung einfallen und mindestens 6 mm in die Zarge eingreifen. Ihre Anfangsfederkraft muß auch im eingebauten Zustand den Forderungen des Abschnittes 3.3.1 entsprechen. Das Schloß ist so in die Tür einzusetzen, daß der Stulp an keiner Stelle mehr als

---

[2]) Nur bei Bundbart-(BB) und Zuhaltungsschlössern (ZH), (siehe auch Abschnitt 3.3.2)

Seite 4 Entwurf DIN 18 082 Teil 1

0,5 mm vor- oder zurücksteht. Das Schloß ist mit zwei Senkschrauben AM 6 nach DIN 63 oder Senkschrauben AM 6 nach DIN 7987 zu befestigen.

3.3.4 Schloßtasche

Das Schloß muß in einer bis auf die notwendigen – möglichst klein zu haltenden – Durchbrüche fünfseitig geschlossenen Schloßtasche aus 1 mm dickem Stahlblech liegen. Es ist in der Tasche gegen seitliche Bewegung zu sichern, dabei darf der lichte Abstand der Schloßkastenhalterung nicht mehr als 15,5 mm betragen.

3.3.5 Asbestpappen-Bekleidung

Auf jeder der beiden großen Seitenflächen der Schloßtasche sind 2 Lagen von 3 mm dicker Asbestpappe zu befestigen (siehe Bild 2). Die Asbestpappen-Bekleidung ist vor dem Schließen des Türkastens durch metallische Halterungen oder anorganische Kleber gegen Verrutschen zu sichern.

3.3.6 Drücker und Beschläge

Auf beiden Seiten der Tür muß ein Drücker mit Bund, der das Drückerlager überdeckt, vorhanden sein. Der Drückeransatz muß im Drückerlager geführt sein. Der Vierkantstift muß aus 9 mm Vierkantstahl und ungeteilt sein. Sofern Drücker aus unterhalb 1000 °C schmelzenden Werkstoffen verwendet werden, müssen sie einen mit dem Vierkantstift verbundenen Stahlkern enthalten, der mindestens 80 mm in den Drückergriff hineinragt. In diesem Bereich muß der Stahlkern einen Querschnitt von mindestens 4,5 mm × 9 mm (oder ein diesem Querschnitt entsprechendes Widerstandsmoment W_{max}) haben.

Anstelle eines der beiden Drücker darf ein feststehender Knopf [3]) nur an solchen Türen angebracht werden, bei denen die Fluchtrichtung eindeutig feststeht. Der Drücker ist dabei so anzubringen, daß die Tür vom Flüchtenden durch Drückerbetätigung geöffnet werden kann. Der Knopf muß die an Drücker gestellten konstruktiven Anforderungen (z. B. Stahlkern) sinngemäß erfüllen. Bei Verwendung eines feststehenden Knopfes muß das Schloß mit Wechsel ausgerüstet sein.

Die Beschläge (Langschilder, Kurzschilder oder Rosetten) müssen mit mindestens 2 Schrauben am Türblatt so befestigt werden, daß bei Beanspruchung eine Höhen- und Seitenverschiebung ausgeschlossen ist. Dabei ist besonders auf das Fluchten des Drückerlagers mit der Schloßnuß zu achten.

Das Drückerlager in diesen Beschlägen muß mindestens 5 mm breit sein. Die Öffnung des Drückerlagers muß durch metallische Teile gegen das Eindringen heißer Brandgase ausreichend gesichert sein.

Durchgehende Schlüssellöcher sind auf beiden Seiten durch eine selbständig schließende Schlüssellochblende abzudecken, die durch stählerne Verbindungsmittel mit dem Schild verbunden sein muß. Schild, Rosette und Schlüssellochblende sind aus Stahlblech, Gußeisen (Grauguß) oder Temperguß herzustellen; sie dürfen mit einem Überzug aus anderen Werkstoffen versehen sein.

3.4 Dämmstoff

Als Dämmstoff sind nichtbrennbare Mineralfaserplatten nach DIN 18 082 Teil 2 zu verwenden.

Die Dicke der Mineralfaserplatten muß mindestens 52 mm betragen. Die Mineralfaserplatten dürfen während des Transportes, der Lagerung und des Einbaues weder zusammengerollt noch gefaltet werden und müssen luft trocken und ungeteilt so eingebaut werden, daß sie den Türkasten vollständig ausfüllen. Der Dämmstoff muß einer überwachten Fertigung entstammen.

3.5 Zarge

3.5.1 Die beiden Längsseiten und das Kopfteil bestehen aus einem Z-Stahl-Profil 54 mm × 50 mm × 25 mm von 3 bis 4 mm Dicke, das Fußteil aus einem Winkel-Stahl-Profil L 30 mm × 3 mm nach DIN 1028-USt 37-1, dessen waagerecht liegender Schenkel bündig mit dem Fußboden abschließt. Die Profile sind an den Zargenecken miteinander zu verschweißen.

In besonderen Fällen kann ein unterer Anschlag erforderlich sein. Diese Fälle können gegeben sein, wenn es sich um den Abschluß von Räumen handelt, in denen rauchempfindliche Waren, Lebensmittel, Textilien und dgl. lagern. Bei Ausführung mit unterem Anschlag ist hochkant an den Winkel 30 mm × 3 mm ein Flachstahl 35 mm × 4 mm nach DIN 174-USt 37-1 anzuschweißen (siehe Bild 3).

3.5.2 An einer Längsseite der Zarge sind die unteren Bandlappen der Konstruktionsbänder und des Federbandes anzuschweißen. Dabei sind die Bandlappen mit dem Zargenprofilflansch und dem -steg zu verschweißen (siehe Bild 2 und Bild 4).

3.5.3 Die Schließlöcher in der Zarge (siehe Bild 7) sind so anzuordnen, daß Falle und Riegel einen Spielraum nach oben von mindestens 5 mm und nach unten von mindestens 10 mm haben. Die Durchbrüche in der Zarge für Falle und Riegel sowie für den Sicherungszapfen sind mit Schutzkästen aus Stahlblech zu versehen. Die Zarge ist im Bereich der Schließlöcher mit einer Meterrißmarkierung zu versehen.

3.5.4 An den beiden Längsseiten der Zarge befinden sich je 3 Maueranker aus Flachstahl 35 × 2 DIN 174-USt 37-1. Sie sind so an den Zargenprofilen und Bandlappen anzuschweißen, daß sie im abgebogenen Zustand waagerecht liegen und eine freie Länge von 140 mm besitzen (gemessen aus dem Winkel des Zargenprofiles). Die freien Enden der Ankerbleche sind mindestens 10 mm hoch rechtwinklig abzukanten, oder sie sind zu wellen (mindestens zwei Halbwellen von 10 mm Höhe).

3.6 Rostschutz

Sämtliche Stahlteile, die nicht mit dem Putz (siehe Abschnitt 4.1) in Berührung kommen, müssen vor dem Zusammenbau und nach der Fertigstellung einen Rostschutz erhalten, z. B. eine Grundierung oder eine Verzinkung. Bei der Verwendung verzinkter Werkstoffe ist ein zusätzlicher Rostschutz nicht erforderlich.

4 Einbau

4.1 Die Zarge wird mit ihren flachgestellten Ankern nach dem Höhenriß (Meterriß) ausgerichtet und lotrecht in der Wand befestigt. Sie ist voll und bündig einzuputzen.

4.2 Falls die Feuerschutztür in eine Wand von weniger als 240 mm Dicke (bei Stahlbeton von weniger als 150 mm Dicke) oder in eine Wand aus Baustoffen geringerer Festigkeit eingebaut wird (Druckfestigkeit unter 10 N/mm^2 [100 kp/cm^2]), ist die Zarge in Pfeiler von mindestens 10 N/mm^2 (100 kp/cm^2 Druckfestigkeit) und in einen Türsturz einzusetzen. Die Pfeiler sollen einen Querschnitt von mindestens 240 mm × 240 mm haben, in die Wand einbinden und bis zur Decke hochgeführt werden. Sie sind in Mörtel der Mörtelgruppe II nach DIN 1053 Teil 1 „Mauerwerk; Berechnung und Ausführung" zu mauern. Die Pfeiler und Türstürze dürfen wahlweise auch aus Beton

---

[3]) Die Verwendung eines feststehenden Knopfes bedarf in jedem Einzelfalle der Genehmigung der örtlichen Bauaufsichtsbehörde.

mindestens der Güte Bn 150 nach DIN 1045 „Beton- und Stahlbetonbau; Bemessung und Ausführung" gefertigt werden. [4])

4.3 Das an der Tür befindliche Federband muß so eingestellt werden, daß sich die Tür aus einem Öffnungswinkel von 45° selbsttätig schließt. Dagegen muß der Türschließer die Tür aus jedem Öffnungswinkel schließen.

5 Überwachung

5.1 Allgemeines

Die Hersteller von Türen und Schlössern nach dieser Norm haben die ordnungsgemäße Beschaffenheit ihrer Erzeugnisse zu prüfen (Eigenüberwachung). Sie haben sich ferner einer Fremdüberwachung durch eine anerkannte Überwachungsgemeinschaft oder auf der Grundlage eines Überwachungsvertrages durch eine anerkannte Prüfstelle [1]) zu unterziehen. Der Eigenüberwachung und der Fremdüberwachung sind die Forderungen dieser Norm zugrunde zu legen.

5.2 Eigenüberwachung

5.2.1 Der Türenhersteller hat von den in der Fertigung befindlichen Türblättern und Zargen bei großen Fertigungsserien an jedem Arbeitstag mindestens 1 Stück, bei nicht ständig laufender Fertigung von je 50 Türen mindestens 1 Stück wahllos zu entnehmen und auf Übereinstimmung mit den Forderungen des Abschnittes 3 zu überprüfen.

Die Festigkeit der Punktschweißungen ist bei ständiger Fertigung mindestens einmal im Monat, bei nicht ständiger Fertigung bei Beginn jeder Fertigungsserie durch einen Aufknöpfversuch zu überprüfen. Bei der Überprüfung der Festigkeit der Punktschweißung darf beim Aufknöpfen je 1000 mm Länge höchstens ein Schweißpunkt in der Schweißung selbst reißen.

Um sicherzustellen, daß im Bauwerk eingesetzte Türen vom Federband jederzeit aus einem Öffnungswinkel von 45° selbsttätig geschlossen werden, muß im Rahmen der Eigenüberwachung des Türenherstellers festgestellt werden, ob sich im Öffnungsbereich von 0° bis 90° ein Schließmoment von mindestens 6 Nm (0,6 kpm) einstellen läßt. Bei dieser Einstellung darf das zum Öffnen erforderliche Moment das Zweifache des jeweiligen Schließmoments nicht überschreiten.

5.2.2 Vom Schloßhersteller sind aus der laufenden Produktion von je 500 Schlössern ein Stück, mindestens aber an jedem Arbeitstag ein Stück wahllos zu entnehmen und auf Übereinstimmung mit den Forderungen des Abschnittes 3.3.1 zu überprüfen.

Es ist ferner mit einem Stück von je 10 000 Schlössern, mindestens aber jährlich mit 9 gefertigten Schlössern eine Funktionsprüfung durchzuführen. Die Durchführung der Funktionsprüfung ist im Überwachungsvertrag (siehe Abschnitt 5.3.1) zu regeln.

5.2.3 Die Eigenüberwachung der Türschließer erfolgt nach DIN 18 263.

5.2.4 Sämtliche Prüfergebnisse der Eigenüberwachung sind aufzuzeichnen und auszuwerten. Die Aufzeichnungen sind der die Fremdüberwachung durchführenden Stelle auf Verlangen vorzulegen und mindestens fünf Jahre lang aufzubewahren.

5.3 Fremdüberwachung

5.3.1 Die ordnungsgemäße Durchführung der Eigenüberwachung durch die Hersteller und die Ausführung der Türen und Schlösser ist mindestens halbjährlich durch eine anerkannte Güteschutzgemeinschaft (Überwachungsgemeinschaft) oder aufgrund eines Überwachungsvertrages durch eine anerkannte Prüfstelle zu überprüfen. Der laufenden Produktion oder dem Lager sind bei jeder Prüfung mindestens drei Schlösser zu entnehmen und nach Abschnitt 5.2.2 zu überprüfen.

5.3.2 Die Fremdüberwachung der Türschließer erfolgt nach DIN 18 263.

5.3.3 Die Prüfung hat sich auch auf die Kennzeichnung der Türen, Schlösser, Federbänder, Türschließer und Mineralfaserplatten (überwachungspflichtige Erzeugnisse) zu erstrecken.

6 Kennzeichnung

6.1 Jede dieser Norm entsprechende Feuerschutztür muß durch ein Stahlblechschild nach DIN 825, Größe 52 mm x 105 mm, gekennzeichnet werden, das folgende Angaben — erhaben geprägt — enthalten muß:

T 30-1-Tür DIN 18 082/A

Name des Herstellers

oder ein ihm zugewiesenes Hersteller-Kennzeichen hinter dem Wort „Hersteller"

„überwacht durch . . . .", Herstellungsjahr

Ein Hersteller-Kennzeichen darf nur angebracht werden, wenn es von einer anerkannten Güteschutzgemeinschaft/ fremdüberwachenden Stelle zugewiesen wurde und nur so lange, wie das Herstellwerk von dieser Stelle überwacht wird. Das Schild muß an seinen vier Ecken an das Bandseitenblech geschweißt oder genietet werden. Anstelle des Schildes können die vorstehend genannten Angaben in gleicher Größe mit etwa 1 mm breiten durchlaufenden Linien als Begrenzung an gleicher Stelle in das Bandseitenblech erhaben eingeprägt werden. Der Name einer Vertriebsfirma darf auf einem weiteren Stahlblechschild angegeben werden.

6.2 Anstelle des in Abschnitt 6.1 angegebenen Schildes darf der Kennzeichnungstext auch auf einem Stahlblechschild der Größe 26 mm x 148 mm — erhaben geprägt — angegeben werden. Dieses Schild ist in etwa $^{2}/_{3}$ der Türhöhe an der Bänderseite an den Steg des Kastenbleches zu schweißen oder zu nieten.

6.3 Auf den Stulp jedes Schlosses nach dieser Norm müssen folgende Angaben eingeschlagen sein:

„DIN 18 082",

das Herstellungsjahr,

das Herstellerzeichen und/oder ein dem Hersteller von der fremdüberwachenden Stelle zugewiesenes Kennzeichen.

6.4 Türschließer, die nicht DIN 18 263 entsprechen, deren Eignung durch Prüfzeugnis einer hierfür anerkannten Prüfstelle jedoch nachgewiesen ist, müssen mit dem Herstellerzeichen, der Größe und dem Herstellungsjahr gekennzeichnet sein.

6.5 Türdrücker aus unter 1000 °C schmelzenden Werkstoffen sind mit einem Herstellerzeichen zu versehen (siehe Abschnitt 3.3.6).

---

[4]) Mindestquerschnitte der Stahlbetonpfeiler je nach den baulichen Gegebenheiten bei möglicher dreiseitiger Brandbeanspruchung als „Stützen aus Normalbeton bei mehrseitiger Brandbeanspruchung", bei möglicher zweiseitiger Brandbeanspruchung als „nicht raumabschließende Wände aus Normalbeton mit mehrseitiger Brandbeanspruchung" bemessen. (Hierzu ist eine Norm im Rahmen der DIN 4102 in Vorbereitung.)

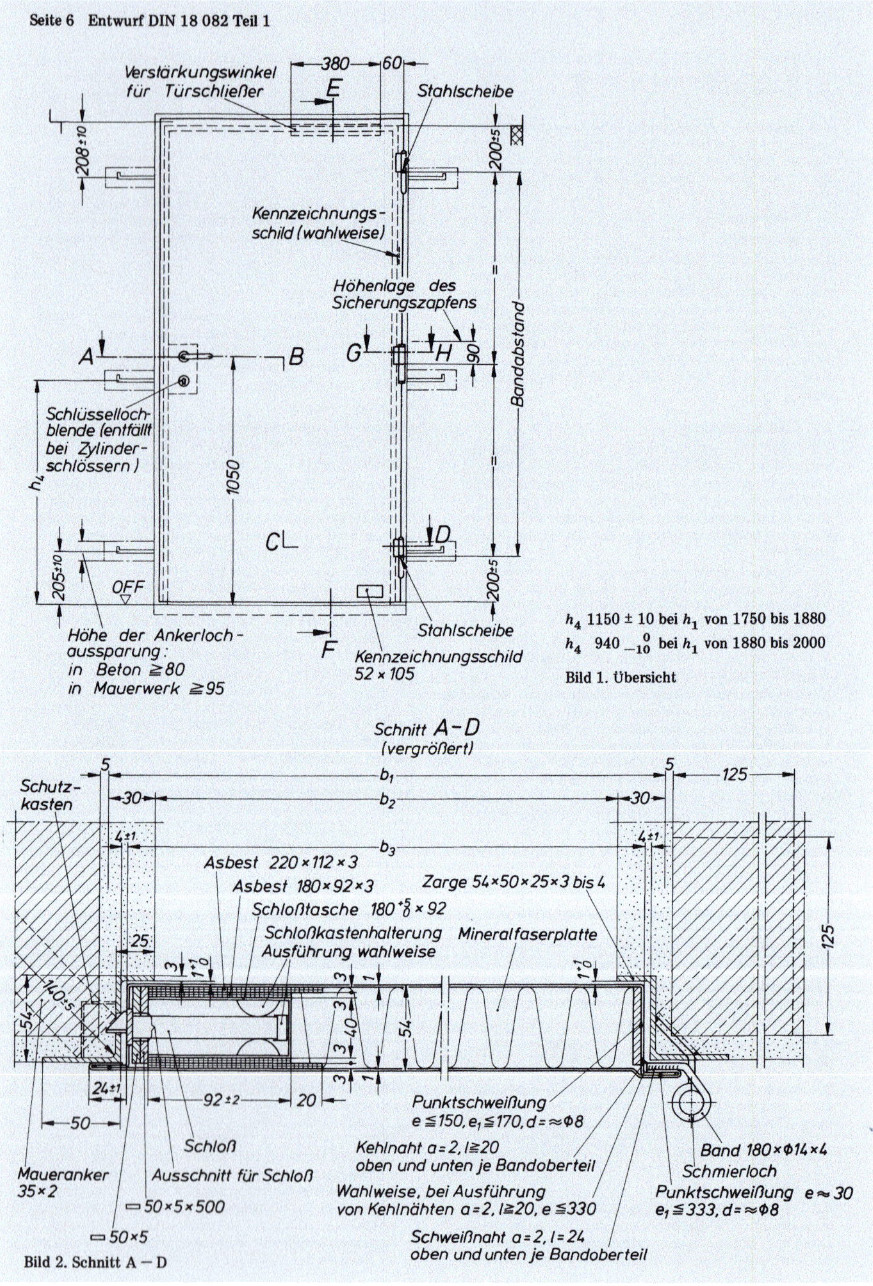

Bild 2. Schnitt A – D

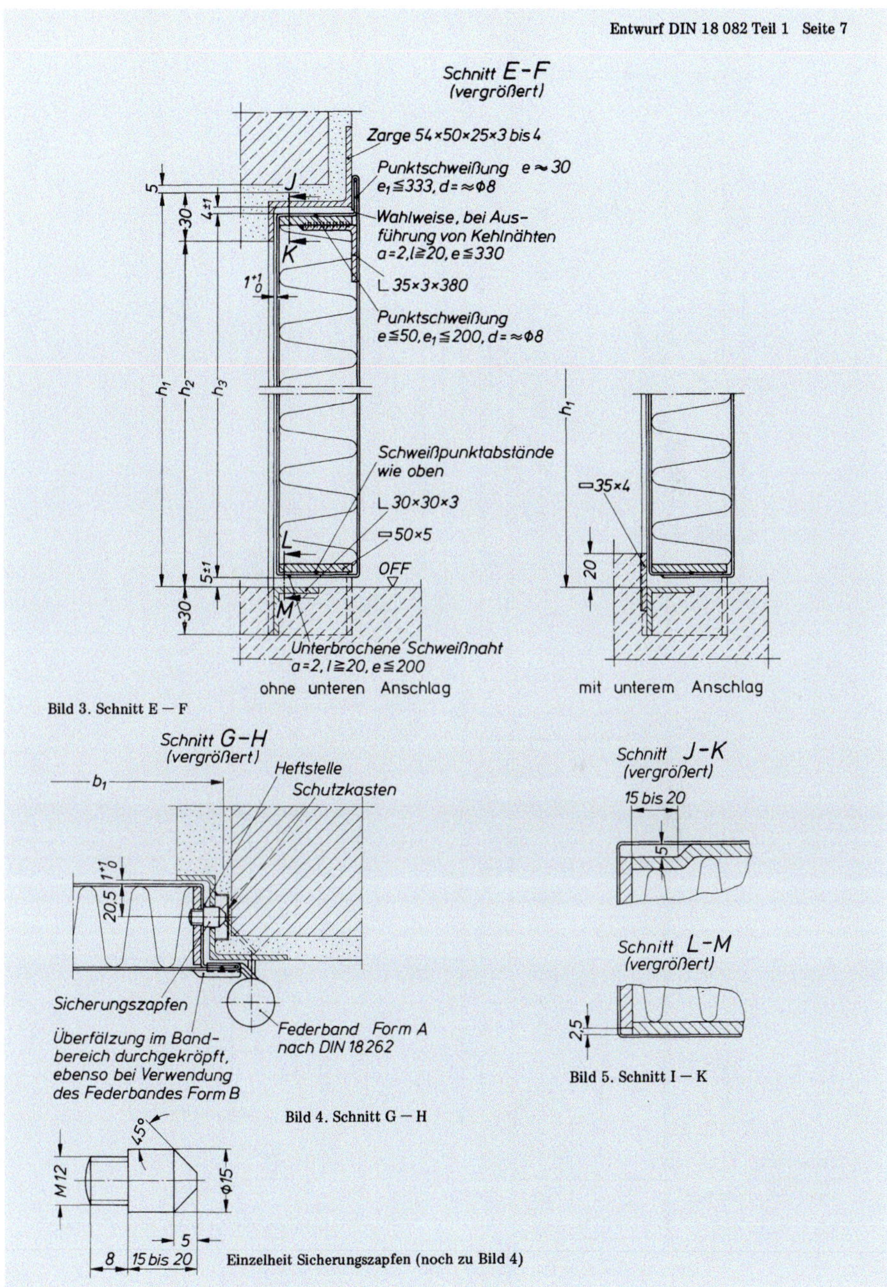

Bild 3. Schnitt E — F

Bild 4. Schnitt G — H

Bild 5. Schnitt I — K

Einzelheit Sicherungszapfen (noch zu Bild 4)

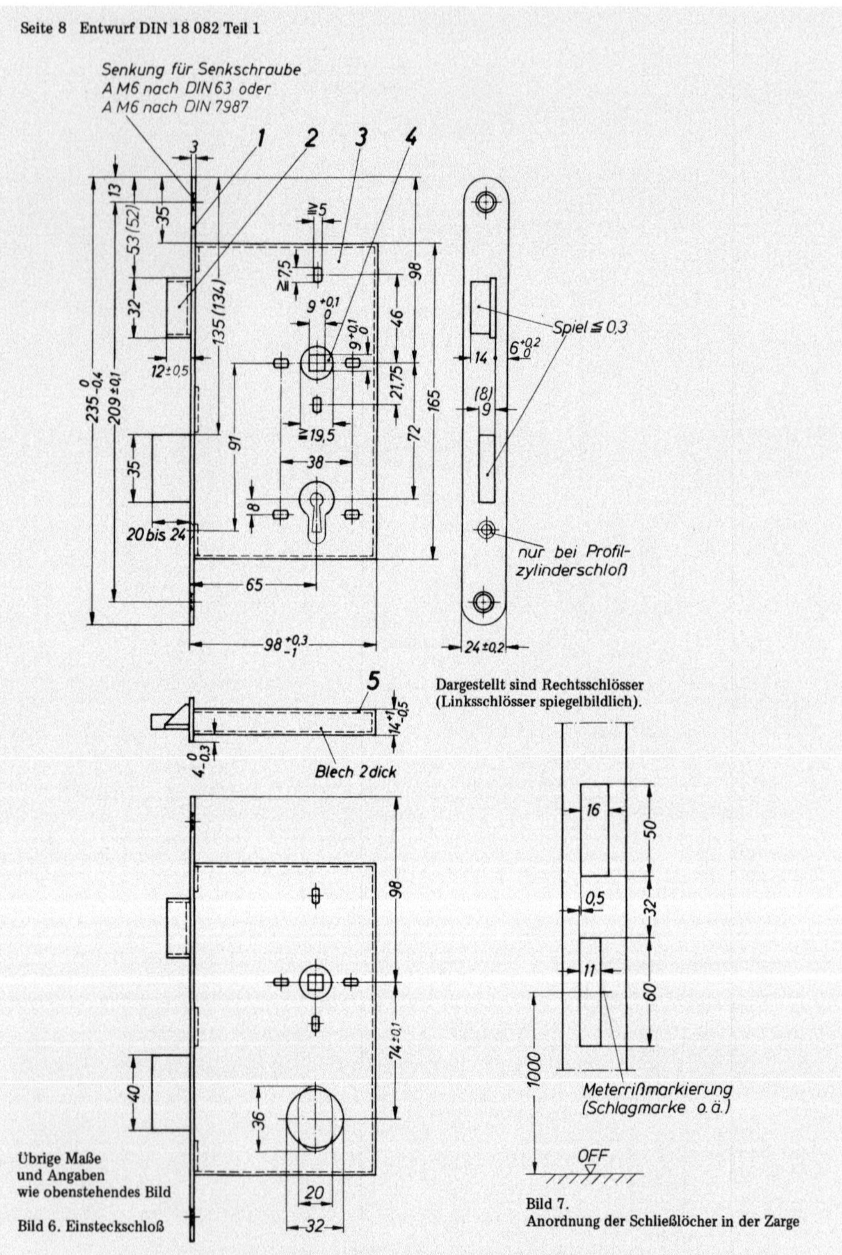

Bild 6. Einsteckschloß

Bild 7.
Anordnung der Schließlöcher in der Zarge

Tabelle 2. Stückliste zum Schloß nach Bild 6

Lfd. Nr	Stückzahl	Benennung	Werkstoff
1	1	Stulp	Stahl nach DIN 1652
2	1	Falle	GTW-35 nach DIN 1692
3	1	Schloßblech	St 1203 nach DIN 1623; zu verwenden: Band NK nach DIN 1544 – St 1 LGD
4	1	Drückernuß	GTW-35 nach DIN 1692 St 1203 nach DIN 1623
5	1	Schloßdecke	St 1203 nach DIN 1623; zu verwenden: Band NK nach DIN 1544 – St 1 LGD
6	1	Vierkantdorn	9 S 20 K nach DIN 1651
7	3	Stulpniet *)	USt 36-2 nach DIN 17 111
8	1	Riegel	St 1203 nach DIN 1623; zu verwenden: Band NK nach DIN 1544 – St LGD
9	1	Fallenfeder (gehärtet)	55 Si 7 nach DIN 17 222
10	1	Feder (gehärtet)	CK 53 nach DIN 17 222 X 12 CrNi 17 7 nach DIN 17 225
11	1	Doppelansatzdorn	9 S 20 K nach DIN 1651
12	mind. 3	Gewindebüchse	9 S 20 K nach DIN 1651
13	mind. 3	Deckenschrauben (Senkschrauben)	9 S 20 K nach DIN 1651
14	1	Vierkantdorn für Fallenfeder	9 S 20 K nach DIN 1651
15	1	Wechsel **)	MU St 2 nach DIN 1624

*) Bei Schweißung keine Stulpniete
**) Nur bei Wechselschloß

DK 69.028.1-034.14 : 699.81 : 614.84 Dezember 1976

Feuerschutzabschlüsse

Stahltüren T 30-1

Bauart für Größenbereich A

DIN 18 082 Teil 1

Fire barriers; steeldoors T 30-1; construction type for sizes range A

Mit DIN 18 250 Teil 1
Ersatz für DIN 18 082 Teil 1,
Ausgabe Februar 1969

Frühere Ausgaben:
DIN 18 082 Teil 1: 06.59, 02.69

Änderung Dezember 1976:
Titel geändert. Inhalt teilweise in DIN 18 250 Teil 1 übernommen, überarbeitet und dem neuesten Stand angepaßt. Künftige Fassung der DIN 4102 Teil 5 (z. Z. noch Entwurf, Ausgabe Januar 1976) bereits berücksichtigt.

Diese Norm ist den obersten Bauaufsichtsbehörden vom Institut für Bautechnik, Berlin, zur bauaufsichtlichen Einführung empfohlen worden.

Der Größenbereich A erfaßt die T 30-1-Türen für Wandöffnungen von
- 750 bis 1000 mm Breite und
- 1750 bis 2000 mm Höhe (Baurichtmaß).

Der Größenbereich B erfaßt die (größeren) T 30-1-Türen für Wandöffnungen > 1000 mm Breite und > 2000 mm Höhe (Baurichtmaß) mit einer noch nicht genau festgelegten Begrenzung nach oben.
(Eine Norm für den Größenbereich B ist in Vorbereitung).

Der Größenbereich C erfaßt die (kleineren) T 30-1-Türen für Wandöffnungen < 750 mm Breite und < 1750 mm Höhe (Baurichtmaß), im wesentlichen also die sogenannten „Fh-Klappen" für Öllagerräume usw.
(Eine Norm für den Größenbereich C ist in Vorbereitung).

Maße in mm

Inhalt

1 Geltungsbereich

Diese Norm beschreibt eine Bauart von T 30-1-Türen aus Stahl (feuerhemmende einflügelige Stahltüren), die im Größenbereich A verwendet werden.

Türen, die den Festlegungen dieser Norm[1]) entsprechen, gelten ohne besonderen Nachweis als „feuerhemmend" nach DIN 4102 Teil 3, Ausgabe Februar 1970, Abschnitt 5, „Brandverhalten von Baustoffen und Bauteilen, Begriffe, Anforderungen und Prüfungen von Sonderbauteilen".

DIN 4102 Teil 3 wird zur Zeit überarbeitet; ebenso die Ergänzenden Bestimmungen zu DIN 4102, Brandverhalten von Baustoff und Bauteilen, 3. Fassung (Februar 1970).

Die Anforderungen und Prüfungen von Feuerschutzabschlüssen werden künftig in DIN 4102 Teil 5 festgelegt. In der vorliegenden Norm ist bereits die vorgesehene Fassung von DIN 4102 Teil 5 (zur Zeit noch Entwurf, Ausgabe Januar 1976) berücksichtigt.

Anmerkung: Türen, die den Festlegungen dieser Norm nicht entsprechen, dürfen als „feuerhemmende Türen" nur verwendet werden, wenn die Brauchbarkeit für den Verwendungszweck besonders nachgewiesen ist, z. B. durch eine allgemeine bauaufsichtliche Zulassung[2]).

Türen nach dieser Norm werden für Wandöffnungen von 750 mm bis 1000 mm Breite und von 1750 mm bis 2000 mm Höhe (Größenbereich A[1])) verwendet. Diese Maße sind nicht die Nennmaße der Wandöffnung, sondern die Baurichtmaße entsprechend DIN 4172 „Maßordnung im Hochbau".

2 Begriffe

Der Begriff „Feuerschutzabschluß" ist in DIN 4102 Teil 5 (z. Z. noch Entwurf, Ausgabe Januar 1976) definiert.

Stahltüren T 30-1 nach dieser Norm sind selbstschließende Türen ohne Verglasung, die den Festlegungen dieser Norm entsprechen und die dazu bestimmt sind, Öffnungen in Wänden zu verschließen.

3 Bezeichnung

Bezeichnung einer einbaufertigen Tür nach dieser Norm, bestehend aus Zarge, Türblatt, Schloß und Beschlägen als Rechts-Tür (R) (Rechts-Bezeichnung siehe DIN 107), für eine Wandöffnung mit den Baurichtmaßen der Breite b_1 = 875 mm und der Höhe h_1 = 1875 mm, für Größenbereich A:

Stahltür T 30-1 R 875 × 1875 A DIN 18 082

Bei Ausschreibung, Bestellung und ähnlichem ist darüberhinaus anzugeben:
- Art des Schließmittels (z. B. Federband, Türschließer),
- Schloß (siehe DIN 18 250 Teil 1),
- Art der Drückergarnitur,
- gegebenenfalls unterer Anschlag.

4 Maße

4.1 Wandöffnungen

Die Breite der Wandöffnungen darf 750 mm nicht unter- und 1000 mm nicht überschreiten; die Höhe der Wand-

---

[1]) Für andere Stahltüren, die als Feuerschutzabschlüsse verwendet werden, sind weitere Normen in Vorbereitung.

[2]) „Richtlinien für die Zulassung von Feuerschutzabschlüssen" des Instituts für Bautechnik, Berlin, (Anschrift: Reichpietschufer 72-76, 1000 Berlin 30).

Fortsetzung Seite 2 bis 7
Erläuterungen Seite 7 bis 9

Fachnormenausschuß Bauwesen (FNBau) im DIN Deutsches Institut für Normung e.V.

öffnungen darf 1750 mm nicht unter- und 2000 mm nicht überschreiten (jeweils Baurichtmaße).

Bei Ausführung mit unterem Anschlag (siehe Abschnitt 5.5.1 und Bild 3) verringern sich die lichten Durchgangsmaße in der Höhe um 20 mm.

4.2 Türblatt und Zarge

Die Maße sind in den Bildern 1 bis 6 angegeben.

Abhängig von den Maßen der Wandöffnung sind die Maße des Türkastens (Türblatt) und der Zarge so zu wählen, daß alle in Bild 2 und Bild 3 eingetragenen Maße (z. B. Breite des Luftspalts zwischen Türkasten und Zarge) mit einer Toleranz von ± 1 mm eingehalten werden.

5 Beschreibung und Anforderungen

5.1 Türblatt

5.1.1 Das Türblatt besteht aus zwei spannungsfrei gerichteten Feinblechen nach DIN 1623 Teil 1 von je 1,0 mm Dicke mindestens aus St 1203.

Die Bleche sind zu einem allseitig geschlossenen 54 mm dicken Türkasten zusammenzufügen, und zwar so, daß am oberen Rand und an den beiden seitlichen Türblatträndern umbördelte Anschlagfalze von 24 mm Breite entstehen. Am unteren Rand des Türkastens ist ein Überlappstoß auszuführen.

5.1.2 Die Türbleche sind in den Kastenecken und an den Falzecken (d. h. am Stoß der überfalzten Bleche) dicht zu verschweißen. Die Türbleche sind an der Umbördelung des Anschlagfalzes an den Längsseiten und an der Kopfseite in Abständen von höchstens 330 mm, an der Fußseite in Abständen von höchstens 200 mm durch mindestens 20 mm lange Schweißnähte miteinander zu verbinden. Anstelle von unterbrochenen Schweißnähten darf an der Umbördelung des Anschlagfalzes auch eine Punktschweißung angewandt werden. Dazu sind die Türbleche, unmittelbar an den Ecken beginnend (Abstand von der Ecke maximal 30 mm), derart miteinander zu verbinden, daß auf 1000 mm mindestens 3 Schweißpunkte angeordnet sind.

5.1.3 In den Türkasten sind zur Aussteifung des Türblattes vier Bandstähle einzuschweißen. Die Bandstähle haben einen Querschnitt von 50 mm × 5 mm. Die Bandstähle sind mit dem Türkastenblech in Abständen von höchstens 170 mm durch Punktschweißung zu verbinden. Abstand der Schweißpunkte von den Ecken beginnend ≦ 150 mm.

Im Schloßbereich darf der Punktabstand 280 mm bis 340 mm betragen. Im Bereich des Schlosses ist eine zusätzliche Bandstahlverstärkung 50 mm × 5 mm × 500 mm einzuschweißen.

Die Bandstähle an der Schloß- und Bänderseite müssen jeweils 7,5 mm kürzer als die lichte Türkastenhöhe sein. Die Bandstähle sind so in den Türkasten einzuschweißen, daß am oberen Rand 5 mm und am unteren Rand 2,5 mm Luft zwischen ihnen und den Kastenstegen ist (siehe Bild 5).

Die Bandstähle sind in den Ecken nicht verschweißt. Die Bandstähle an der Schloßseite sind so tief zu kröpfen, daß das Schloß mit dem Stulp bündig mit der Stirnseite des Türkastens abschließt.

5.1.4 An dem waagerechten oberen Bandstahl ist für die Befestigung eines Türschließers ein Winkelstahl, L 35 × 4 DIN 1028-USt 37-1 der Länge 380 mm so anzuschweißen, daß er auf der Bandseite einen Abstand von 30 mm von der Innenkante des Verstärkungs-Bandstahls hat (siehe Bild 1 und Bild 3).

5.2 Türbänder, Türschließer und Sicherungszapfen

5.2.1 Das Türblatt ist an zwei 2teiligen stählernen Konstruktionsbändern 180 mm × 14 mm × 4 mm mit je einem gehärteten Kugellagerring aufzuhängen. Das freie Ende der 90 mm hohen oberen Bandlappen ist hinter den Falz des Türblattes zu schweißen und zwar so, daß jeder Bandlappen mit dem Falz am oberen und unteren Lappenrand jeweils senkrecht zur Falzkante verschweißt ist. Zusätzlich ist das Ende jedes Bandlappens durch zwei mindestens 20 mm lange Schweißnähte mit dem Kastensteg so zu verbinden, daß die Nähte bis auf den Aussteifungsbandstahl durchgeschweißt werden. Der Falz ist für die Anbringung der Bandlappen um die Dicke des Bandlappenbleches nach außen durchzudrücken (siehe Bild 2 und Bild 4).

Die Bänder sind zu fetten. Die Bandbolzen müssen gegen Herauswandern gesichert sein. Die Bandrollen sind mit Schmierlöchern zu versehen.

5.2.2 Zwischen den Konstruktionsbändern (auf halber Türkastenhöhe) ist ein einstellbares, nichttragendes Federband nach DIN 18 262 anzuschweißen. Bei Verwendung eines Federbandes der Form B ist der obere Bandlappen entsprechend den oberen Bandlappen der Konstruktionsbänder anzubringen. Bei Verwendung eines Federbandes der Form A darf der obere Bandlappen schleifend auf dem Bandseitenblech des Türblattes aufliegen.

Die Federbänder sind zu fetten. Die Bandrollen sind mit Schmierlöchern zu versehen.

5.2.3 Anstelle eines Federbandes darf als Schließmittel auch ein obenliegender Türschließer mit hydraulischer Dämpfung für Feuerschutztüren nach DIN 18 263 verwendet werden.

Der Türschließer ist an dem in Abschnitt 5.1.4 genannten Winkel anzuschrauben. Anstelle eines Türschließers nach DIN 18 263 können auch andere Türschließer verwendet werden, deren Eignung für diese Tür nachgewiesen ist und deren Anschlußmaße gegebenenfalls unter Verwendung einer Zwischenplatte den Forderungen der DIN 18 263 entsprechen.

Federbänder und Türschließer müssen ein selbsttätiges Schließen der Türen sicherstellen.

5.2.4 Auf der Bänderseite muß sich 90 mm über der halben Höhe des Türblattes ein Sicherungszapfen aus Stahl nach Bild 4 befinden, der beim Schließen der Tür in die Zarge eingreift und im Falle eines Brandes ein Ausbiegen des Türblattes an dieser Stelle verhindert. Der Sicherungszapfen ist in den Aussteifungsbandstahl 50 mm × 5 mm einzuschrauben und durch eine Heftschweißung außen am Kastensteg gegen Lösen zu sichern.

5.3 Verschluß

5.3.1 Schloß

Als Schloß ist ein Einsteckschloß nach DIN 18 250 Teil 1 mit 24 mm Stulpbreite und 65 mm Dornmaß zu verwenden.

5.3.2 Einbau des Schlosses

Für das Türschloß sind die an der Schloßseite des Türkastens befindlichen zusammengeschweißten Bandstähle 50 mm × 5 mm mit einer Aussparung zu versehen, die nicht größer als 18 mm × 170 mm sein darf. Für den Fallenkopf darf die Aussparung auf einer Länge von 40 mm auf 20 mm verbreitert werden.

Die Falle muß beim Schließen der Tür unabhängig von der Drückerbetätigung einfallen und mindestens 6 mm in die Zarge eingreifen. Ihre Anfangsfederkraft muß auch im eingebauten Zustand mindestens 2,5 N und darf höchstens 4,0 N betragen. Das Schloß ist so in die Tür einzusetzen, daß der Stulp an keiner Stelle mehr als 0,5 mm vor- oder zurücksteht. Das Schloß ist mit zwei Senkschrauben M5 nach DIN 963 oder Senkschrauben M5 nach DIN 965 zu befestigen.

5.3.3 Schloßtasche

Das Schloß muß in einer bis auf die notwendigen – möglichst klein zu haltenden – Durchbrüche fünfseitig geschlossenen Schloßtasche aus 1 mm dickem Stahlblech liegen. Es ist in der Tasche gegen seitliche Bewegung zu sichern, dabei darf der lichte Abstand der Schloßkastenhalterung nicht mehr als 15,5 mm betragen.

5.3.4 Asbestpappen-Bekleidung

Auf jeder der beiden großen Seitenflächen der Schloßtasche sind 2 Lagen von 3 mm dicker Asbestpappe zu befestigen (siehe Bild 2). Die Asbestpappen-Bekleidung ist vor dem Schließen des Türkastens durch metallische Halterungen oder anorganische Kleber gegen Verrutschen zu sichern.

5.3.5 Drücker und Beschläge

Auf beiden Seiten der Tür muß ein Drücker mit Bund, der das Drückerlager überdeckt, vorhanden sein. Der Drückeransatz muß im Drückerlager geführt sein. Der Vierkantstift muß aus 9 mm Vierkantstahl und ungeteilt sein. Sofern Drücker aus unterhalb 1000 °C schmelzenden Werkstoffen verwendet werden, müssen sie einen mit dem Vierkantstift verbundenen Stahlkern enthalten, der mindestens 80 mm tief in den Drückergriff hineinragt. In diesem Bereich muß der Stahlkern einen Querschnitt von mindestens 4,5 mm Breite × 9 mm Höhe (oder ein diesem Querschnitt entsprechendes Widerstandsmoment W_{max}) haben.

Falls der Drückergriff aus einem brennbaren Kunststoff hergestellt ist, muß er mindestens normalentflammbar (Baustoff Klasse B 2 nach DIN 4102 Teil 1, z. Z. noch Entwurf) sein. Bisher geregelt durch die 3. Fassung der Ergänzenden Bestimmungen zu DIN 4102 der Arbeitsgruppe Einheitliche Technische Baubestimmungen (ETB)*).

Anstelle eines der beiden Drücker darf ein feststehender Knopf nur an solchen Türen angebracht werden, bei denen die Fluchtrichtung eindeutig feststeht[3]). Der Drücker ist dabei so anzubringen, daß die Tür vom Flüchtenden durch Drückerbetätigung geöffnet werden kann. Der Knopf muß die an Drücker gestellten konstruktiven Anforderungen (z. B. Stahlkern) sinngemäß erfüllen. Bei Verwendung eines feststehenden Knopfes muß das Schloß mit Wechsel ausgerüstet sein.

Die Beschläge (Langschilder, Kurzschilder oder Rosetten) müssen mit mindestens 2 Schrauben am Türblatt so befestigt werden, daß bei Beanspruchung eine Höhen- und Seitenverschiebung ausgeschlossen ist. Dabei ist besonders auf das Fluchten des Drückerlagers mit der Schloßnuß zu achten.

Das Drückerlager in diesen Beschlägen muß mindestens 5 mm dick sein. Die Öffnung des Drückerlagers muß durch Teile aus einem oberhalb 1000 °C schmelzenden Werkstoff abgedeckt sein.

Durchgehende Schlüssellöcher sind auf beiden Seiten durch eine selbständig schließende Schlüssellochblende abzudecken, die durch stählerne Verbindungsmittel mit dem Schild verbunden sein muß. Bei Zylinderschlössern sind keine Blenden erforderlich. Schild, Rosette und Schlüssellochblende sind aus Stahlblech, Gußeisen (Grauguß) oder Temperguß herzustellen; sie dürfen mit einem Überzug aus anderen Werkstoffen versehen sein.

5.4 Dämmstoff

Als Dämmstoff sind Mineralfaser-Einlagen nach DIN 18 082 Teil 2 zu verwenden.

Die Dicke der Mineralfaser-Einlagen muß mindestens 52 mm betragen. Die Mineralfaser-Einlagen dürfen weder zusammengerollt noch gefaltet werden und müssen lufttrocken und ungeteilt so eingebaut werden, daß sie den Türkasten vollständig ausfüllen.

5.5 Zarge

5.5.1 Die beiden Längsseiten und das Kopfteil bestehen aus einem Z-Stahl-Profil 54 mm × 50 mm × 25 mm von 3 bis 4 mm Dicke, das Fußteil aus einem Winkelstahl, L 30 × 3 DIN 1028-USt 37-1, dessen waagerecht liegender Schenkel bündig mit dem Fußboden abschließt. Die Profile sind an den Zargenecken miteinander zu verschweißen.

In besonderen Fällen kann ein unterer Anschlag erforderlich sein. Diese Fälle können gegeben sein, wenn es sich um den Abschluß von Räumen handelt, in denen rauchempfindliche Waren, Lebensmittel, Textilien und dergleichen lagern. Bei Ausführung mit unterem Anschlag ist hochkant an den Winkel 30 mm × 3 mm ein Flachstahl 35 × 4 DIN 174-USt 37-1 anzuschweißen (siehe Bild 3).

5.5.2 An einer Längsseite der Zarge sind die unteren Bandlappen der Konstruktionsbänder und des Federbandes anzuschweißen. Dabei sind die Bandlappen mit dem Zargenprofilflansch und dem -steg zu verschweißen (siehe Bild 2 und Bild 4).

5.5.3 Die Schließlöcher in der Zarge (siehe Bild 6) sind so anzuordnen, daß Falle und Riegel einen Spielraum nach oben von mindestens 5 mm und nach unten von mindestens 10 mm haben. Die Durchbrüche in der Zarge für Falle und Riegel sowie für den Sicherungszapfen sind mit Schutzkästen aus Stahlblech zu versehen. Die Zarge ist mit einer Meterrißmarkierung zu versehen (siehe Bild 1).

5.5.4 An den beiden Längsseiten der Zarge befinden sich je 3 Maueranker aus Flachstahl 35 × 2 DIN 174-USt 37-1. Sie sind so an den Zargenprofilen und Bandlappen anzuschweißen, daß sie im abgebogenen Zustand waagerecht liegen und eine freie Länge von 140 mm besitzen (gemessen aus dem Winkel des Zargenprofiles). Die freien Enden der Ankerbleche sind mindestens 10 mm hoch rechtwinklig abzukanten, oder sie sind zu wellen (mindestens zwei Halbwellen von 10 mm Höhe).

5.6 Rostschutz

Sämtliche Stahlteile, die nicht mit dem Putz (siehe Abschnitt 6.1) in Berührung kommen, müssen vor dem Zusammenbau und nach der Fertigstellung einen Rostschutz erhalten, z. B. eine Grundierung oder eine Verzinkung[4]).

6 Einbau

6.1 Die Zarge wird mit ihren flachgestellten Ankern nach dem Meterriß ausgerichtet und lotrecht in der Wand befestigt. Sie ist voll und bündig einzuputzen.

6.2 Falls die Tür in eine Wand von weniger als 240 mm Dicke (bei Stahlbeton von weniger als 150 mm Dicke) oder in eine Wand aus Baustoffen geringerer Festigkeit eingebaut wird (Druckfestigkeit unter 10 N/mm²), ist die

*) Zu beziehen durch Beuth Verlag GmbH, Berlin und Köln, Vertriebsnr. 10342

[3]) Die Verwendung eines feststehenden Knopfes bedarf in jedem Einzelfalle der Genehmigung der örtlichen Bauaufsichtsbehörde.

[4]) Siehe auch DIN 18 360

Zarge in gemauerte Pfeiler von mindestens 10 N/mm² Druckfestigkeit und in einen Türsturz einzusetzen. Die gemauerten Pfeiler müssen einen Querschnitt von mindestens 240 mm × 240 mm haben, in die Wand einbinden und bis zur Decke hochgeführt werden. Sie sind in Mörtel der Mörtelgruppe II nach DIN 1053 Teil 1 „Mauerwerk; Berechnung und Ausführung" zu mauern. Pfeiler und Türstürze dürfen wahlweise auch aus Beton mindestens der Güte Bn 150 nach DIN 1045 „Beton- und Stahlbetonbau; Bemessung und Ausführung" gefertigt werden[5].

7 Überwachung/Güteüberwachung

7.1 Allgemeines

Die Hersteller von Türen nach dieser Norm haben die ordnungsgemäße Beschaffenheit ihrer Erzeugnisse zu prüfen (Eigenüberwachung). Sie haben sich ferner einer Überwachung durch eine anerkannte Überwachungsgemeinschaft oder auf der Grundlage eines Überwachungsvertrages durch eine anerkannte Prüfstelle[6]) zu unterziehen (Fremdüberwachung). Der Eigenüberwachung und der Fremdüberwachung sind die Forderungen dieser Norm zugrunde zu legen.

7.2 Eigenüberwachung

7.2.1 Der Türenhersteller hat von den in der Fertigung befindlichen Türblättern und Zargen bei großen Fertigungsserien an jedem Arbeitstag mindestens 1 Stück, bei nicht ständig laufender Fertigung von je 50 Türen mindestens 1 Stück wahllos zu entnehmen und auf Übereinstimmung mit den Forderungen des Abschnittes 3 zu überprüfen.

Die Festigkeit der Punktschweißungen ist bei ständiger Fertigung mindestens einmal im Monat, bei nicht ständiger Fertigung bei Beginn jeder Fertigungsserie durch einen Aufknöpfversuch zu überprüfen. Bei der Überprüfung der Festigkeit der Punktschweißung darf beim Aufknöpfen je 1000 mm Länge höchstens ein Schweißpunkt in der Schweißung selbst reißen.

Um sicherzustellen, daß im Bauwerk eingesetzte Türen vom Federband jederzeit aus einem Öffnungswinkel von 45° selbsttätig geschlossen werden, muß im Rahmen der Eigenüberwachung des Türenherstellers festgestellt werden, ob sich im Öffnungsbereich von 0° bis 90° ein Schließmoment von mindestens 6 Nm einstellen läßt. Bei dieser Einstellung darf das zum Öffnen erforderliche Moment das Zweifache des jeweiligen Schließmoments nicht überschreiten.

7.2.2 Die Eigenüberwachung der Türschließer muß nach DIN 18 263 erfolgen.

7.2.3 Sämtliche Prüfergebnisse der Eigenüberwachung sind aufzuzeichnen und auszuwerten. Die Aufzeichnungen sind der die Fremdüberwachung durchführenden Stelle auf Verlangen vorzulegen und mindestens fünf Jahre lang aufzubewahren.

7.3 Fremdüberwachung

7.3.1 Die ordnungsgemäße Durchführung der Eigenüberwachung durch die Hersteller und die Ausführung der Türen ist mindestens halbjährlich durch eine anerkannte Güteschutzgemeinschaft (Überwachungsgemeinschaft) oder aufgrund eines Überwachungsvertrages durch eine anerkannte Prüfstelle zu überprüfen.

7.3.2 Die Fremdüberwachung der Türschließer muß nach DIN 18 263 erfolgen.

7.3.3 Die Prüfung hat sich auch auf die Kennzeichnung der Türen, Schlösser, Federbänder, Türschließer und Mineralfaserplatten (überwachungspflichtige Erzeugnisse) zu erstrecken.

8 Kennzeichnung

8.1 Jede dieser Norm entsprechende Tür muß durch ein Stahlblechschild nach DIN 825 Teil 1, Größe 52 mm × 105 mm, gekennzeichnet werden, das folgende Angaben – erhaben geprägt – enthalten muß:

- Stahltür T 30-1 A DIN 18 082
- Name des Herstellers
  oder ein ihm zugewiesenes Hersteller-Kennzeichen hinter dem Wort „Hersteller"
- „überwacht durch . . . . .", Herstellungsjahr

Ein Hersteller-Kennzeichen darf nur angebracht werden, wenn es von einer anerkannten Güteschutzgemeinschaft/fremdüberwachenden Stelle zugewiesen wurde und nur so lange, wie die Herstellung von dieser Stelle überwacht wird. Das Schild muß an seinen vier Ecken an das Bandseitenblech geschweißt oder genietet werden. Anstelle des Schildes können die vorstehend genannten Angaben in mindestens gleicher Schriftgröße mit etwa 1 mm breiten durchlaufenden Linien als Begrenzung an gleicher Stelle in das Bandseitenblech erhaben eingeprägt werden. Der Name einer Vertriebsfirma darf auf einem weiteren Stahlblechschild angegeben werden.

8.2 Anstelle des in Abschnitt 8.1 angegebenen Schildes darf der Kennzeichnungstext auch auf einem Stahlblechschild nach DIN 825 Teil 1 der Größe 26 mm × 148 mm – erhaben geprägt – angegeben werden. Dieses Schild ist in etwa ⅔ der Türhöhe an der Bänderseite an den Steg des Kastenbleches zu schweißen oder zu nieten.

8.3 Türschließer, die nicht DIN 18 263 entsprechen, deren Eignung durch Prüfzeugnis einer hierfür anerkannten Prüfstelle jedoch nachgewiesen ist, müssen mit dem Herstellerzeichen, der Größe und dem Herstellungsjahr gekennzeichnet sein.

8.4 Türdrücker aus unter 1000 °C schmelzenden Werkstoffen sind mit einem Herstellerzeichen zu versehen (siehe Abschnitt 5.3.5).

---

[5]) Mindestquerschnitte der Stahlbetonpfeiler je nach den baulichen Gegebenheiten bei möglicher dreiseitiger Brandbeanspruchung als „Stützen aus Normalbeton bei mehrseitiger Brandbeanspruchung", bei möglicher zweiseitiger Brandbeanspruchung als „nicht raumabschließende Wände aus Normalbeton mit mehrseitiger Brandbeanspruchung" bemessen. (Hierzu ist eine Norm in Vorbereitung.)

[6]) Prüfstellen siehe DIN 4102 Teil 5 (z. Z. noch Entwurf, Ausgabe Januar 1976).

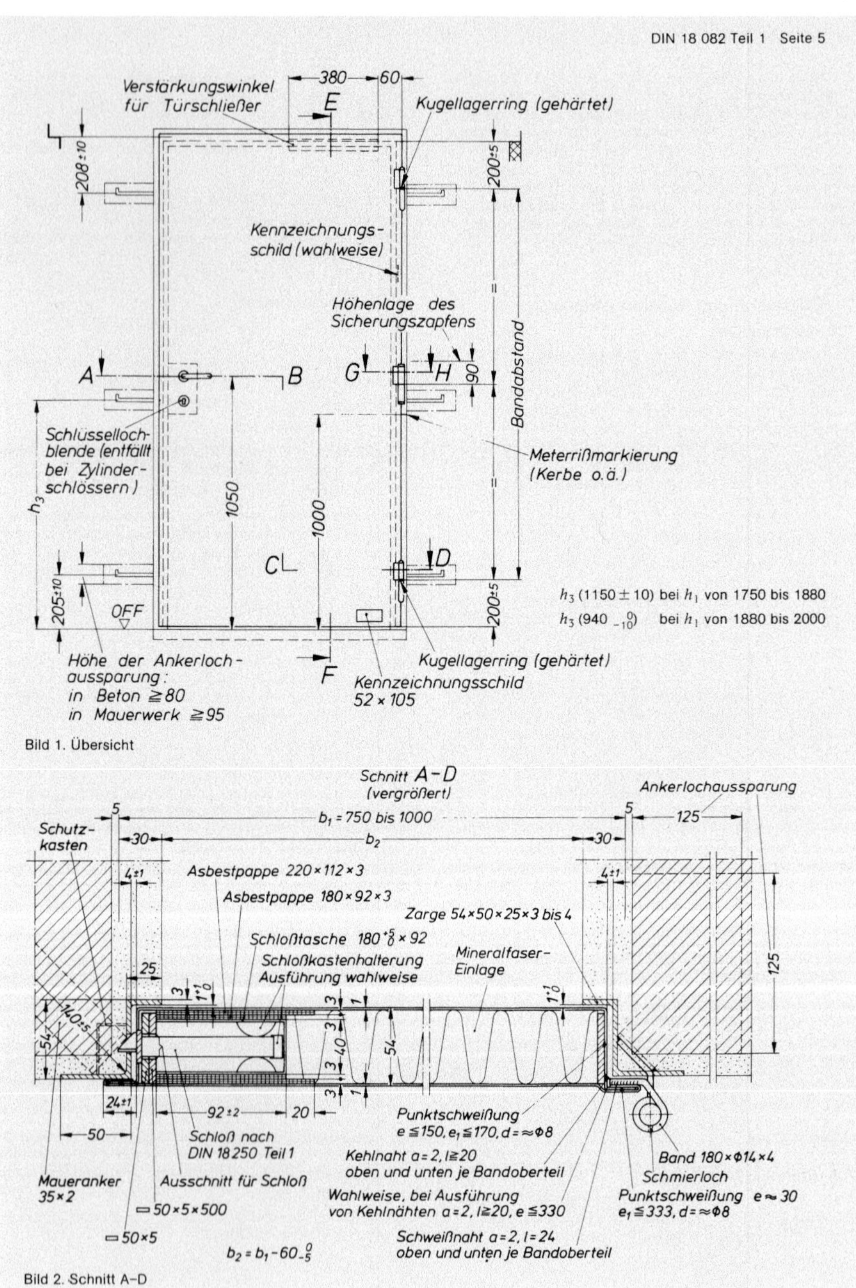

Bild 2. Schnitt A–D

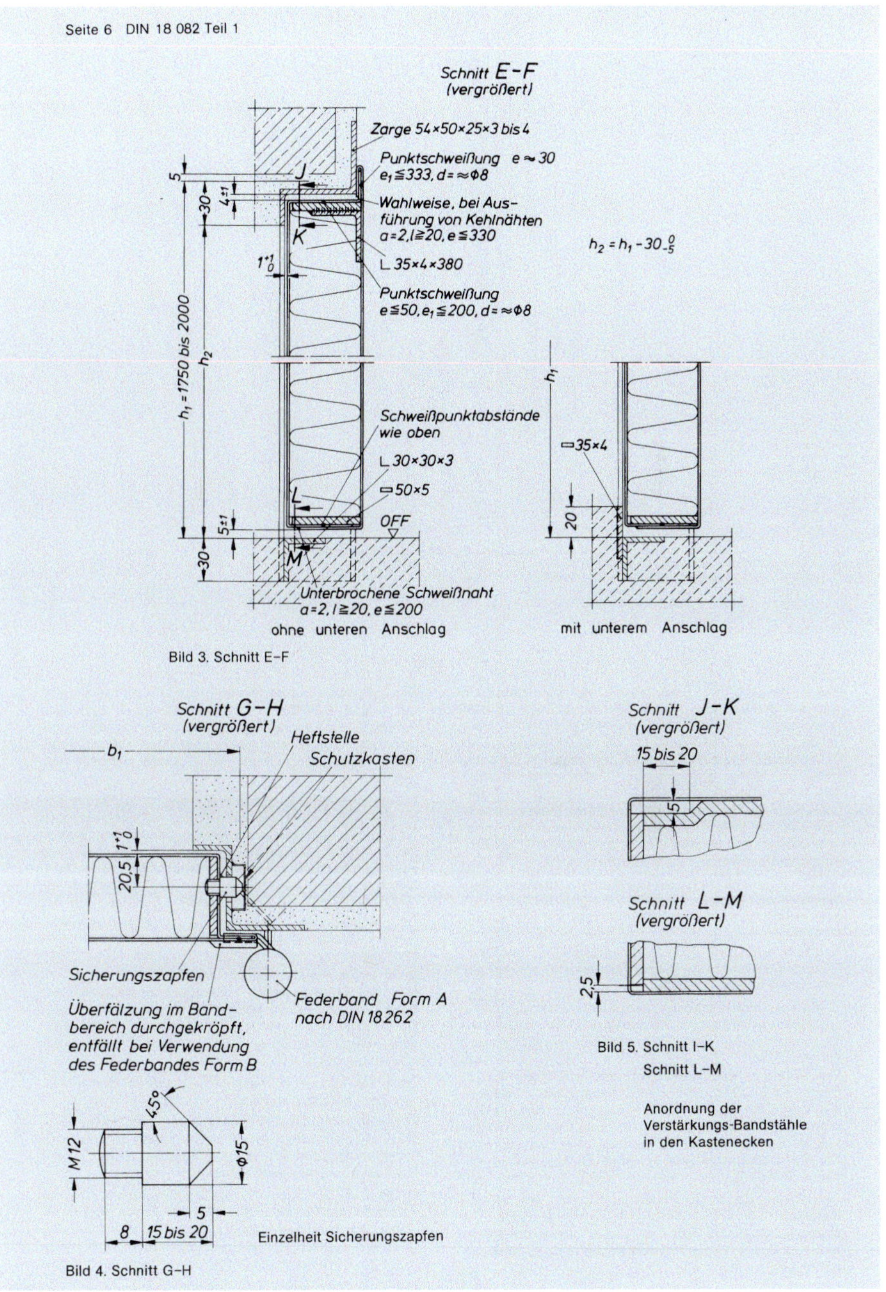

Bild 3. Schnitt E–F

Bild 4. Schnitt G–H

Bild 5. Schnitt I–K
Schnitt L–M

Anordnung der Verstärkungs-Bandstähle in den Kastenecken

DIN 18 082 Teil 1 Seite 7

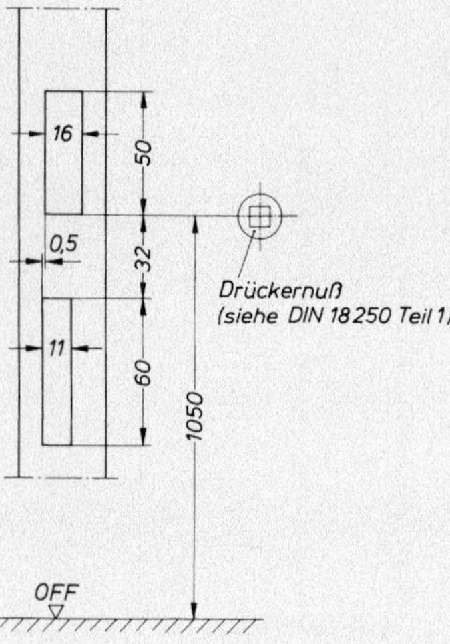

Bild 6. Anordnung der Schließlöcher in der Zarge

Erläuterungen

Die bisher genormten Bauarten von Feuerschutzabschlüssen aus Stahlblech wurden in den Jahren 1952 bis 1959 von Industrie und Handwerk entwickelt und ihre Fertigung in den Jahren 1959 bis heute von den Herstellern stark rationalisiert und zum Teil sogar automatisiert. Im Jahre 1969 erschienen überarbeitete Fassungen der Normen DIN 18 081, DIN 18 082 und DIN 18 084, die auf den Ergebnissen der bis 1959 durchgeführten Entwicklungsversuche und auf den Erkenntnissen basierten, die in den ersten vier Jahren der bauaufsichtlich geforderten Gütesicherungsarbeit gewonnen worden waren.

Im Jahre 1970 ist die für die brandschutztechnische Beurteilung dieser Bauteile maßgebende Norm DIN 4102 Teil 3 neu gefaßt und dabei an internationale Vereinbarungen (IS 834) angeglichen worden. Im Zuge der Überarbeitung wurden die in DIN 4102 Teil 3 enthaltenen Prüf- und Beurteilungsgrundsätze für Feuerschutztüren in einigen wesentlichen Punkten geändert.

Im Rahmen eines Forschungsauftrages [1], der aus Mitteln des Bundesministers für Städtebau und Wohnungswesen finanziert wurde, sind zunächst Brandversuche nach DIN 4102 Teil 3 (Februar 1970) an T 90-1-Türen nach DIN 18 081, T 30-1-Türen nach DIN 18 082 und T 30-2-Türen nach DIN 18 084, deren Bauart den Fassungen Februar 1969 dieser Normen entsprach, durchgeführt worden. Die Brandversuche hatten zum Ergebnis, daß bei keiner der genormten Stahltüren eine ausreichende Feuerwiderstandsfähigkeit im Sinne der Neufassung der Norm DIN 4102 Teil 3 (Februar 1970) vorhanden war.

Der Arbeitsausschuß „Feuerschutztüren" des FN-Bau beschloß auf Grund dieser Versuchsergebnisse, die Normen DIN 18 081 Teile 1, 2 und 3, DIN 18 082 Teile 1 und 2 und DIN 18 084 zurückzuziehen und die Neubearbeitung einzuleiten [2].

Die Zurückziehung der Normen wurde – da die Normen auf Grund § 3 MBO (Musterbauordnung) in fast allen Bundesländern bauaufsichtlich eingeführt waren – mit den zuständigen Fachkommissionen der ARGEBAU abgestimmt und schließlich auf den 31. Dezember 1976 festgesetzt.

Da die vorhandene Kapazität und die zur Verfügung stehenden Mittel nicht ausreichten, die Entwicklungsarbeit für alle drei Bauarten gleichzeitig voranzutreiben, hielt es der Ausschuß für vordringlich, zunächst die Entwicklung einer Stahltür T 30-1 (feuerhemmende einflügelige Stahltür) für eine Wandöffnung mit dem Baurichtmaß bis 1000 mm × 2000 mm voranzutreiben, weil diese Bauart zum Verschluß von etwa 90 % der Öffnungen in brandschutztechnisch wirksamen Wänden in Wohngebäuden benötigt wird.

Nach einigen Vorversuchen konnte die Entwicklung mit positiven Ergebnissen der Eignungsprüfungen an einer Bauart abgeschlossen werden, die inzwischen als T 30-1-Tür „Hagen" vom Institut für Bautechnik in Berlin unter dem Aktenzeichen II/23 – 1. 6. 12 – 1738/73 bauaufsichtlich zugelassen wurde.

Diese Türenbauart diente als Grundlage bei der Aufstellung der vorliegenden Norm.

Beim Bau von Feuerschutzabschlüssen nach dieser Norm sind einige Punkte zu beachten, die auch allgemein für Feuerschutzabschlüsse anderer Bauarten gelten. Diese Punkte sind nachfolgend aufgeführt:

a) Die Norm ist aufgestellt nach Brandversuchen an Türen bestimmter Bauart und Größe. Bei diesen Versuchen hat sich herausgestellt, daß die bei einer bestimmten Türgröße gesammelten Erfahrungen nicht ohne weiteres auf Türen anderer Größe – auch nicht auf kleinere

Türen – übertragen werden können. Die in der Norm angegebenen oberen und unteren Grenzwerte für Breite und Höhe dürfen also auf keinen Fall überschritten werden*), auch nicht, wenn die Konstruktionsmerkmale im übrigen beibehalten werden.

Kleinere oder größere Türen dürfen deshalb nicht als Türen nach dieser Norm bezeichnet werden; ihre Eignung ist gesondert nachzuweisen. Auch gilt diese Norm nicht für waagerechte Raumabschlüsse, z. B. Bodenlukenklappen.

b) Feuerschutztüren sollen die Öffnungen in Brandabschnitte bildenden Wänden so verschließen, daß ein Schadensfeuer nicht durchtreten kann. Sie dürfen – um ein Durchzünden zu verhindern – unter der Einwirkung eines Brandes auf der dem Feuer abgekehrten Seite nur eine bestimmte Temperaturerhöhung erfahren.

Der für die zulässige Temperaturerhöhung nach Erfahrungswerten festgelegte Grenzwert wird in jedem Falle weit überschritten, wenn die Tür mit einer Verglasung versehen ist. Um der Gefahr des Durchzündens eines Schadensfeuers durch Strahlung vorzubeugen, wird deshalb in der Norm ausdrücklich erwähnt, daß die Türen keine Verglasung haben dürfen.

c) Ein Schadensfeuer kann auch durch Fugen und Spalte, z. B. zwischen Türblatt und Zarge, übertragen werden. Um dies zu verhindern und um sicherzustellen, daß die Schloßfalle richtig in die Zarge eingreift, müssen die Abmessungen des Türkastens und der Zarge so aufeinander abgestimmt sein, daß die zulässige Spaltbreite (4 mm ± 1 mm seitlich und oben bzw. 5 mm ± 1 mm unten) nicht überschritten wird. Die Spaltbreite darf aber auch nicht wesentlich geringer als gefordert sein, damit nicht bei einer geringen Verformung der Tür möglicherweise das selbsttätige Zufallen unmöglich wird.

Das sorgfältige Abstimmen der Abmessungen aufeinander ist nur möglich, wenn Türblatt und Zarge gleichzeitig hergestellt und zusammen ausgeliefert werden. Es ist deshalb – auch wenn dies in der Norm nicht ausdrücklich erwähnt ist – grundsätzlich unzulässig, einzelne Türblätter oder Zargen als Türen oder Zargen nach dieser Norm zu kennzeichnen und auszuliefern.

Einzeln angelieferte Türblätter und Zargen von Feuerschutztüren dürfen nicht zum Zweck des baulichen Brandschutzes verwendet werden, auch nicht, wenn sie vom gleichen Hersteller stammen.

Aus gegebener Veranlassung wird ferner darauf hingewiesen, daß es unzulässig ist, eine Tür nachträglich zu verändern, z. B. durch Kürzen des Türblattes oder Anbringen von Zusatzkonstruktionen am Türblatt oder an der Zarge.

d) Die bezüglich der Verschweißung der Türbleche gestellten Forderungen sollen zur Folge haben, daß das Türblatt ausreichend steif ist und daß ein möglichst geringer Luftaustausch von der freien Atmosphäre zum Innern des Türkastens stattfindet, um die Gefahr einer Korrosion durch Kondensationsfeuchtigkeit herabzumindern.

Es liegt im Sinne dieser Forderung, daß auch andere Durchbrüche in den Türblechen, z. B. zum Einstecken von Bandlappen, möglichst klein gehalten und dichtgeschweißt werden.

e) Nach dieser Norm hergestellte Feuerschutztüren mit Federbändern, deren Ausbildung nicht DIN 18 262 „Einstellbares, nichttragendes Federband für Feuerschutztüren" entspricht, entsprechen nicht den Festlegungen dieser Norm; ihre Eignung ist nachzuweisen.

f) Die Schloßtaschen müssen staubdicht sein, um zu verhindern, daß wichtige Teile des Schlosses durch feine Bestandteile verschmutzt werden, die sich bei häufigem Gebrauch einer Feuerschutztür von den Dämmstoffen lösen. Der Begriff „staubdicht" konnte bisher nicht festgelegt werden, weil der notwendige Grad der Dichtheit von der Größe der Dämmstoffteilchen abhängt. Bei der Verwendung von Einlagen mit sehr dünnen und kurzen Mineralfasern ist an die Dichtheit der Schloßtaschen ein strengerer Maßstab anzulegen als bei der Verwendung von Einlagen aus langen Mineralfasern. Bei der Gefahr des Auftretens feiner pulverförmiger Bestandteile dürfen Spalte oder Stoßfugen an der Schloßtasche nicht so groß sein, daß solche Teile durchgerüttelt werden können. Wenn sich im Türkasten langfaserige Mineralfaser-Einlagen befinden, dürfen an der Schloßtasche keine Fugen sein, die breiter als 0,2 mm und länger als 50 mm sind. Es ist nicht zulässig, das Abdichten von Spalten oder Fugen an der Schloßtasche nur mit Hilfe der zur Wärmedämmung eingelegten Asbestpappe zu bewirken.

g) Beim Zusammenbau des Türkastens sind Wärmebrücken zu vermeiden. Es ist also nicht zulässig, Türschließer in das Türblatt einzubauen, zusätzliche durchgehende Aussteifungen für die Türbleche einzusetzen, Schloßtaschen mit anderen Abmessungen als in der Norm angegeben zu verwenden oder am Türblatt außen Verstärkungen anzubringen mit Hilfe von Schrauben oder Nieten, die beide Türbleche miteinander verbinden (Ausnahme: Hülsenschrauben zur Befestigung der Langschilder, Kurzschilder oder Rosetten).

Wärmebrücken können auch entstehen, wenn die Schloßtaschenisolierung nicht hinreichend sicher am Blech der Taschen befestigt ist, so daß sie sich während des Transports oder bei Benutzung der Türen verlagert. Die Asbestpappen sind mit Hilfe metallischer Verbindungsmittel oder geeigneter Kleber zu befestigen. Die Verwendung von Klebestreifen oder Gummibändern ist nicht zulässig.

h) Mineralfaser-Einlagen dürfen nicht so gelagert werden, daß ihre Dämmwirkung dauernd beeinträchtigt wird oder daß sie Stoffe aufnehmen können, die sich nach dem Zusammenbau der Tür schädigend auswirken.

Sie sollen deshalb trocken (möglichst in einem geschlossenen Raum) und so gelagert werden, daß sie nicht beschädigt oder bleibend verdichtet werden können.

Es dürfen – gegebenenfalls unter Verwendung von Distanzstücken – nur soviel Mineralfaser-Einlagen übereinander gelagert oder verpackt werden, daß die geforderte Mindestdicke unmittelbar nach Entlastung noch gewährleistet ist.

i) Da die Dämmwirkung von Mineralfaser-Einlagen beim Herstellen, gewollt oder ungewollt, von vielen Faktoren beeinflußt werden kann, sind die Hersteller dieser Ein-

*) Diese Grenzwerte beziehen sich auf das Baurichtmaß. Wegen der Ableitung des Nennmaßes aus dem Baurichtmaß (siehe DIN 4172 „Maßordnung im Hochbau") kann beispielsweise bei einer Fugenbauart mit 2 cm Stoß- und Lagerfuge das Nennmaß für die in dieser Norm angegebenen oberen Grenzwerte der Wandöffnung (1000 mm Breite und 2000 mm Höhe) tatsächlich 1020 mm für die Breite und 2010 mm für die Höhe betragen (siehe auch DIN 18 100 „Türöffnungen für den Wohnungsbau"). Wegen der nach DIN 18 202 Teil 1 „Maßtoleranzen im Hochbau; Zulässige Abmaße für die Bauausführung – Wand- und Deckenöffnungen, Nischen, Geschoß- und Podesthöhen" (Ausgabe März 1969), Tabelle 1 zulässigen Abmaße ist eine Wandöffnung von 1030 mm Breite und 2020 mm Höhe entsprechend dem gewählten Beispiel noch als normgerecht anzusehen.

lagen zu einer strengen Eigenkontrolle verpflichtet. Sie haben immer wieder nachzuweisen, daß die Anforderungen an die Einlagen hinsichtlich der Dämmwirkung erfüllt werden.

Wegen der besonderen Wichtigkeit dieses Punktes sind auch die Verarbeiter zu stichprobenartigen Überprüfungen der Einlagen verpflichtet.

j) Die Norm enthält keine Aussagen über Umfassungszargen, da deren Eignung bei Feuerschutztüren dieser Bauart bisher nicht nachgewiesen ist. Es ist nicht zulässig, Feuerschutztüren nach DIN 18 082 Teil 1 mit anderen, als den in dieser Norm geforderten Zargen zu versehen. Es ist ebenfalls nicht zulässig, mit den vorgeschriebenen Zargenprofilen andere Teile als die in der Norm angegebenen Maueranker, Schutzkästen, Bänder und Türschließer-Bestandteile zu verbinden. Für jeden konstruktiven Zusatz zur genormten Zargen-Ausführung ist ein Eignungsnachweis erforderlich.

Die Verbraucher sind in geeigneter Weise darauf hinzuweisen, daß die Türen nur dann die vorgesehene Schutzwirkung besitzen, wenn die Zarge voll eingeputzt ist.

k) Der Rostschutz – auch im Inneren des Türkastens – muß lückenlos sein. Ein ungeschützter Streifen zwischen Türblech und Aussteifungsbandstahl wird noch hingenommen, wenn der Anschluß zwischen Türblech und angeschweißtem Bandstahl gut mit Rostschutzfarbe abgedichtet wird.

l) Das selbsttätige Schließen der Tür ist nicht sicher gewährleistet, wenn die Bänder so angebracht sind, daß sie nicht genau fluchten oder wenn das Federband einen schleifenden Lappen besitzt, der so kurz ist, daß er bei einem größeren Öffnungswinkel der Tür vom Türblatt abrutscht.

Der Verschweißung der Kastenbleche im Bereich der oberen Bandlappen sowie der Verschweißung dieser Bandlappen mit dem Türblatt ist besondere Sorgfalt zuzuwenden.

m) Zusatzgeräte zu den genormten Feuerschutztüren, die das selbsttätige Schließen dauernd oder zeitweise verhindern, z. B. Schließzeitverzögerer, Vorrichtungen mit Auslösung infolge Temperaturerhöhung oder Rauch, bedürfen einer bauaufsichtlichen Zulassung. Sie dürfen ferner nur mit besonderer Genehmigung der örtlich zuständigen Bauaufsichtsbehörde verwendet werden. Diese Geräte bedürfen ständiger Kontrolle. Das Festsetzen des Türflügels durch Keile, Feststeller oder das Entspannen der Türschließmittel sind unzulässig.

n) Als „freie Länge" eines Mauerankers wird der Abstand von der Innenecke des Zargenwinkels bis zum Ende des waagerecht von der Zarge abgebogenen Ankerprofils bezeichnet. Die freie Länge ist nicht gleichbedeutend mit der Abwicklung des Ankerbandstahls.

o) Langschilder sollen möglichst mit 4 Schrauben am Türblatt befestigt sein, mindestens aber mit 2 Schrauben. Im letzteren Falle müssen durchgehende Hülsenschrauben verwendet werden. Rosetten sind mit jeweils 2 durchgehenden Hülsenschrauben zu befestigen.

Diese Beschläge müssen aus mindestens 1 mm dickem Stahlblech, Grau- oder Stahlguß hergestellt sein.

Drückergarnituren nur aus Leichtmetall oder mit durchgehenden Kunststoffgriffen sind nicht zulässig, da die Tür bei ihrer Verwendung im Falle eines Brandes möglicherweise von Eingeschlossenen vom Brandraum her nicht geöffnet werden kann und als Fluchtweg ausfällt.

Die in der Norm bezüglich der Ausbildung von Drücker und Drückerlager in Langschild oder Rosette gestellten Anforderungen sollen gewährleisten, daß die am Drückerlager auftretenden Zug-, Druck- und Kippkräfte von den Beschlägen sicher aufgenommen werden.

p) Der Hersteller der Tür muß aus der Beschriftung des Kennzeichnungsschildes zu ersehen sein. Enthält das Schild nicht den Namen des Herstellers, sondern eine entsprechende verschlüsselte Angabe (z. B. durch Kennziffern), so muß vor dieser das Wort „Hersteller" stehen.

In diesem Falle dürfen auf dem Kennzeichnungsschild außer der Jahreszahl und den Zahlen in der Angabe „Stahltür T 30-1 A DIN 18 082" keine anderen Zahlen angegeben sein.

Die Kennzeichnungsschilder müssen an 4 Stellen mit dem Türblech verbunden sein. Dazu dürfen keine Schrauben oder Schlagschrauben verwendet werden.

Die Kennzeichnungsschilder müssen auch dann 52 mm × 105 mm groß sein, wenn sie anstelle des Namens der Herstellerfirma nur deren Kennziffer enthalten. Ist der Hersteller auf einem aufgesteckten Zusatzschild zum Kennzeichnungsschild angegeben, so muß das Kennzeichnungsschild mit der verschlüsselten Herstellerangabe versehen sein.

Feuerschutztüren ohne Kennzeichnungsschild oder mit einem Kennzeichnungsschild, das unvollständig oder nicht den Forderungen der Norm entsprechend beschriftet ist, sind nicht normgerecht.

Schrifttum

[1] Berichte aus der Bauforschung, Heft 97, Verlag Wilhelm Ernst & Sohn, Berlin, München, Düsseldorf

[2] DIN-Mitteilungen Band 54 Heft 4, S. 180f., Beuth Verlag, Berlin und Köln 1975

[3] Mitteilungen des Instituts für Bautechnik, Heft 6/76, darin:
W. Westhoff, Feuerschutzabschlüsse, Berlin 1976

DK 699.81 : 692.81-034.14 : 614.84
: 001.4 : 62-777

Januar 1985

Feuerschutzabschlüsse

Stahltüren T 30-1

Bauart A

DIN 18 082 Teil 1

Fire barriers; steeldoors T 30-1; construction type A

Ersatz für Ausgabe 12.76

Diese Norm ist den obersten Bauaufsichtsbehörden vom Institut für Bautechnik, Berlin, zur bauaufsichtlichen Einführung empfohlen worden.

Maße in mm

Inhalt

1 Anwendungsbereich

Diese Norm beschreibt eine Bauart von T 30-1-Türen aus Stahl (feuerhemmende einflügelige Stahltüren), die „Bauart A" genannt wird und für Wandöffnungen (im Baurichtmaß) von 750 bis 1000 mm Breite und von 1750 bis 2000 mm Höhe verwendet werden.

Anmerkung: Die „Bauart B" zur Verwendung in Wandöffnungen von 750 bis 1250 mm Breite und 1750 bis 2250 mm Höhe ist in DIN 18 082 Teil 3 genormt.

Türen, die den Festlegungen dieser Norm entsprechen [1]), gelten ohne besonderen Nachweis als „T 30" nach DIN 4102 Teil 5, Ausgabe September 1977, Abschnitt 5.

2 Begriff

Stahltüren T 30-1 der Bauart A sind selbstschließende Türen ohne Verglasung, die den Festlegungen dieser Norm entsprechen und die dazu bestimmt sind, Öffnungen in Wänden zu verschließen.

Der Begriff Feuerschutzabschluß ist in DIN 4102 Teil 5 festgelegt.

3 Bezeichnung

Bezeichnung einer einbaufertigen Stahltür T 30-1 der Bauart A, bestehend aus Zarge, Türflügel [2]), Schloß und Beschlägen als Rechts-Tür (R) (Rechts-Bezeichnung siehe DIN 107), für eine Wandöffnung mit den Baurichtmaßen der Breite b_1 = 875 mm und der Höhe h_1 = 1875 mm:

Stahltür DIN 18 082 – T 30-1 – A –
R 875 × 1875

Bei Ausschreibung, Bestellung und ähnlichem ist darüber hinaus anzugeben:

- Art des Schließmittels (z. B. Federband, Türschließer),
- Ausführung des Schlosses (siehe DIN 18 250 Teil 1),
- Art der Drückergarnitur,
- gegebenenfalls unterer Anschlag.

4 Maße

4.1 Wandöffnungen

Die Breite der Wandöffnungen darf 750 mm nicht unter- und 1000 mm nicht überschreiten; die Höhe der Wandöffnungen darf 1750 mm nicht unter- und 2000 mm nicht überschreiten (jeweils Baurichtmaße).

Bei Ausführung mit unterem Anschlag (siehe Abschnitt 5.5.1 und Bild 3) verringern sich die lichten Durchgangsmaße in der Höhe um 20 mm.

4.2 Türflügel und Zarge

Die Maße sind in den Bildern 1 bis 6 angegeben.

Abhängig von den Maßen der Wandöffnung sind die Maße des Türflügels und der Zarge so zu wählen, daß alle in Bild 2 und Bild 3 eingetragenen Maße (z. B. Breite des Luftspalts zwischen Türflügel und Zarge) mit zulässigen Abweichungen von ± 1 mm eingehalten werden.

5 Konstruktionsbeschreibung und Anforderungen

5.1 Türflügel

5.1.1 Der Türflügel [2]) besteht aus zwei Feinblechen nach DIN 1623 Teil 1 von je 1,0 mm Dicke mindestens aus St 1203.

---

[1]) Türen, die den Festlegungen dieser Norm nicht entsprechen, dürfen als Feuerschutztüren nur verwendet werden, wenn die Brauchbarkeit für den Verwendungszweck besonders nachgewiesen ist, z. B. durch eine allgemeine bauaufsichtliche Zulassung (siehe „Richtlinien für die Zulassung von Feuerschutzabschlüssen" des Instituts für Bautechnik, Reichpietschufer 72–76, 1000 Berlin 30).

[2]) Die Benennung „Türkasten" ist gleichfalls gebräuchlich und leitet sich von dem kastenförmigen Hohlkörper des Türflügels ab.

Fortsetzung Seite 2 bis 10

Normenausschuß Bauwesen (NABau) im DIN Deutsches Institut für Normung e.V.

Seite 2 DIN 18 082 Teil 1

Die Bleche sind zu einem allseitig geschlossenen 54 mm dicken Türflügel zusammenzufügen, und zwar so, daß am oberen Rand und an den beiden seitlichen Türflügelrändern umbördelte Anschlagfalze von 24 mm Breite entstehen. Am unteren Rand des Türflügels ist ein Überlappstoß auszuführen.

5.1.2 Die Türbleche sind in den Kastenecken und an den Falzecken (d. h. am Stoß der überfalzten Bleche) dicht zu verschweißen. Die Türbleche sind an der Umbördelung des Anschlagfalzes an den Längsseiten und an der Kopfseite in Abständen von höchstens 330 mm, an der Fußseite in Abständen von höchstens 200 mm durch mindestens 20 mm lange Schweißnähte miteinander zu verbinden. Anstelle von unterbrochenen Schweißnähten darf an der Umbördelung des Anschlagfalzes auch eine Punktschweißung angewandt werden. Dazu sind die Türbleche, unmittelbar an den Ecken beginnend (Abstand von der Ecke höchstens 30 mm), derart miteinander zu verbinden, daß auf 1000 mm mindestens 3 Schweißpunkte angeordnet sind.

5.1.3 Zur Aussteifung des Türflügels sind vier Flachstähle einzuschweißen. Die Flachstähle haben einen Querschnitt von 50 mm x 5 mm. Die Flachstähle sind mit dem Türkastenblech in Abständen von höchstens 170 mm durch Punktschweißung zu verbinden. Abstand der Schweißpunkte von den Ecken beginnend mindestens 150 mm.

Im Schloßbereich darf der Punktabstand 280 mm bis 340 mm betragen. Im Bereich des Schlosses ist eine zusätzliche Flachstahlverstärkung 50 mm x 5 mm x 500 mm einzuschweißen.

Die Flachstähle an der Schloß- und Bänderseite müssen jeweils 7,5 mm kürzer als die lichte Türkastenhöhe sein. Die Flachstähle sind so in den Türkasten einzuschweißen, daß am oberen Rand 5 mm und am unteren Rand 2,5 mm Luft zwischen ihnen und den Kastenstegen ist (siehe Bild 5).

Die Flachstähle sind in den Ecken nicht verschweißt. Die Flachstähle an der Schloßseite sind so tief zu kröpfen, daß das Schloß mit dem Stulp bündig mit der Stirnseite des Türkastens abschließt.

5.1.4 An dem waagerechten oberen Flachstahl ist für die Befestigung eines Türschließers ein Winkelstahl, DIN 1028 – USt 37-2 – L 35 x 4 der Länge 380 mm so anzuschweißen, daß er auf der Bandseite einen Abstand von 30 mm von der Innenkante des Verstärkungs-Flachstahls hat (siehe Bild 1 und Bild 3).

5.2 Türbänder, Türschließer und Sicherungszapfen

5.2.1 Der Türflügel ist an zwei 2teiligen stählernen Konstruktionsbändern 180 mm x 14 mm x 4 mm mit je einem gehärteten Kugellagerring aufzuhängen. Das freie Ende der 90 mm hohen oberen Bandlappen ist hinter den Falz des Türblattes zu schweißen und zwar so, daß jeder Bandlappen mit dem Falz am oberen und unteren Lappenrand jeweils senkrecht zur Falzkante verschweißt ist. Zusätzlich ist das Ende jedes Bandlappens durch zwei mindestens 20 mm lange Schweißnähte mit dem Kastensteg so zu verbinden, daß die Nähte bis auf den Aussteifungsflachstahl durchgeschweißt werden. Der Falz ist für die Anbringung der Bandlappen um die Dicke des Bandlappenbleches nach außen durchzudrücken (siehe Bild 2 und Bild 4).

Die Bänder sind zu fetten. Die Bandbolzen müssen gegen Herauswandern gesichert sein. Die Bandrollen sind mit Schmierlöchern zu versehen.

5.2.2 Zwischen den Konstruktionsbändern (auf halber Türkastenhöhe) ist ein einstellbares, nichttragendes Federband nach DIN 18 262 anzuschweißen. Bei Verwendung eines Federbandes der Form B ist der obere Bandlappen entsprechend den oberen Bandlappen der Konstruktionsbänder anzubringen. Bei Verwendung eines Federbandes der Form A darf der obere Bandlappen schleifend auf dem Bandseitenblech des Türflügels aufliegen.

Die Federbänder sind zu fetten. Die Bandrollen sind mit Schmierlöchern zu versehen.

5.2.3 Anstelle eines Federbandes darf als Schließmittel auch ein obenliegender Türschließer mit hydraulischer Dämpfung für Feuerschutztüren nach DIN 18 263 Teil 1 oder Teil 2 verwendet werden.

Der Türschließer ist an dem in Abschnitt 5.1.4 genannten Winkel anzuschrauben. Anstelle eines Türschließers nach DIN 18 263 können auch andere Türschließer verwendet werden, deren Eignung für diese Tür nachgewiesen ist und deren Anschlußmaße gegebenenfalls unter Verwendung einer Zwischenplatte den Forderungen der DIN 18 263 Teil 1 oder Teil 2 entsprechen.

Federbänder und Türschließer müssen ein selbsttätiges Schließen der Türen sicherstellen.

5.2.4 Auf der Bänderseite muß sich 90 mm über der halben Höhe des Türflügels ein Sicherungszapfen aus Stahl nach Bild 4 befinden, der beim Schließen der Tür in die Zarge eingreift und im Falle eines Brandes ein Ausbiegen des Türflügels an dieser Stelle verhindert. Der Sicherungszapfen ist in den Aussteifungsflachstahl 50 mm x 5 mm einzuschrauben und durch eine Heftschweißung außen am Kastensteg gegen Lösung zu sichern.

5.3 Verschluß

5.3.1 Schloß

Als Schloß ist ein Einsteckschloß nach DIN 18 250 Teil 1 mit 24 mm Stulpbreite und 65 mm Dornmaß zu verwenden.

5.3.2 Einbau des Schlosses

Für das Türschloß sind die an der Schloßseite des Türkastens befindlichen zusammengeschweißten Bandstähle 50 mm x 5 mm mit einer Aussparung zu versehen, die nicht größer als 18 mm x 170 mm sein darf. Für den Fallenkopf darf die Aussparung auf einer Länge von 40 mm auf 20 mm verbreitert werden.

Die Falle muß beim Schließen der Tür unabhängig von der Drückerbetätigung einfallen und mindestens 6 mm in die Zarge eingreifen. Ihre Anfangsfederkraft muß auch im eingebauten Zustand mindestens 2,5 N und darf höchstens 4,0 N betragen. Das Schloß ist so in die Tür einzusetzen, daß der Stulp an keiner Stelle mehr als 0,5 mm vor- oder zurücksteht. Das Schloß ist mit zwei Senkschrauben M5 nach DIN 963 oder nach DIN 965 zu befestigen.

---

2) Siehe Seite 1

5.3.3 Schloßtasche

Das Schloß muß in einer bis auf die notwendigen – möglichst klein zu haltenden – Durchbrüche fünfseitig geschlossenen Schloßtasche aus 1 mm dickem Stahlblech liegen. Es ist in der Tasche gegen seitliche Bewegung zu sichern, dabei darf der lichte Abstand der Schloßkastenhalterung nicht mehr als 15,5 mm betragen.

5.3.4 Schloßtaschen-Bekleidung

Auf jeder der beiden großen Seitenflächen der Schloßtasche sind 2 Lagen von 3 mm dicker Asbestpappe zu befestigen (siehe Bild 2). Andere gleichwertige Werkstoffe[3]) nach Vereinbarung. Die Asbestpappen-Bekleidung ist vor dem Schließen des Türkastens durch metallische Halterungen oder anorganische Kleber gegen Verrutschen zu sichern.

5.3.5 Drücker und Beschläge

Auf beiden Seiten der Tür muß ein Drücker mit Bund, der das Drückerlager überdeckt, vorhanden sein. Der Drückeransatz muß im Drückerlager geführt sein. Der Vierkantstift muß aus 9 mm Vierkantstahl und ungeteilt sein. Sofern Drücker aus unterhalb 1000 °C schmelzenden Werkstoffen verwendet werden, müssen sie einen mit dem Vierkantstift verbundenen Stahlkern enthalten, der mindestens 80 mm tief in den Drückergriff hineinragt. In diesem Bereich muß der Stahlkern einen Querschnitt von mindestens 4,5 mm Breite x 9 mm Höhe (oder ein diesem Querschnitt entsprechendes Widerstandsmoment W_{max}) haben.

Falls der Drückergriff aus einem brennbaren Kunststoff hergestellt ist, muß er mindestens normalentflammbar (Baustoff Klasse B 2 nach DIN 4102 Teil 1) sein.

Anstelle eines der beiden Drücker darf ein feststehender Knopf nur an solchen Türen angebracht werden, bei denen die Fluchtrichtung eindeutig feststeht[4]). Der Drücker ist dabei so anzubringen, daß die Tür vom Flüchtenden durch Drückerbetätigung geöffnet werden kann. Der Knopf muß die an Drücker gestellten konstruktiven Anforderungen (z. B. Stahlkern) sinngemäß erfüllen. Bei Verwendung eines feststehenden Knopfes muß das Schloß mit Wechsel ausgerüstet sein.

Die Beschläge (Langschilder, Kurzschilder oder Rosetten) müssen mit mindestens 2 Schrauben am Türflügel so befestigt werden, daß bei Beanspruchung eine Höhen- und Seitenverschiebung ausgeschlossen ist. Dabei ist besonders auf das Fluchten des Drückerlagers mit der Schloßnuß zu achten.

Das Drückerlager in diesen Beschlägen muß mindestens 5 mm dick sein. Die Öffnung des Drückerlagers muß durch Teile aus einem oberhalb 1000 °C schmelzenden Werkstoff abgedeckt sein.

Durchgehende Schlüsselöcher sind auf beiden Seiten durch eine selbständig schließende Schlüssellochblende abzudecken, die durch stählerne Verbindungsmittel mit dem Schild verbunden sein muß. Bei Zylinderschlössern sind keine Blenden erforderlich. Schild, Rosette und Schlüssellochblende sind aus Stahlblech, Gußeisen (Grauguß) oder Temperguß herzustellen; sie dürfen mit einem Überzug aus anderen Werkstoffen versehen sein.

5.4 Dämmstoff

Als Dämmstoff sind Mineralfaser-Einlagen nach DIN 18 089 Teil 1 zu verwenden.

Die Dicke der Mineralfaser-Einlagen muß mindestens 52 mm betragen. Die Mineralfaser-Einlagen dürfen weder zusammengerollt noch gefaltet werden und müssen lufttrocken und ungeteilt so eingebaut werden, daß sie den Türkasten vollständig ausfüllen.

5.5 Zarge

5.5.1 Die beiden Längsseiten und das Kopfteil bestehen aus einem Z-Stahl-Profil 54 mm x 50 mm x 25 mm von 3 bis 4 mm Dicke, das Fußteil aus einem Winkelstahl DIN 1028 – USt 37-2 – L 30 x 3, dessen waagerecht liegender Schenkel bündig mit dem Fußboden abschließt. Die Profile sind an den Zargenecken miteineander zu verschweißen.

In besonderen Fällen kann ein unterer Anschlag erforderlich sein. Diese Fälle können gegeben sein, wenn es sich um den Abschluß von Räumen handelt, in denen rauchempfindliche Waren, Lebensmittel, Textilien und dergleichen lagern. Bei Ausführung mit unterem Anschlag ist hochkant an den Winkel 30 mm x 3 mm ein Flachstahl DIN 174 – USt 37-2 – 35 x 4 anzuschweißen (siehe Bild 3).

5.5.2 An einer Längsseite der Zarge sind die unteren Bandlappen der Konstruktionsbänder und des Federbandes anzuschweißen. Dabei sind die Bandlappen mit dem Zargenprofilflansch und dem -steg zu verschweißen (siehe Bild 2 und Bild 4).

5.5.3 Die Schließlöcher in der Zarge (siehe Bild 6) sind so anzuordnen, daß Falle und Riegel einen Spielraum nach oben von mindestens 5 mm und nach unten von mindestens 10 mm haben. Die Durchbrüche in der Zarge für Falle und Riegel sowie für den Sicherungszapfen sind mit Schutzkästen aus Stahlblech zu versehen. Die Zarge ist mit einer Meterrißmarkierung zu versehen (siehe Bild 1).

5.5.4 An den beiden Längsseiten der Zarge befinden sich je 3 Maueranker aus Flachstahl DIN 174 – USt 37-2 – 35 x 2. Sie sind so an den Zargenprofilen und Bandlappen anzuschweißen, daß sie im abgebogenen Zustand waagerecht liegen und eine freie Länge von 140 mm besitzen (gemessen aus dem Winkel des Zargenprofiles). Die freien Enden der Ankerbleche sind mindestens 10 mm hoch rechtwinklig abzukanten, oder sie sind zu wellen (mindestens zwei Halbwellen von 10 mm Höhe).

5.6 Rostschutz

Sämtliche Stahlteile, die nicht mit dem Putz (siehe Abschnitt 6.1) in Berührung kommen, müssen vor dem Zusammenbau und nach der Fertigstellung einen Rostschutz erhalten, z. B. eine Grundierung oder eine Verzinkung[5]).

---

[3]) Auskunft hierüber erteilt: Normenausschuß Bauwesen im DIN Deutsches Institut für Normung e.V., Postfach 11 07, 1000 Berlin 30.

[4]) Die Verwendung eines feststehenden Knopfes bedarf in jedem Einzelfalle der Genehmigung der örtlichen Bauaufsichtsbehörde.

[5]) Siehe DIN 18 360

6 Einbau

6.1 Die Zarge wird mit ihren flachgestellten Ankern nach dem Meterriß ausgerichtet und lotrecht in der Wand befestigt. Sie ist voll und bündig einzuputzen.

6.2 Falls die Tür in eine Wand von weniger als 240 mm Dicke (Bei Stahlbeton von weniger als 150 mm Dicke) oder in eine Wand aus Baustoffen geringerer Festigkeit eingebaut wird (Druckfestigkeit unter 10 N/mm^2), ist die Zarge in gemauerte Pfeiler von mindestens 10 N/mm^2 Druckfestigkeit und in einen Türsturz einzusetzen. Die gemauerten Pfeiler müssen einen Querschnitt von mindestens 240 mm x 240 mm haben, in die Wand einbinden und bis zur Decke hochgeführt werden. Sie sind in Mörtel der Mörtelgruppe II nach DIN 1053 Teil 1 zu mauern. Pfeiler und Türstürze dürfen wahlweise auch aus Beton mindestens der Festigkeitsklasse B 15 nach DIN 1045 gefertigt werden [6]).

7 Überwachung/Güteüberwachung

7.1 Allgemeines

Die Hersteller von Türen nach dieser Norm haben die ordnungsgemäße Beschaffenheit ihrer Erzeugnisse zu prüfen (Eigenüberwachung). Sie haben sich ferner einer Überwachung durch eine anerkannte Überwachungsgemeinschaft oder auf der Grundlage eines Überwachungsvertrages durch eine anerkannte Prüfstelle [7]) zu unterziehen (Fremdüberwachung). Der Eigenüberwachung und der Fremdüberwachung sind die Forderungen dieser Norm zugrunde zu legen.

7.2 Eigenüberwachung

7.2.1 Der Türenhersteller hat von den in der Fertigung befindlichen Türflügeln und Zargen bei großen Fertigungsserien an jedem Arbeitstag mindestens 1 Stück, bei nicht ständig laufender Fertigung von je 50 Türen mindestens 1 Stück wahllos zu entnehmen und auf Übereinstimmung mit den Forderungen des Abschnittes 3 zu überprüfen.

Die Festigkeit der Punktschweißungen ist bei ständiger Fertigung mindestens einmal im Monat, bei nicht ständiger Fertigung bei Beginn jeder Fertigungsserie durch einen Aufknüpfversuch zu überprüfen. Bei der Überprüfung der Festigkeit der Punktschweißung darf beim Aufknöpfen je 1000 m Länge höchstens ein Schweißpunkt in der Schweißung selbst reißen.

Um sicherzustellen, daß im Bauwerk eingesetzte Türen vom Federband jederzeit aus einem Öffnungswinkel von 45° selbsttätig geschlossen werden, muß im Rahmen der Eigenüberwachung des Türenherstellers festgestellt werden, ob sich im Öffnungsbereich von 0° bis 90° ein Schließmoment von mindestens 6 Nm einstellen läßt. Bei dieser Einstellung darf das zum Öffnen erforderliche Moment das Zweifache des jeweiligen Schließmoments nicht überschreiten.

7.2.2 Die Eigenüberwachung der Türschließer muß nach DIN 18 263 erfolgen.

7.2.3 Sämtliche Prüfergebnisse der Eigenüberwachung sind aufzuzeichnen und auszuwerten. Die Aufzeichnungen sind der die Fremdüberwachung durchführenden Stelle auf Verlangen vorzulegen und mindestens fünf Jahre lang aufzubewahren.

7.3 Fremdüberwachung

7.3.1 Die ordnungsgemäße Durchführung der Eigenüberwachung durch die Hersteller und die Ausführung der Türen ist mindestens halbjährlich durch eine anerkannte Güteschutzgemeinschaft (Überwachungsgemeinschaft) oder aufgrund eines Überwachungsvertrages durch eine anerkannte Prüfstelle zu überprüfen.

7.3.2 Die Fremdüberwachung der Türschließer muß nach DIN 18 263 erfolgen.

7.3.3 Die Prüfung hat sich auch auf die Kennzeichnung der Türen, Schlösser, Federbänder, Türschließer und Mineralfaserplatten (überwachungspflichtige Erzeugnisse) zu erstrecken.

8 Kennzeichnung

8.1 Jede dieser Norm entsprechende Tür muß durch ein Stahlblechschild nach DIN 825 Teil 1, Größe 52 mm x 105 mm, gekennzeichnet werden, das folgende Angaben – erhaben geprägt – enthalten muß:

- Stahltür DIN 18 082 – T 30-1 A
- Name des Herstellers
  oder ein ihm zugewiesenes Hersteller-Kennzeichen hinter dem Wort „Hersteller"
- „überwacht durch . . . . .", Herstellungsjahr

Ein Hersteller-Kennzeichen darf nur angebracht werden, wenn es von einer anerkannten Güteschutzgemeinschaft/fremdüberwachenden Stelle zugewiesen wurde und nur so lange, wie die Herstellung von dieser Stelle überwacht wird. Das Schild muß an seinen vier Ecken an das Bandseitenblech geschweißt oder genietet werden. Anstelle des Schildes können die vorstehend genannten Angaben in mindestens gleicher Schriftgröße mit etwa 1 mm breiten durchlaufenden Linien als Begrenzung an gleicher Stelle in das Bandseitenblech erhaben eingeprägt werden. Der Name einer Vertriebsfirma darf auf einem weiteren Stahlblechschild angegeben werden.

8.2 Anstelle des in Abschnitt 8.1 angegebenen Schildes darf der Kennzeichnungstext auch auf einem Stahlblechschild nach DIN 825 Teil 1 der Größe 26 mm x 148 mm – erhaben geprägt – angegeben werden. Dieses Schild ist in etwa 2/3 der Türhöhe an der Bänderseite an den Steg des Kastenbleches zu schweißen oder zu nieten.

8.3 Türschließer, die nicht DIN 18 263 Teil 1 oder Teil 2 entsprechen, deren Eignung durch Prüfzeugnis einer hierfür anerkannten Prüfstelle jedoch nachgewiesen ist, müssen mit dem Herstellerzeichen, der Größe und dem Herstellungsjahr gekennzeichnet sein.

8.4 Türdrücker aus unter 1000 $^\circ$C schmelzenden Werkstoffen sind mit einem Herstellerzeichen zu versehen (siehe Abschnitt 5.3.5).

---

[6]) Mindestquerschnitte der Stahlbetonpfeiler je nach den baulichen Gegebenheiten bei möglicher dreiseitiger Brandbeanspruchung als „Stützen aus Normalbeton bei mehrseitiger Brandbeanspruchung", bei möglicher zweiseitiger Brandbeanspruchung als „nicht raumabschließende Wände aus Normalbeton mit mehrseitiger Brandbeanspruchung" bemessen (siehe DIN 4102 Teil 4).

[7]) Prüfstellen siehe DIN 4102 Teil 5

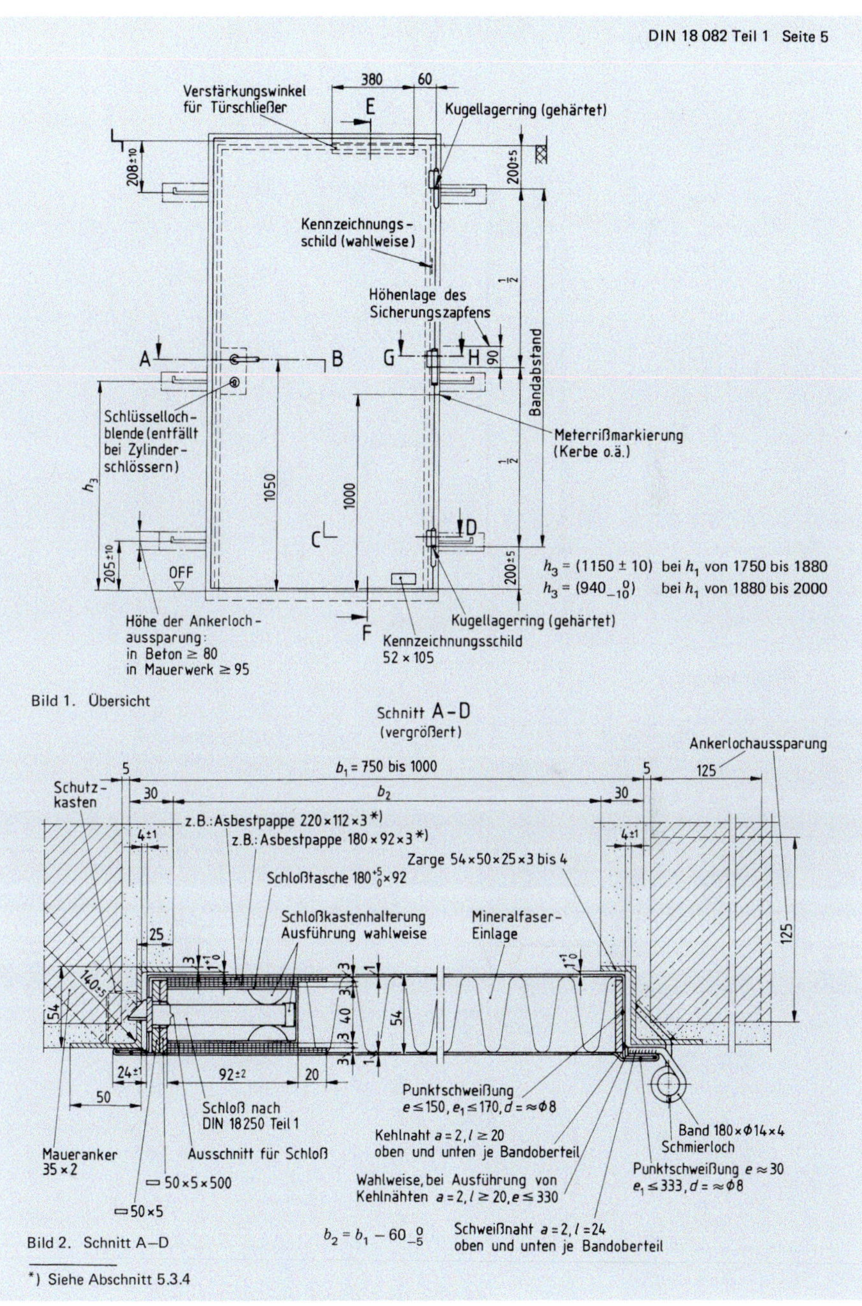

Bild 1. Übersicht

Bild 2. Schnitt A–D

*) Siehe Abschnitt 5.3.4

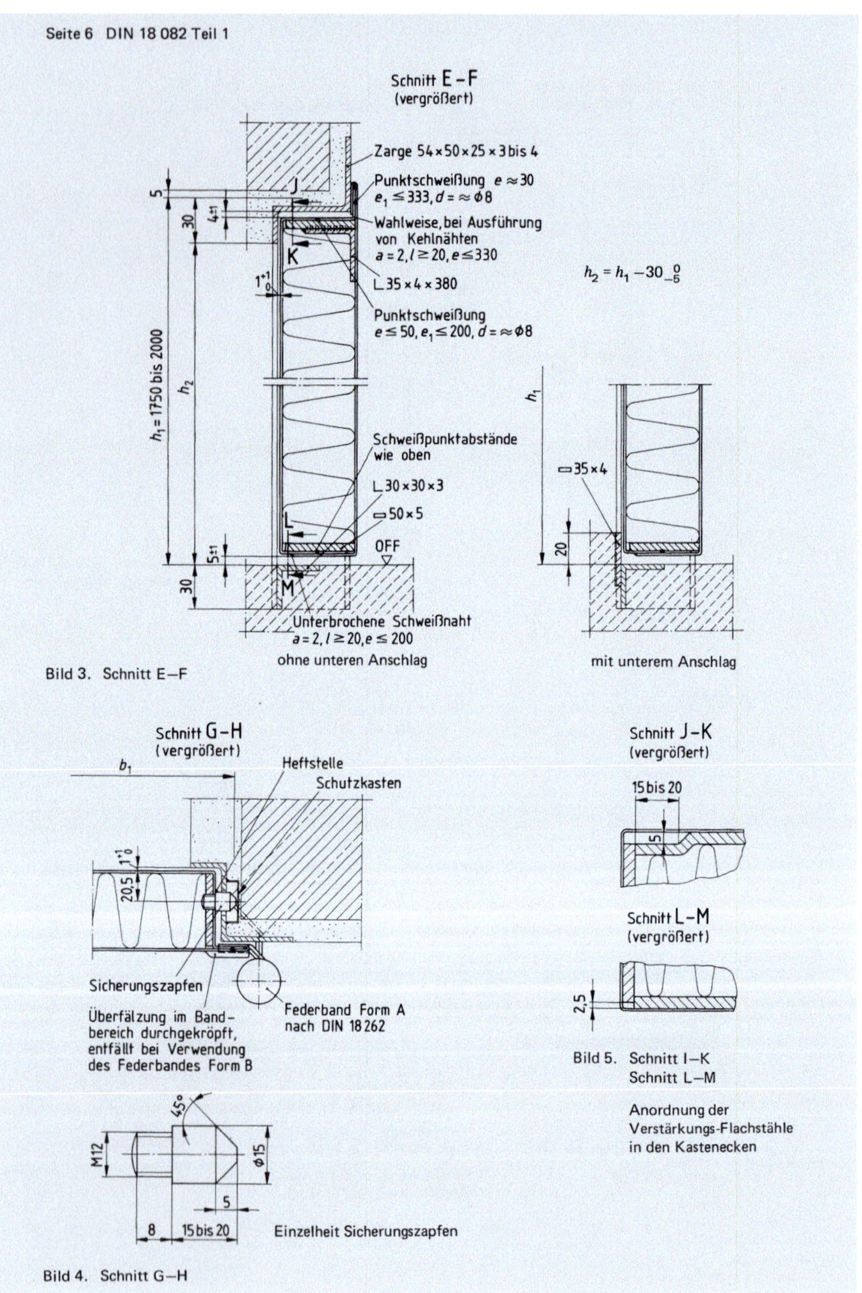

Bild 3. Schnitt E–F

Bild 4. Schnitt G–H

Bild 5. Schnitt I–K
Schnitt L–M

Anordnung der Verstärkungs-Flachstähle in den Kastenecken

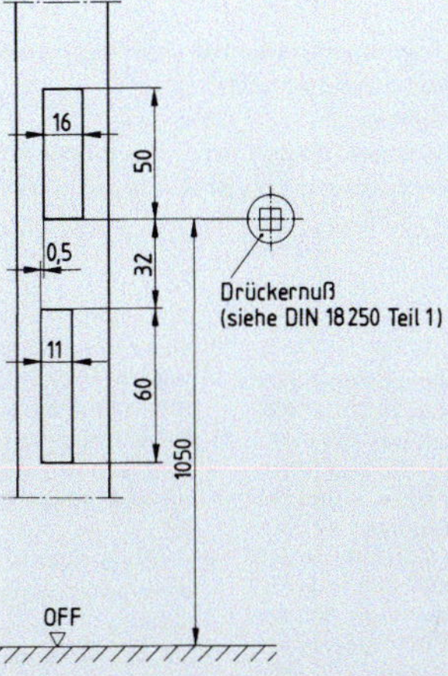

Bild 6. Anordnung der Schließlöcher in der Zarge

Zitierte Normen und andere Unterlagen

DIN 107	Bezeichnung mit links oder rechts im Bauwesen
DIN 174	Blanker Flachstahl; Maße, zulässige Abweichungen, Gewichte
DIN 825 Teil 1	Schildermaße; Quadratische und rechteckige Schilder
DIN 963	Senkschrauben mit Schlitz (Senkköpfe nach ISO)
DIN 965	Senkschrauben mit Kreuzschlitz (Senkköpfe nach ISO)
DIN 1028	Stabstahl; Warmgewalzter, gleichschenkliger, rundkantiger Winkelstahl; Maße, Gewichte, zulässige Abweichungen, statische Werte
DIN 1045	Beton und Stahlbeton; Bemessung und Ausführung
DIN 1053 Teil 1	Mauerwerk; Berechnung und Ausführung
DIN 1623 Teil 1	Flacherzeugnisse aus Stahl; Kaltgewalztes Band und Blech; Technische Lieferbedingungen; Weiche, unlegierte Stähle zum Kaltumformen
DIN 4102 Teil 1	Brandverhalten von Baustoffen und Bauteilen; Baustoffe, Begriffe, Anforderungen und Prüfungen
DIN 4102 Teil 4	Brandverhalten von Baustoffen und Bauteilen; Zusammenstellung und Anwendung klassifizierter Baustoffe, Bauteile und Sonderbauteile
DIN 4102 Teil 5	Brandverhalten von Baustoffen und Bauteilen; Feuerschutzabschlüsse, Abschlüsse in Fahrschachtwänden und gegen Feuer widerstandsfähige Verglasungen, Begriffe, Anforderungen und Prüfungen
DIN 18 082 Teil 3	Feuerschutzabschlüsse; Stahltüren T 30-1, Bauart B
DIN 18 089 Teil 1	Feuerschutzabschlüsse; Beilagen für Feuerschutztüren; Mineralfaserplatten – Begriff, Bezeichnung, Anforderungen, Prüfung
DIN 18 250 Teil 1	Schlösser; Einsteckschlösser für Feuerschutzabschlüsse, Einfallenschlösser
DIN 18 262	Einstellbares, nicht tragendes Federband für Feuerschutztüren
DIN 18 263 Teil 1	Türschließer mit hydraulischer Dämpfung; Kurbeltrieb-Türschließer
DIN 18 263 Teil 2	Türschließer mit hydraulischer Dämpfung; Zahntrieb-Türschließer
DIN 18 360	VOB Verdingungsordnung für Bauleistungen Teil C: Allgemeine Technische Vorschriften für Bauleistungen, Metallbauarbeiten, Schlosserarbeiten

„Richtlinien für Feuerschutzabschlüsse" des Institut für Bautechnik, Berlin

Frühere Ausgaben

DIN 18 082 Teil 1: 06.59, 02.69, 12.76

Änderungen

Gegenüber der Ausgabe Dezember 1976 wurden folgende Änderungen vorgenommen:

a) Hinweise auf DIN 4102 auf den neuesten Stand gebracht.

b) Angaben zum Größenbereich herausgenommen.

c) Öffnungsklausel zur Verwendung von anderen Werkstoffen als Asbestpappe aufgenommen.

d) Reihenfolge des Kennbuchstabens der Bauart in der Normbezeichnung der Kennzeichnungsangabe angeglichen.

Erläuterungen

(siehe auch Erläuterungen zu DIN 18 082 Teil 3)

Die bisher genormten Bauarten von Feuerschutzabschlüssen aus Stahlblech wurden in den Jahren 1952 bis 1959 von Industrie und Handwerk entwickelt und ihre Fertigung in den Jahren 1959 bis heute von den Herstellern stark rationalisiert und zum Teil sogar automatisiert. Im Jahre 1969 erschienen überarbeitete Fassungen der Normen DIN 18 081, DIN 18 082 und DIN 18 084, die auf den Ergebnissen der bis 1959 durchgeführten Entwicklungsversuche und auf den Erkenntnissen basierten, die in den ersten vier Jahren der bauaufsichtlich geforderten Gütesicherungsarbeit gewonnen worden waren.

Im Jahre 1970 ist die für die brandschutztechnische Beurteilung dieser Bauteile maßgebende Norm DIN 4102 Teil 3 neu gefaßt und dabei an internationale Vereinbarungen (IS 834) angeglichen worden. Im Zuge der Überarbeitung wurden die in DIN 4102 Teil 3 enthaltenen Prüf- und Beurteilungsgrundsätze für Feuerschutztüren in einigen wesentlichen Punkten geändert.

Im Rahmen eines Forschungsauftrages [1], der aus Mitteln des Bundesministers für Städtebau und Wohnungswesen finanziert wurde, sind zunächst Brandversuche nach DIN 4102 Teil 3 (Ausgabe Februar 1970) an T 90-1-Türen nach DIN 18 081, T 30-1-Türen nach DIN 18 082 und T 30-2-Türen nach DIN 18 084, deren Bauart den Fassungen Februar 1969 dieser Normen entsprach, durchgeführt worden. Die Brandversuche hatten zum Ergebnis, daß bei keiner der genormten Stahltüren eine ausreichende Feuerwiderstandsfähigkeit im Sinne der Neufassung der Norm DIN 4102 Teil 3 (Ausgabe Februar 1970) vorhanden war.

Der Arbeitsausschuß „Feuerschutztüren" des NABau beschloß auf Grund dieser Versuchsergebnisse, die Normen DIN 18 081 Teile 1, 2 und 3, DIN 18 082 Teile 1 und 2 und DIN 18 084 zurückzuziehen und die Neubearbeitung einzuleiten [2].

Die Zurückziehung der Normen wurde mit den zuständigen Fachkommissionen der ARGEBAU abgestimmt und schließlich auf den 31. Dezember 1976 festgesetzt.

Da die vorhandene Kapazität und die zur Verfügung stehenden Mittel nicht ausreichten, die Entwicklungsarbeit für alle drei Bauarten gleichzeitig voranzutreiben, hielt es der Ausschuß für vordringlich, zunächst die Entwicklung einer Stahltür T 30-1 (feuerhemmende einflügelige Stahltür) für eine Wandöffnung mit dem Baurichtmaß bis 1000 mm x 2000 mm voranzutreiben, weil diese Bauart zum Verschluß von etwa 90% der Öffnungen in brandschutztechnisch wirksamen Wänden in Wohngebäuden benötigt wird.

Nach einigen Vorversuchen konnte die Entwicklung mit positiven Ergebnissen der Eignungsprüfungen an einer Bauart abgeschlossen werden, die als T 30-1-Tür „Hagen" vom Institut für Bautechnik in Berlin unter dem Aktenzeichen II/23 – 1.6.12 – 1738/73 bauaufsichtlich zugelassen wurde.

Diese Türenbauart diente als Grundlage bei der Aufstellung der Norm, Ausgabe Dezember 1976.

Für viele Jahre blieb diese Tür die einzige genormte Bauart.

Im Jahre 1983 mußte sie im sogenannten Kurzverfahren überarbeitet werden (siehe DIN-Mitteilungen, Heft 8/1983).

Der Grund war die Asbestpappenbekleidung der Schloßtaschen.

Wegen vorhandener oder drohender Verbote der Verwendung von Asbesterzeugnissen hatte es bei Türen im Rahmen der bauaufsichtlich geforderten Güteüberwachung Probleme gegeben. Ersatzprodukte dürfen nun verwendet werden. Da Erzeugnisse, auf denen Schutzrechte ruhen (siehe DIN 820 Teil 1, Ausgabe Februar 1974, Abschnitt 5.9 und Abschnitt 5.10), in Normen nicht genannt werden dürfen, können die Ersatzprodukte beim Normenausschuß Bauwesen erfragt werden.

Eine umfangreiche Überarbeitung dieser Norm befindet sich bereits in Vorbereitung.

Beim Bau von Feuerschutzabschlüssen nach dieser Norm sind einige Punkte zu beachten, die auch allgemein für Feuerschutzabschlüsse anderer Bauarten gelten. Diese Punkte sind nachfolgend aufgeführt:

a) Die Norm ist aufgestellt nach Brandversuchen an Türen bestimmter Bauart und Größe. Bei diesen Versuchen hat sich herausgestellt, daß die bei einer bestimmten Türgröße gesammelten Erfahrungen nicht ohne weiteres auf Türen anderer Größe – auch nicht auf kleinere Türen – übertragen werden können. Die in der Norm angegebenen oberen und unteren Grenzwerte für Breite und Höhe dürfen also auf keinen Fall überschritten werden **), auch nicht, wenn die Konstruktionsmerkmale im übrigen beibehalten werden.

   Kleinere oder größere Türen dürfen deshalb nicht als Türen nach dieser Norm bezeichnet werden; ihre Eignung ist gesondert nachzuweisen. Auch gilt diese Norm nicht für waagerechte Raumabschlüsse, z. B. Bodenlukenklappen.

b) Feuerschutztüren sollen die Öffnungen in Brandabschnitte bildenden Wänden so verschließen, daß ein Schadensfeuer nicht durchtreten kann. Sie dürfen – um ein Durchzünden zu verhindern – unter der Einwirkung eines Brandes auf der dem Feuer abgekehrten Seite nur eine bestimmte Temperaturerhöhung erfahren.

**) Fußnote siehe Seite 9

Der für die zulässige Temperaturerhöhung nach Erfahrungswerten festgelegte Grenzwert wird in jedem Falle weit überschritten, wenn die Tür mit einer Verglasung versehen ist. Um der Gefahr des Durchzündens eines Schadensfeuers durch Strahlung vorzubeugen, wird deshalb in der Norm ausdrücklich erwähnt, daß die Türen keine Verglasung haben dürfen.

c) Ein Schadensfeuer kann auch durch Fugen und Spalte, z. B. zwischen Türflügel und Zarge, übertragen werden. Um dies zu verhindern und um sicherzustellen, daß die Schloßfalle richtig in die Zarge eingreift, müssen die Abmessungen des Türkastens und der Zarge so aufeinander abgestimmt sein, daß die zulässige Spaltbreite (4 mm ± 1 mm seitlich und oben bzw. 5 mm ± 1 mm unten) nicht überschritten wird. Die Spaltbreite darf aber auch nicht wesentlich geringer als gefordert sein, damit nicht bei einer geringen Verformung der Tür möglicherweise das selbsttätige Zufallen unmöglich wird.

   Das sorgfältige Abstimmen der Maße aufeinander ist nur möglich, wenn Türflügel und Zarge gleichzeitig hergestellt und zusammen ausgeliefert werden. Es ist deshalb – auch wenn dies in der Norm nicht ausdrücklich erwähnt ist – grundsätzlich unzulässig, einzelne Türflügel oder Zargen als Türen oder Zargen nach dieser Norm zu kennzeichnen und auszuliefern.

   Einzeln angegliederte Türflügel und Zargen von Feuerschutztüren dürfen nicht zum Zweck des baulichen Brandschutzes verwendet werden, auch nicht, wenn sie vom gleichen Hersteller stammen.

   Aus gegebener Veranlassung wird ferner darauf hingewiesen, daß es unzulässig ist, eine Tür nachträglich zu verändern, z. B. durch Kürzen des Türflügels oder Anbringen von Zusatzkonstruktionen am Türflügel oder an der Zarge.

d) Die bezüglich der Verschweißung der Türbleche gestellten Forderungen sollen zur Folge haben, daß der Türflügel ausreichend steif ist und daß ein möglichst geringer Luftaustausch von der freien Atmosphäre zum Innern des Türkastens stattfindet, um die Gefahr einer Korrosion durch Kondensationsfeuchtigkeit herabzumindern.

   Es liegt im Sinne dieser Forderung, daß auch andere Durchbrüche in den Türblechen, z. B. zum Einstecken von Bandlappen, möglichst klein gehalten und dichtgeschweißt werden.

e) Nach dieser Norm hergestellte Feuerschutztüren mit Federbändern, deren Ausbildung nicht DIN 18 262 „Einstellbares, nichttragendes Federband für Feuerschutztüren" entspricht, entsprechen nicht den Festlegungen dieser Norm; ihre Eignung ist nachzuweisen.

f) Die Schloßtaschen müssen staubdicht sein, um zu verhindern, daß wichtige Teile des Schlosses durch feine Bestandteile verschmutzt werden, die sich bei häufigem Gebrauch einer Feuerschutztür von den Dämmstoffen lösen. Der Begriff „staubdicht" konnte bisher nicht festgelegt werden, weil der notwendige Grad der Dichtheit von der Größe der Dämmstoffteilchen abhängt. Bei der Verwendung von Einlagen mit sehr dünnen und kurzen Mineralfasern ist an die Dichtheit der Schloßtaschen ein strengerer Maßstab anzulegen als bei der Verwendung von Einlagen aus langen Mineralfasern. Bei der Gefahr des Auftretens feiner pulverförmiger Bestandteile dürfen Spalte oder Stoßfugen an der Schloßtasche nicht so groß sein, daß solche Teile durchgerüttelt werden können. Wenn sich im Türkasten langfaserige Mineralfaser-Einlagen befinden, dürfen an der Schloßtasche keine Fugen sein, die breiter als 0,2 mm und länger als 50 mm sind. Es ist nicht zulässig, das Abdichten von Spalten oder Fugen an der Schloßtasche nur mit Hilfe der zur Wärmedämmung eingelegten Asbestpappe zu bewirken.

g) Beim Zusammenbau des Türkastens sind Wärmebrükken zu vermeiden. Es ist also nicht zulässig, Türschließer in den Türflügel einzubauen, zusätzliche durchgehende Aussteifungen für die Türbleche einzusetzen, Schloßtaschen mit anderen Abmessungen als in der Norm angegeben zu verwenden oder am Türflügel außen Verstärkungen anzubringen mit Hilfe von Schrauben oder Nieten, die beide Türbleche miteinander verbinden (Ausnahme: Hülsenschrauben zur Befestigung der Langschilder, Kurzschilder oder Rosetten).

   Wärmebrücken können auch entstehen, wenn die Schloßtaschenisolierung nicht hinreichend sicher am Blech der Taschen befestigt ist, so daß sie sich während des Transports oder bei Benutzung der Türen verlagert. Die Asbestpappen bzw. die zulässigen Ersatzstoffe sind mit Hilfe metallischer Verbindungsmittel oder geeigneter Kleber zu befestigen. Die Verwendung von Klebestreifen oder Gummibändern ist nicht zulässig.

h) Mineralfaser-Einlagen dürfen nicht so gelagert werden, daß ihre Dämmwirkung dauernd beeinträchtigt wird oder daß sie Stoffe aufnehmen können, die sich nach dem Zusammenbau der Tür schädigend auswirken.

   Sie sollen deshalb trocken (möglichst in einem geschlossenen Raum) und so gelagert werden, daß sie nicht beschädigt oder bleibend verdichtet werden können.

   Es dürfen – gegebenenfalls unter Verwendung von Distanzstücken – nur soviel Mineralfaser-Einlagen übereinander gelagert oder verpackt werden, daß die geforderte Mindestdicke unmittelbar nach Entlastung noch gewährleistet ist.

**) Diese Grenzwerte beziehen sich auf das Baurichtmaß. Wegen der Ableitung des Nennmaßes aus dem Baurichtmaß (siehe DIN 4172 „Maßordnung im Hochbau") kann beispielsweise bei einer Fugenbauart mit 2 cm Stoß- und Lagerfuge das Nennmaß für die in dieser Norm angegebenen oberen Grenzwerte der Wandöffnung (1000 mm Breite und 2000 mm Höhe) tatsächlich 1020 mm für die Breite und 2010 mm für die Höhe betragen (siehe auch DIN 18 100 „Türen; Wandöffnungen für Türen; Maße entsprechend DIN 4172"). Wegen der nach DIN 18 202 Teil 1 „Maßtoleranzen im Hochbau; Zulässige Abmaße für die Bauausführung – Wand- und Deckenöffnungen, Nischen, Geschoß- und Podesthöhen" (Ausgabe März 1969), Tabelle 1 zulässigen Abmaße ist eine Wandöffnung von 1030 mm Breite und 2020 mm Höhe entsprechend dem gewählten Beispiel noch als normgerecht anzusehen.

i) Da die Dämmwirkung von Mineralfaser-Einlagen beim Herstellen, gewollt oder ungewollt, von vielen Faktoren beeinflußt werden kann, sind die Hersteller dieser Einlagen zu einer strengen Eigenkontrolle verpflichtet. Sie haben immer wieder nachzuweisen, daß die Anforderungen an die Einlagen hinsichtlich der Dämmwirkung erfüllt werden.

Wegen der besonderen Wichtigkeit dieses Punktes sind auch die Verarbeiter zu stichprobenartigen Überprüfungen der Einlagen verpflichtet.

j) Die Norm enthält keine Aussagen über Umfassungszargen, da deren Eignung bei Feuerschutztüren dieser Bauart bisher nicht nachgewiesen ist. Es ist nicht zulässig, Feuerschutztüren nach DIN 18 082 Teil 1 mit anderen als den in dieser Norm geforderten Zargen zu versehen. Es ist ebenfalls nicht zulässig, mit den vorgeschriebenen Zargenprofilen andere Teile als die in der Norm angegebenen Maueranker, Schutzkästen, Bänder und Türschließer-Bestandteile zu verbinden. Für jeden konstruktiven Zusatz zur genormten Zargen-Ausführung ist ein Eignungsnachweis erforderlich.

Die Verbraucher sind in geeigneter Weise darauf hinzuweisen, daß die Türen nur dann die vorgesehene Schutzwirkung besitzen, wenn die Zarge voll eingeputzt ist.

k) Der Korrosionsschutz – auch im Inneren des Türkastens – muß lückenlos sein. Ein ungeschützter Streifen zwischen Türblech und Aussteifungsbandstahl wird noch hingenommen, wenn der Anschluß zwischen Türblech und angeschweißtem Bandstahl gut mit Korrosionsschutzfarbe abgedichtet wird.

l) Das selbsttätige Schließen der Tür ist nicht sicher gewährleistet, wenn die Bänder so angebracht sind, daß sie nicht genau fluchten oder wenn das Federband einen schleifenden Lappen besitzt, der so kurz ist, daß er bei einem größeren Öffnungswinkel der Tür vom Türflügel abrutscht.

Der Verschweißung der Kastenbleche im Bereich der oberen Bandlappen sowie der Verschweißung dieser Bandlappen mit dem Türflügel ist besondere Sorgfalt zuzuwenden.

m) Zusatzgeräte zu den genormten Feuerschutztüren, die das selbsttätige Schließen dauernd oder zeitweise verhindern, z. B. Schließzeitverzögerer, Vorrichtungen mit Auslösung infolge Temperaturerhöhung oder Rauch, bedürfen einer bauaufsichtlichen Zulassung. Sie dürfen ferner nur mit besonderer Genehmigung der örtlich zuständigen Bauaufsichtsbehörde verwendet werden. Diese Geräte bedürfen ständiger Kontrolle. Das Festsetzen des Türflügels durch Keile, Feststeller oder das Entspannen der Türschließmittel sind unzulässig.

n) Als „freie Länge" eines Mauerankers wird der Abstand von der Innenecke des Zargenwinkels bis zum Ende des waagerecht von der Zarge abgebogenen Ankerprofils bezeichnet. Die freie Länge ist nicht gleichbedeutend mit der Abwicklung des Ankerbandstahls.

o) Langschilder sollen möglichst mit 4 Schrauben am Türflügel befestigt sein, mindestens aber mit 2 Schrauben. Im letzteren Falle müssen durchgehende Hülsenschrauben verwendet werden. Rosetten sind mit jeweils 2 durchgehenden Hülsenschrauben zu befestigen.

Diese Beschläge müssen aus mindestens 1 mm dickem Stahlblech, Grau- oder Stahlguß hergestellt sein.

Drückergarnituren nur aus Leichtmetall oder mit durchgehenden Kunststoffgriffen sind nicht zulässig, da die Tür bei ihrer Verwendung im Falle eines Brandes möglicherweise von Eingeschlossenen vom Brandraum her nicht geöffnet werden kann und als Fluchtweg ausfällt.

Die in der Norm bezüglich der Ausbildung von Drücker und Drückerlager in Langschild oder Rosette gestellten Anforderungen sollen gewährleisten, daß die am Drückerlager auftretenden Zug-, Druck- und Kippkräfte von den Beschlägen sicher aufgenommen werden.

p) Der Hersteller der Tür muß aus der Beschriftung des Kennzeichnungsschildes zu ersehen sein. Enthält das Schild nicht den Namen des Herstellers, sondern eine entsprechende verschlüsselte Angabe (z. B. durch Kennziffern), so muß vor dieser das Wort „Hersteller" stehen.

In diesem Falle dürfen auf dem Kennzeichnungsschild außer der Jahreszahl und den Zahlen in der Angabe „Stahltür DIN 18 082 T 30-1 A" keine anderen Zahlen angegeben sein.

Die Kennzeichnungsschilder müssen an 4 Stellen mit dem Türblech verbunden sein. Dazu dürfen keine Schrauben oder Schlagschrauben verwendet werden.

Die Kennzeichnungsschilder müssen auch dann 52 mm x 105 mm groß sein, wenn sie anstelle des Namens der Herstellerfirma nur deren Kennziffer enthalten. Ist der Hersteller auf einem aufgesteckten Zusatzschild zum Kennzeichnungsschild angegeben, so muß das Kennzeichnungsschild mit der verschlüsselten Herstellerangabe versehen sein.

Feuerschutztüren ohne Kennzeichnungsschild oder mit einem Kennzeichnungsschild, das unvollständig oder nicht den Forderungen der Norm entsprechend beschriftet ist, sind nicht normgerecht.

Schrifttum

[1] Berichte aus der Bauforschung, Heft 97, Verlag Wilhelm Ernst & Sohn, Berlin, München, Düsseldorf

[2] DIN-Mitteilungen Band 54 Heft 4, S. 180 f., Beuth Verlag, Berlin und Köln 1975

[3] Mitteilungen des Instituts für Bautechnik, Heft 6/76, darin: W. Westhoff, Feuerschutzabschlüsse, Berlin 1976

[4] DIN-Mitteilungen Band 55 Heft 12, Beuth Verlag, Berlin 1976

[5] Mitteilungen des Instituts für Bautechnik, Heft 4/83, darin: W. Westhoff, „Bauaufsichtlich zugelassene Feuerschutzabschlüsse Stand 1983"

[6] das bauzentrum, Heft 2/1983, darin: W. Westhoff „Genormte und bauaufsichtlich zugelassene Feuerschutzabschlüsse"

Internationale Patentklassifikation

E 06 B 5-16

DK 699.81 : 692.81-034.14 : 614.84 Dezember 1991

Feuerschutzabschlüsse

Stahltüren T 30-1

Bauart A

DIN 18 082 Teil 1

Fire barriers; steeldoors T 30-1; Construction type A

Ersatz für Ausgabe 01.85

Für die in dieser Norm beschriebene Türkonstruktion sind die notwendigen Nachweise
- Brandprüfung nach DIN 4102 Teil 5,
- Funktionsprüfung nach DIN 4102 Teil 18

bereits erbracht worden. Die beschriebene Konstruktion darf — außer den in der Norm angegebenen zulässigen Varianten — nicht geändert werden, siehe jedoch Erläuterungen, Aufzählung w).

Maße in mm, Allgemeintoleranzen: ISO 2768-c

Inhalt

1 Anwendungsbereich

1.1 Diese Norm beschreibt eine Bauart von T 30-1-Türen aus Stahl (feuerhemmende einflügelige Stahltüren), die „Bauart A“ genannt wird und für Wandöffnungen (im Baurichtmaß) von 625 mm bis 1000 mm Breite und von 1250 mm bis 2000 mm Höhe verwendet wird.[1])

1.2 Die Dicke der Wände muß mindestens betragen:
- 115 mm bei Mauerwerk nach DIN 1053 Teil 1 mit mindestens der Steinfestigkeitsklasse 12 bzw.
- 100 mm bei Beton nach DIN 1045 mindestens der Festigkeitsklasse B 15.

2 Begriff

Stahltüren T 30-1 nach dieser Norm sind selbstschließende Türen ohne Verglasung. Sie gelten als „T 30“ nach DIN 4102 Teil 5. Sie sind dazu bestimmt, Öffnungen in raumabschließenden Wänden (siehe Bauordnungen der Länder) zu verschließen.

Der Begriff „Feuerschutzabschluß“ ist in DIN 4102 Teil 5 festgelegt.

[1]) Türen, die den Festlegungen dieser Norm nicht entsprechen, dürfen als Feuerschutztüren nur verwendet werden, wenn die Brauchbarkeit für den Verwendungszweck besonders nachgewiesen ist, z. B. durch eine allgemeine bauaufsichtliche Zulassung.

Fortsetzung Seite 2 bis 16

Normenausschuß Bauwesen (NABau) im DIN Deutsches Institut für Normung e.V.

3 Bezeichnung

Bezeichnung einer einbaufertigen Stahltür T30-1 der Bauart A (A), bestehend aus Türzarge, Türflügel[2]) und Beschlägen, als Rechtstür (R)[3]) für eine Wandöffnung mit den Baurichtmaßen der Breite b_1 = 875 mm und der Höhe h_1 = 1875 mm:

Stahltür DIN 18082 - T30-1 - A - R 875 × 1875

Anmerkung: Bei Ausschreibung, Bestellung und ähnlichem ist darüber hinaus anzugeben:

- Art des Schließmittels (z. B. Federband, Türschließer),
- Ausführung des Schlosses (siehe DIN 18250 Teil 1) ohne oder mit Antipanikfunktion,
- Art der Türdrückergarnitur/des Antipanik-Stangengriffes,
- Korrosionsschutz, gegebenenfalls feuerverzinkte Bleche bzw. Edelstahlbleche,
- gegebenenfalls Ergänzungszarge,
- Ausführung des unteren Türrandes
  - ohne Anschlag (siehe Bild 5),
  - mit unterem Anschlag (Bodenwinkel, siehe Bild 6a),
  - mit unterem Z-Profil (siehe Bilder 6b und 6c),
- Art der Bänder.

4 Maße

4.1 Wandöffnungen

Die Breite der Wandöffnungen darf 625 mm nicht unter- und 1000 mm nicht überschreiten; die Höhe der Wandöffnungen darf 1250 mm nicht unter- und 2000 mm nicht überschreiten (jeweils im Baurichtmaß).

Bei Ausführung mit unterem Anschlag verringert sich die lichte Durchgangshöhe.

4.2 Türflügel und Türzarge

Türflügel und Türzarge müssen eine Einheit bilden.

Die Maße sind in den Bildern 1 sowie 4 bis 6 angegeben.

Abhängig von den Maßen der Wandöffnungen sind die Maße des Türflügels und der Türzarge so zu wählen, daß alle in Bild 4 und Bild 5 eingetragenen Maße (z. B. Breite des Luftspaltes zwischen Türflügel und Türzarge) mit Grenzabmaßen von ±1 mm eingehalten werden, soweit in den Bildern keine anderen Grenzabmaße angegeben sind.

5 Konstruktionsbeschreibung und Anforderungen

5.1 Allgemeines

Türen nach dieser Norm sind nach den folgenden Konstruktionsbeschreibungen und den Bildern 1 bis 9 auszuführen. Weitere Konstruktionsunterlagen sind zu erfragen beim Normenausschuß Bauwesen (NABau) im DIN.

5.2 Türflügel

5.2.1 Der Türflügel[2]) muß aus zwei Blechen von je 1 mm Dicke, aus mindestens St 12O3 nach DIN 1623 Teil 1 bestehen; die Verwendung von verzinkten Blechen ist zulässig.

Die Verwendung von Edelstahlblechen gleicher Dicke ist zulässig; die besonderen Probleme der Kontaktkorrosion sind zu berücksichtigen (siehe Erläuterungen, Aufzählung n).

Die Bleche sind zu einem allseitig geschlossenen, etwa 54 mm dicken (die Dicke ist am Rand zu messen), kastenförmigen Türflügel zusammenzufügen, und zwar so, daß am oberen Rand und an den beiden seitlichen Türflügelrändern umbördelte Anschlagfalze von 24 mm Breite entstehen.

5.2.2 Die Türbleche sind an den Kastenecken und an den Falzecken (d. h. am Stoß der überfalzten Bleche) zu verschweißen. Die Türbleche sind an der Umbördelung des Anschlagfalzes an den Längsseiten und an der Kopfseite in Abständen von höchstens 330 mm, an der Fußseite in Abständen von höchstens 200 mm durch mindestens 20 mm lange Schweißnähte miteinander zu verbinden.

Anstelle von unterbrochenen Schweißnähten darf an der Umbördelung des Anschlagfalzes auch eine Punktschweißung angebracht werden. Dazu sind die Türbleche, unmittelbar an den Ecken beginnend (Abstand von der Ecke max. 30 mm), derart miteinander zu verbinden, daß die Schweißpunkte in Abständen von höchstens 330 mm angeordnet sind.

5.2.3 Zur Aussteifung des Türflügels sind Flachstähle in den Türkasten einzuschweißen. Die Flachstähle haben einen Querschnitt von 50 mm × 5 mm. Anstelle des Flachstahls am unteren Türkastenrand darf auch ein U-Profil 32,5 mm × 52 mm × 32,5 mm × 2,5 mm oder 31 mm × 52 mm × 31 mm × 3 mm eingeschweißt werden.

Die Flachstähle bzw. das U-Profil sind mit dem Türkastenblech in Abständen von höchstens 170 mm durch Punktschweißung zu verbinden.

Der Abstand der Schweißpunkte von den Ecken beginnend darf höchstens 100 mm betragen. Im Schloßbereich darf der Punktabstand 280 mm bis 340 mm betragen.

Im Schloßbereich ist ein zusätzlicher Flachstahl 50 mm × 5 mm der Länge 500 mm als Verstärkung einzuschweißen.

Die Flachstähle an der Schloß- und an der Bänderseite müssen jeweils 7,5 mm — bzw. 37,5 mm oder 36 mm bei Verwendung der U-Profile — kürzer als die lichte Türkastenhöhe sein. Sie sind so in den Türkasten einzuschweißen, daß am oberen Rand 5 mm und an der Fußseite 2,5 mm Luft zwischen ihnen und dem Kastensteg ist.

Bei Verwendung des U-Profils stoßen die beiden senkrechten Flachstähle auf den U-Profil-Steg.

Die Flachstähle bzw. das U-Profil sind in den Ecken nicht zu verschweißen.

Die Flachstähle an der Schloßseite sind so tief zu kröpfen, daß das Schloß mit seinem Stulp bündig mit der Stirnseite des Türflügels abschließt.

5.2.4 An dem waagerechten oberen Flachstahl des Türflügels ist für die Befestigung eines Türschließers ein Winkel 35 mm × 20 mm × 4 mm oder 35 mm × 15 mm × 3 mm der Länge 380 mm so anzuschweißen, daß er von der Innenseite des Flachstahls an der Bänderseite 30 mm Abstand hat.

---

[2]) Die Bezeichnung „Türkasten" ist gleichfalls gebräuchlich und leitet sich von dem kastenförmigen Hohlkörper des Türflügels ab.

[3]) Siehe DIN 107.

5.3 Türbänder, Türschließer und Sicherungszapfen

5.3.1 Der Türflügel ist an zwei zweiteiligen stählernen Konstruktionsbändern 180 mm × 14 mm × 4 mm oder an zwei dreiteiligen stählernen Konstruktionsbändern 160 mm × 16 mm × 4 mm mit je einem gehärteten Kugellagerring aufzuhängen.

Die in Bild 1 dargestellte Höhenlage der Bänder bezieht sich

- bei zweiteiligen Bändern auf die Fuge zwischen Bandoberteil und Bandunterteil bzw. auf die Unterkante des Kugellagerrings,
- bei dreiteiligen Bändern auf Bandmitte.

Die freien Enden der Bandlappen der Flügelteile sind hinter den Falz des Türflügels zu schweißen, und zwar so, daß jeder Bandlappen mit dem Falz am oberen und unteren Lappenrand jeweils senkrecht zur Falzkante verschweißt ist. Zusätzlich ist das Ende jedes Bandlappens durch 2 mindestens 20 mm lange Schweißnähte mit dem Aussteifungsflachstahl zu verschweißen. Dazu ist in diesem Bereich das Kastenblech entsprechend auszunehmen.

Der Falz ist für die Anbringung der Bandlappen um die Dicke des Bandlappenbleches nach außen durchzudrücken.

Die Bandbolzen müssen gegen Herauswandern gesichert sein. Die Bandrollen müssen mit Schmierlöchern oder die Bandbolzen mit Schmiernuten versehen sein. Die Bänder sind zu fetten.

Zwischen den Konstruktionsbändern ist auf halber Türflügelhöhe ein Federband nach DIN 18262 oder ein Federband DIN 18272-FE anzuschweißen. Der federnde Bandlappen liegt dabei schleifend auf dem Türflügel auf.

5.3.2 Anstelle der in Abschnitt 5.3.1 beschriebenen Aufhängung des Türflügels darf der Türflügel auch mit einer Garnitur DIN 18272-FE/KO an der Türzarge aufgehängt werden (siehe Bild 3).

In Ergänzung der in DIN 18272 angegebenen Dicke der Bandlappen von 3 mm dürfen auch 4 mm dicke Bandlappen verwendet werden.

5.3.3 Anstelle eines Federbandes darf als Schließmittel auch ein Oben-Türschließer mit hydraulischer Dämpfung nach DIN 18263 Teil 1 oder Teil 2 beziehungsweise Türschließer nach Abschnitt 8.5 verwendet werden (siehe Bild 3). Die Türschließer sind an den in Abschnitt 5.2.4 genannten 380 mm langen Stahlwinkel zu schrauben.

Der Türflügel ist in diesem Fall entweder an den in Abschnitt 5.3.1 beschriebenen Konstruktionsbändern oder an einer Garnitur DIN 18272-KO/KO aufzuhängen (siehe Bild 3).

5.3.4 An der Bänderseite des Türflügels muß sich ein Sicherungszapfen aus Stahl nach Bild 2 befinden, der beim Schließen der Tür in die Türzarge eingreift und im Falle eines Brandes ein Ausbiegen des Türflügels an dieser Stelle verhindert. Der Sicherungszapfen ist in den Aussteifungsflachstahl 50 mm × 5 mm zu schrauben (Höhenlage siehe Bild 1) und durch eine Heftschweißung außen am Kastensteg gegen Lösen zu sichern.

5.4 Verschluß

5.4.1 Schloß

Als Schloß ist ein Einsteckschloß nach DIN 18250 Teil 1 ohne oder mit Antipanikfunktion mit 24 mm Stulpbreite und 65 mm Dornmaß zu verwenden. Das Schloß darf mit einem Wechsel ausgerüstet sein.

5.4.2 Einbau des Schlosses

Für das Schloß sind die an der Schloßseite des Türflügels befindlichen zusammengeschweißten Flachstähle 50 mm × 5 mm mit einer Aussparung zu versehen, die nicht größer als 18 mm × 170 mm sein darf. Für den Fallenkopf darf die Aussparung auf einer Länge von 40 mm auf 20 mm verbreitert werden.

Die Falle muß beim Schließen der Tür unabhängig von der Türdrückerbetätigung einfallen und mindestens 6 mm in die Türzarge eingreifen. Ihre Anfangsfederkraft muß auch im eingebauten Zustand mindestens 2,5 N und darf höchstens 4,0 N betragen. Das Schloß ist so in den Türflügel einzusetzen, daß der Stulp an keiner Stelle mehr als 0,5 mm vor- oder zurücksteht. Es ist mit zwei Senkschrauben M 5 nach DIN 963 bzw. DIN 965 zu befestigen.

5.4.3 Schloßtasche

Das Schloß muß in einer Schloßtasche aus 1 mm dickem Stahlblech liegen. Notwendige Durchbrüche sind möglichst klein zu halten. Das Schloß ist in der Schloßtasche gegen seitliche Bewegungen zu sichern, dabei darf der lichte Abstand der Schloßhalterungen nicht mehr als 15,5 mm betragen.

5.4.4 Schloßtaschen-Bekleidung

Auf jeder der beiden großen Seitenflächen der Schloßtasche sind 2 Lagen Wärmedämmplatten[4]) zu befestigen. Diese Bekleidung ist vor dem Schließen des Türkastens durch metallische Halterungen (keine umfassenden Metallbügel oder Metallklammern) oder durch anorganische Kleber gegen Verrutschen zu sichern.

5.4.5 Türdrücker und -beschläge

Auf beiden Seiten des Türflügels müssen Türdrücker und Türschilder bzw. Türrosetten nach DIN 18273 vorhanden sein.

Die Verwendung von Drehknöpfen anstelle von Türdrückern ist nicht zulässig.

Anmerkung: Anstelle eines der beiden Türdrücker darf ein feststehender Knopf nur an solchen Türen angebracht werden, bei denen die Fluchtrichtung eindeutig feststeht. Die Verwendung eines feststehenden Türknopfes bedarf in jedem Einzelfall der Genehmigung der zuständigen (örtlichen) Bauaufsichtsbehörde. Der Türdrücker ist dabei so anzubringen, daß die Tür vom Flüchtenden durch Türdrückerbetätigung geöffnet werden kann. Der Knopf muß die in DIN 18273 an Türdrücker gestellten konstruktiven Anforderungen sinngemäß erfüllen. Bei Verwendung eines feststehenden Türknopfes muß das Schloß mit Wechsel ausgerüstet sein.

Anstelle der Türdrücker dürfen in Fluchtrichtung auch Antipanik-Stangengriffe angebracht werden, siehe Bilder 8 und 9.

Die an Türdrücker gestellten Anforderungen gelten für Antipanik-Stangengriffe sinngemäß; Antipanik-Stangengriffe dürfen nur verwendet werden, wenn ihre Eignung mindestens durch eine Funktionsprüfung nachgewiesen ist.

5.5 Dämmstoff

Als Dämmstoff sind Mineralfaserplatten nach DIN 18089 Teil 1 zu verwenden. Die Dicke der Mineralfaser-Einlage muß 52 mm betragen.

Die Mineralfaserplatten dürfen weder zusammengerollt noch gefaltet werden und müssen lufttrocken und so eingebaut werden, daß sie den Türkasten vollständig ausfüllen.

---

[4]) Bezugsquellen zu erfragen beim Normenausschuß Bauwesen (NABau) im DIN Deutsches Institut für Normung e. V., Postfach 11 07, 1000 Berlin 30.

Seite 4 DIN 18 082 Teil 1

5.6 Türzarge

5.6.1 Die beiden Längsseiten und das Kopfteil der Türzarge müssen aus einem Z-Profil aus Stahl 54 mm × 50 mm × 25 mm von 3 mm bzw. 4 mm Dicke bestehen. Sie sind miteinander zu verschweißen.

Der Bodenwinkel der Türzarge besteht aus einem Winkel 30 mm × 30 mm × 3 mm (siehe Bild 5). Die Profile sind in den Türzargenecken miteinander zu verschweißen oder zu verschrauben.

In besonderen Fällen kann ein unterer Anschlag erforderlich sein (Ausführung siehe Bilder 6a, 6b und 6c).

Bei Ausführung mit unterem Anschlag ist hochkant an den Winkel 30 mm × 30 mm × 3 mm ein Flachstahl mindestens 35 mm × 4 mm zu schweißen (siehe Bild 6a).

Wahlweise darf als unterer Anschlag auch das seitliche Z-Profil verwendet werden (siehe Bilder 6b und 6c).

5.6.2 Die Türzarge darf durch ein angesetztes Ergänzungsteil (Ergänzungszarge) so erweitert werden, daß ein der — nicht zulässigen — Umfassungszarge ähnliches äußeres Erscheinungsbild entsteht. Eine mechanische Verbindung der Türzarge mit der Ergänzungszarge (z. B. Schweißen, Schrauben) ist zulässig (siehe Bild 7).

5.6.3 Die zargenseitigen Bandlappen der Konstruktionsbänder und des Federbandes sind an der Längsseite der Türzarge anzuschweißen.

5.6.4 Die Schließlöcher der Türzarge sind so anzuordnen, daß Falle und Riegel einen Spielraum nach oben von mindestens 5 mm und nach unten von mindestens 10 mm haben. Die Durchbrüche in der Türzarge für Falle und Riegel sowie für den Sicherungszapfen sind mit Schutzkästen aus Stahlblech zu versehen.

5.6.5 Beide Zargenstiele sind mit einer deutlich sichtbaren Meterrißmarkierung zu versehen (siehe Bild 1).

5.6.6 Die Verankerung der Türzarge mit der Wand muß nach DIN 18 093 erfolgen.

5.7 Korrosionsschutz

Nach dem Zusammenbau nicht mehr zugängliche Stahlteile sind mit einem Korrosionsschutz[5]), nach dem Zusammenbau zugängliche Stahlteile mit einem mindestens drei Monate ab Liefertermin wirksamen Grundschutz[6]) zu versehen.

Auf den Korrosions- und Grundschutz der Bleche kann verzichtet werden, wenn feuerverzinkte Bleche der Zinkauflagegruppe 275 nach DIN 17 162 Teil 1 verwendet werden.

6 Einbau

6.1 Die Feuerschutztür ist nach DIN 18 093 unter Beachtung der beizufügenden Einbauanleitung des Herstellers einzubauen.

6.2 Federbänder müssen so eingestellt werden, daß sich die Tür aus einem Öffnungswinkel von mindestens 30° selbsttätig schließt.

6.3 Werden Türschließer verwendet, so müssen sie so angebracht werden, daß sich die Tür aus jedem Öffnungswinkel selbsttätig schließt.

Falls der Türflügel um mehr als 90° geöffnet werden kann oder soll, ist bei einem Türschließer nach DIN 18 263 Teil 1 ein verlängertes Gestänge für einen Öffnungswinkel bis 180° zu verwenden.

6.4 Türflügel mit unten angeordnetem waagerechten U-Stahlprofil dürfen nach Bild 6d) bis 10 mm gekürzt werden. Der untere Luftspalt von (5 ± 1) mm muß jedoch eingehalten werden.

6.5 Falls Feststellanlagen verwendet werden, so muß deren Brauchbarkeit durch eine allgemeine bauaufsichtliche Zulassung nachgewiesen sein. Befestigungsmittel dürfen nicht durch die ganze Türflügeldicke reichen.

7 Überwachung (Güteüberwachung)

7.1 Allgemeines

Die Einhaltung der für die Feuerschutztür in den Abschnitten 4 und 5 sowie 8 festgelegten Anforderungen ist in jedem Herstellwerk durch eine Überwachung, bestehend aus Eigen- und Fremdüberwachung, zu prüfen. Für das Verfahren der Überwachung gilt DIN 18 200.

7.2 Eigenüberwachung

Der Hersteller hat zu Beginn der Fertigung die erste Tür auf Übereinstimmung mit dieser Norm zu überprüfen. Bei großen Fertigungsserien ist eine Prüfung an jedem Fertigungstag ausreichend. Bei Kleinserien ist die Prüfung mindestens an jeder 30. Tür zu wiederholen. Bei Einzelanfertigung ist je Objekt mindestens eine Prüfung erforderlich.

Diese Prüfung ist nach einem mit dem Fremdüberwacher abgestimmten Prüfschema während der Fertigung durchzuführen und hat sich auch auf die Funktionsfähigkeit und die Kennzeichnung der fertigen T 30-1-Tür zu erstrecken.

Die Festigkeit der Punktschweißungen ist bei ständiger Fertigung mindestens einmal im Monat, bei nicht ständiger Fertigung bei Beginn jeder Fertigungsserie durch einen Aufknöpfversuch zu überprüfen. Bei der Überprüfung der Festigkeit der Punktschweißung darf beim Aufknöpfen je 1000 mm Länge höchstens ein Schweißpunkt in der Schweißung selbst reißen.

7.3 Fremdüberwachung

Die Fremdüberwachung ist von einer für die Fremdüberwachung von Feuerschutztüren anerkannten Überwachungsgemeinschaft (Gütegemeinschaft) oder einer anerkannten Prüfstelle[7]) aufgrund eines Überwachungsvertrages durchzuführen.

Die Prüfung hat sich auch auf die Kennzeichnung der Türen, Schlösser, Federbänder, Türschließer und Mineralfaserplatten (überwachungspflichtige Erzeugnisse) zu erstrecken.

7.4 Überwachungszeichen

Für den Nachweis der Überwachung ist das einheitliche Überwachungszeichen[8]) zu führen. In dem Überwachungszeichen sind die fremdüberwachende Stelle und die Überwachungsgrundlage „DIN 18 082 Teil 1" anzugeben.

[5]) Siehe auch DIN 18 360/09.88, Abschnitt 3.1.8.

[6]) Siehe auch DIN 18 360/09.88, Abschnitt 3.1.14.

[7]) Verzeichnisse der bauaufsichtlich anerkannten Überwachungsgemeinschaften (Gütegemeinschaften) und Prüfstellen werden beim Institut für Bautechnik, Reichpietschufer 74-76, 1000 Berlin 30, geführt und in seinen Mitteilungen, zu beziehen beim Verlag Wilhelm Ernst & Sohn GmbH, Hohenzollerndamm 170, 1000 Berlin 31, veröffentlicht.

[8]) Siehe Änderung der Verwaltungsvorschrift zur Landesbauordnung Nordrhein-Westfalen — VV BauO NW -, Runderlaß des Ministers für Stadtentwicklung, Wohnen und Verkehr vom 15. 03. 1989, Ministerialblatt des Landes Nordrhein-Westfalen, Nr. 25, vom 15. 05. 1989, Seite 417.

8 Kennzeichnung

8.1 Jede dieser Norm entsprechende Tür muß durch ein Stahlblechschild der Größe 52 mm × 105 mm nach DIN 825 Teil 1 gekennzeichnet werden, das folgende Angaben — erhaben geprägt — enthalten muß:

- Stahltür DIN 18082 — T30-1 — A,
- Name des Herstellers oder ein ihm zugewiesenes Hersteller-Kennzeichen hinter dem Wort „Hersteller",
- einheitliches Überwachungszeichen Ü,
- Herstellungsjahr.

Ein Hersteller-Kennzeichen darf nur angebracht werden, wenn es von einer anerkannten Überwachungsgemeinschaft (Gütegemeinschaft) oder einer anerkannten Prüfstelle[7]) zugewiesen wurde, und nur so lange, wie die Herstellung von dieser Stelle überwacht wird.

Das Schild muß an seinen vier Ecken an den Türflügel geschweißt oder genietet werden, und zwar auf der Öffnungsfläche unten außen (siehe Bild 1).

Der Name einer Vertriebsfirma darf auf einem weiteren Stahlblechschild angegeben werden.

8.2 Anstelle des in Abschnitt 8.1 genannten Schildes darf der Kennzeichnungstext auch auf einem Stahlschild der Größe 26 mm × 148 mm nach DIN 825 Teil 1 — erhaben geprägt — angegeben werden. Dieses Schild ist in etwa $^2/_3$ der Türhöhe an der Bänderseite am Steg des Kastenbleches anzubringen. Die Enden des Schildes sind an das Kastenblech zu schweißen oder zu nieten.

8.3 Anstelle der unter Abschnitt 8.1 und Abschnitt 8.2 genannten Stahlblechschilder können die vorstehend genannten Angaben in mindestens gleicher Schriftgröße mit etwa 1 mm breiten, durchlaufenden Linien als Begrenzung an der gleichen Stelle in das Türkastenblech erhaben eingeprägt werden.

Der Name einer Vertriebsfirma darf auch hier jeweils auf einem weiteren Stahlblechschild angegeben werden.

8.4 Kürzbare Türen nach Abschnitt 6.4 müssen durch ein zusätzliches Stahlblechschild gekennzeichnet werden, das am Steg des Kastenbleches an der Bänderseite anzubringen ist.

Dieses Stahlblechschild muß folgende Angaben — erhaben geprägt — enthalten:

- Fertigungsmaß von Unterkante Türflügel 1000 mm bis Höhenmarkierung,
- „Türkante unten um maximal 10 mm kürzbar",
- „zulässige Spalthöhe 4 mm bis 6 mm",
- eine Höhenmarkierung.

8.5 Türschließer, die nicht DIN 18263 Teil 1 oder Teil 2 entsprechen, deren Eignung jedoch durch Prüfzeugnis einer hierfür anerkannten Prüfstelle nachgewiesen ist, müssen mit dem Herstellerzeichen, der Größe, dem Typ und dem Herstellungsjahr gekennzeichnet sein.

---

[7]) Siehe Seite 4.

Seite 6 DIN 18 082 Teil 1

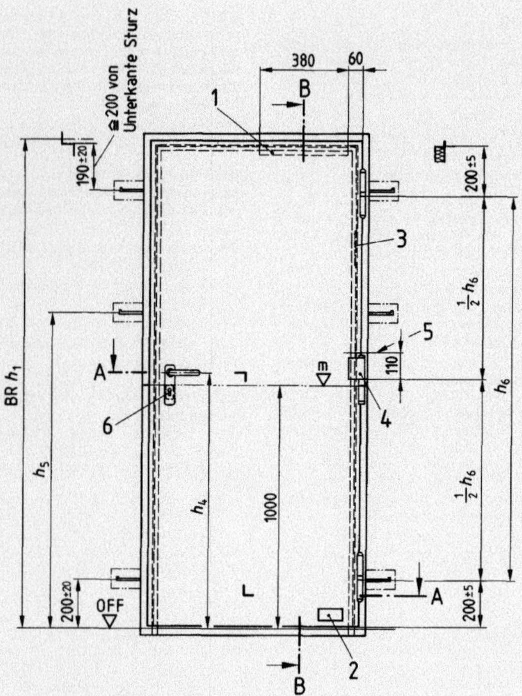

OFF = Oberfläche Fertigfußboden (Sollage) entspricht Oberkante Bodenwinkel (gilt auch für die Bilder 5, 6a und 6d)
Ausführungsvarianten der Bänder und Schließmittel siehe Bild 3

1 Verstärkungswinkel für Oben-Türschließer (siehe Abschnitt 5.2.4)
2 Lage des Kennzeichnungsschildes (nach Abschnitt 8.1)
3 Lage des Kennzeichnungsschildes (nach Abschnitt 8.2)
4 Federband nach DIN 18262 oder DIN 18272
5 Höhenlage des Sicherungszapfens nach Bild 2 (siehe Abschnitt 5.3.4)
6 Schlüssellochblende bei BB-Lochung

Bild 1. Stahltür für 1250 mm bis < 1750 mm Höhe und für 1750 mm bis 2000 mm Höhe (angegeben im Baurichtmaß BR nach DIN 18100) mit Lage der Anker, Bänder und des Türdrückers, hier dargestellt mit 2 KO-Bändern 180 × 14 × 4 und einem Federband nach DIN 18262 bzw. DIN 18272

Tabelle.

Baurichtmaß BR h_1	Drückerhöhe h_4	Höhe des mittleren Ankers h_5
1250 bis < 1750	0,5 h_1 + (90 ± 20)	bei h_1 = 1250 bis 1500 ohne Anker
		bei h_1 > 1500 bis < 1750 direkt unterhalb des Schutzkastens
1750 bis 2000	1050 ± 3	1300 ± 20

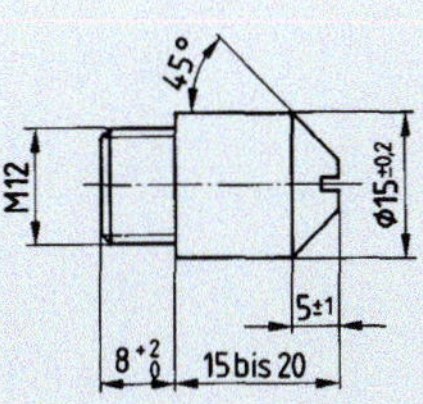

Bild 2. Sicherungszapfen

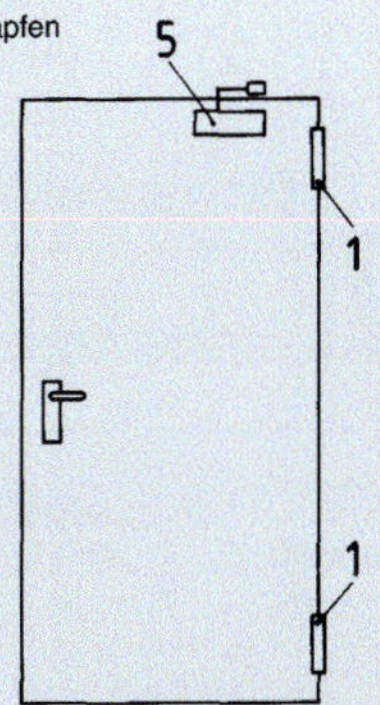

a) Garnitur DIN 18 272–FE/KO (siehe DIN 18 272/08.87, Bild 5)

b) Garnitur DIN 18 272–KO/KO und Oben-Türschließer DIN 18 263 Teil 1 oder Teil 2 (siehe DIN 18 272/08.87, Bild 6)

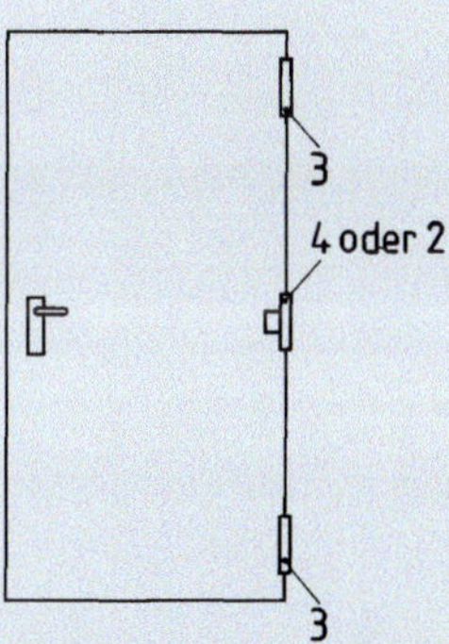

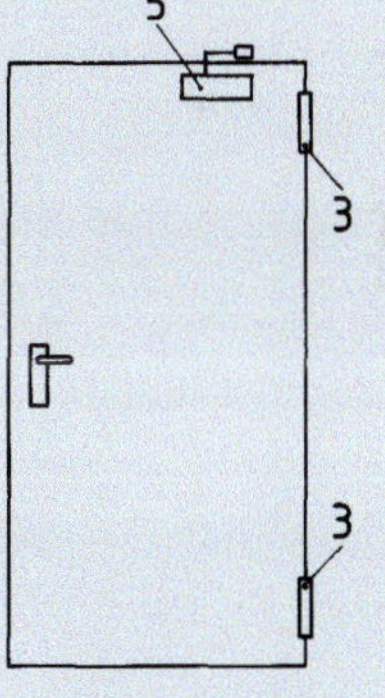

c) Zwei Konstruktionsbänder 180 × 14 × 4 oder zwei dreiteilige KO-Bänder 160 × 16 × 4 mit gehärtetem Kugellagerring und Federband nach DIN 18 262 oder DIN 18 272–FE (siehe DIN 18 272/08.87, Bild 7)

d) Zwei Konstruktionsbänder 180 × 14 × 4 oder zwei dreiteilige KO-Bänder 160 × 16 × 4 mit gehärtetem Kugellagerring und Oben-Türschließer nach DIN 18 263 Teil 1 oder Teil 2

1 Konstruktionsband DIN 18 272–KO
2 Federband DIN 18 272–FE
3 Konstruktionsband 160 × 16 × 4 oder 180 × 14 × 4
4 Federband nach DIN 18 262
5 Türschließer nach DIN 18 263 Teil 1 oder Teil 2

Bild 3. Ausführungsvarianten der Bänder und Schließmittel

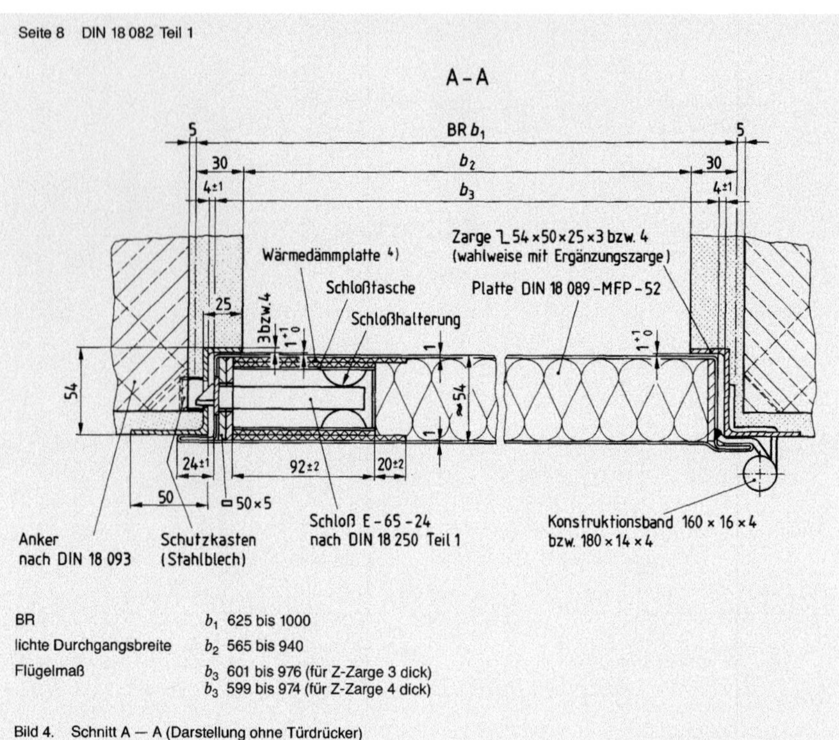

Seite 8 DIN 18 082 Teil 1

BR	b_1	625 bis 1000
lichte Durchgangsbreite	b_2	565 bis 940
Flügelmaß	b_3	601 bis 976 (für Z-Zarge 3 dick)
	b_3	599 bis 974 (für Z-Zarge 4 dick)

Bild 4. Schnitt A — A (Darstellung ohne Türdrücker)

[4]) Siehe Seite 3.

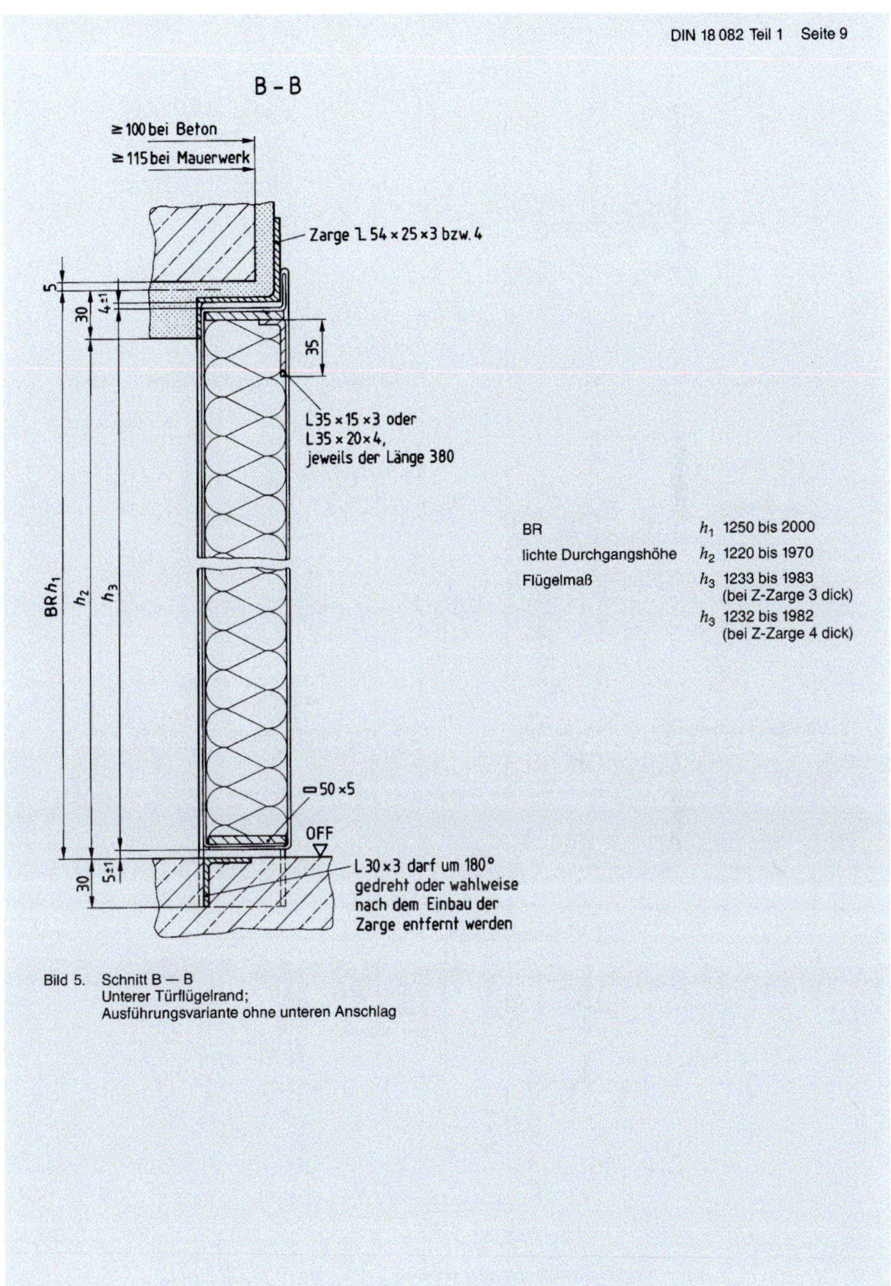

BR	h_1	1250 bis 2000
lichte Durchgangshöhe	h_2	1220 bis 1970
Flügelmaß	h_3	1233 bis 1983 (bei Z-Zarge 3 dick)
	h_3	1232 bis 1982 (bei Z-Zarge 4 dick)

Bild 5. Schnitt B — B
Unterer Türflügelrand;
Ausführungsvariante ohne unteren Anschlag

Seite 10 DIN 18 082 Teil 1

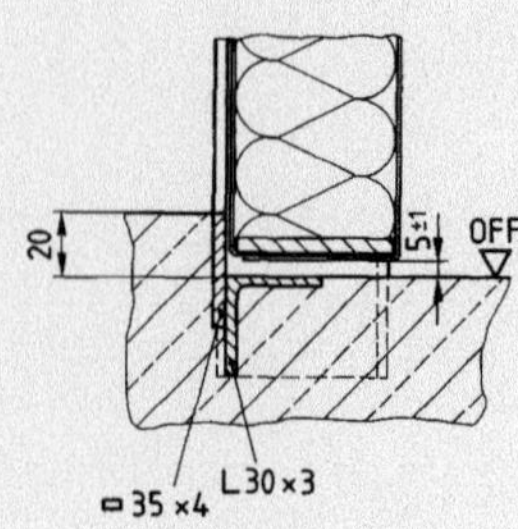

a) Türflügel unten ungefälzt

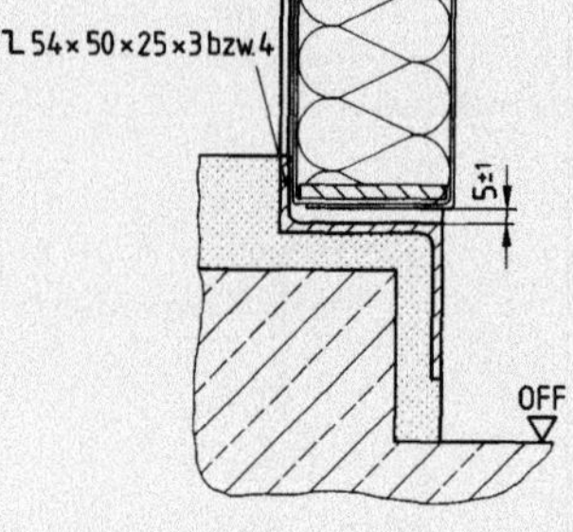

b) Türflügel unten ungefälzt; Z-Profil 4seitig umlaufend

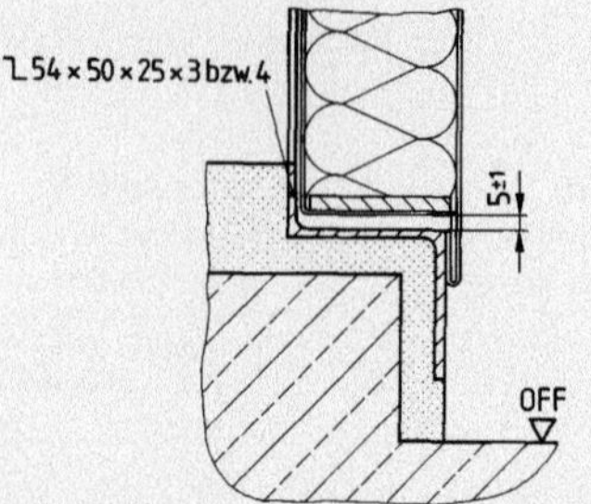

c) Türflügel unten gefälzt; Z-Profil 4seitig umlaufend

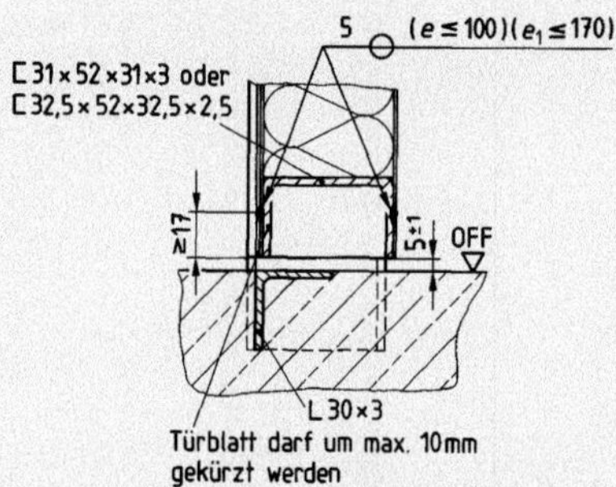

d) Türflügel unten mit waagerecht liegendem U-Stahlprofil (wahlweise mit Anschlag nach den Bildern a und b)

Bei Ausführung b oder c darf die Türoberkante (oberer Bezug von h_1) nicht höher als maximal 2500 über OFF des tieferliegenden Fertigfußbodens sein.

Bild 6. Ausführungsvarianten des unteren Türrandes

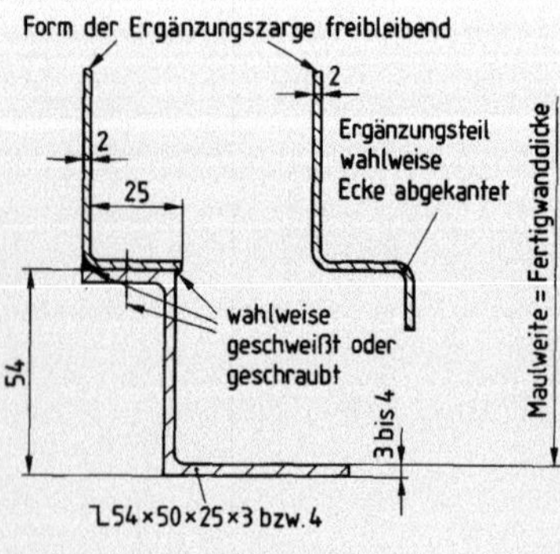

Bild 7. Ergänzungszarge (wahlweise)

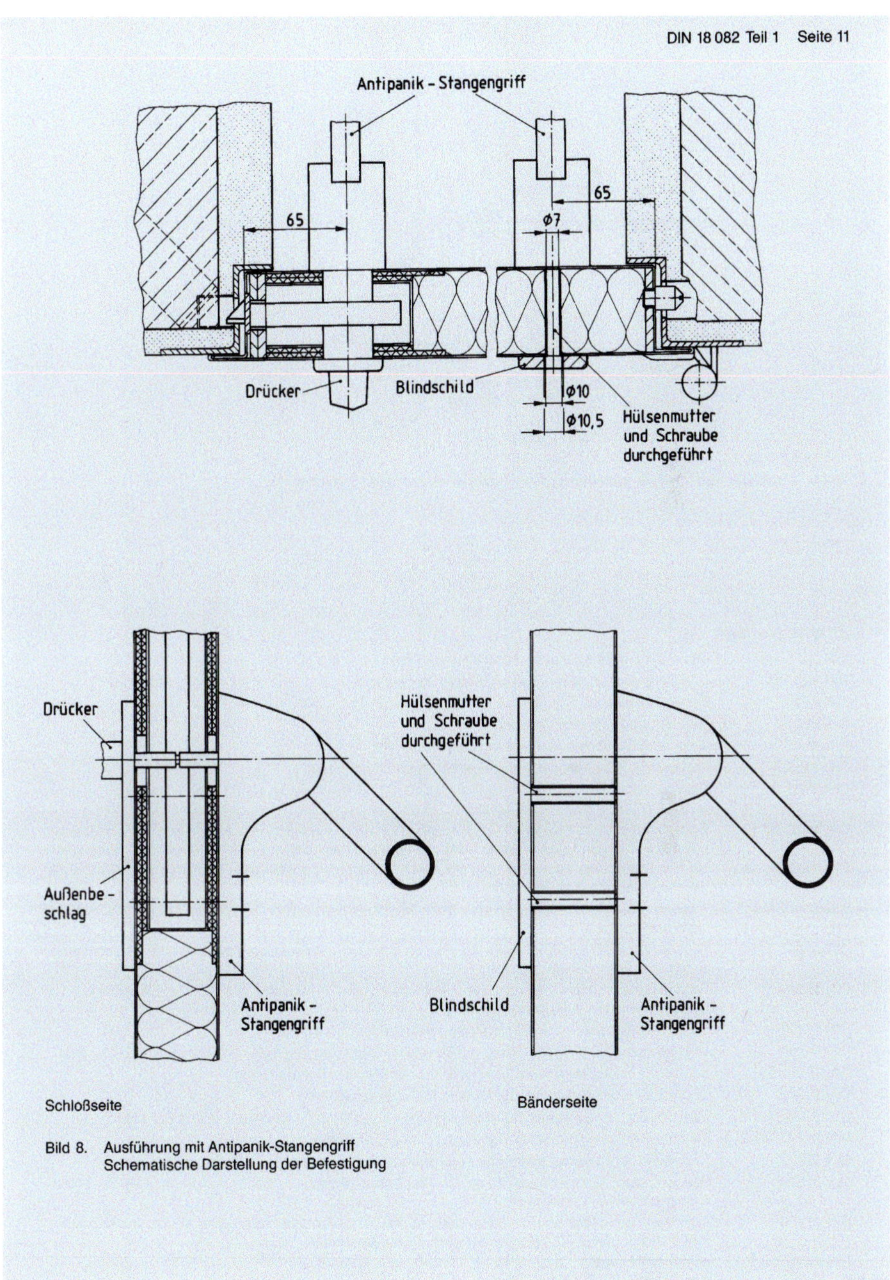

Schloßseite

Bänderseite

Bild 8. Ausführung mit Antipanik-Stangengriff
Schematische Darstellung der Befestigung

Seite 12 DIN 18 082 Teil 1

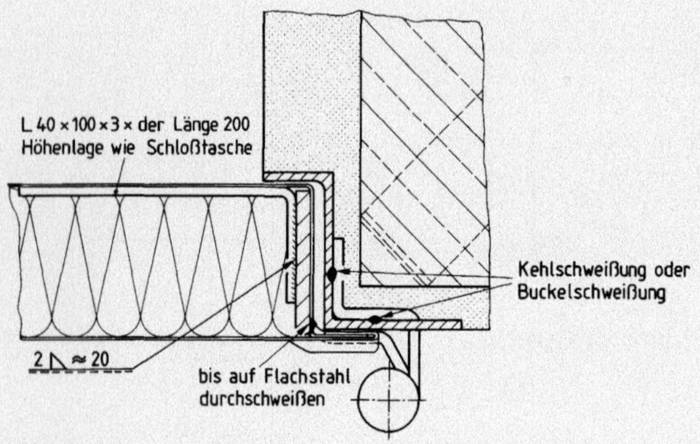

Bild 9. Türflügel, werkmäßig vorgerichtet für Anbringung eines Antipanik-Stangengriffes

Zitierte Normen

DIN 107	Bezeichnung mit links oder rechts im Bauwesen
DIN 825 Teil 1	Schildermaße; Quadratische und rechteckige Schilder
DIN 963	Senkschrauben mit Schlitz
DIN 965	Senkschrauben mit Kreuzschlitz
DIN 1045	Beton und Stahlbeton; Bemessung und Ausführung
DIN 1053 Teil 1	Mauerwerk; Rezeptmauerwerk; Berechnung und Ausführung
DIN 1623 Teil 1	Flacherzeugnisse aus Stahl; Kaltgewalztes Band und Blech, Technische Lieferbedingungen; Weiche unlegierte Stähle zum Kaltumformen
DIN 4102 Teil 5	Brandverhalten von Baustoffen und Bauteilen; Feuerschutzabschlüsse, Abschlüsse in Fahrschachtwänden und gegen Feuer widerstandsfähige Verglasungen; Begriffe, Anforderungen und Prüfungen
DIN 4102 Teil 18	Brandverhalten von Baustoffen und Bauteilen; Feuerschutzabschlüsse; Nachweis der Eigenschaft „selbstschließend" (Dauerfunktionsprüfung)
DIN 17162 Teil 1	Flachzeug aus Stahl; Feuerverzinktes Band und Blech aus weichen unlegierten Stählen; Technische Lieferbedingungen
DIN 18089 Teil 1	Feuerschutzabschlüsse; Einlagen für Feuerschutztüren; Mineralfaserplatten; Begriff, Bezeichnung, Anforderungen, Prüfung
DIN 18093	Feuerschutzabschlüsse; Einbau von Feuerschutztüren in massive Wände aus Mauerwerk oder Beton; Ankerlagen, Ankerformen, Einbau
DIN 18100	Türen, Wandöffnungen für Türen; Maße entsprechend DIN 4172
DIN 18200	Überwachung (Güteüberwachung) von Baustoffen, Bauteilen und Bauarten; Allgemeine Grundsätze
DIN 18250 Teil 1	Schlösser; Einsteckschlösser für Feuerschutzabschlüsse; Einfallenschloß
DIN 18262	Einstellbares, nicht tragendes Federband für Feuerschutztüren
DIN 18263 Teil 1	Türschließer mit hydraulischer Dämpfung; Oben-Türschließer mit Kurbeltrieb und Spiralfeder
DIN 18263 Teil 2	Türschließer mit hydraulischer Dämpfung; Oben-Türschließer mit Lineartrieb
DIN 18272	Feuerschutzabschlüsse; Bänder für Feuerschutztüren; Federband und Konstruktionsband
DIN 18273	Baubeschläge; Türdrückergarnituren für Feuerschutztüren und Rauchschutztüren; Begriffe, Maße, Anforderungen und Prüfungen
DIN 18360	VOB Verdingungsordnung für Bauleistungen, Teil C: Allgemeine Technische Vertragsbedingungen für Bauleistungen (ATV); Metallbauarbeiten, Schlosserarbeiten
DIN ISO 2768 Teil 1	Allgemeintoleranzen; Toleranzen für Längen- und Winkelmaße ohne einzelne Toleranzeintragung; Identisch mit ISO 2768-1 : 1989

Weitere Normen und andere Unterlagen

DIN 820 Teil 1 Normungsarbeit; Grundsätze

DIN 4102 Teil 13 Brandverhalten von Baustoffen und Bauteilen; Brandschutzverglasungen; Begriffe, Anforderungen und Prüfungen

DIN 4172 Maßordnung im Hochbau

DIN 18 082 Teil 3 Feuerschutzabschlüsse; Stahltüren T 30-1, Bauart B

DIN 18 095 Teil 1 Türen; Rauchschutztüren; Begriffe und Anforderungen

DIN 18 202 Toleranzen im Hochbau; Bauwerke

Bauordnungen der Bundesländer

Frühere Ausgaben

DIN 18 082 Teil 1: 06.59, 02.69, 12.76, 01.85

Änderungen

Gegenüber der Ausgabe Januar 1985 wurden folgende Änderungen vorgenommen:

Die Norm wurde überarbeitet und dem neuesten Stand der Technik angepaßt. Dazu wurde die Bauart neu konstruiert und ihre Eignung (Brauchbarkeitsnachweis) durch Brandprüfungen nach DIN 4102 Teil 5 sowie durch Funktionsprüfungen nach DIN 4102 Teil 18 nachgewiesen. Im einzelnen wurden geändert:

a) Größenbereich der Bauart nach unten erweitert.

b) Werkstoff Asbest nicht mehr verwendet.

c) Verankerungsvarianten nach DIN 18 093 aufgenommen.

d) Regelung der Eigenüberwachung bei Einzelfertigung den Erfordernissen angepaßt.

Erläuterungen

a) Überarbeitung

Die Ausgabe Januar 1985 dieser Norm ist — zur Anpassung an den Stand der Technik — überarbeitet worden. Dies war insbesondere erforderlich, um Asbesterzeugnisse von der Verwendung auszuschließen und den Anwendungsbereich (durch Aufnahme kleinerer Türen (deren Eignung inzwischen nachgewiesen wurde)) auszuweiten.

Die Erläuterungen gelten prinzipiell auch für andere Bauarten von Feuerschutztüren aus Stahlblech, z. B. für die „Bauart B" nach DIN 18 082 Teil 3/01.84.

b) Ersatz (Substitution) von Asbesterzeugnissen

Als Ersatzprodukte für die früher verwendeten Asbestpappen als Wärmedämmstoff für die Schloßtaschenisolierung (Schloßtaschenbekleidung, siehe Abschnitt 5.4.4) enthält diese Norm plattenförmige Werkstoffe, die noch nicht genormt werden konnten, da Erzeugnisse, auf denen Schutzrechte ruhen, in Normen nicht genannt werden dürfen (siehe DIN 820 Teil 1/01.86, Abschnitte 5.9 und 5.10). Die Ersatzprodukte können beim Normenausschuß Bauwesen erfragt werden.

c) Allgemeines

Beim Bau von Feuerschutztüren nach dieser Norm sind einige Punkte zu beachten, die auch allgemein für Feuerschutzabschlüsse anderer Bauarten gelten.

d) Übertragbarkeit der Prüfergebnisse

Diese Norm ist aufgestellt nach Brandprüfungen an Türen bestimmter Bauart und Größe. Bei diesen Prüfungen hat sich herausgestellt, daß die bei einer bestimmten Türgröße gesammelten Erfahrungen nicht ohne weiteres auf Türen anderer Größe — auch nicht auf kleinere Türen — übertragen werden können. Die in dieser Norm angegebenen oberen und unteren Grenzwerte für Breite und Höhe dürfen also in keinem Fall über- bzw. unterschritten werden, auch nicht, wenn die Konstruktionsmerkmale im übrigen beibehalten werden. Kleinere oder größere Türen dürfen deshalb nicht als „Türen nach DIN 18 082 Teil 1" bezeichnet werden; ihre Eignung ist gesondert nachzuweisen. Auch gilt diese Norm nicht für waagerechte Raumabschlüsse, z. B. Dekkenklappen.

e) Keine Verglasung der Feuerschutztüren

Feuerschutztüren dürfen — wenn sie lichtdurchlässige Flächen enthalten sollen — nur mit Verglasungen der Feuerwiderstandsklassen F ... nach DIN 4102 Teil 13 ausgerüstet werden. Der Eignungsnachweis für Türen der Bauart A nach dieser Norm und für Türen der Bauart B nach DIN 18 082 Teil 3 mit derartigen F-Verglasungen wurde bisher nicht erbracht.

f) Einhaltung der Spaltbreiten zwischen Türflügel und Türzarge

Ein Schadensfeuer kann auch durch Fugen und Spalte, z. B. zwischen Türflügel und Türzarge, übertragen werden. Um dies zu verhindern und um sicherzustellen, daß die Schloßfalle richtig in die Türzarge eingreift, müssen die Maße des Türflügels und der Türzarge so aufeinander abgestimmt sein, daß die zulässigen Spaltbreiten (4 ± 1) mm seitlich und oben bzw. (5 ± 1) mm unten nicht überschritten werden.

g) Einheit von Türflügel und Türzarge

Das sorgfältige Abstimmen der Maße aufeinander ist nur möglich, wenn Türflügel und Türzarge gleichzeitig hergestellt und zusammen ausgeliefert werden. Es ist deshalb — auch wenn dies in dieser Norm nicht ausdrücklich erwähnt ist — grundsätzlich unzulässig, einzelne Türflügel oder Türzargen als „Türen" oder „Türzargen" nach „DIN 18 082 Teil 1" zu kennzeichnen und in Verkehr zu bringen.

Seite 14 DIN 18 082 Teil 1

h) Verbot nachträglicher Änderungen

Aus gegebener Veranlassung wird ausdrücklich darauf hingewiesen, daß es grundsätzlich unzulässig ist, eine Tür nachträglich zu verändern, z. B. durch Anbringen von Zusatzkonstruktionen am Türflügel oder an der Türzarge (Ausnahmen siehe Aufzählung w).

Ein Kürzen des Türflügels ist nur in dem in Abschnitt 6.4 angegebenen Umfang zulässig.

i) Dichtheit der Schloßtasche

Die Schloßtaschen müssen staubdicht sein, um zu verhindern, daß wichtige Teile des Schlosses durch feine Bestandteile verschmutzt werden, die sich bei häufigem Gebrauch einer Feuerschutztür von den Dämmstoffen lösen.

Der Begriff „staubdicht" konnte bisher nicht festgelegt werden, weil der notwendige Grad der Dichtheit von der Größe der Dämmstoffteilchen abhängt. Bei der Verwendung von Einlagen mit sehr dünnen und kurzen Mineralfasern ist an die Dichtheit der Schloßtaschen ein strengerer Maßstab anzulegen als bei der Verwendung von Einlagen aus langen Mineralfasern. Bei der Gefahr des Auftretens feiner pulverförmiger Bestandteile dürfen Spalte oder Stoßfugen an der Schloßtasche nicht so groß sein, daß solche Teile durchgerüttelt werden können. Wenn sich im Türkasten langfaserige Mineralfaser-Einlagen befinden, dürfen an der Schloßtasche keine Fugen sein, die breiter als 0,2 mm und länger als 50 mm sind.

Es ist nicht zulässig, das Abdichten von Spalten oder Fugen an der Schloßtasche nur mit Hilfe der eingelegten Wärmedämmplatten zu bewirken.

j) Wärmebrücken

Beim Zusammenbau des Türkastens sind Wärmebrücken zu vermeiden. Es ist also nicht zulässig, Türschließer im Türkasteninneren einzubauen, zusätzliche durchgehende Aussteifungen für die Türbleche einzusetzen, Schloßtaschen mit anderen Maßen als den in dieser Norm angegebenen zu verwenden oder am Türflügel außen Verstärkungen anzubringen mit Hilfe von Schrauben oder Nieten, die beide Türbleche miteinander verbinden (Ausnahme: Hülsenschrauben zur Befestigung der Langschilder, Kurzschilder, Türrosetten oder Antipanik-Stangengriffe).

Wärmebrücken können auch entstehen, wenn die Schloßtaschenbekleidung nicht hinreichend sicher am Blech der Schloßtasche befestigt ist, so daß sie sich während des Transports oder bei Benutzung der Feuerschutztüren verlagert. Die verwendeten Wärmedämmplatten sind mit Hilfe metallischer Verbindungsmittel oder geeigneter anorganischer Kleber zu befestigen. Die Verwendung von Klebestreifen oder Gummibändern ist nicht zulässig.

k) Lagerung der Mineralfaser-Einlagen

Mineralfaser-Einlagen dürfen vor ihrem Einbau nicht so gelagert werden, daß ihre Dämmwirkung dauernd beeinträchtigt wird oder daß sie Stoffe aufnehmen können, die sich nach dem Zusammenbau des Türkastens schädigend auswirken.

Sie sollen deshalb trocken (möglichst in einem geschlossenen Raum) und so gelagert werden, daß sie nicht beschädigt oder bleibend verdichtet oder anderweitig verformt werden können.

Es dürfen — gegebenenfalls unter Verwendung von Distanzstücken — nur so viele Mineralfaser-Einlagen übereinander gelagert oder verpackt werden, daß die geforderte Mindestdicke unmittelbar nach Entlastung noch gewährleistet ist.

l) Umfassungszargen

Diese Norm enthält keine Aussagen über Umfassungszargen, da deren Eignung bei Feuerschutztüren dieser Bauart bisher nicht nachgewiesen ist. Es ist nicht zulässig, Feuerschutztüren nach dieser Norm mit anderen als den geforderten Türzargen zu versehen. Von einigen Herstellern werden jedoch zu den Z-Zargen sogenannte Ergänzungszargen angeboten, deren Einbau zulässig ist und die ein optisch ähnliches Erscheinungsbild ergeben wie Umfassungszargen (siehe auch DIN 18 093).

Es ist nicht zulässig, an den vorgeschriebenen Zargenprofilen andere Teile als die in dieser Norm angegebenen Anker, Schutzkästen, Ergänzungszargen, Türbänder und Türschließer-Bestandteile anzubringen.

m) Einputzen der Türzarge

Die Verbraucher sind in geeigneter Weise durch den Türenhersteller darauf hinzuweisen, daß die Feuerschutztüren nur dann die vorgesehene Schutzwirkung besitzen, wenn die Türzarge voll eingeputzt bzw. mit Mörtel hinterfüllt ist.

n) Korrosionsschutz

Der Korrosionsschutz — auch im Inneren des Türkastens — muß lückenlos sein. Ein ungeschützter Streifen zwischen Türblech und Aussteifungsbandstahl wird noch hingenommen. Nach vorliegenden Erfahrungen wird darauf hingewiesen, daß bei der Verwendung der in dieser Norm beschriebenen Profile aus Stahl (z. B. Aussteifungsflachstähle im Türkasten-Innern) Korrosionsprobleme auftreten können, wenn der Türkasten selbst aus Edelstahlblechen hergestellt ist (Kontakt-Korrosion).

o) Selbsttätiges Schließen, Fluchten der Türbänder

Das selbsttätige Schließen der Feuerschutztür ist nicht sicher gewährleistet, wenn die Türbänder so angebracht sind, daß sie nicht genau fluchten oder wenn das Federband einen schleifenden Lappen besitzt, der so kurz ist, daß er bei einem größeren Öffnungswinkel der Tür vom Türflügel abrutscht.

Der Verschweißung der Kastenbleche im Bereich der oberen Bandlappen sowie der Verschweißung dieser Bandlappen mit dem Türflügel ist besondere Sorgfalt zuzuwenden.

p) Aufhebung der unmittelbaren Wirkung des selbsttätigen Schließens

Zusatzgeräte zu den genormten Feuerschutztüren, die das selbsttätige Schließen zeitweise verhindern (z. B. Schließzeitverzögerer, Vorrichtungen mit Auslösung infolge Temperaturerhöhung oder Rauch) bedürfen einer bauaufsichtlichen Zulassung. Es wird darauf hingewiesen, daß diese Zulassungsbescheide u. a. Angaben enthalten, in welchen Fällen solche Geräte aus Sicherheitsgründen nicht verwendet werden dürfen. Diese Geräte bedürfen ständiger Kontrolle.

Das Festsetzen des Türflügels durch Keile, Feststeller oder das Entspannen der Türschließmittel sind unzulässig.

q) Länge der Maueranker

Als „freie Länge" eines Mauerankers wird der Abstand von der Innenecke des Zargenwinkels (der Z-förmigen Türzarge) bis zum Ende des waagerecht von der Zarge abgebogenen Ankerprofils bezeichnet. Die freie Länge ist nicht gleichbedeutend mit der Abwicklung des Ankerbandstahls (siehe auch DIN 18 093).

r) Einbau nach DIN 18 093

Die Norm DIN 18 093 beschreibt neben Mauerankern auch sogenannte Zargenanker, die wahlweise als Maueranker oder zur Dübelbefestigung (in der Öffnungsleibung) verwendet werden dürfen, sowie Anschweißanker. Die Lieferung von Feuerschutztüren mit Türzargen ohne Anker, die zur Verwendung mit Anschweißankern vorgerichtet sind, ist nur dann zulässig, wenn einwandfrei durch Planung, Ausschreibung, Vergabe und Bauüberwachung bestimmter Objekte (Objektausstattung) sichergestellt ist, daß die diesbezüglichen Anforderungen dieser Norm ohne Einschränkungen eingehalten werden. Die Lieferung ankerloser Feuerschutztüren ohne Kenntnis der Verwendungsstelle ist unzulässig. Dem Hersteller einer ankerlosen Feuerschutztür muß also der Verwendungsort (Baustelle) der Tür bekannt sein.

s) Beschläge nach DIN 18 273

Langschilder sollen möglichst mit 4 Schrauben, müssen aber mit mindestens 2 Schrauben am Türflügel befestigt sein. Im letzteren Falle müssen durchgehende Hülsenschrauben verwendet werden. Türrosetten sind mit jeweils 2 durchgehenden Hülsenschrauben zu befestigen. Diese Beschläge müssen aus mindestens 1 mm dickem Stahlblech, Grau- oder Stahlguß hergestellt sein.

Türdrückergarnituren nur aus Leichtmetall oder mit durchgehenden Kunststoffgriffen sind nicht zulässig, da die Tür bei ihrer Verwendung im Falle eines Brandes möglicherweise von Eingeschlossenen vom Brandraum her nicht geöffnet werden kann und als Fluchtweg ausfällt.

Die in DIN 18 273 bezüglich der Ausbildung von Türdrükker und Türdrückerlager in Langschild oder Türrosette gestellten Anforderungen sollen sicherstellen, daß die am Drückerlager auftretenden Zug-, Druck- und Kippkräfte von den Türbeschlägen sicher aufgenommen werden.

t) Kennzeichnungsschild

Aus der Beschriftung des Kennzeichnungsschildes muß der Hersteller der Feuerschutztür zu ersehen sein. Enthält das Kennzeichnungsschild nicht den Namen des Herstellers, sondern eine bei der Überwachungsgemeinschaft registrierte verschlüsselte Angabe (z.B. durch Kennziffern), so muß vor dieser das Wort „Hersteller" stehen. In diesem Falle dürfen auf dem Kennzeichnungsschild außer der Jahreszahl und den Zahlen in der Angabe „Stahltür DIN 18 082 T30-1 A" keine anderen Zahlen angegeben sein. Die Kennzeichnungsschilder müssen auch dann 52 mm × 105 mm bzw. 26 mm × 148 mm groß sein, wenn sie anstelle des Namens der Herstellerfirma nur deren Kennziffer enthalten. Ist der Hersteller auf einem Zusatzschild zum Kennzeichnungsschild angegeben, so muß das Kennzeichnungsschild mit der verschlüsselten Herstellerangabe versehen sein. Zur Befestigung dürfen keine Schrauben oder Schlagschrauben verwendet werden.

Feuerschutztüren ohne Kennzeichnungsschild oder mit einem Kennzeichnungsschild, das unvollständig oder nicht den Anforderungen der Norm DIN 18 082 Teil 1 entsprechend beschriftet ist, sind nicht normgerecht.

u) Bodenwinkel

Der Bodenwinkel L 30 × 30 × 3 nach Abschnitt 5.6.1 (siehe Bilder 5, 6a und 6d) dient — als untere Verbindung der Zargenseitenteile — auch als Transportsicherung. Es bestehen keine Bedenken, ihn nach dem Einbau der Zarge (und ggf. Abbinden des Verankerungsmörtels) abzutrennen. Dadurch kann vermieden werden, daß durch ihn die Zargenseitenteile nach innen gezogen werden und somit ein ordnungsgemäßes Schließen der Tür verhindert wird, wenn während der Rohbauphase durch Heruntertreten oder -biegen, z. B. durch Befahren mit Schubkarre usw., der Bodenwinkel unzulässig verformt wird.

Soll der Bodenwinkel jedoch an der Türzarge verbleiben, weil er als „Abstandshalter" zur genauen Einhaltung des unteren Luftspaltes — (5±1) mm — oder zum Abziehen des Estriches als waagerechter Anschlag dienen soll, oder ist an ihm bei unterschiedlichen Fußbodenhöhen der Flachstahl nach Bild 8b befestigt, so ist der Bodenwinkel während der Rohbauphase gegen die o. a. Verformungen zu schützen, z. B. durch Unterfüttern.

Für die ordnungsgemäße Funktion einer Feuerschutztür ist es wichtig, daß beim Einbau der Tür der Türflügel in der Zarge aufgehängt und die Tür geschlossen ist, und zwar so lange, bis der Mörtel der Verankerung und des Zargenvergusses abgebunden hat.

v) Welligkeit von Türoberflächen

Die Zulässigkeit von flachen Buckeln und Wellen in den Oberflächen der Stahltüren gibt immer wieder Anlaß zu Streitigkeiten zwischen Auftraggeber und Auftragnehmer.

Bedingt durch die Verwendung dünner Stahlbleche, von Mineralfasereinlagen und durch Fügeverfahren sind derartige Welligkeiten nicht zu vermeiden. Dadurch wird die Schutzfunktion nicht beeinträchtigt.

w) Zulässige Varianten

In den „Mitteilungen" des IfBt Institut für Bautechnik, Berlin, Ausgabe August 1989, ist folgender Text abgedruckt, der größtenteils auch für DIN 18 082 Teil 1 gilt:

„Änderungen bei Feuerschutzabschlüssen

1 Allgemeines

Nicht genormte Feuerschutzabschlüsse gelten als neue Bauteile, deren Brauchbarkeit nachzuweisen ist (§ 21 MBO 12.81). Der Nachweis wird vornehmlich durch eine allgemeine bauaufsichtliche Zulassung geführt (§ 22 Abs.1 MBO).

In den Zulassungen wird geregelt, daß sich der Brauchbarkeitsnachweis auch auf die nachstehend aufgeführten Änderungen von Feuerschutzabschlüssen erstreckt. Die Änderungen sind an Drehflügeltüren zulässig; es bestehen keine Bedenken, sie bei sinngemäßer Anwendung auch an Schiebe-, Hub- und Rolltoren vorzunehmen. In den Zulassungen wird auf diese Veröffentlichung in den „Mitteilungen" des Instituts für Bautechnik Bezug genommen. Für die Änderungen bedarf es also keines weiteren Brauchbarkeitsnachweises oder sonstigen Beschlusses.

Ferner bestehen keine Bedenken, die Änderungen auch bei feuerhemmenden, einflügeligen Stahltüren nach DIN 18 082 Teil 1 und DIN 18 082 Teil 3 vorzunehmen.

2 Zulässige Änderungen

2.1 Zulässige Änderungen und Ergänzungen, die auch an bereits hergestellten Feuerschutzabschlüssen durchgeführt werden können:

2.1.1 Anbringung von Kontakten, z. B. Reedkontakte und Schließblechkontakte (Riegelkontakte) zur Verschlußüberwachung, sofern sie aufgesetzt oder in vorhandene Aussparungen eingesetzt werden können.

2.1.2 Austausch des Schlosses durch geeignetes, motorisch angetriebenes Schloß mit Falle, sofern dieses Schloß in die vorhandene Schloßtasche eingebaut werden kann und Veränderungen am „Schließblech" nicht erforderlich werden.

2.1.3 Führung von Kabeln auf dem Türblatt.

2.1.4 Einbau optischer Spione in feuerhemmende Abschlüsse (T30).

2.1.5 Anschrauben, Annieten oder Aufkleben von Hinweisschildern auf dem Türblatt.

2.1.6 Anschrauben oder Aufkleben von Streifen (etwa bis 250 mm Breite bzw. Höhe) aus Blech, z. B. Tritt- oder Kantenschutz.

2.1.7 Anbringung von Rammschutzstangen unter Verwendung ggf. erforderlicher Verstärkungsbleche.

2.1.8 Anbringung von geeigneten Antipanik-Stangengriffen, wenn nach Auskunft des Türherstellers geeignete Befestigungspunkte vorhanden sind.

2.1.9 Ergänzung von Z- und Stahleckzargen zu Stahlumfassungszargen.

2.1.10 Aufkleben von Leisten in jeder Form und Lage auf Verglasungen.

2.1.11 Auf Holztüren Aufkleben und Nageln von Holzleisten bis ca. 60 mm × 30 mm, jedoch max. 12 dm^3 je Seite, und Anbringung von Zierleisten auf Holzzargen.

2.2 Zulässige Änderungen und Ergänzungen, die ausschließlich bei der Herstellung der Feuerschutzabschlüsse durchgeführt werden dürfen.

Die nachfolgend genannten Änderungen und Ergänzungen bedürfen der zeichnerischen Festlegung. Die Zeichnungen müssen von der fremdüberwachenden Stelle*) gekennzeichnet sein.

2.2.1 Anbringung eines Flächenschutzes zur Auslösung eines Signals

- außen aufgeklebt und bis zu 1 mm Dicke,
- außen auf Holztüren aufgebrachte, mit Drähten versehene Sperrholzplatten,
- außen auf Stahltüren aufgebrachte, mit Drähten versehene Fiber-/Kalzium-Silikat-Platten, ggf. mit ganzflächiger metallischer Abdeckung,
- Folien bis 1 mm Dicke im Innern von Stahltüren.

2.2.2 Zusätzlich im oder auf dem Türblatt angeordnetes Riegelschloß (Motor-, Blockschloß). Bei Anordnung im Türblatt ist hierfür eine Schloßtasche einzubauen, die hinsichtlich der Dicke der Isolierstoffe der Ausführung entsprechen muß, die für den Schloßbereich der zugelassenen Tür vorgeschrieben ist.

2.2.3 Einbau geeigneter elektrischer Türöffner nach dem Arbeitsstromprinzip, sofern sie aus Werkstoffen bestehen, deren Schmelzpunkt nicht unter 1000 °C liegt.

Diese elektrischen Türöffner dürfen nicht an Drehflügeltüren verwendet werden, die mit einem Federband als Schließmittel ausgerüstet sind.

Sie dürfen nicht mit Dauerentriegelung betrieben werden.

2.2.4 Einbau zusätzlicher Sicherungsstifte/-zapfen an der Bandseite.

2.2.5 Verwendung von Edelstahlblechen anstelle von (normalen) Stahlblechen gleicher Blechdicke.

2.2.6 Anordnung von Schloß und Drücker in anderer Höhenlage (Abweichung bis etwa 200 mm), z. B. für Kindergärten.

2.2.7 Führung von Kabeln im Türblatt

- bei Stahltüren in einem metallischen Schutzrohr (z. B. PG 7),
- bei Holztüren in einer Bohrung bis zu 8 mm Durchmesser oder in einer Ausnehmung bis 8 mm × 8 mm.

2.2.8 Änderung folgender Zargenmaße:

- größere Spiegelbreiten,
- Abkantungen am Zargenspiegel, z. B. Schattennut.

2.2.9 Anbringung von geeigneten Antipanik-Stangengriffen, wenn die Tür dafür vom Hersteller vorgerüstet werden muß.

3 Ausführung

Bei der Ausführung von zulässigen Änderungen und Ergänzungen ist folgendes zu beachten.

3.1 Die für den Einbau der Sicherungseinrichtungen verwendeten Schrauben dürfen das Türblatt nicht ganz durchdringen.

3.2 Änderungen und Ergänzungen dürfen die Funktionsfähigkeit des Feuerschutzabschlusses nicht beeinträchtigen (z. B. selbstschließende Eigenschaft).

3.3 Abschlüsse mit den genannten Änderungen und Ergänzungen bedürfen neben der in der Zulassung/Norm beschriebenen keiner zusätzlichen Kennzeichnung.

3.4 Bei Schlössern (2.1.2), Antipanik-Stangengriffen (2.1.8 und 2.2.9) und elektrischen Türöffnern (2.2.3) dürfen nur geeignete Ausführungen verwendet werden. Der Nachweis ist durch eine mechanische Festigkeits- und Dauerfunktionstüchtigkeitsprüfung (Abschnitt 2.3.5 der Richtlinien für die Zulassung von Feuerschutzabschlüssen — Fassung Februar 1983 —, „Mitteilungen" IfBt, Heft 3/1983) zu erbringen. Bei Schlössern nach 2.1.2 gilt zusätzlich, daß sie nur verwendet werden dürfen, wenn sie einer fremdüberwachten Fertigung entstammen.

4 Diese Veröffentlichung ersetzt die in den „Mitteilungen" des IfBt, 17. Jahrgang, Nr. 2, vom 1. 4. 1986 abgedruckte Fassung. Soweit in Zulassungsbescheiden der Hinweis auf die Veröffentlichung vom 1. 4. 1986 enthalten ist, tritt an dessen Stelle diese Veröffentlichung.

5 Diese Veröffentlichung darf nur ungekürzt vervielfältigt werden."

*) Soweit die Fremdüberwachung durch eine Güteschutzgemeinschaft erfolgt, darf die Entscheidung nur im Einvernehmen mit einer Prüfstelle getroffen werden, die im Zulassungsverfahren für die Durchführung von Prüfungen vorgeschrieben ist.

Internationale Patentklassifikation

A 62 C 2/12   E 06 B 5/16

DIN 18082, Teil 3 3.4

In Ergänzung der bisherigen Normblätter 1 und 2 von DIN 18082 erschien zum Februar 1981 der Teil 3 als Norm-Entwurf für die Bauart B, in vorherigen Normfassungen Größenbereich B genannt. Anschließend wurde der Teil 3 zum Januar 1984 in der endgültigen Fassung herausgegeben.

In Tabelle 4 sind die Zusammenstellung zu diesem Teil der Norm und die entsprechenden Erläuterungen enthalten.

Tabelle 4: Übersicht zu Teil 3 von DIN 18082

Dokumenten-nummer	Dokumenten-art	Ausgabe	Titel des Normteils
DIN 18082 Teil 3	Norm-Entwurf	1981-02[1)]	Feuerschutzabschlüsse Stahltüren T30 Bauart B
DIN 18082 Teil 3	Norm	1984-01[2)]	Feuerschutzabschlüsse Stahltüren T30 Bauart B
Nach DIN 18082 Teil 3	Konstruktions-unterlagen	1984-01[3)]	Konstruktionsunterlagen nach DIN 18082 Teil 3

Erläuterungen:

1) *Wie mit dem Entwurf von Teil 1 von DIN 18082 im April 1976 angekündigt, erfolgten mit diesem Normteil die Regelungen für die Bauart bzw. den Größenbereich B.*

2) *Besonders zu beachten sind die Erläuterungen dieses Normteils.*

3) *Diese Konstruktionsdetails wurden in Ergänzung zum Teil 3 von DIN 18082 herausgegeben und gelten nur im Zusammenhang mit dem Text der Norm. Es wurden sämtliche Details für entsprechende Türen angegeben.*

DK 699.81 : 692.81-034.14
: 614.84 : 001.4 : 620.1

Januar 1984

	Feuerschutzabschlüsse **Stahltüren T 30-1** Bauart B	**DIN 18 082** Teil 3

Fire barriers; steeldoors T 30-1; construction type B

Maße in mm

1 Anwendungsbereich

Diese Norm beschreibt eine Bauart von T 30-1-Türen aus Stahl (feuerhemmende einflügelige Stahltüren), die „Bauart B" genannt wird und für Wandöffnungen (im Baurichtmaß) von 750 bis 1250 mm Breite und von 1750 bis 2250 mm Höhe verwendet wird.

Anmerkung: Die „Bauart A" zur Verwendung in Wandöffnungen von 750 bis 1000 mm Breite und von 1750 bis 2000 mm Höhe ist in DIN 18 082 Teil 1 genormt.

Türen, die den Festlegungen dieser Norm entsprechen [1]), gelten ohne besonderen Nachweis als „T 30" nach DIN 4102 Teil 5, Ausgabe September 1977, Abschnitt 5.

2 Begriff

Stahltüren T 30-1 der Bauart B sind selbstschließende Türen ohne Verglasung. Sie sind dazu bestimmt, Öffnungen in raumabschließenden Wänden (siehe Bauordnungen der Länder) von mindestens

- 240 mm Dicke bei Mauerwerk nach DIN 1053 Teil 1 (Druckfestigkeitsklasse 12) bzw.
- 140 mm Dicke bei Stahlbeton nach DIN 1045

zu verschließen. Der Begriff „Feuerschutzabschluß" ist in DIN 4102 Teil 5 festgelegt.

3 Bezeichnung

Bezeichnung einer einbaufertigen Stahltür T 30-1 der Bauart B, bestehend aus Zarge, Türflügel [2]), Schloß und Beschlägen als Rechtstür (R) [3]) für eine Wandöffnung mit den Baurichtmaßen der Breite b_1 = 1250 mm und der Höhe h_1 = 2250 mm:

Stahltür
DIN 18 082 – T 30-1 – B – R 1250 × 2250

Anmerkung: Bei Ausschreibung, Bestellung und ähnlichem ist darüber hinaus anzugeben:

- Art des Schließmittels (Türschließer nach DIN 18 263 Teil 1, Teil 2 oder Teil 3)
- Art der Bänder (siehe Abschnitt 5.2)
- Ausführung des Schlosses (siehe DIN 18 250 Teil 1)
- Art der Drückergarnitur
- gegebenenfalls mit unterem Anschlag
- Korrosionsschutz (gegebenenfalls verzinktes Blech)

4 Maße

4.1 Wandöffnungen

Die Breite der Wandöffnungen darf 750 mm nicht unter- und 1250 mm nicht überschreiten; die Höhe der Wandöffnungen darf 1750 mm nicht unter- und 2250 mm nicht überschreiten (jeweils Baurichtmaße).

Bei Ausführung mit unterem Anschlag verringern sich die lichten Durchgangsmaße in der Höhe um mindestens 20 mm (siehe Bild 3).

4.2 Türflügel und Zarge

Türflügel und Zarge müssen eine Einheit bilden.

Die Maße sind in den Bildern 1 bis 22 angegeben.

Abhängig von den Maßen der Wandöffnungen sind die Maße des Türflügels und der Zarge so zu wählen, daß alle in Bild 2 und Bild 3 eingetragenen Maße (z. B. Breite des Luftspalts zwischen Türflügel und Zarge) mit zulässigen Abweichungen von ± 1 mm eingehalten werden, soweit in den Bildern keine anderen zulässigen Abweichungen angegeben sind.

5 Konstruktionsbeschreibung und Anforderungen

5.1 Türflügel

5.1.1 Der Türflügel muß aus zwei Feinblechen nach DIN 1623 Teil 1 von je 1,0 mm Dicke mindestens aus St 1203 bestehen.

Die Bleche sind zu einem allseitig geschlossenen 62 mm dicken (am Rand zu messen) Türflügel [2]) zusammenzufügen, und zwar so, daß am oberen Rand und an den beiden seitlichen Türflügelrändern umbördelte Anschlagfalze von 24 mm Breite entstehen. Am unteren Rand des

---

[1]) Türen, die den Festlegungen dieser Norm nicht entsprechen, dürfen als Feuerschutztüren nur verwendet werden, wenn die Brauchbarkeit für den Verwendungszweck besonders nachgewiesen ist, z. B. durch eine allgemeine bauaufsichtliche Zulassung (siehe „Richtlinien für die Zulassung von Feuerschutzabschlüssen" des Instituts für Bautechnik, Reichpietschufer 72–76, 1000 Berlin 30).

[2]) Die Benennung „Türkasten" ist gleichfalls gebräuchlich und leitet sich von dem kastenförmigen Hohlkörper des Türflügels ab.

[3]) Siehe DIN 107

Fortsetzung Seite 2 bis 20

Normenausschuß Bauwesen (NABau) im DIN Deutsches Institut für Normung e.V.

Türflügels ist ein Überlappstoß auszuführen (siehe Bilder 3, 10 und 19).

5.1.2 Die Türbleche sind an den Kastenecken und an den Falzecken (d. h. am Stoß der überfalzten Bleche) zu verschweißen. Die Türbleche sind an der Umbördelung des Anschlagfalzes an den Längsseiten und an der Kopfseite in Abständen von höchstens 330 mm, an der Fußseite in Abständen von höchstens 200 mm durch mindestens 20 mm lange Schweißnähte miteinander zu verbinden.

Anstelle von unterbrochenen Schweißnähten darf an der Umbördelung des Anschlagfalzes auch eine Punktschweißung angewandt werden. Dazu sind die Türbleche, unmittelbar an den Ecken beginnend (Abstand von der Ecke max. 30 mm), derart miteinander zu verbinden, daß auf 1000 mm gleichmäßig verteilt mindestens 3 Schweißpunkte angeordnet sind.

5.1.3 Zur Aussteifung des Türflügels sind Flachstähle in den Türkasten einzuschweißen (siehe Bild 4). Die beiden senkrechten Flachstähle und der untere waagerechte Flachstahl haben einen Querschnitt von 50 mm x 5 mm, der obere waagerechte einen Querschnitt von 60 mm x 10 mm.

Die Flachstähle sind mit dem Türkastenblech

- an den senkrechten Seiten in Abständen von höchstens 170 mm,
- an den waagerechten Seiten in Abständen von höchstens 330 mm durch Punktschweißung zu verbinden.

Der Abstand der Schweißpunkte darf – von den Ecken aus beginnend – höchstens betragen:

- an den senkrechten Seiten 150 mm,
- an den waagerechten Seiten 100 mm.

Im Schloßbereich darf der Punktabstand 280 bis 340 mm betragen.

Im Schloßbereich ist ein zusätzlicher Flachstahl 50 mm x 5 mm x 500 mm als Verstärkung einzuschweißen (siehe Bild 5).

Die Flachstähle an der Schloß- und an der Bandseite müssen jeweils 5 mm kürzer als die lichte Türkastenhöhe sein.

Sie sind so in den Türkasten einzuschweißen, daß am oberen Rand 5 mm Luft zwischen ihnen und dem Kastensteg ist (siehe Bild 4).

Die Flachstähle sind nur in den unteren Ecken miteinander zu verschweißen. Die Flachstähle sind im Schloßbereich so tief zu kröpfen, daß das Schloß mit dem Stulp bündig mit der Stirnseite des Türkastens abschließt (siehe Bild 5).

5.1.4 An der Bandseite müssen sich zwei Sicherungszapfen aus Stahl (siehe Bild 6) befinden, die beim Schließen der Tür in die Zarge eingreifen. Die Sicherungszapfen sind in den Aussteifungsflachstahl 50 mm x 5 mm einzuschrauben und durch eine Heftschweißung außen am Kastensteg gegen Lösen zu sichern (Lage der Sicherungszapfen siehe Bild 1 und Bild 2).

5.1.5 An dem waagerechten oberen Flachstahl ist für die Befestigung des Türschließers nach DIN 18 263 Teil 1 oder Teil 2 ein Winkel 30 mm x 20 mm x 4 mm nach DIN 1029 der Länge 380 mm so anzuschweißen, daß er an der Bandseite einen Abstand von 35 mm von der Innenkante des Flachstahls hat (siehe Bilder 1, 3, 4, 14 und 17).

5.2 Türbänder und Türschließer

5.2.1 Der Türflügel ist an zwei zweiteiligen stählernen Konstruktionsbändern 180 mm x 14 mm x 4 mm mit je einem Axial-Rillenkugellager in vollkugeliger gekapselter Ausführung für Schwenkbewegungen aufzuhängen (siehe Bilder 7 und 8). Das freie Ende der 90 mm hohen oberen Bandlappen ist hinter den Falz des Türflügels zu schweißen, und zwar so, daß jeder Bandlappen mit dem Falz am oberen und unteren Lappenrand jeweils senkrecht zur Falzkante verschweißt ist. Zusätzlich ist das Ende jedes Bandlappens durch 2 mindestens 20 mm lange Schweißnähte mit dem Kastensteg so zu verbinden, daß die Nähte bis auf den zu diesem Zweck vorgezogenen Aussteifungsflachstahl durchgeschweißt werden. Dazu ist dort das Kastenblech zu schlitzen. Der Falz ist für die Anbringung der Bandlappen um die Dicke des Bandlappenbleches nach außen durchzudrücken (siehe Bild 2).

Die Bandbolzen müssen gegen Herauswandern gesichert sein. Die Bandrollen müssen mit Schmierlöchern oder die Bandbolzen mit Schmiernuten versehen werden. Die Bänder sind zu fetten.

5.2.2 Anstelle der Konstruktionsbänder darf der Türflügel auch an zwei Zapfenbändern nach Bild 9 und Bild 10 aufgehängt werden. Die Hebelarme der Bandoberteile (Pos. Nr 1 und Pos. Nr 5) sind dabei durch entsprechende Stanzlöcher im Bandseitenblech zu stecken und mit dem waagerechten oberen bzw. unteren Flachstahl mit je drei Senkschrauben M 8 x 20 der Festigkeitsklasse 8.8 nach DIN 7991 aus Stahl zu verbinden.

Bei Verwendung von Türschließern nach DIN 18 263 Teil 1 oder Teil 2 ist als Bandunterteil des unteren Zapfenbandes ein Türlager an der Zarge anzuschrauben und durch 2 Paßkerbstifte zu sichern (siehe Bild 9 und Bild 10). Bei Verwendung eines Türschließers nach DIN 18 263 Teil 3 dient der Türschließerzapfen als Bandunterteil.

5.2.3 Als Schließmittel sind Türschließer mit hydraulischer Dämpfung nach DIN 18 263 Teil 1 oder Teil 2 zu verwenden (siehe Bilder 14 bis 18).

Anstelle dieser Obentürschließer dürfen auch Boden-Türschließer nach DIN 18 263 Teil 3 verwendet werden.

Türschließer nach DIN 18 263 Teil 1 oder Teil 2 sind an dem in Abschnitt 5.1.5 genannten Stahlwinkel und an der Zarge anzuschrauben. Türschließer nach DIN 18 263 Teil 3 müssen nach den Bildern 19 bis 21 eingebaut werden.

5.3 Verschluß

5.3.1 Schloß

Als Schloß ist ein Einsteckschloß nach DIN 18 250 Teil 1 mit 24 mm Stulpbreite und 65 mm Dornmaß zu verwenden.

5.3.2 Einbau des Schlosses

Für das Türschloß sind die an der Schloßseite des Türflügels befindlichen zusammengeschweißten Flachstähle 50 mm x 5 mm mit einer Aussparung zu versehen, die nicht größer als 18 mm x 170 mm sein darf; für den Fallenkopf darf die Aussparung auf einer Länge von 40 mm auf 20 mm verbreitert werden (siehe Bild 5).

Die Falle muß beim Schließen der Tür unabhängig von der Drückerbetätigung einfallen und mindestens 6 mm in die Zarge eingreifen. Ihre Anfangsfederkraft muß auch im eingebauten Zustand mindestens 2,5 N und darf höchstens 4,0 N betragen. Das Schloß ist so in den Türflügel einzusetzen, daß der Stulp an keiner Stelle mehr als 0,5 mm vor- oder zurücksteht. Das Schloß ist mit zwei Senkschrauben M 5 nach DIN 963 oder DIN 965 zu befestigen.

5.3.3 Schloßtasche

Das Schloß muß in einer bis auf die notwendigen – möglichst klein zu haltenden – Durchbrüche fünfseitig geschlossenen Schloßtasche aus 1 mm dickem Stahlblech liegen. Es ist in der Tasche gegen seitliche Bewegung zu sichern, dabei darf der lichte Abstand der Schloßkastenhalterung nicht mehr als 15,5 mm betragen.

5.3.4 Schloßtaschen-Bekleidung

Auf jeder der beiden großen Seitenflächen der Schloßtasche sind 2 Lagen von 5 mm dicker Asbestpappe zu befestigen (siehe Bild 2). Andere gleichwertige Werkstoffe [4]) nach Vereinbarung. Die Asbestpappen-Bekleidung ist vor dem Schließen des Türkastens durch metallische Halterungen oder anorganische Kleber gegen Verrutschen zu sichern.

5.3.5 Drücker und Beschläge

Auf beiden Seiten der Tür muß ein Drücker mit Bund, der das Drückerlager überdeckt, vorhanden sein. Der Drückeransatz muß im Drückerlager geführt sein. Der Vierkantstift (Drückerstift, Drückervierkant) muß aus 9 mm Vierkantstahl und in Längsrichtung ungeteilt sein. Sofern Drücker aus unterhalb 1000 °C schmelzenden Werkstoffen verwendet werden, müssen sie einen mit dem Vierkantstift verbundenen Stahlkern enthalten, der mindestens 80 mm tief in den Drückergriff hineinragt. In diesem Bereich muß der Stahlkern einen Querschnitt von mindestens 4,5 mm Breite x 9 mm Höhe (oder ein diesem Querschnitt entsprechendes Widerstandsmoment W_{max}) haben.

Falls der Drückergriff aus einem brennbaren Kunststoff hergestellt ist, muß er mindestens normalentflammbar (Baustoffklasse B 2 nach DIN 4102 Teil 1) sein.

Die Verwendung von Drehknöpfen anstelle von Türdrückern ist nicht zulässig.

Anmerkung: Anstelle eines der beiden Drücker darf ein feststehender Knopf nur an solchen Türen angebracht werden, bei denen die Fluchtrichtung eindeutig feststeht. Die Verwendung eines feststehenden Knopfes bedarf in jedem Einzelfalle der Genehmigung der örtlichen Bauaufsichtsbehörde.

Der Drücker ist dabei so anzubringen, daß die Tür vom Flüchtenden durch Drückerbetätigung geöffnet werden kann. Der Knopf muß die an die Drücker gestellten konstruktiven Anforderungen sinngemäß erfüllen. Bei Verwendung eines feststehenden Knopfes muß das Schloß mit Wechsel ausgerüstet sein.

Die Beschläge (Langschilder, Kurzschilder oder Rosetten) müssen mit mindestens 2 Schrauben am Türblatt so befestigt werden, daß bei der Beanspruchung eine Höhen- und Seitenverschiebung ausgeschlossen ist. Dabei ist besonders auf das Fluchten des Drückerlagers mit der Schloßnuß zu achten.

Der Türdrücker muß auf einer axialen Länge von mindestens 5 mm im Drückerlager geführt werden. Sofern das Drückerlager aus Blech geprägt ist, muß die Blechdicke mindestens 1 mm sein. Die Öffnung des Drückerlagers muß durch Teile aus einem oberhalb 1000 °C schmelzenden Werkstoff abgedeckt sein.

Durchgehende Schlüssellöcher sind auf beiden Seiten durch eine selbständig schließende Schlüssellochblende abzudecken, die durch stählerne Verbindungsmittel mit dem Schild verbunden sein muß. Bei Zylinderschlössern sind keine Blenden erforderlich. Schild, Rosette und Schlüssellochblende sind aus Stahlblech, Gußeisen mit Lamellengraphit (Grauguß) oder Temperguß herzustellen; sie dürfen mit einem Überzug aus anderen Werkstoffen versehen sein.

5.4 Dämmstoffe

Als Dämmstoffe sind Mineralfaser-Einlagen nach DIN 18 089 Teil 1 zu verwenden.

Die Mineralfaser-Einlage besteht aus zwei Plattenlagen von je 30 mm Dicke.

Die Mineralfaserplatten dürfen weder zusammengerollt, noch gefaltet werden und müssen lufttrocken und so eingebaut werden, daß sie den Türkasten vollständig ausfüllen.

Werden Mineralfaserplatten geteilt eingebaut, dürfen nur ein waagerechter und ein senkrechter Stoß je Plattenlage vorhanden sein. Stöße sind versetzt anzuordnen (Stoßüberdeckung mindestens doppelte Plattendicke).

5.5 Zarge

5.5.1 Die beiden Längsseiten und das Kopfteil müssen aus einem Z-Stahl-Profil 63 mm x 50 mm x 30 mm von 4 mm Dicke bestehen, das Fußteil aus einem Winkel 30 mm x 3 mm nach DIN 1028, dessen waagerecht liegender Schenkel bündig mit dem Fußboden abschließt.

Die Profile sind an den Zargenecken miteinander zu verschweißen.

In besonderen Fällen kann ein unterer Anschlag erforderlich sein.

Bei Ausführung mit unterem Anschlag ist hochkant an den Winkel 30 mm x 3 mm ein Flachstahl mindestens 35 mm x 4 mm zu schweißen (siehe Bild 3).

5.5.2 An einer Längsseite der Zarge sind die unteren Bandlappen der Konstruktionsbänder anzuschweißen. Dabei sind die Bandlappen mit dem Zargenprofilspiegel zu verschweißen (siehe Bild 8).

Bei der Verwendung von Zapfenbändern sind das Zapfenbandunterteil und das Türlager nach Bild 9 und Bild 10 einzubauen.

Bei Verwendung eines Türschließers nach DIN 18 263 Teil 3 ersetzt dieser das Türlager. Der Einbau muß nach den Bildern 19 bis 21 durchgeführt werden.

5.5.3 Die Schließlöcher in der Zarge sind nach Bild 22 so anzuordnen, daß Falle und Riegel einen Spielraum nach oben von mindestens 5 mm und nach unten von mindestens 10 mm haben. Die Durchbrüche in der Zarge für Falle und Riegel sowie für die Sicherungszapfen sind

[4]) Auskunft hierüber erteilt: Normenausschuß Bauwesen (NABau) im DIN Deutsches Institut für Normung e.V., Burggrafenstraße 4–10, 1000 Berlin 30

mit Schutzkästen aus Stahlblech zu versehen (siehe Bild 2). Die Zarge ist mit einer Meterrißmarkierung zu versehen (siehe Bild 1).

5.5.4 Zur Verankerung der Zarge mit der Wand sind je Zargenlängsseite 3 Maueranker aus Stahlblech so an den Zargenprofilen anzuschweißen, daß sie im abgebogenen Zustand waagerecht liegen und eine freie Länge von 140 mm besitzen (gemessen aus dem Winkel des Zargenprofiles). Die freien Enden der Ankerbleche sind 10 bis 15 mm hoch rechtwinklig abzukanten.

Andere Verankerungsarten sind nur nach den Bedingungen der Norm DIN 18 093 (z. Z. Entwurf) zulässig.

5.6 Rostschutz

Nach dem Zusammenbau nicht mehr zugängliche Stahlteile sind mit einem dauerhaften Korrosionsschutz [5]), nach dem Zusammenbau zugängliche Stahlteile mit einem mindestens drei Monate ab Liefertermin wirksamen Grundschutz [6]) zu versehen. Auf den Korrosions- und Grundschutz der Bleche kann verzichtet werden, wenn verzinkte Feinbleche der Zinkauflagegruppe 275 nach DIN 17 162 Teil 1 verwendet werden.

6 Einbau

Die Feuerschutztür ist nach DIN 18 093 (z. Z. Entwurf) einzubauen.

7 Überwachung/Güteüberwachung

7.1 Allgemeines

Die Einhaltung der für die Feuerschutztür in den Abschnitten 4 und 5 sowie 8 festgelegten Anforderungen ist in jedem Herstellwerk durch eine Überwachung, bestehend aus Eigen- und Fremdüberwachung, zu prüfen. Für das Verfahren der Überwachung ist DIN 18 200 maßgebend.

Die Fremdüberwachung ist von einer für die Fremdüberwachung von Feuerschutztüren anerkannten Überwachungsgemeinschaft (Güteschutzgemeinschaft) oder einer anerkannten Prüfstelle aufgrund eines Überwachungsvertrages durchzuführen [7]).

Für den Nachweis der Überwachung ist das einheitliche Überwachungszeichen [8]) zu führen (siehe auch Abschnitt 8.1). In dem Überwachungszeichen sind die fremdüberwachende Stelle und die DIN-Nummer DIN 18 082 Teil 3 als Überwachungsgrundlage anzugeben (siehe Bild 23).

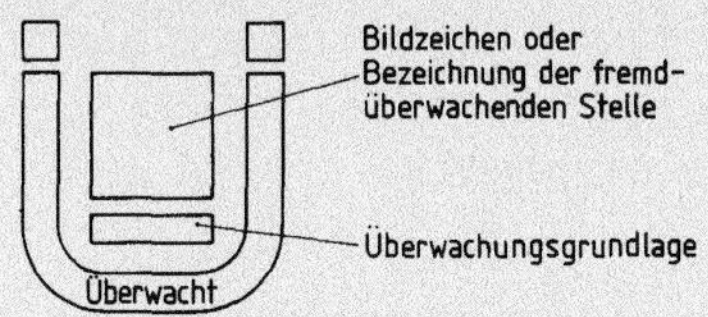

Bild 23. Überwachungszeichen

Für Umfang, Art und Häufigkeit der Eigen- und Fremdüberwachung sind die Festlegungen in den Abschnitten 7.2 und 7.3 maßgebend.

7.2 Eigenüberwachung

7.2.1 Der Türenhersteller hat von den in der Fertigung befindlichen Türflügeln und Zargen bei großen Fertigungsserien an jedem Arbeitstag mindestens 1 Stück, bei nicht ständig laufender Fertigung von je 50 Türen mindestens 1 Stück wahllos zu entnehmen und auf Übereinstimmung mit den Anforderungen nach Abschnitt 5 zu überprüfen.

Die Festigkeit der Punktschweißungen ist bei ständiger Fertigung mindestens einmal im Monat, bei nicht ständiger Fertigung bei Beginn jeder Fertigungsserie durch einen Aufknöpfversuch zu überprüfen. Bei der Überprüfung der Festigkeit der Punktschweißung darf beim Aufknöpfen je 1000 mm Länge höchstens ein Schweißpunkt in der Schweißung selbst reißen.

7.2.2 Sämtliche Prüfungsergebnisse der Eigenüberwachung sind aufzuzeichnen und auszuwerten. Die Aufzeichnungen sind der die Fremdüberwachung durchführenden Stelle auf Verlangen vorzulegen und mindestens fünf Jahre lang aufzubewahren.

7.3 Fremdüberwachung

7.3.1 Die ordnungsgemäße Durchführung der Eigenüberwachung durch die Hersteller und die Ausführung der Türen ist mindestens halbjährlich durch eine anerkannte Güteschutzgemeinschaft (Überwachungsgemeinschaft) oder aufgrund eines Überwachungsvertrages durch eine anerkannte Prüfstelle zu überprüfen.

7.3.2 Die Prüfung hat sich auch auf die Kennzeichnung der Türen, Schlösser, Türschließer und Mineralfaserplatten (überwachungspflichtige Erzeugnisse) zu erstrecken.

8 Kennzeichnung

8.1 Jede dieser Norm entsprechende Tür muß durch ein Stahlblechschild nach DIN 825 Teil 1, Größe 52 mm x 105 mm, gekennzeichnet werden, das folgende Angaben – erhaben geprägt – enthalten muß:

- Stahltür DIN 18 082 – T 30-1 – B
- Name des Herstellers

oder ein ihm zugewiesenes Hersteller-Kennzeichen hinter dem Wort „Hersteller"

- einheitliches Überwachungszeichen, Herstellungsjahr.

Ein Hersteller-Kennzeichen darf nur angebracht werden, wenn es von einer anerkannten Güteschutzgemeinschaft/fremdüberwachenden Stelle zugewiesen wurde und nur so lange, wie die Herstellung von dieser Stelle überwacht wird. Das Schild muß an seinen vier Ecken an das Bandseitenblech geschweißt oder genietet werden. (Anstelle

---

[5]) Siehe auch DIN 18 360, Ausgabe Oktober 1979, Abschnitt 3.1.8

[6]) Siehe auch DIN 18 360, Ausgabe Oktober 1979, Abschnitt 3.1.14

[7]) Verzeichnisse der bauaufsichtlich anerkannten Überwachungsgemeinschaften (Güteschutzgemeinschaften) und Prüfstellen werden beim Institut für Bautechnik geführt und in seinen Mitteilungen, zu beziehen beim Verlag Wilhelm Ernst & Sohn, veröffentlicht.

[8]) Z. B. Erlaß Nordrhein-Westfalen „Überwachung der Herstellung von Baustoffen und Bauteilen; Einheitliche Überwachungszeichen" vom 31.07.1980, veröffentlicht im Ministerialblatt für das Land Nordrhein-Westfalen 1980 (MBl. NW 1980), Seite 1901.

des Schildes können die vorstehend genannten Angaben in mindestens gleicher Schriftgröße mit etwa 1 mm breiten durchlaufenden Linien als Begrenzung an gleicher Stelle in das Bandseitenblech erhaben eingeprägt werden.)

Der Name einer Vertriebsfirma darf auf einem weiteren Stahlblechschild angegeben werden.

8.2 Anstelle des in Abschnitt 8.1 angegebenen Schildes darf der Kennzeichnungstext auch auf einem Stahlblechschild nach DIN 825 Teil 1 der Größe 26 mm x 148 mm – erhaben geprägt – angegeben werden. Dieses Schild ist an seinen Enden in etwa 2/3 der Türhöhe an der Bandseite an den Steg des Kastenbleches zu schweißen oder zu nieten.

8.3 Türdrücker aus unter 1000 °C schmelzenden Werkstoffen sind auf dem freien Ende des Vierkantes mit einem Herstellerzeichen zu versehen.

Die Zeichnungen (Bilder) gelten nur in Verbindung mit dem Text

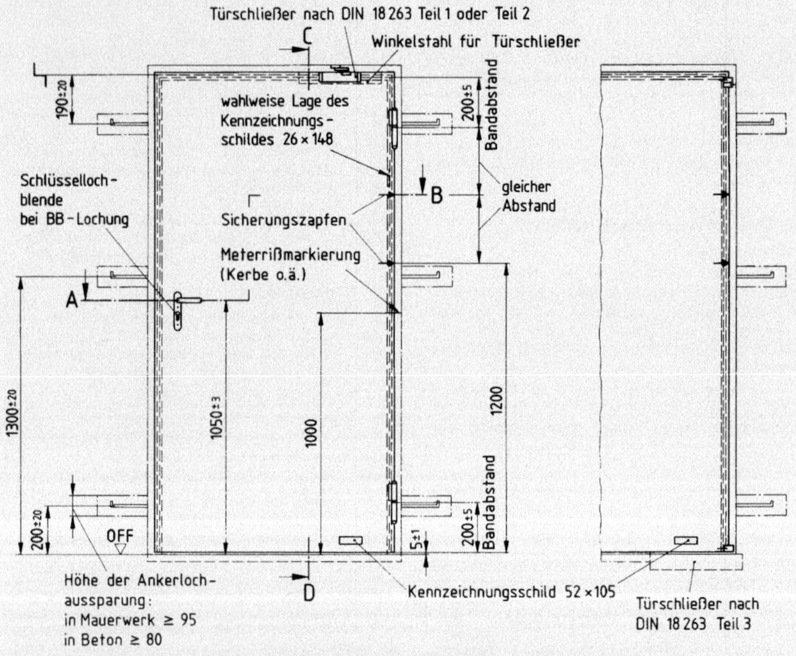

Bild 1. Übersicht (Ansicht)

Seite 6 DIN 18 082 Teil 3

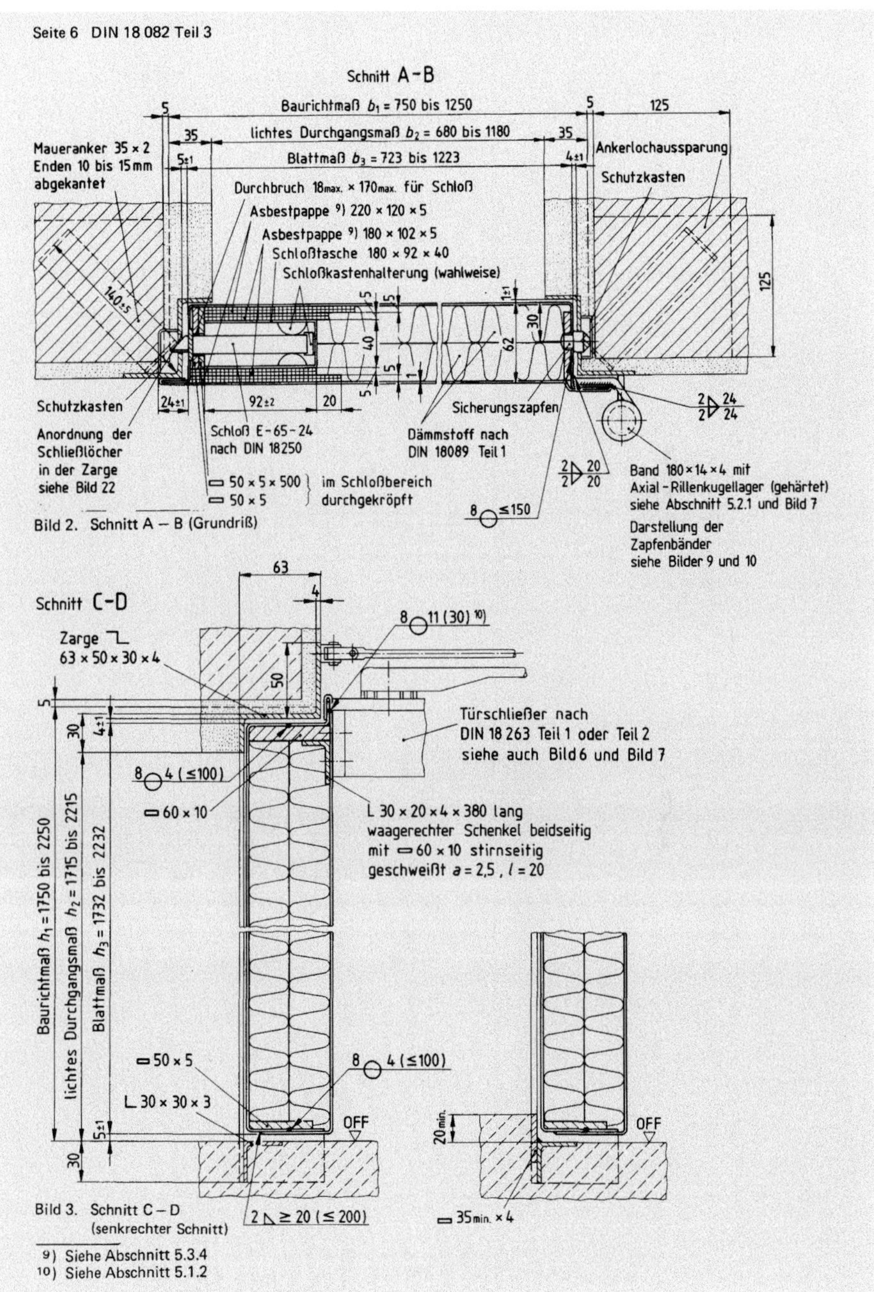

Bild 2. Schnitt A – B (Grundriß)

Bild 3. Schnitt C – D (senkrechter Schnitt)

9) Siehe Abschnitt 5.3.4
10) Siehe Abschnitt 5.1.2

DIN 18 082 Teil 3 Seite 7

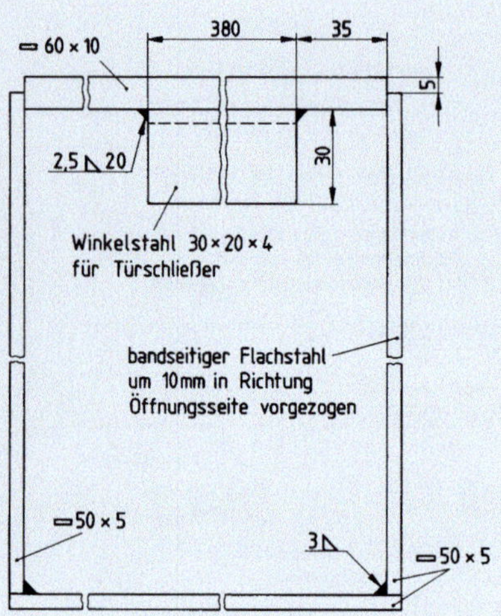

Bild 4. Aussteifungsrahmen, dargestellt für eine Rechtstür (siehe Abschnitt 5.1.3)

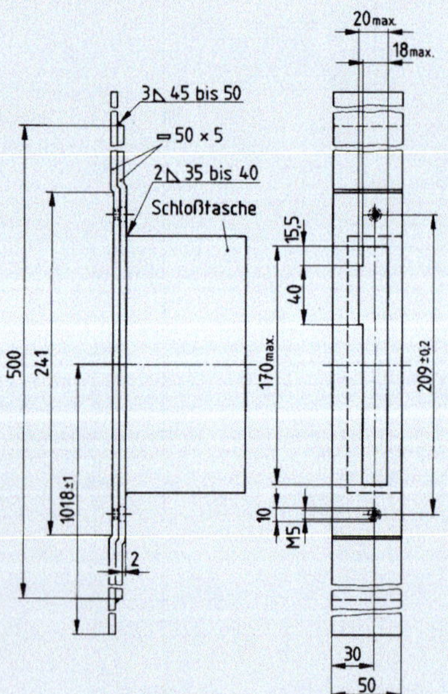

Bild 5. Schloßtasche und Aussteifung im Schloßbereich, dargestellt für eine Rechtstür (Linkstür spiegelbildlich)

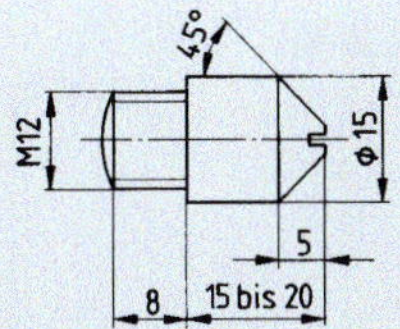

Bild 6. Sicherungszapfen (siehe Abschnitt 5.1.4)

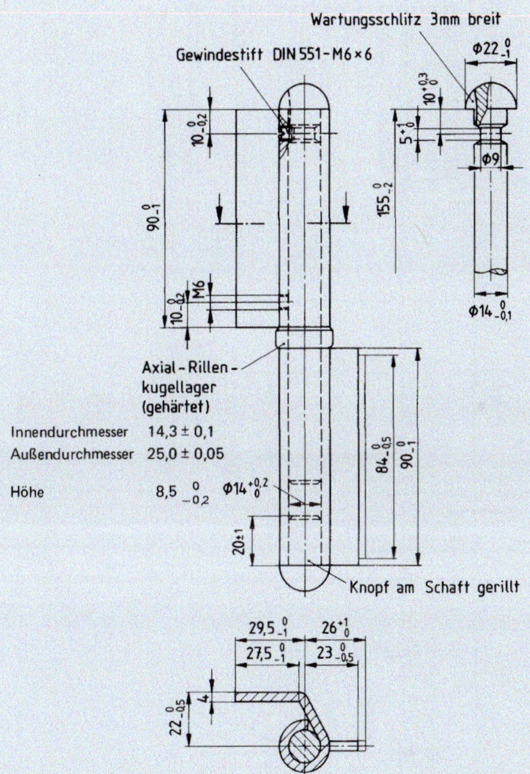

Bild 7. Konstruktionsband 180 mm x 14 mm x 4 mm, dargestellt für eine Rechtstür, für eine Linkstür spiegelbildlich (siehe Abschnitt 5.2.1)

DIN 18 082 Teil 3 Seite 9

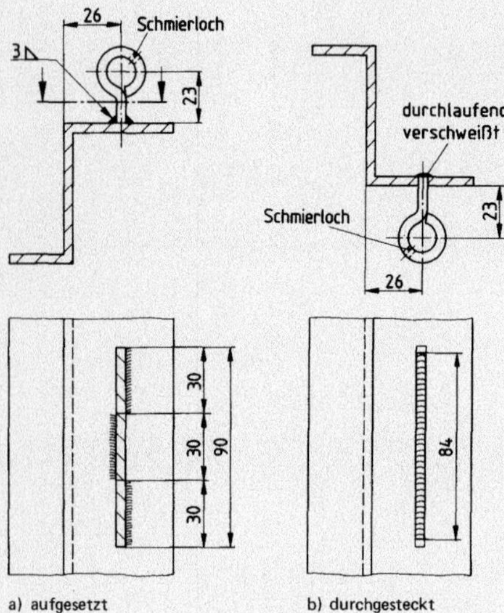

Bild 8. Befestigung der Konstruktionsbänder an der Zarge (a) oder b) wahlweise – siehe Abschnitt 5.2.1)

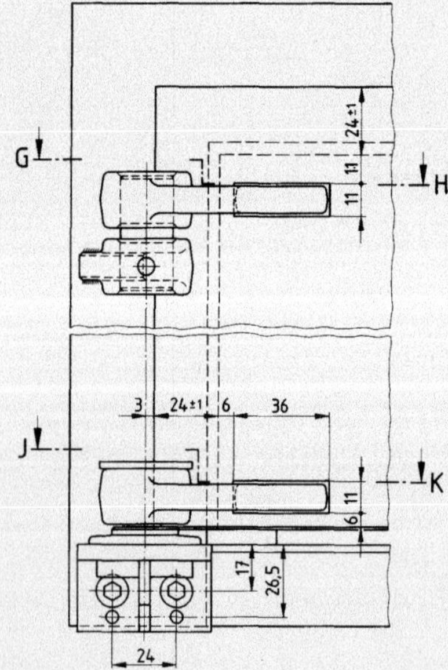

Bild 9. Lage und Befestigung der Zapfenbänder (siehe Abschnitt 5.2.2) bei Verwendung von Obentürschließern nach DIN 18 263 Teil 1 oder Teil 2, dargestellt für eine Linkstür (für Rechtstür spiegelbildlich) Ansicht

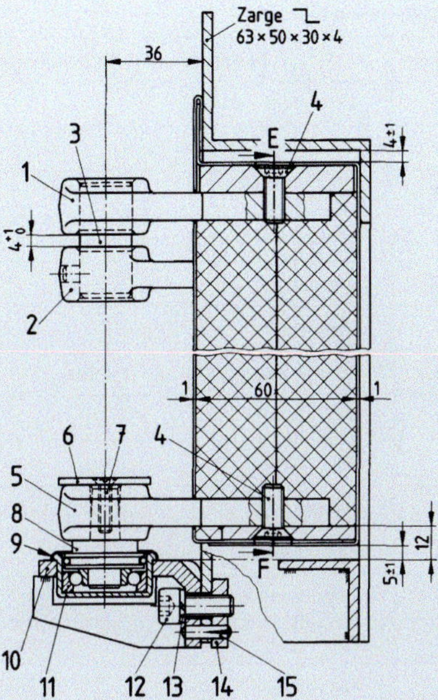

Bild 10. Lage und Befestigung der Zapfenbänder (siehe Abschnitt 5.2.2) bei Verwendung von Obentürschließern nach DIN 18 263 Teil 1 oder Teil 2, dargestellt für eine Linkstür (für Rechtstür spiegelbildlich) senkrechter Schnitt zu Bild 9

DIN 18 082 Teil 3 Seite 11

Stückliste zu den Bildern 9 und 10

Pos. Nr	Stückzahl	Benennung oder Normbezeichnung
1	1	Zapfenband – Oberteil
2	1	Zapfenband – Unterteil
3	1	Bolzen
4	6	Senkschraube M 8 x 20 nach DIN 7991
5	1	Türhebel
6	1	Deckscheibe
7	1	Senkschraube M 5 x 20 nach DIN 963
8	1	Achsenteil
9	1	Schutzkappe
10	1	Türlager
11	1	Rillenkugellager 6012 nach DIN 625 Teil 1 (z. Z. Entwurf)
12	2	Zylinderschraube DIN 912 – M 8 x 20 – 8.8
13	2	Federring DIN 7980 – 8
14	1	Klemmplatte
15	2	Kerbstift DIN 1472 – 5 x 16 – St

Positionen zur Stückliste

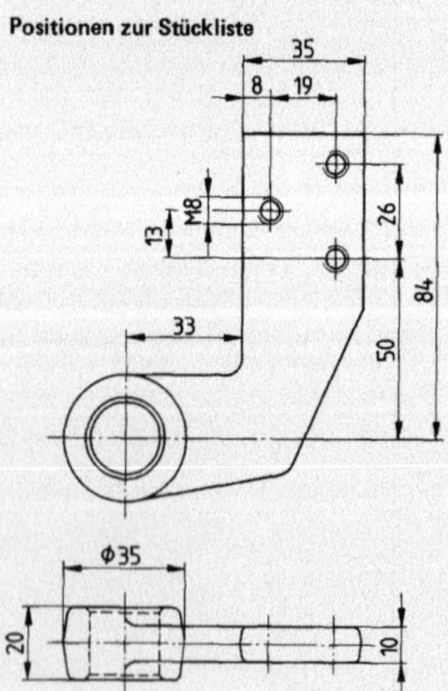

Pos. Nr 1 Zapfenband – Oberteil

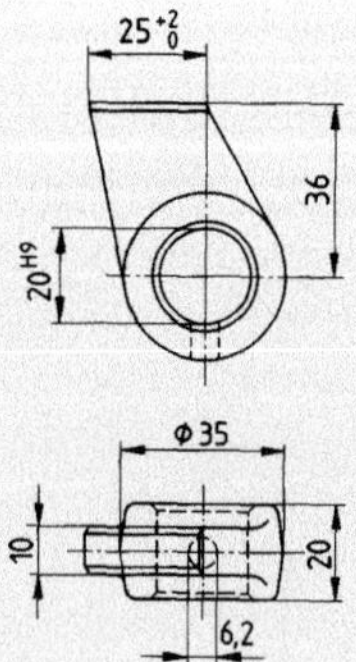

Pos. Nr 2 Zapfenband – Unterteil

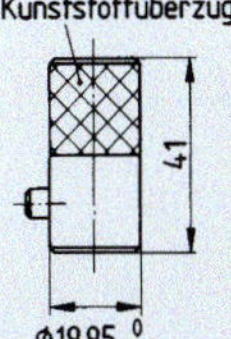

Pos. Nr 3 Bolzen (in Pos. Nr 2 eingesetzt)

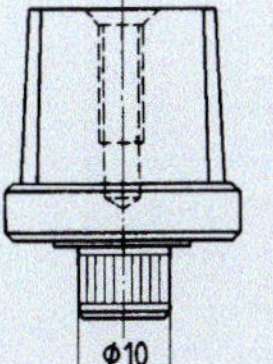

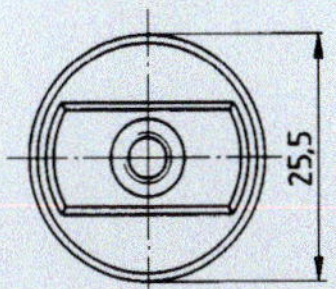

Pos. Nr 8 Achsenteil

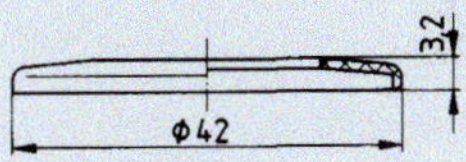

Pos. Nr 9 Schutzkappe

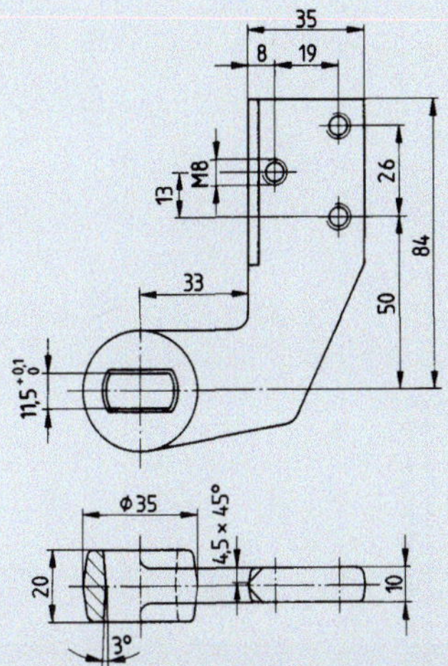

Pos. Nr 5 Türhebel

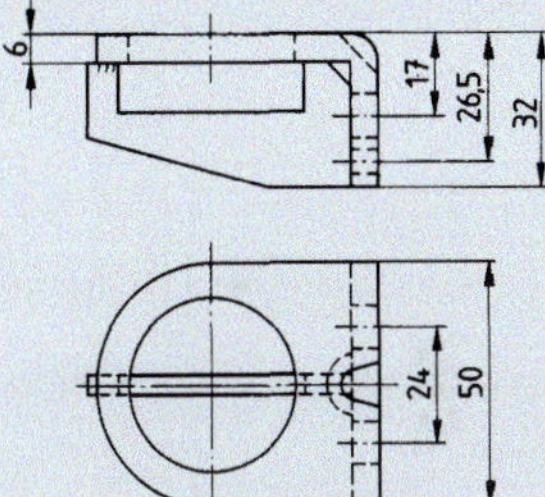

Pos. Nr 10 Türlager

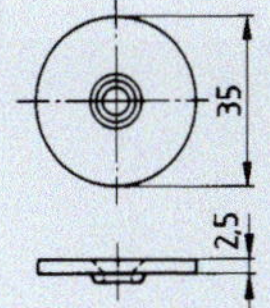

Pos. Nr 6 Deckscheibe

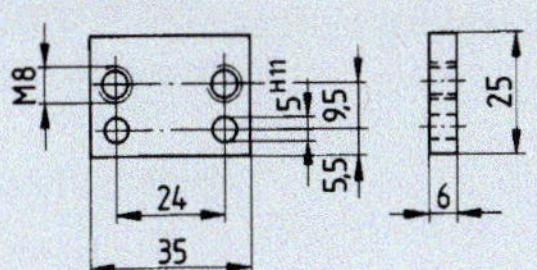

Pos. Nr 14 Klemmplatte

DIN 18 082 Teil 3 Seite 13

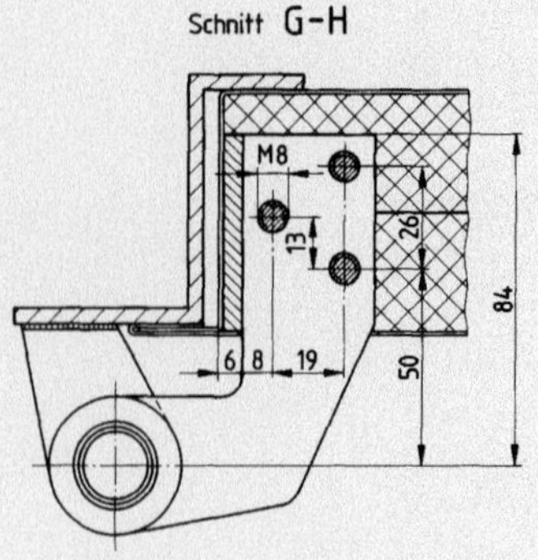

Bild 11. Schnitt G – H zu Bild 9

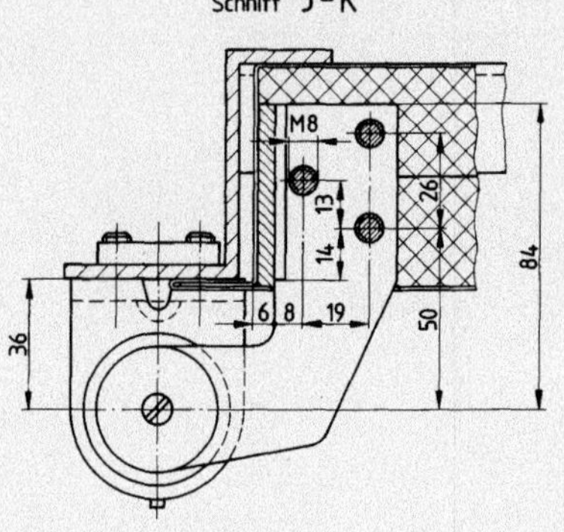

Bild 12. Schnitt J – K zu Bild 9

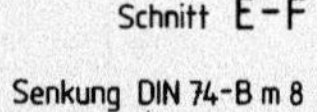

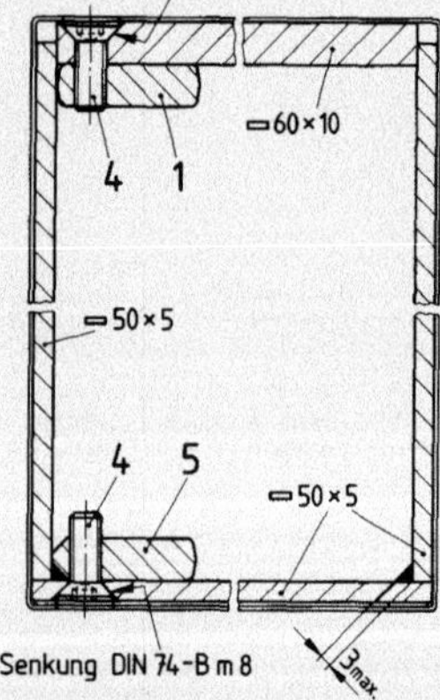

Bild 13. Befestigung der Zapfenbandteile
Pos. 1 und Pos. 5 am Aussteifungsrahmen
Schnitt E – F zu Bild 10

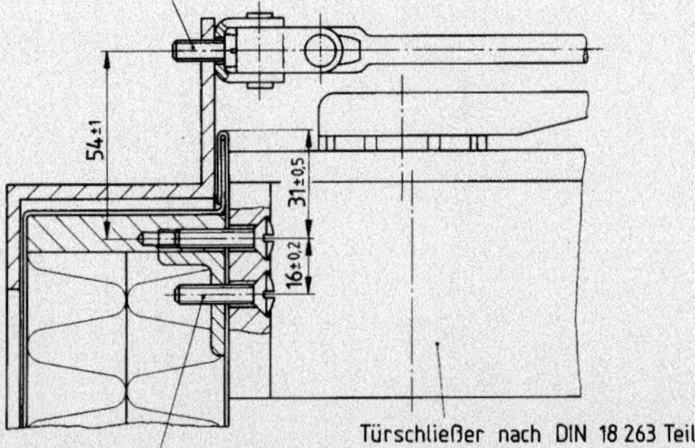

Bild 14. Befestigung eines Obentürschließers nach DIN 18 263 Teil 1

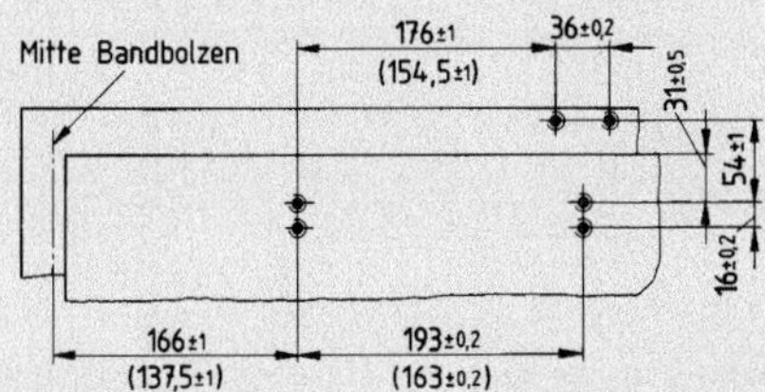

Bild 15. Beispiel für die Lage der Befestigungslöcher für einen Obentürschließer nach DIN 18 263 Teil 1, dargestellt für eine Linkstür (zu Bild 14)

Die Maße in Klammern beziehen sich auf die Türschließer der Größen 3 und 4, die Maße ohne Klammern auf die Türschließer der Größe 5

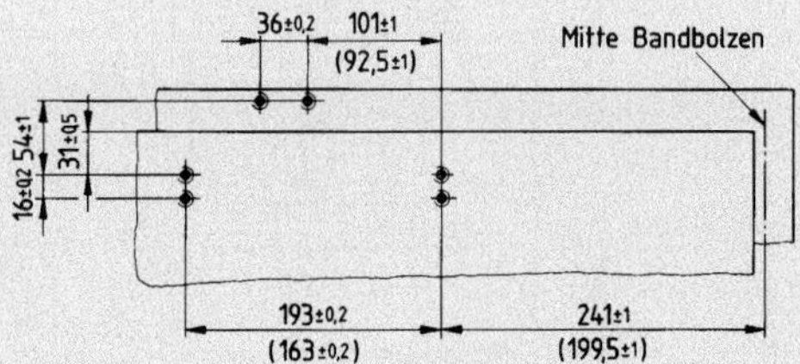

Bild 16. Beispiel für die Lage der Befestigungslöcher für einen Obentürschließer nach DIN 18 263 Teil 1, dargestellt für eine Rechtstür (zu Bild 14)

DIN 18 082 Teil 3 Seite 15

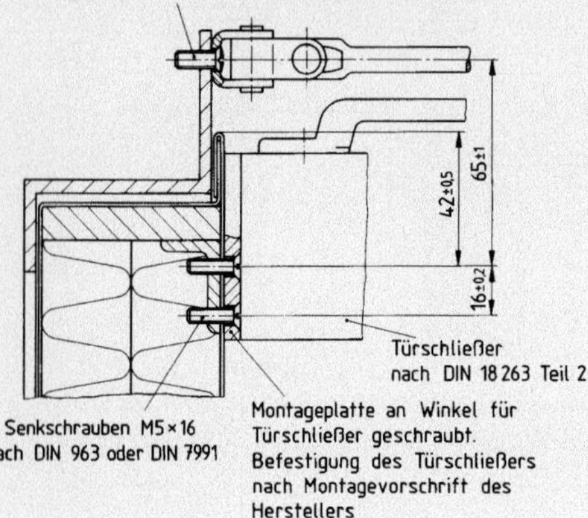

Bild 17. Befestigung eines Obentürschließers nach DIN 18 263 Teil 2

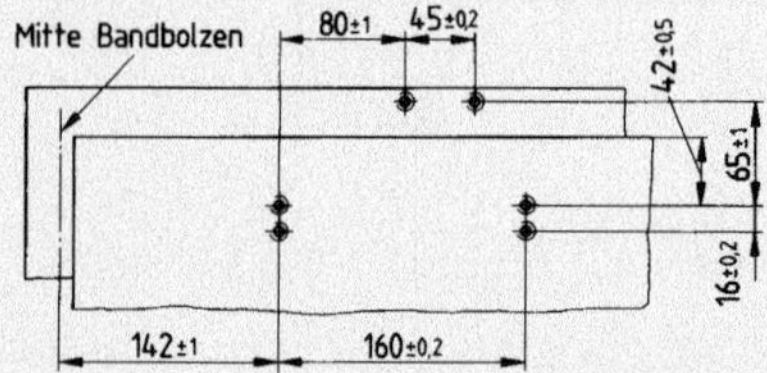

Bild 18. Beispiel für die Lage der Befestigungslöcher für einen Obentürschließer nach DIN 18 263 Teil 2, dargestellt für eine Linkstür (zu Bild 17)

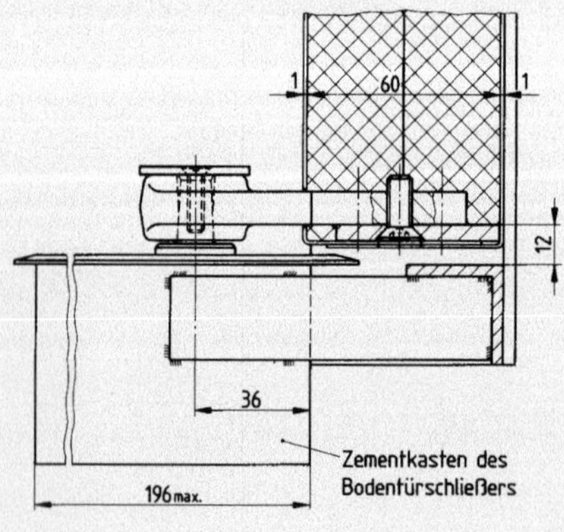

Bild 19.

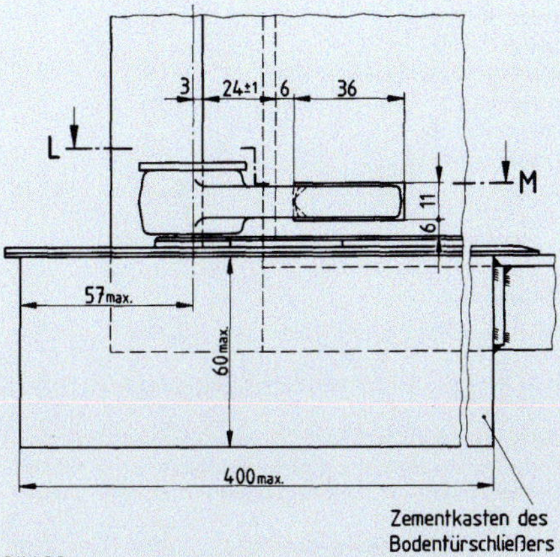

Bild 20.

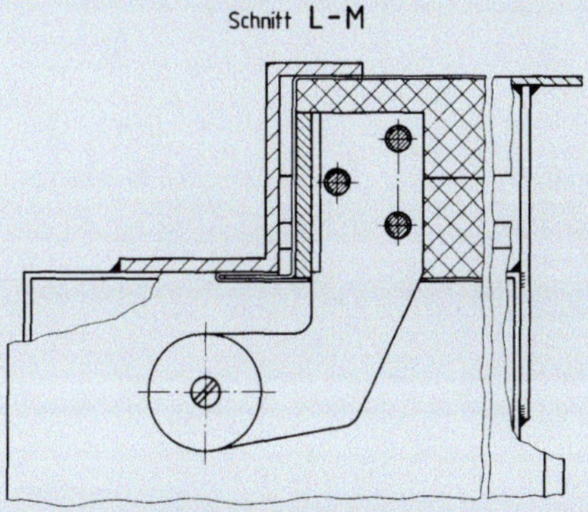

Bild 21. Schnitt L – M zu Bild 20

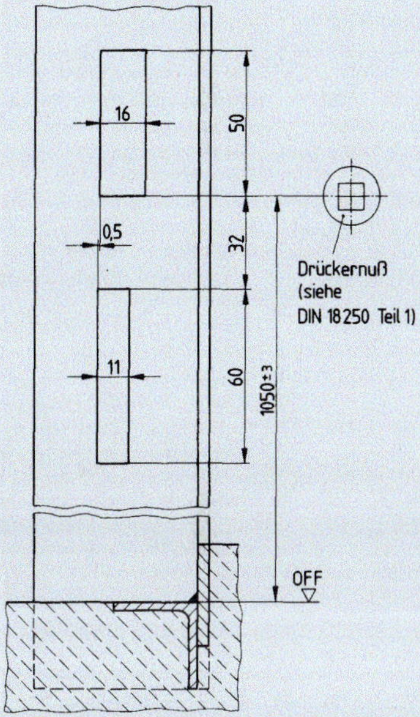

Bild 22. Anordnung der Schließlöcher in der Zarge

Die Bilder 1 bis 22 sind als Konstruktonsunterlagen in Originalgröße beim Beuth Verlag GmbH, Burggrafenstraße 4–10, 1000 Berlin 30, unter der Vertriebs-Nr. 11 674, gesondert erhältlich.

Zitierte Normen und andere Unterlagen

DIN	74 Teil 1	Senkungen für Senkschrauben
DIN	84	Zylinderschrauben mit Schlitz
DIN	107	Bezeichnung mit links oder rechts im Bauwesen
DIN	551	Gewindestifte mit Schlitz und Kegelkuppe

DIN 18 082 Teil 3 Seite 17

DIN 625 Teil 1	(z. Z. Entwurf) Wälzlager; Rillenkugellager, einreihig
DIN 825 Teil 1	Schildermaße; Quadratische und rechteckige Schilder
DIN 912	Zylinderschrauben mit Innensechskant; ISO 4762 modifiziert
DIN 963	Senkschrauben mit Schlitz (Senkköpfe nach ISO)
DIN 964	Linsensenkschrauben mit Schlitz (Senkköpfe nach ISO)
DIN 965	Senkschrauben mit Kreuzschlitz (Senkköpfe nach ISO)
DIN 1028	Stabstahl; Warmgewalzter gleichschenkliger, rundkantiger Winkelstahl; Maße, Gewichte, zulässige Abweichungen, statische Werte
DIN 1029	Stabstahl; Warmgewalzter ungleichschenkliger rundkantiger Winkelstahl; Maße, Gewichte, zulässige Abweichungen, statische Werte
DIN 1045	Beton und Stahlbeton; Bemessung und Ausführung
DIN 1053 Teil 1	Mauerwerk; Berechnung und Ausführung
DIN 1472	Paßkerbstifte
DIN 1623 Teil 1	Flacherzeugnisse aus Stahl; Kaltgewalztes Band und Blech; Technische Lieferbedingungen; Weiche unlegierte Stähle zum Kaltumformen
DIN 4102 Teil 1	Brandverhalten von Baustoffen und Bauteilen; Baustoffe, Begriffe, Anforderungen und Prüfungen
DIN 4102 Teil 5	Brandverhalten von Baustoffen und Bauteilen; Feuerschutzabschlüsse, Abschlüsse in Fahrschachtwänden und gegen Feuer widerstandsfähige Verglasungen, Begriffe, Anforderungen und Prüfungen
DIN 7980	Federringe für Zylinderschrauben
DIN 7991	Senkschrauben mit Innensechskant; Metrisches Gewinde, Metrisches Feingewinde
DIN 17 162 Teil 1	Flachzeug aus Stahl; Feuerverzinktes Band und Blech aus weichen unlegierten Stählen; Technische Lieferbedingungen
DIN 18 082 Teil 1	Feuerschutzabschlüsse; Stahltüren T 30-1; Bauart A
DIN 18 089 Teil 1	Feuerschutzabschlüsse; Einlagen für Feuerschutztüren; Mineralfaserplatten; Begriff, Bezeichnung, Anforderungen, Prüfung
DIN 18 093	(z. Z. Entwurf) Feuerschutzabschlüsse; Einbau von Feuerschutztüren; Ankerlagen, Ankerformen, Einbauvorschriften
DIN 18 200	Überwachung (Güteüberwachung) von Baustoffen, Bauteilen und Bauarten; Allgemeine Grundsätze
DIN 18 250 Teil 1	Schlösser; Einsteckschlösser für Feuerschutzabschlüsse; Einfallenschloß
DIN 18 263 Teil 1*)	Baubeschläge; Türschließer mit hydraulischer Dämpfung für Feuerschutztüren; Kurbeltrieb-Türschließer; Größenbestimmung, Anforderungen, Prüfungen
DIN 18 263 Teil 2*)	Baubeschläge; Türschließer mit hydraulischer Dämpfung für Feuerschutztüren; Zahntrieb-Türschließer; Größenbestimmung, Anforderungen, Prüfungen
DIN 18 263 Teil 3*)	Baubeschläge; Türschließer mit hydraulischer Dämpfung für Feuerschutztüren; Boden-Türschließer; Größenbestimmung, Anforderungen, Prüfungen
DIN 18 360	VOB Verdingungsordnung für Bauleistungen, Teil C: Allgemeine Technische Vorschriften für Bauleistungen, Metallbauarbeiten, Schlosserarbeiten

Richtlinien für die Zulassung von Feuerschutzabschlüssen

Erlaß Nordrhein-Westfalen. Überwachung der Herstellung von Baustoffen und Bauteilen: Einheitliche Überwachungszeichen

Verzeichnisse der bauaufsichtlich anerkannten Überwachungsgemeinschaften (Güteschutzgemeinschaften) und Prüfstellen

Bauordnungen der Länder

Weitere Normen und andere Unterlagen

DIN 4102 Teil 4 Brandverhalten von Baustoffen und Bauteilen; Zusammenstellung und Anwendung klassifizierter Baustoffe, Bauteile und Sonderbauteile

Mitteilungen des Instituts für Bautechnik, Heft 6/76, darin:

W. Westhoff, Feuerschutzabschlüsse, Berlin, 1976

Merkblatt „Feuerschutzabschlüsse". Normenausschuß Bauwesen im DIN Deutsches Institut für Normung e.V., Berlin. Veröffentlicht in mehreren Fachzeitschriften, z. B. in „deutsche bauzeitung", Stuttgart, Januar 1978

H. Nolde, Feuerschutzabschlüsse. Zeitschrift für Wärmeschutz, Kälteschutz, Schallschutz, Brandschutz Heft 12, 25. Jahrgang 1980, Grünzweig & Hartmann und Glasfaser AG, Ludwigshafen

W. Westhoff, Genormte und bauaufsichtlich zugelassene Feuerschutzabschlüsse. In: „das bauzentrum", Heft 2/83 (März/April 1983). Verlag Das Beispiel, Darmstadt

W. Westhoff, Bauaufsichtlich zugelassene Feuerschutzabschlüsse / Stand 1983. In: „Mitteilungen" IfBt 4/83, Verlag Ernst und Sohn, Berlin 1983

*) Z. Z. in Überarbeitung

Erläuterungen

In DIN 18 082 Teil 1 ist eine Bauart für T 30-1-Türen (feuerhemmende einflügelige Feuerschutztüren aus Stahlblech) beschrieben, mit denen Öffnungen in massiven Wänden bis zur Größe im Baurichtmaß von 1000 mm Breite x 2000 mm Höhe verschlossen werden können. Kennzeichen dieser Bauart A ist der 54 mm dicke Türflügel, der mit einem einfachen Einsteckschloß nach DIN 18 250 Teil 1 ausgerüstet ist.

Bei Eignungsprüfungen im Zuge der Entwicklung einer normungsfähigen T 30-1-Tür aus Stahlblech zum Verschluß größerer Öffnungen stellte sich heraus, daß das angestrebte Ziel, einen ausreichenden Verschluß mit einem einfachen Einsteckschloß zu erreichen, mit einem Türflügel der gleichen Bauart nicht erreicht werden konnte.

Es war dazu vielmehr ein etwas aufwendigerer Türflügel erforderlich, der — wie sich bei den Eignungsprüfungen herausstellte — nun zusammen mit den in vorliegender Norm beschriebenen Zargen und Beschlägen zum Verschluß von Öffnungen bis zur Größe im Baurichtmaß von 1250 mm Breite x 2250 mm Höhe geeignet ist (Bauart B).

Da in der Praxis auch schmale, hohe bzw. breite, niedrige Feuerschutztüren benötigt werden, deckt der Größenbereich der Bauart B den gesamten Größenbereich der Bauart A mit ab. So können also z. B. auch Öffnungen mit den Baurichtmaßen 750 mm Breite x 2250 mm Höhe oder 1250 mm Breite x 1750 mm Höhe (als Grenzmaße) mit Türen nach dieser Norm verschlossen werden.

Bauarten von Türen, die „in Anlehnung an" diese oder eine andere Norm für Feuerschutztüren geliefert werden, haben möglicherweise überhaupt keine nennenswerte Feuerwiderstandsfähigkeit, da gerade die vorgenommenen „Änderungen" — wie z. B. die häufig beobachtete Abweichung der Größe von den in der Norm genannten Grenzmaßen — ursächlich für das vorzeitige Versagen der Tür bei Feuereinwirkung sein können.

Ohne jeden brandschutztechnischen Wert können ferner Türen sein, die mit der Zusicherung angeboten werden, daß sie Mineralfaser-Einlagen nach dieser Norm enthalten: Da die eingelegten Dämmstoffe bei Feuerschutztüren nur e i n e Komponente der Schutzwirkung sind, ist es leicht möglich, trotz ausgezeichneter Dämmstoff-Einlagen die an Feuerschutztüren gestellten Anforderungen nicht zu erfüllen, da die Tür z. B. nach wenigen Minuten Feuereinwirkung sich so stark verformt, daß sie aufspringt.

Beim Bau und bei der Verwendung von Feuerschutzabschlüssen nach dieser Norm sind einige Punkte zu beachten, die auch grundsätzlich für Feuerschutzabschlüsse anderer Bauarten gelten. Diese Punkte sind nachfolgend aufgeführt:

1. Die Norm ist aufgestellt nach Brandprüfungen an Türen bestimmter Bauart und Größe. Bei diesen Prüfungen hat sich herausgestellt, daß die bei einer bestimmten Türgröße gesammelten Erfahrungen nicht ohne weiteres auf Türen anderer Größe — auch nicht auf kleinere Türen — übertragen werden können. Die in der Norm angegebenen Grenzmaße für Breite und Höhe dürfen also auf keinen Fall überschritten werden [11]), auch nicht, wenn die Konstruktionsmerkmale im übrigen beibehalten werden.

   Kleinere oder größere Türen dürfen deshalb nicht als Türen nach dieser Norm bezeichnet werden; ihre Eignung ist gesondert nachzuweisen.

   Auch gilt diese Norm nicht für waagerechte Raumabschlüsse, z. B. Boden- bzw. Deckenklappen.

2. Feuerschutztüren sollen die Öffnungen in Wänden, welche Brandabschnitte bilden, so verschließen, daß ein Schadensfeuer nicht durchtreten kann. Sie dürfen — um ein Durchzünden zu verhindern — unter der Einwirkung eines Brandes auf der dem Feuer abgekehrten Seite nur eine bestimmte Temperaturerhöhung erfahren. Das für die zulässige Temperaturerhöhung nach Erfahrungswerten festgelegte Grenzmaß wird weit überschritten, wenn die Tür mit einer gegen Feuer widerstandsfähigen Verglasung (= Verglasung der Feuerwiderstandsklassen G nach DIN 4102 Teil 5) versehen ist, welche die Strahlung eines Feuers nahezu ungehindert durchtreten läßt.

   Türen nach dieser Norm dürfen aber auch nicht mit Verglasungen versehen werden, die den Durchgang der Strahlung eines Feuers eine bestimmte Zeit lang so verhindern, daß die zulässige Temperaturerhöhung auf den lichtdurchlässigen Teilen und ihren Halterungen nicht überschritten wird (= Verglasung der Feuerwiderstandsklassen F nach DIN 4102 Teil 2).

   Sofern Feuerschutztüren mit einer solchen Verglasung benötigt werden, sind entsprechende Nachweise zu führen. Solche Türen entsprechen dann nicht den Festlegungen dieser Norm.

3. Ein Schadensfeuer kann auch durch Fugen und Spalte, z. B. zwischen Türflügel und Zarge, übertragen werden. Um dies zu verhindern und um sicherzustellen, daß die Schloßfalle richtig in die Zarge eingreift, müssen die Maße des Türflügels (Türkasten) und der Zarge so aufeinander abgestimmt sein, daß die zulässige Spaltbreite (4 ± 1) mm seitlich und oben bzw. unten (5 ± 1) mm nicht überschritten wird. Die Spaltbreite („Türluft") darf aber auch nicht wesentlich geringer als gefordert sein, damit nicht bei einer geringen Verformung der Tür möglicherweise das selbsttätige Zufallen unmöglich wird. Das sorgfältige Abstimmen der Maße aufeinander ist nur möglich, wenn Türflügel und Zarge gleichzeitig hergestellt und zusammen ausgeliefert werden. Es ist deshalb — auch wenn dies in der Norm nicht ausdrücklich erwähnt ist — grundsätzlich unzulässig, einzelne Türflügel oder Zargen als Türen oder Zargen nach dieser Norm zu kennzeichnen und auszuliefern.

   Einzeln angelieferte Türflügel und Zargen von Feuerschutztüren dürfen nicht zum Zwecke des baulichen Brandschutzes verwendet werden, auch nicht, wenn sie vom gleichen Hersteller stammen.

   Aus gegebener Veranlassung wird ferner darauf hingewiesen, daß es unzulässig ist, eine Tür nachträglich zu verändern, z. B. durch Kürzen des Türflügels oder Anbringung von Zusatzkonstruktionen am Türflügel oder an der Zarge.

---

[11]) Diese Grenzmaße beziehen sich auf das Baurichtmaß. Wegen der Ableitung des Nennmaßes aus dem Baurichtmaß, siehe DIN 4172 „Maßordnung im Hochbau" sowie DIN 18 100 „Türen; Wandöffnungen für Türen; Maße entsprechend DIN 4172".

DIN 18 082 Teil 3 Seite 19

4. Die bezüglich der Verschweißung der Türbleche gestellten Anforderungen sollen zur Folge haben, daß der Türflügel ausreichend steif ist und daß ein möglichst geringer Luftaustausch von der freien Atmosphäre zum Innern des Türkastens stattfindet, um die Gefahr einer Korrosion durch Kondensationsfeuchtigkeit herabzumindern.

   Es liegt im Sinne dieser Anforderung, daß auch andere Durchbrüche in den Türblechen, z. B. zum Einstecken von Bandlappen, möglichst klein gehalten und dicht geschweißt werden.

5. Nach dieser Norm hergestellte Feuerschutztüren können – nach Wahl des Verwenders – mit verschiedenen genormten Bauarten von Türschließern mit hydraulischer Dämpfung ausgerüstet werden.

   Wegen des Gewichtes des Türflügels und der daraus resultierenden dynamischen Belastung von Türflügel und Zarge dürfen keine Federbänder als Schließmittel angebracht werden; auch sind zahlreiche Beschwerden über die Geräuschentwicklung beim Zuschlagen der Tür durch Federbänder vorgebracht worden.

6. Ein nachträglicher Austausch von Boden-Türschließern nach DIN 18 263 Teil 3 gegen ursprünglich angebrachte Obentürschließer nach DIN 18 263 Teil 1 oder Teil 2 ist nur dann möglich, wenn der Türflügel an Zapfenbändern (siehe Abschnitt 5.2.2) aufgehängt ist.

7. Türflügel nach dieser Norm sind so aufgebaut, daß Obentürschließer nach DIN 18 263 Teil 1 und Teil 2 nur auf der Öffnungseite der Tür an der dafür vorgesehenen Stelle angebracht werden können.

   Die Anbringung auf der Schließseite der Tür würde eine zusätzliche Aussteifung des Türflügels erfordern. Aus diesem Grunde ist die sogenannte Kopfmontage des Türschließers bei Türen nach dieser Norm nicht zulässig.

8. Die Schloßtaschen müssen staubdicht sein, um zu verhindern, daß wichtige Teile des Schlosses durch feine Bestandteile verschmutzt werden, die sich bei häufigem Gebrauch einer Feuerschutztür von den Dämmstoffen lösen. Der Begriff „staubdicht" konnte bisher nicht festgelegt werden, weil der notwendige Grad der Dichtheit von der Größe der Dämmstoffteilchen abhängig ist. Bei der Verwendung von Einlagen mit sehr dünnen und kurzen Mineralfasern ist an die Dichtheit der Schloßtaschen ein strengerer Maßstab anzulegen, als bei der Verwendung von Einlagen aus langen Mineralfasern. Bei der Gefahr des Auftretens feiner pulverförmiger Bestandsteile dürfen Spalte der Stoßfugen an der Schloßtasche nicht so groß sein, daß solche Teile durchgerüttelt werden können. Wenn sich im Türkasten langfaserige Mineralfaser-Einlagen befinden, dürfen an der Schloßtasche keine Fugen sein, die breiter als 0,2 mm und länger als 50 mm sind. Es ist nicht zulässig, das Abdichten von Spalten oder Fugen an der Schloßtasche nur mit Hilfe der zur Wärmedämmung eingelegten Schloßtaschenbekleidung zu bewirken.

9. Beim Zusammenbau des Türkastens sind Wärmebrücken zu vermeiden. Es ist also nicht zulässig, Türschließer in den Türflügel einzubauen, zusätzliche durchgehende Aussteifungen für die Türbleche einzusetzen, Schloßtaschen mit anderen Maßen als in der Norm angegeben zu verwenden oder am Türflügel außen Bauteile anzubringen mit Hilfe von Schrauben oder Nieten, die beide Türbleche miteinander verbinden (Ausnahme: Hülsenschrauben zur Befestigung der Langschilder, Kurzschilder oder Rosetten).

   Wärmebrücken können auch entstehen, wenn die Schloßtaschenisolierung(-bekleidung) nicht hinreichend sicher am Blech der Taschen befestigt ist, so daß sie sich während des Transports oder bei der Benutzung der Türen verlagert. Die Schloßtaschen-Bekleidung ist mit Hilfe metallischer Verbindungsmittel oder geeigneter anorganischer Kleber zu befestigen. Die Verwendung von Klebestreifen oder Gummibändern ist nicht zulässig.

10. Mineralfaser-Einlagen dürfen vor der Verwendung nicht so gelagert werden, daß ihre Dämmwirkung dauernd beeinträchtigt wird oder daß sie Stoffe aufnehmen können, die sich nach dem Zusammenbau der Tür schädigend auswirken.

    Sie sollen deshalb trocken (möglichst in einem geschlossenen Raum) und so gelagert werden, daß sie nicht beschädigt oder bleibend verdichtet werden können.

    Es dürfen – gegebenenfalls unter Verwendung von Distanzstücken – nur so viel Mineralfaser-Einlagen übereinander gelagert oder verpackt werden, daß die geforderte Mindestdicke unmittelbar nach Entlastung noch sichergestellt ist.

11. Da die Dämmwirkung von Mineralfaser-Einlagen beim Herstellen, gewollt oder ungewollt, von vielen Faktoren beeinflußt werden kann, sind die Hersteller dieser Einlagen zu einer strengen Eigenkontrolle verpflichtet (siehe DIN 18 089 Teil 1). Sie haben immer wieder nachzuweisen, daß die Anforderungen an die Einlagen hinsichtlich der Dämmwirkung erfüllt werden.

    Wegen der besonderen Wichtigkeit dieses Punktes wird dringend empfohlen, daß sich der Verarbeiter nicht allein auf die Aussage der vom Mineralfaser-Einlagen-Hersteller angebrachten Kennzeichnungsschilder verläßt, sondern im Rahmen der Eigenüberwachung stichprobenartig von jeder Lieferung einige Einlagen überprüft.

12. Die Norm enthält keine Aussagen über Umfassungszargen (U-Zargen), da deren Eignung bei Feuerschutztüren dieser Bauart bisher nicht nachgewiesen ist. Es ist nicht zulässig, Feuerschutztüren nach DIN 18 082 Teil 1 mit anderen als den in dieser Norm geforderten Zargen zu versehen. Es ist ebenfalls nicht zulässig, mit den vorgeschriebenen Zargenprofilen andere Teile als die in der Norm angegebenen Maueranker, Schutzkästen, Bänder und Türschließer-Bestandteile zu verbinden. Für jeden konstruktiven Zusatz zur genormten Zargen-Ausführung ist ein Eignungsnachweis erforderlich.

    Die Verbraucher sind in geeigneter Weise darauf hinzuweisen, daß die Türen nur dann die vorgesehene Schutzwirkung besitzen, wenn die Zarge voll eingeputzt ist (siehe DIN 18093, z. Z. Entwurf).

13. Der Rostschutz – auch im Innern des Türkastens – muß lückenlos sein. Ein ungeschützter Streifen zwischen Türblech und Aussteifungsbandstahl wird noch

hingenommen, wenn der Anschluß zwischen Türblech und angeschweißtem Bandstahl gut mit Rostschutzfarbe abgedichtet wird.

14. Das selbsttätige Schließen der Tür ist nicht sichergestellt, wenn die Bänder so angebracht sind, daß sie nicht genau fluchten. Der Verschweißung der Kastenbleche im Bereich der oberen Bandlappen sowie der Verschweißung dieser Bandlappen mit dem Türflügel ist besondere Sorgfalt zuzuwenden.

15. Zusatzgeräte zu den genormten Feuerschutztüren, die das selbsttätige Schließen dauernd oder zeitweise verhindern, z. B. Schließzeitverzögerer, Vorrichtungen mit Auslösung infolge Temperaturerhöhung oder Rauch (Feststellanlagen) bedürfen einer bauaufsichtlichen Zulassung. Sie dürfen ferner nur mit besonderer Genehmigung der örtlich zuständigen Bauaufsichtsbehörde verwendet werden. Diese Geräte bedürfen ständiger Kontrolle. Das Festsetzen des Türflügels durch Keile, Feststeller oder das Entspannen der Türschließmittel ist unzulässig.

16. Als „freie Länge" eines Maujerankers wird der Abstand von der Innenecke des Zargenwinkels bis zum Ende des waagerecht von der Zarge abgebogenen Ankerprofils bezeichnet. Die freie Länge ist nicht gleichbedeutend mit der Abwicklung des Ankerbandstahls.

17. Langschilder sollen möglichst mit 4 Schrauben am Türflügel befestigt sein, mindestens aber mit 2 Schrauben. Im letzteren Falle müssen durchgehende Hülsenschrauben verwendet werden. Rosetten sind mit jeweils 2 durchgehenden Hülsenschrauben zu befestigen.

    Diese Beschläge müssen aus mindestens 1 mm dickem Stahlblech, Grau- oder Stahlguß hergestellt sein.

    Drückergarnituren nur aus Leichtmetall oder mit durchgehenden Kunststoffgriffen sind nicht zulässig, da die Tür bei ihrer Verwendung im Falle eines Brandes möglicherweise von Eingeschlossenen vom Brandraum her nicht geöffnet werden kann und als Fluchtweg ausfällt.

    Die in der Norm bezüglich der Ausbildung von Drücker und Drückerlager an Langschild oder Rosette gestellten Anforderungen sollen sicherstellen, daß die am Drückerlager auftretenden Zug-, Druck- und Kippkräfte von den Beschlägen sicher aufgenommen werden.

18. Der Hersteller der Tür muß aus der Beschriftung des Kennzeichnungsschildes zu ersehen sein. Enthält das Schild nicht den Namen des Herstellers, sondern eine entsprechende verschlüsselte Angabe (z. B. durch Kennziffern), so muß vor dieser das Wort „Hersteller" stehen.

    In diesem Falle dürfen auf dem Kennzeichnungsschild außer der Jahreszahl und den Zahlen in der Angabe „Stahltür DIN 18 082 T 30-1-B" keine anderen Zahlen angegeben sein. Die Kennzeichnungsschilder 52 mm x 105 mm müssen an 4 Stellen, die wahlweise zu verwendenden Schilder 26 mm x 148 mm an mindestens 2 Stellen mit dem Türblech verbunden sein. Dazu dürfen keine Schrauben verwendet werden. Ist der Hersteller auf einem aufgesteckten Zusatzschild zum Kennzeichnungsschild angegeben, so muß das Kennzeichnungsschild mit der verschlüsselten Herstellerangabe versehen sein.

    Feuerschutztüren ohne Kennzeichnungsschild oder mit einem Kennzeichnungsschild, das unvollständig oder nicht den Anforderungen der Norm entsprechend beschriftet ist, sind nicht normgerecht und dürfen daher nicht als Feuerschutztüren nach DIN 18 082 Teil 3 bezeichnet werden.

19. Es erscheint erforderlich, dem in zahlreichen Zuschriften und offenen Briefen in Fachzeitschriften geäußerten Irrtum entgegenzutreten, daß Konstruktionsnormen wie diese im Hause des DIN Deutsches Institut für Normung e.V. bei Bedarf oder gar auf Anordnung einer Behörde aufgestellt werden.

    Richtig ist, daß das DIN weder in der Lage, noch verpflichtet ist, Feuerschutztür-Bauarten, die in der Praxis dringend benötigt werden, selbst zu entwickeln und zu normen. Das DIN ist jedoch jederzeit bereit, solche Türenbauarten zu normen, wenn die vorgeschlagene Bauart die Brandprüfungen nach DIN 4102 Teil 5 bestanden hat und entsprechend klassifiziert werden konnte – und wenn zusätzlich der Nachweis geführt wurde, daß die Bauart die geforderte Betriebssicherheit (Dauerfunktionstüchtigkeit während einer langjährigen Benutzungsdauer) besitzt.

20. Schließlich wird noch darauf hingewiesen, daß es neben genormten Feuerschutztür-Bauarten eine große Anzahl anderer Bauarten von Feuerschutzabschlüssen gibt, deren Verwendung im bauaufsichtlichen Zulassungsverfahren geregelt ist. Auch für diese Abschlüsse, die als „neue Bauarten" (siehe Bauordnungen der Länder) gelten, sind dieselben Eignungsnachweise zu erbringen, wie für genormte Feuerschutzabschlüsse. Sie unterliegen den gleichen Bestimmungen hinsichtlich Fertigungsüberwachung und Kennzeichnung wie genormte Feuerschutztüren.

Internationale Patentklassifikation

E 06 B 5-16

Konstruktionsunterlagen nach DIN 18 082 Teil 3

Die Zeichnungen (Bilder) gelten nur in Verbindung mit dem Text

Konstruktionsunterlagen nach DIN 18 082 Teil 3; Verkauf durch Beuth Verlag GmbH, Berlin 30 Vertriebs-Nr. 11 674

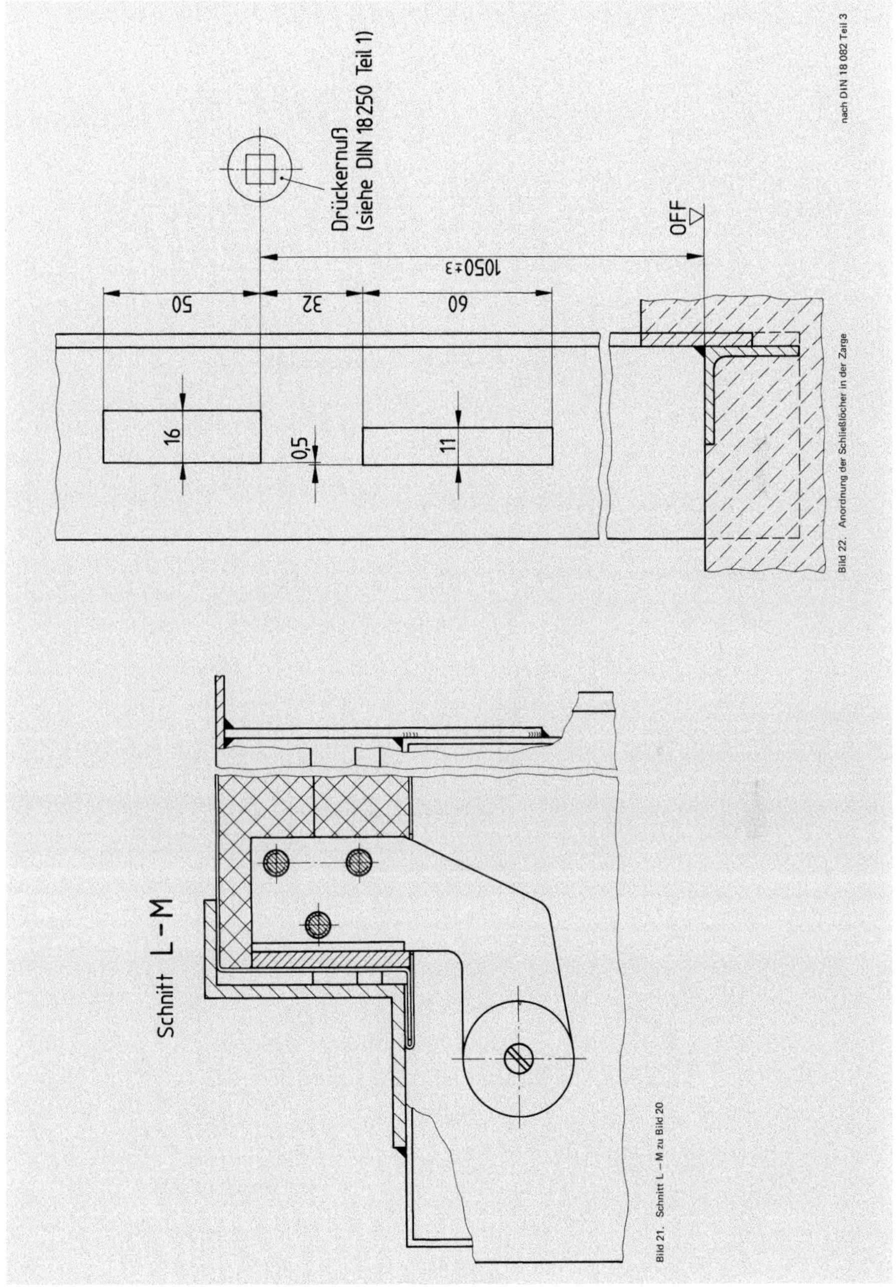

Bild 21. Schnitt L – M zu Bild 20

Bild 22. Anordnung der Schließlöcher in der Zarge

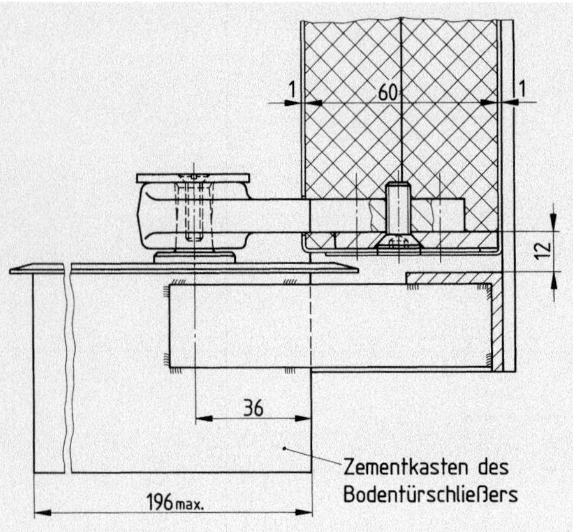

Bild 19.

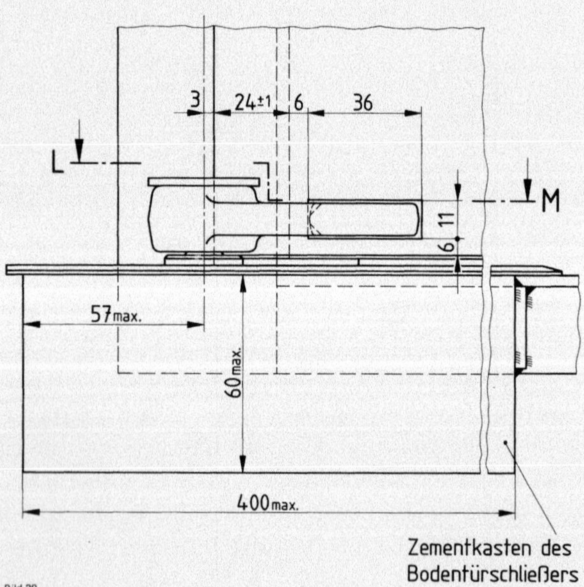

Bild 20.

nach DIN 18 082 Teil 3

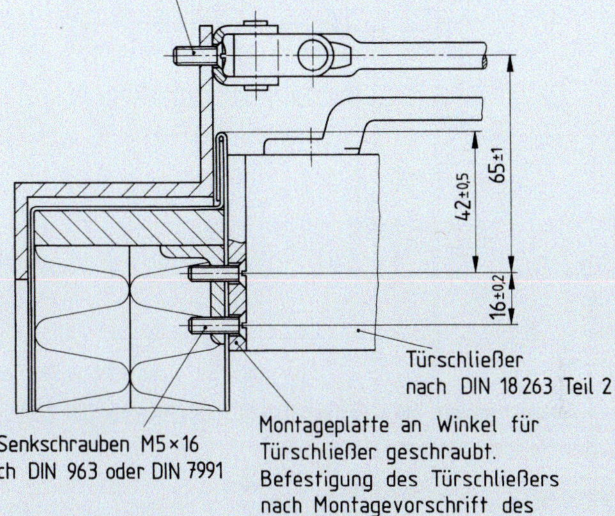

Bild 17. Befestigung eines Obentürschließers nach DIN 18 263 Teil 2

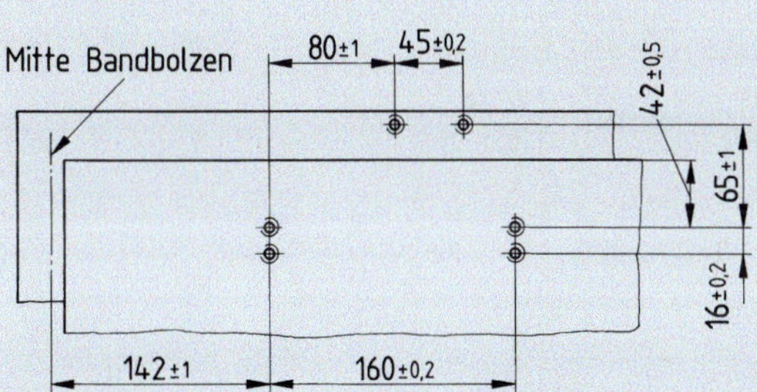

Bild 18. Beispiel für die Lage der Befestigungslöcher für einen Obentürschließer nach DIN 18 263 Teil 2, dargestellt für eine Linkstür (zu Bild 17)

nach DIN 18 082 Teil 3

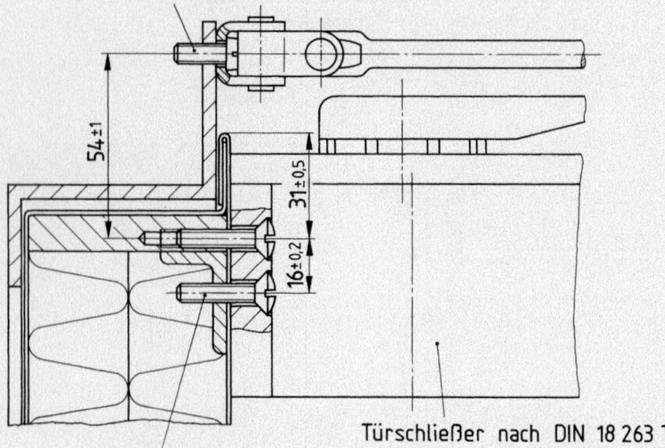

Bild 14. Befestigung eines Obentürschließers nach DIN 18 263 Teil 1

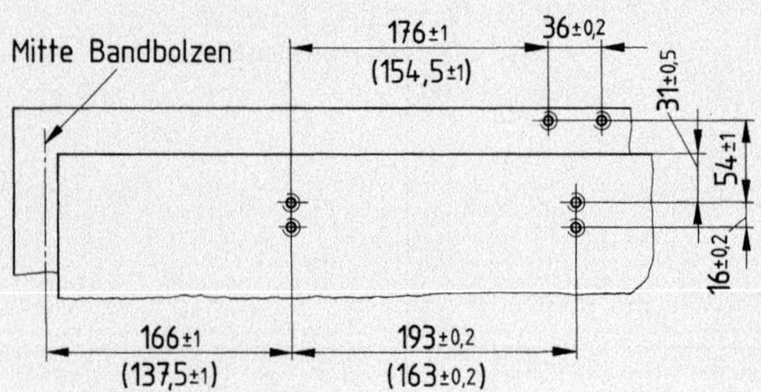

Bild 15. Beispiel für die Lage der Befestigungslöcher für einen Obentürschließer nach DIN 18 263 Teil 1, dargestellt für eine Linkstür (zu Bild 14)

Die Maße in Klammern beziehen sich auf die Türschließer der Größen 3 und 4, die Maße ohne Klammern auf die Türschließer der Größe 5

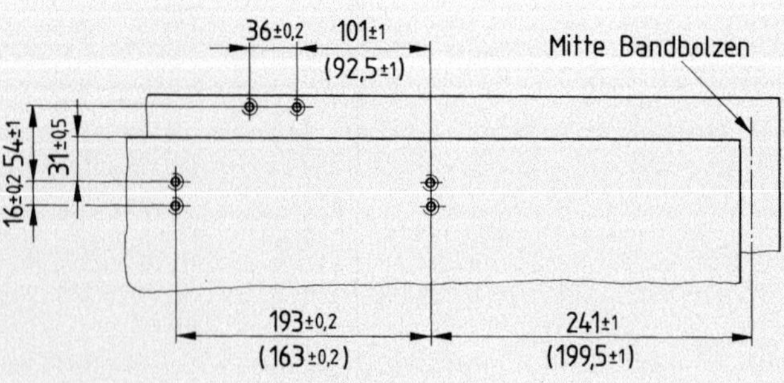

Bild 16. Beispiel für die Lage der Befestigungslöcher für einen Obentürschließer nach DIN 18 263 Teil 1, dargestellt für eine Rechtstür (zu Bild 14)

nach DIN 18 082 Teil 3

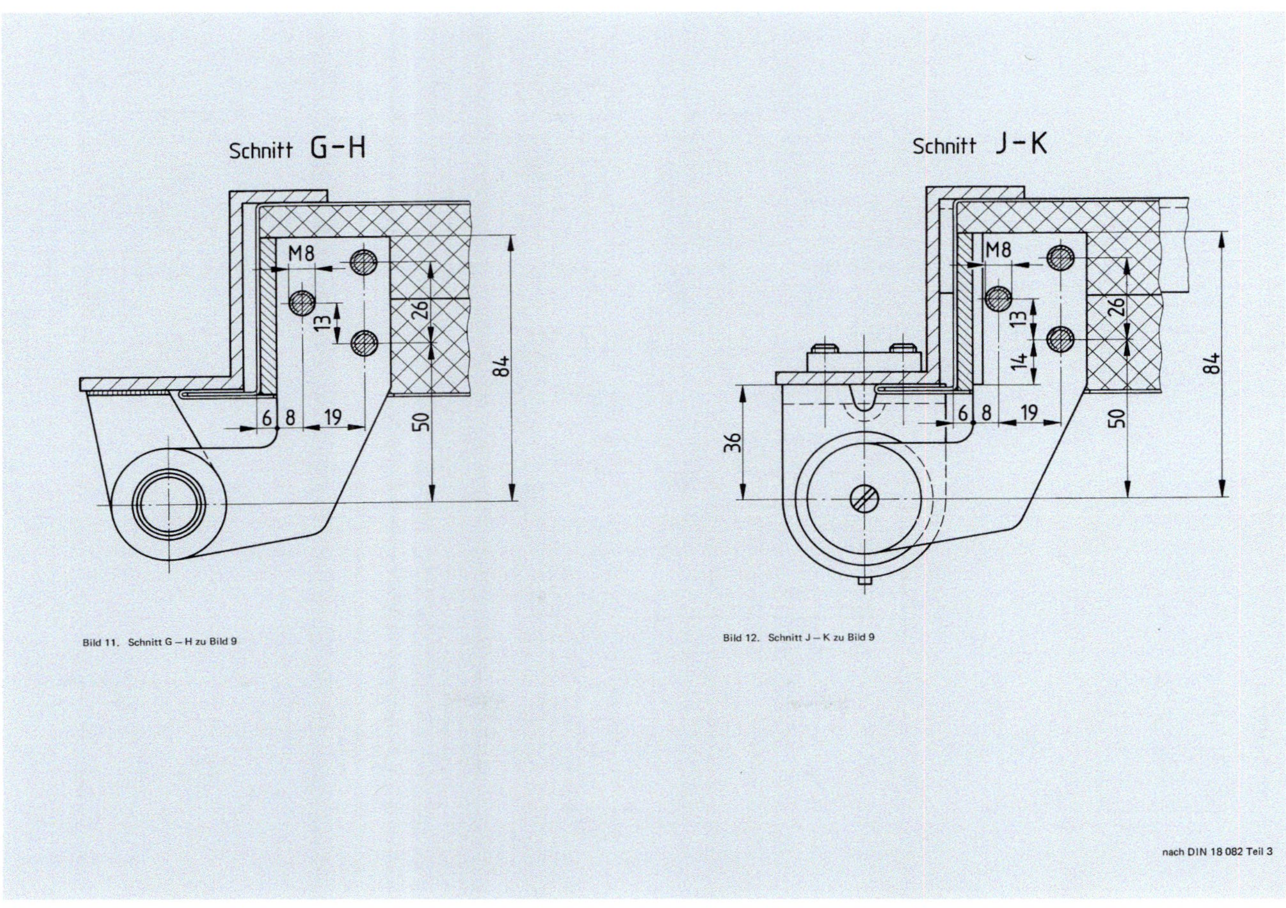

Bild 11. Schnitt G – H zu Bild 9

Bild 12. Schnitt J – K zu Bild 9

nach DIN 18 082 Teil 3

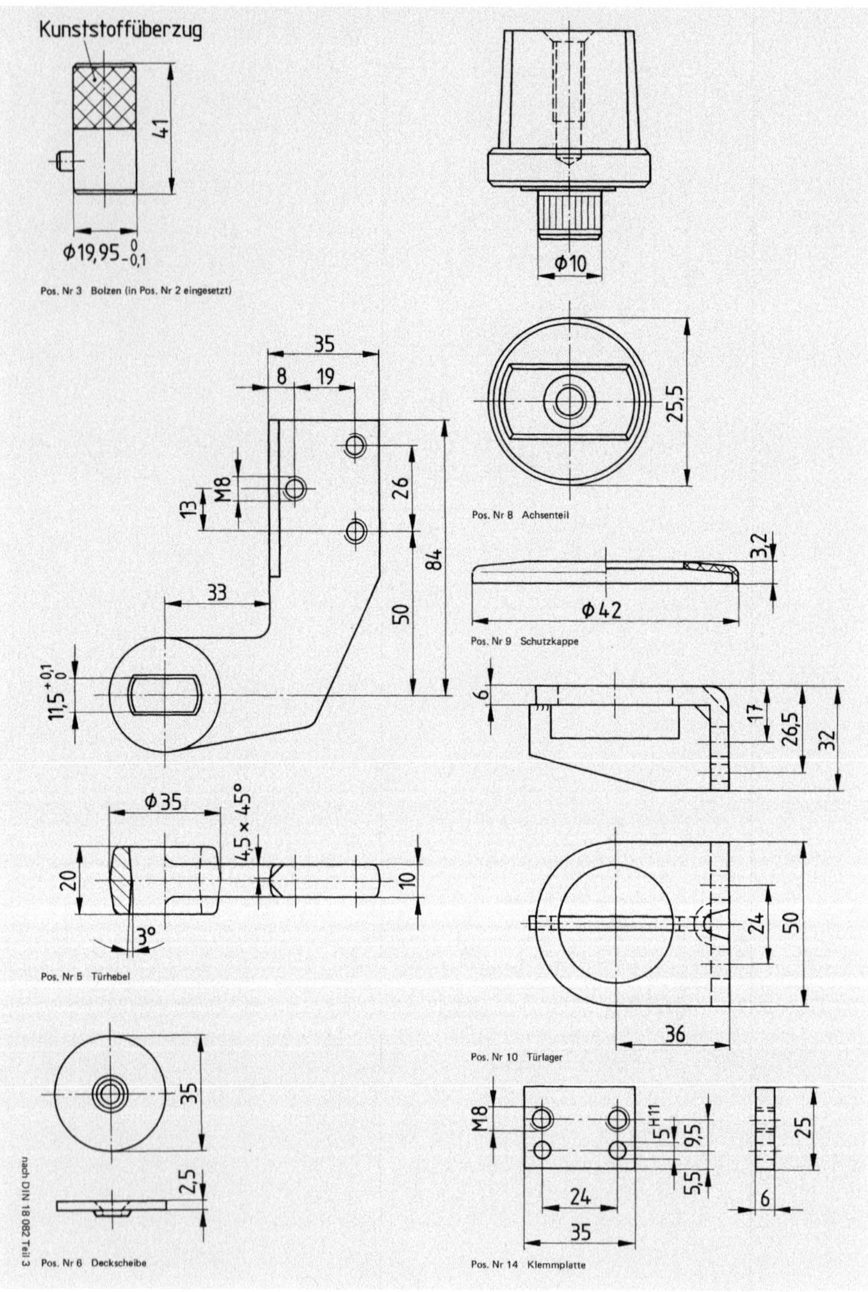
Kunststoffüberzug
41
Φ19,95 0 -0,1
Pos. Nr 3 Bolzen (in Pos. Nr 2 eingesetzt)
Φ10
25,5
Pos. Nr 8 Achsenteil
35
8
19
M8
13
26
84
33
50
11,5 +0,1 0
3,2
Φ42
Pos. Nr 9 Schutzkappe
6
17
26,5
32
Φ35
4,5 × 45°
20
10
3°
Pos. Nr 5 Türhebel
24
50
36
Pos. Nr 10 Türlager
35
2,5
nach DIN 18 082 Teil 3
Pos. Nr 6 Deckscheibe
M8
5H11
9,5
5,5
24
35
25
6
Pos. Nr 14 Klemmplatte

Stückliste zu den Bildern 9 und 10

Pos. Nr	Stückzahl	Benennung oder Normbezeichnung
1	1	Zapfenband – Oberteil
2	1	Zapfenband – Unterteil
3	1	Bolzen
4	6	Senkschraube M 8 x 20 nach DIN 7991
5	1	Türhebel
6	1	Deckscheibe
7	1	Senkschraube M 5 x 20 nach DIN 963
8	1	Achsenteil
9	1	Schutzkappe
10	1	Türlager
11	1	Rillenkugellager 6012 nach DIN 625 Teil 1 (z. Z. Entwurf)
12	2	Zylinderschraube DIN 912 – M 8 x 20 – 8.8
13	2	Federring DIN 7980 – 8
14	1	Klemmplatte
15	2	Kerbstift DIN 1472 – 5 x 16 – St

Positionen zur Stückliste

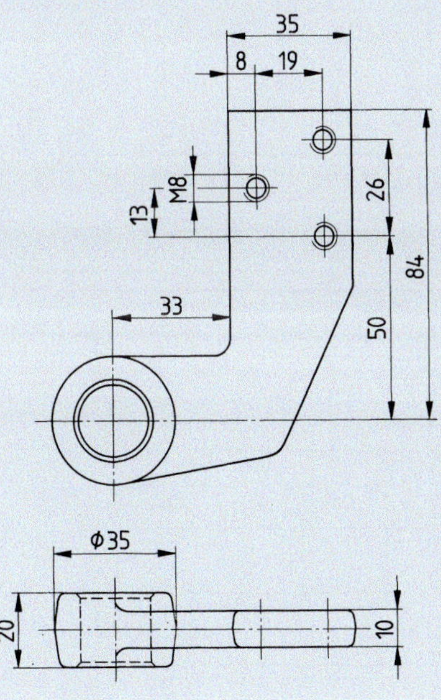

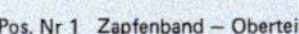

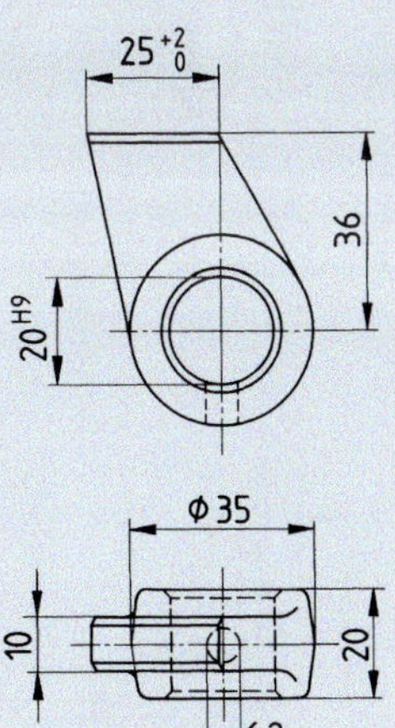

nach DIN 18 082 Teil 3

Pos. Nr 1 Zapfenband – Oberteil

Pos. Nr 2 Zapfenband – Unterteil

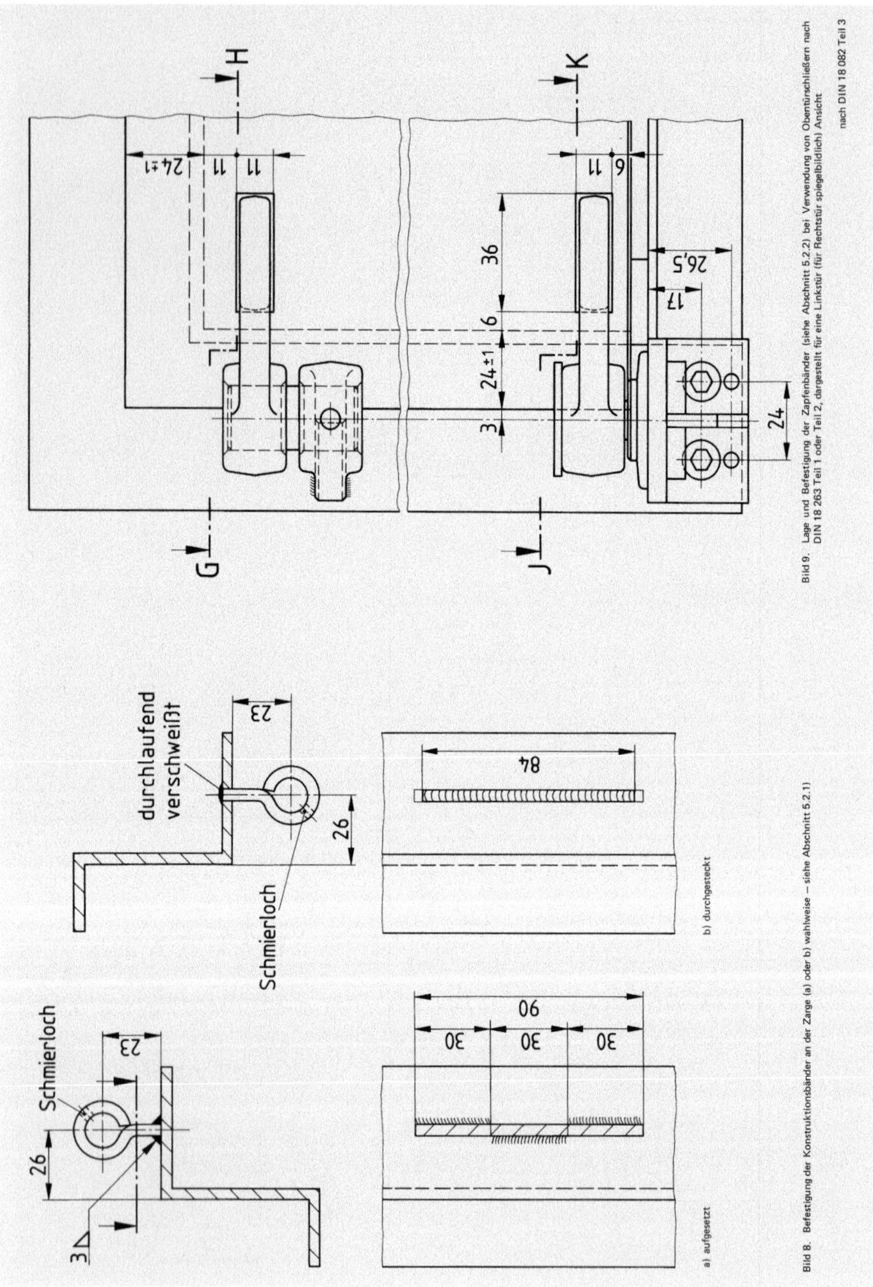

a) aufgesetzt

b) durchgesteckt

Bild 8. Befestigung der Konstruktionsbänder an der Zarge (a) oder b) wahlweise – siehe Abschnitt 5.2.1)

Bild 9. Lage und Befestigung der Zapfenbänder (siehe Abschnitt 5.2.2) bei Verwendung von Obentürschließern nach DIN 18 263 Teil 1 oder Teil 2, dargestellt für eine Linkstür (für Rechtstür spiegelbildlich) Ansicht

nach DIN 18 082 Teil 3

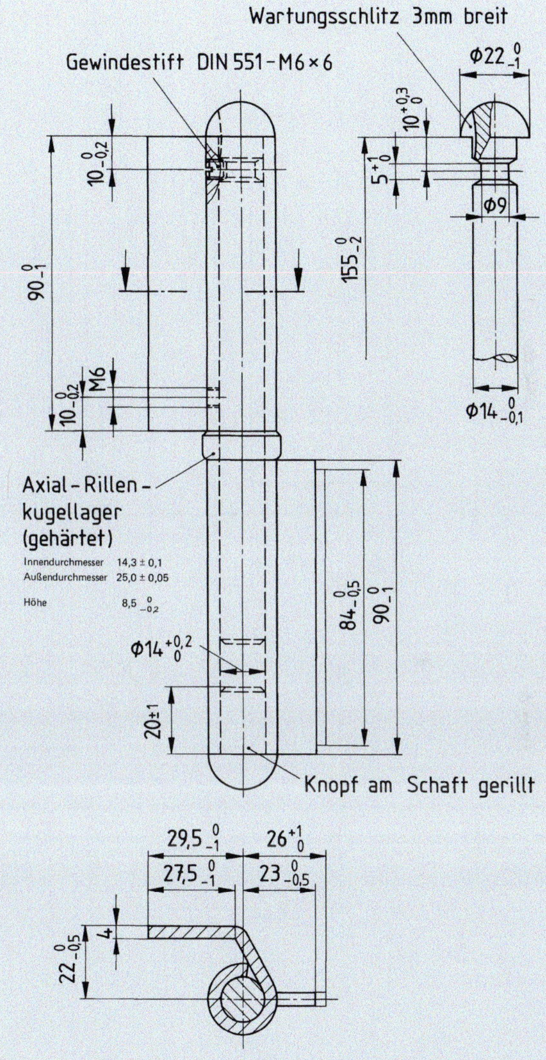

Wartungsschlitz 3mm breit

Gewindestift DIN 551-M6×6

Axial-Rillen-kugellager (gehärtet)

Innendurchmesser 14,3 ± 0,1

Außendurchmesser 25,0 ± 0,05

Höhe 8,5 $^{0}_{-0,2}$

Knopf am Schaft gerillt

Bild 7. Konstruktionsband 180 mm x 14 mm x 4 mm, dargestellt für eine Rechtstür, für eine Linkstür spiegelbildlich (siehe Abschnitt 5.2.1)

nach DIN 18 082 Teil 3

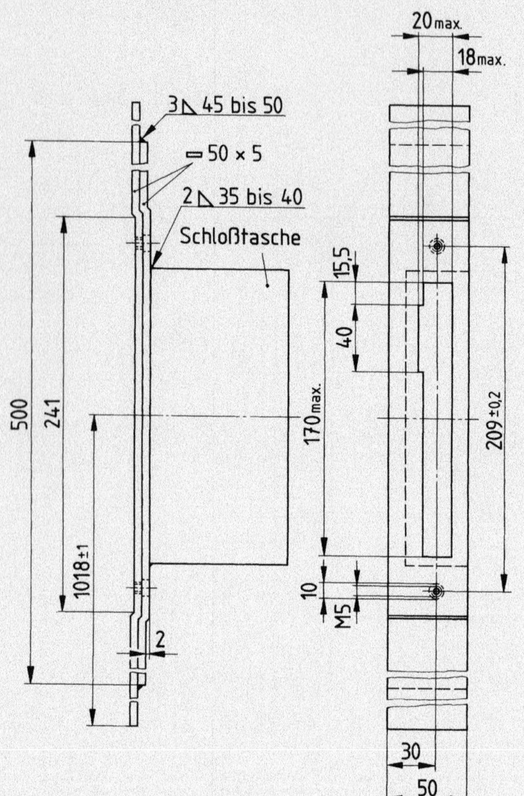

Bild 5. Schloßtasche und Aussteifung im Schloßbereich, dargestellt für eine Rechtstür (Linkstür spiegelbildlich)

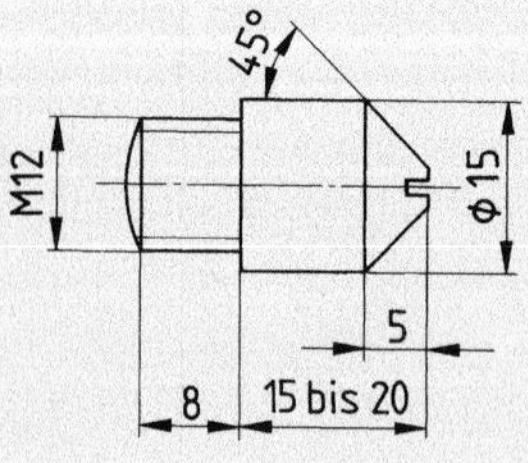

Bild 6. Sicherungszapfen (siehe Abschnitt 5.1.4)

nach DIN 18 082 Teil 3

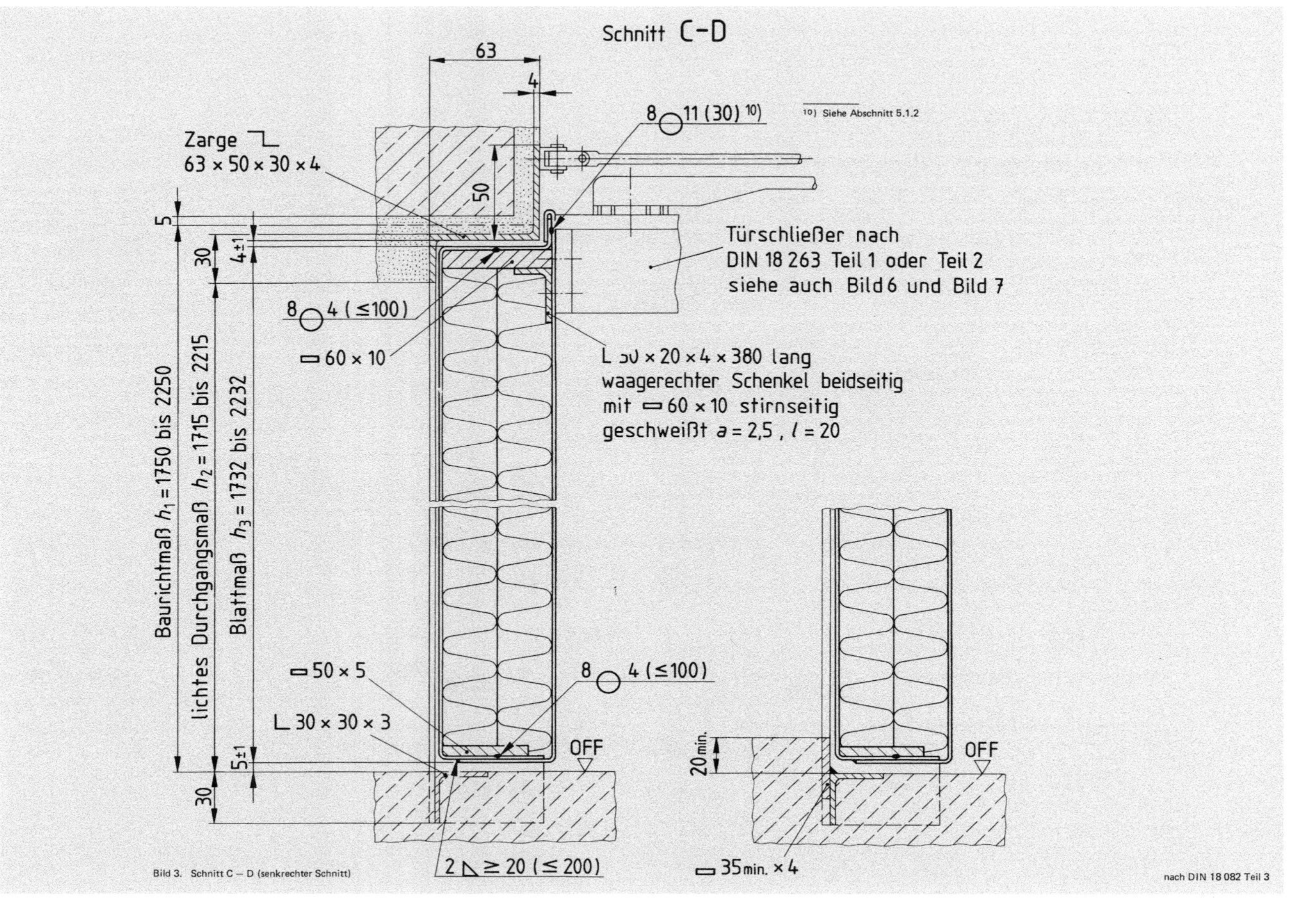

Bild 3. Schnitt C – D (senkrechter Schnitt)

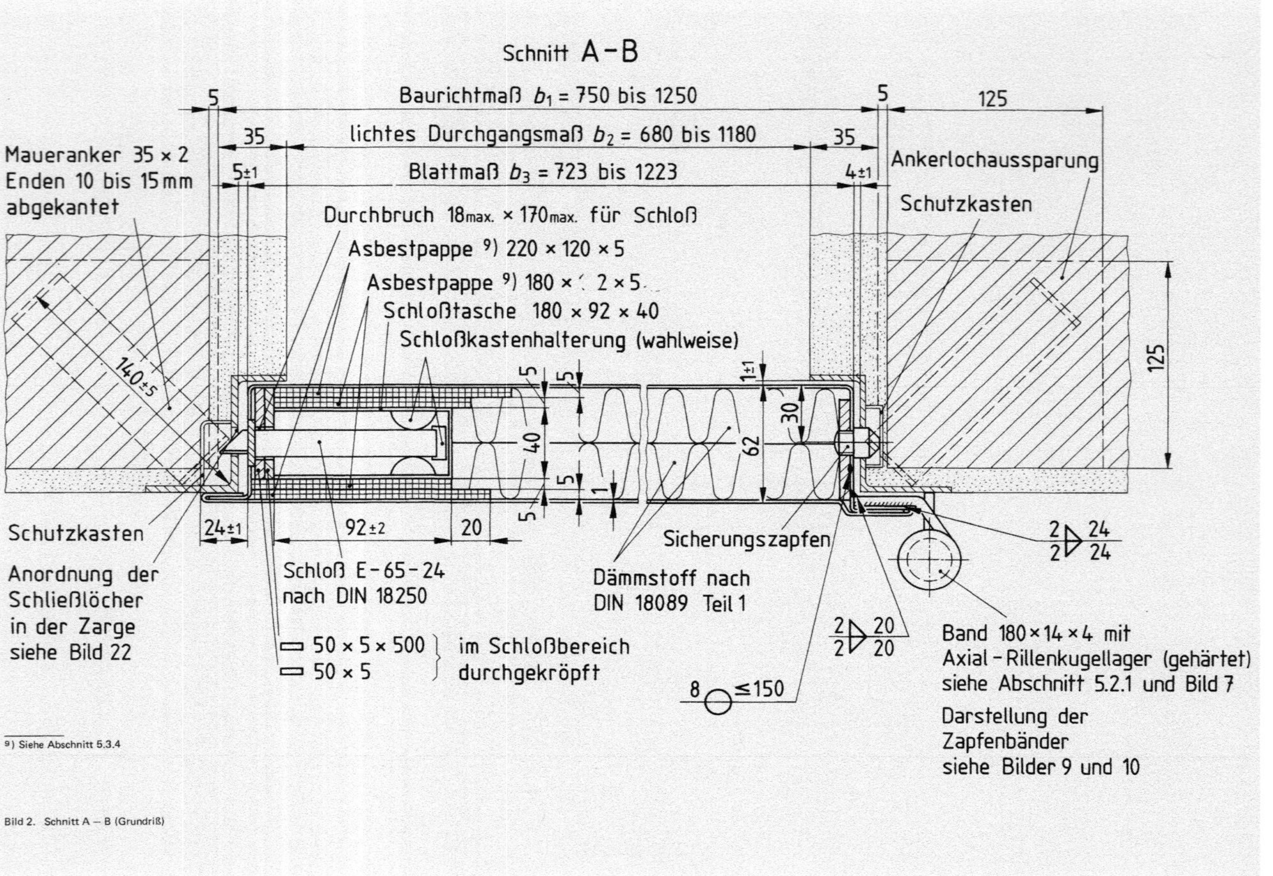

9) Siehe Abschnitt 5.3.4

Bild 2. Schnitt A – B (Grundriß)

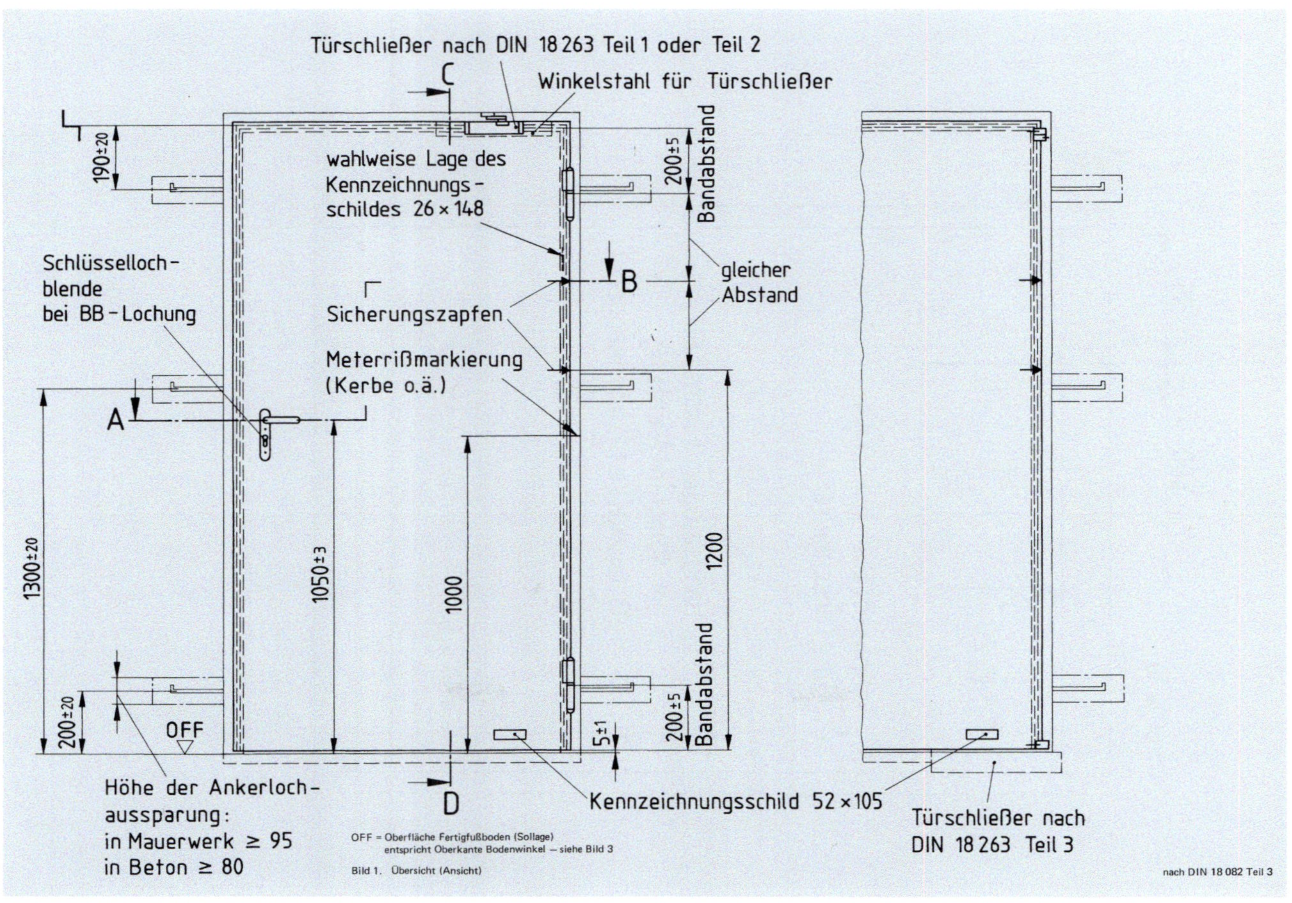

OFF = Oberfläche Fertigfußboden (Sollage) entspricht Oberkante Bodenwinkel – siehe Bild 3

Bild 1. Übersicht (Ansicht)

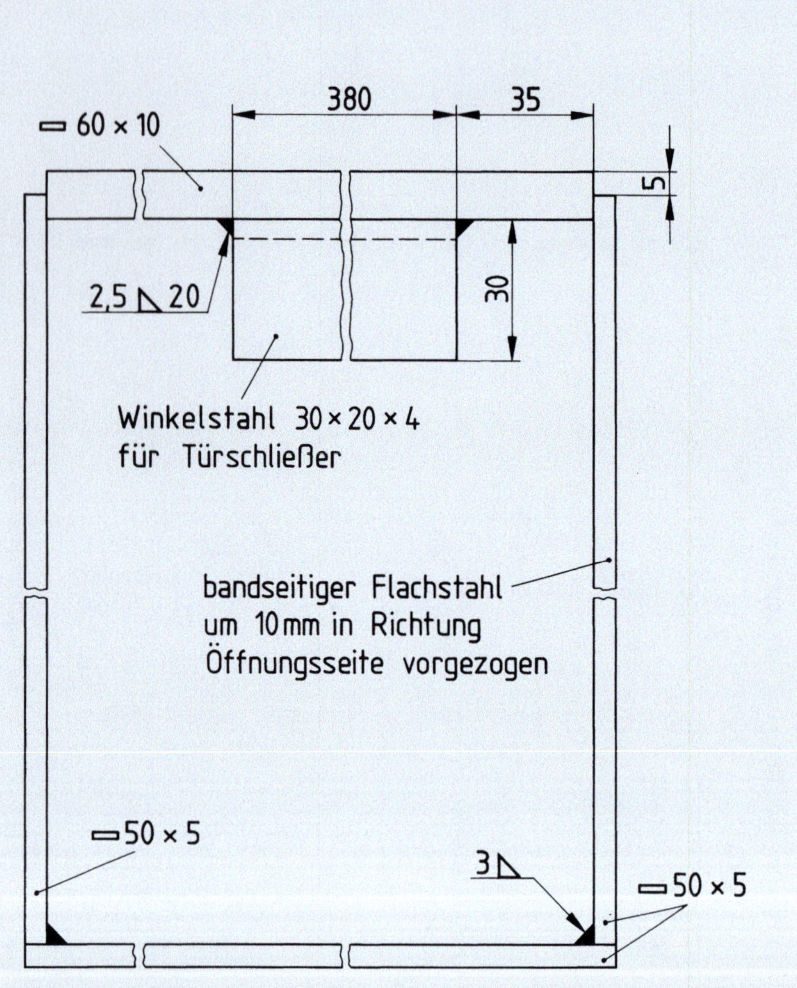

Bild 4. Aussteifungsrahmen, dargestellt für eine Rechtstür (siehe Abschnitt 5.1.3)

nach DIN 18 082 Teil 3

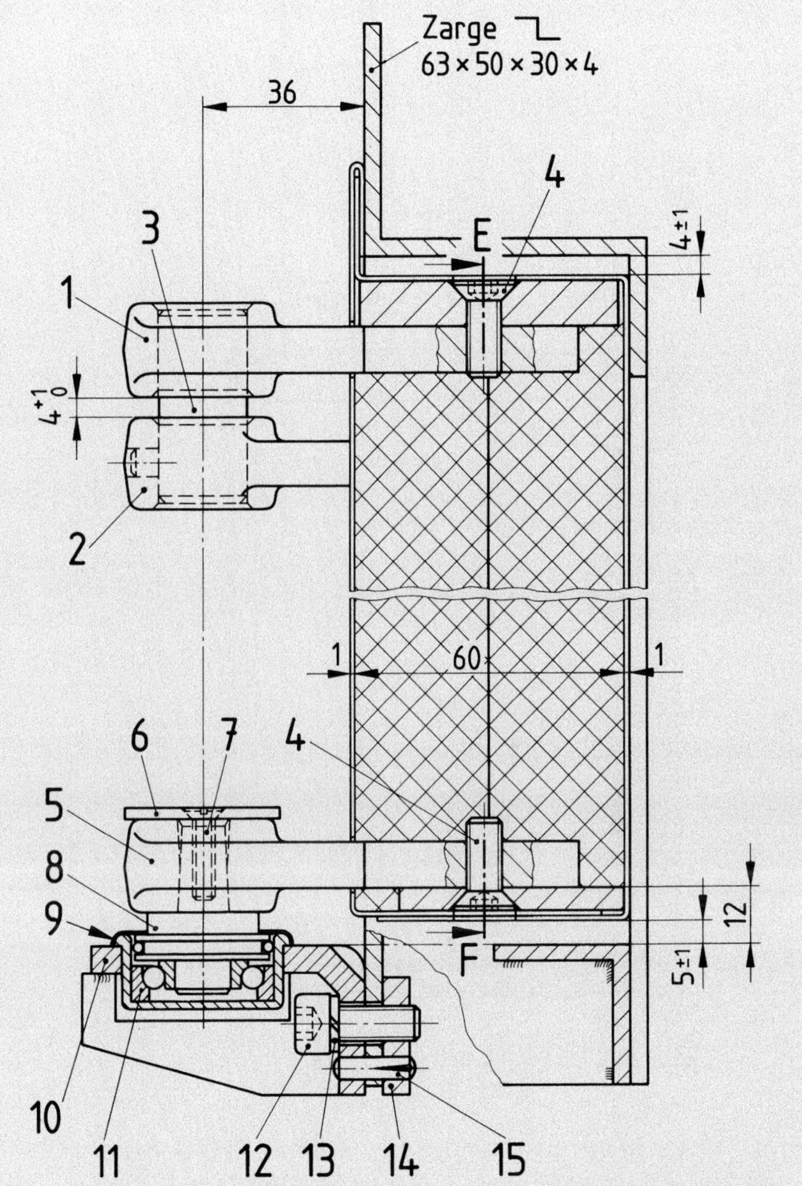

Bild 10. Lage und Befestigung der Zapfenbänder (siehe Abschnitt 5.2.2) bei Verwendung von Obentürschließern nach DIN 18 263 Teil 1 oder Teil 2, dargestellt für eine Linkstür (für Rechtstür spiegelbildlich) senkrechter Schnitt zu Bild 9

nach DIN 18 082 Teil 3

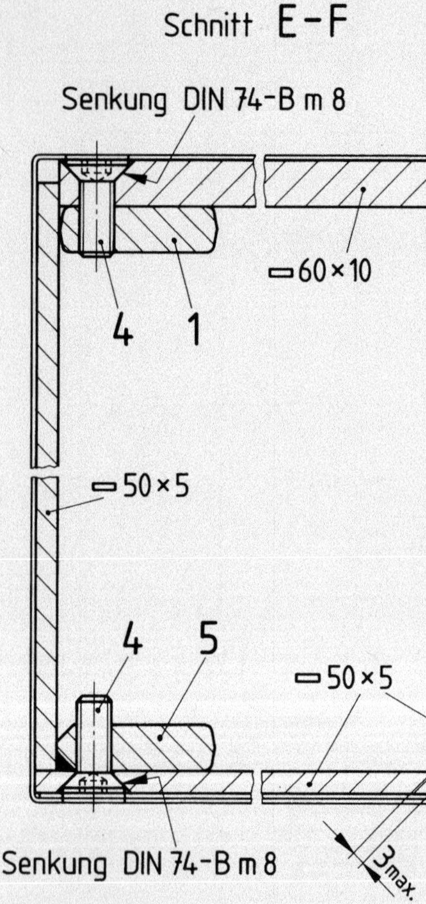

Bild 13. Befestigung der Zapfenbandteile Pos. 1 und Pos. 5 am Aussteifungsrahmen Schnitt E – F zu Bild 10

nach DIN 18 082 Teil 3

DIN 18083 3.5

Im Februar 1955 erschien ein Norm-Entwurf, mit dem feuerbeständige zweiflügligen Stahltüren, die mit einem selbsttätig zufallenden Flügel versehen waren, genormt werden sollten. Die Herausgabe einer endgültigen Norm kann bisher nicht nachgewiesen werden.

Der Tabelle 5 kann die Zusammenfassung zu DIN 18083 entnommen werden.

Tabelle 5: Norm-Entwurf von DIN 18083

Dokumenten-nummer	Dokumenten-art	Ausgabe	Titel des Normteils
DIN 18083	Norm-Entwurf	1955-02[1)]	Feuerbeständige Stahltür (Fb2/1-Tür) zweiflüglig mit einem selbsttätig zufallenden Flügel
Erläuterungen: 1) *Mit diesem Entwurf wurden erstmal zweiflüglige Feuerschutzabschlüsse geregelt. Das Erscheinen der abschließenden Norm wurde bisher nicht nachgewiesen.*			

DK 69.028.1 **Entwurf** Februar 1955

Feuerbeständige Stahltür (Fb2/1-Tür)

zweiflüglig
mit einem selbsttätig zufallenden Flügel

DIN 18 083

Einsprüche bis 31. Mai 1955

Ein Norm-Entwurf kann in wesentlichen Teilen seines Inhalts noch geändert werden und ist deshalb im Gegensatz zur endgültigen Norm nicht dazu bestimmt, angewendet zu werden.

Einsprüche und Anregungen werden — möglichst doppelt — erbeten bis zum 31. 5. 1955 an die FNBau-Geschäftsstelle, Bamberg 4, Postschließfach 43.

1 Allgemeines

Die nachstehend genormte Stahltür gilt ohne besonderen Nachweis als feuerbeständig nach DIN 4102, „Widerstandsfähigkeit von Baustoffen und Bauteilen gegen Feuer und Wärme".

2 Maße und Gewicht

2.1 Das größte zulässige Rohbau-Richtmaß ist:
2125 mm × 2250 mm.
Das lichte Durchgangsmaß hierzu beträgt:
2065 mm × 2220 mm.

2.2 Das Gewicht des Türblattes beträgt in der Regel etwa 65 kg/m².

3 Beschreibung

3.1 Türblatt

Jedes Türblatt besteht aus zwei SM-Blechen St II 23 von je 1,5 mm Dicke, die auf mindestens 48 mm Dicke zusammengefalzt werden. In den Falzecken sind sie in Abständen von 500 mm durch etwa 30 mm Raupenschweißung zusammenzufügen. Die mittleren Falze müssen Asbesteinlagen von 3 bzw. 6 mm Dicke erhalten und den anderen Türflügel mindestens 30 mm überdecken.

Jedes Türblech wird durch zwei in der Querrichtung elektrisch aufgeschweißte L-Profile ausgesteift, deren horizontale Schenkel nicht über 20 mm lang sein dürfen. (Siehe Bild 1 und 3). Eine Verbindung oder Berührung der beiden Türblechflächen darf nicht eintreten.

3.2 Zarge

Die Zarge ist aus ⅂-Profil ≧ 48/50/25 × 4 mm gewalzt, kaltgezogen oder gepreßt. Die Zargenenden sind durch einen Stahlwinkel 40 × 40 mm zu verbinden. Ein Schenkel des Winkels muß in horizontaler Lage bündig mit dem Fußboden abschließen.

Eine Schwelle aus nichtbrennbarem Material kann in besonderen Fällen gefordert werden. [1])

3.3 Türbänder

Jedes Türblatt wird in drei Türbänder 200/14/4 mm eingehängt.

Das obere Türband ist 200 mm von oben, das untere 200 mm von unten bis Mitte Band anzuschrauben oder anzuschweißen.

Das mittlere Band des selbsttätig zufallenden Türflügels ist als einstellbares Federband auszubilden, so daß ein selbsttätiges Schließen gewährleistet ist. An seiner Stelle darf auch ein einfaches Türband sowie ein zusätzlicher automatischer Türschließer verwendet werden.

3.4 Verschluß

Der Verschluß des selbsttätig zufallenden Flügels muß aus einem Dreifalleneinsteckschloß bestehen. Schloß und Verbindungsstangen müssen in einem besonderen allseitig geschlossenen Gehäuse liegen. Dieses Gehäuse ist mit 2 mm dicken Asbestplatten seitlich zu verkleiden. Die Fallen müssen mindestens 6 mm in den anderen Flügel eingreifen und mit je einer Schleifrippe versehen sein.

Der nicht selbsttätig zufallende Flügel ist mit einem auf der Bandseite aufgesetzten Treibriegel zu versehen. Dieser Treibriegel muß aus einer Stahlstange von mindestens 19 mm bestehen, wenigstens 5 Führungsschlaufen aufweisen und oben und unten mindestens 15 mm in die Zarge bzw. in den Anschlagwinkel eingreifen. Der Treibriegelgriff ist in einer Höhe von 1600 mm anzubringen und muß im geschlossenen Zustand nach unten stehen [2]).

3.5 Dämmstoff

Die Dämmstoffe sind gebrannte Kieselgurplatten von möglichst 200 × 200 mm Kantenlänge und 42 mm Dicke. Die Platten sind einseitig mit einer 2 bis 3 mm dicken Asbestpappe abzudecken. Die stumpfen Stöße sind in geeigneter Weise mit Asbestfaser oder Asbestpappe abzudichten [3]). Die Platten müssen den Gütevorschriften nach DIN 18081, Blatt 2, entsprechen und sind lufttrocken einzubauen.

3.6 Schutzanstrich

Alle Metallteile sind allseitig vor dem Zusammenbau mit einem Rostschutzanstrich zu versehen; die Zarge nur insoweit, als sie nicht eingeputzt wird.

4 Einbau

Die Zargenpfosten werden beiderseitig durch je 3, der Zargensturz in der Mitte durch 1 Stück Maueranker aus Flachstahl von etwa 40/4/130 mm in der Wand befestigt. Die Zargen müssen bündig mit dem Putz abschließen. (Siehe Bild 1 und 5).

5 Kennzeichnung

Jede feuerbeständige Tür ist mit einem Metallschild zu versehen, in das der Name der Herstellerfirma und die DIN-Nummer (DIN 18 083) erhaben eingeprägt sind.

[1]) Diese Fälle können gegeben sein, wenn es sich um den Abschluß von Räumen handelt, in denen rauchempfindliche Waren, Lebensmittel, Tabak, Textilien und dgl. lagern.

[2]) Dieser Flügel muß beiderseits in Augenhöhe ein Schild tragen mit der gut leserlichen Aufschrift „Dieser Flügel ist nach Durchgang sofort zu verriegeln".

[3]) Es dürfen stumpf gestoßene Platten und solche mit Falz verwendet werden.

Fortsetzung Seite 2 und 3

Fachnormenausschuß Bauwesen im Deutschen Normenausschuß (DNA)

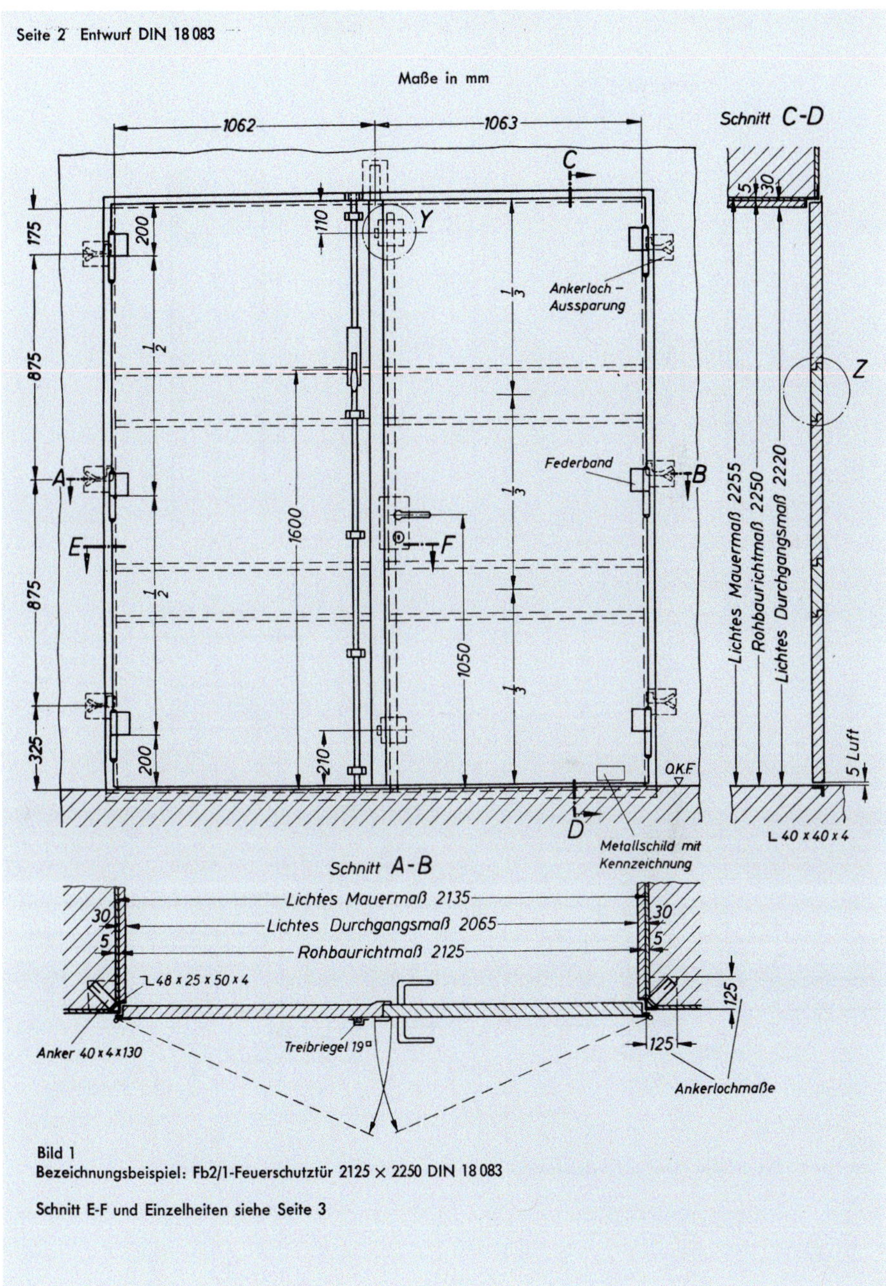

Bild 1

Bezeichnungsbeispiel: Fb2/1-Feuerschutztür 2125 × 2250 DIN 18 083

Schnitt E-F und Einzelheiten siehe Seite 3

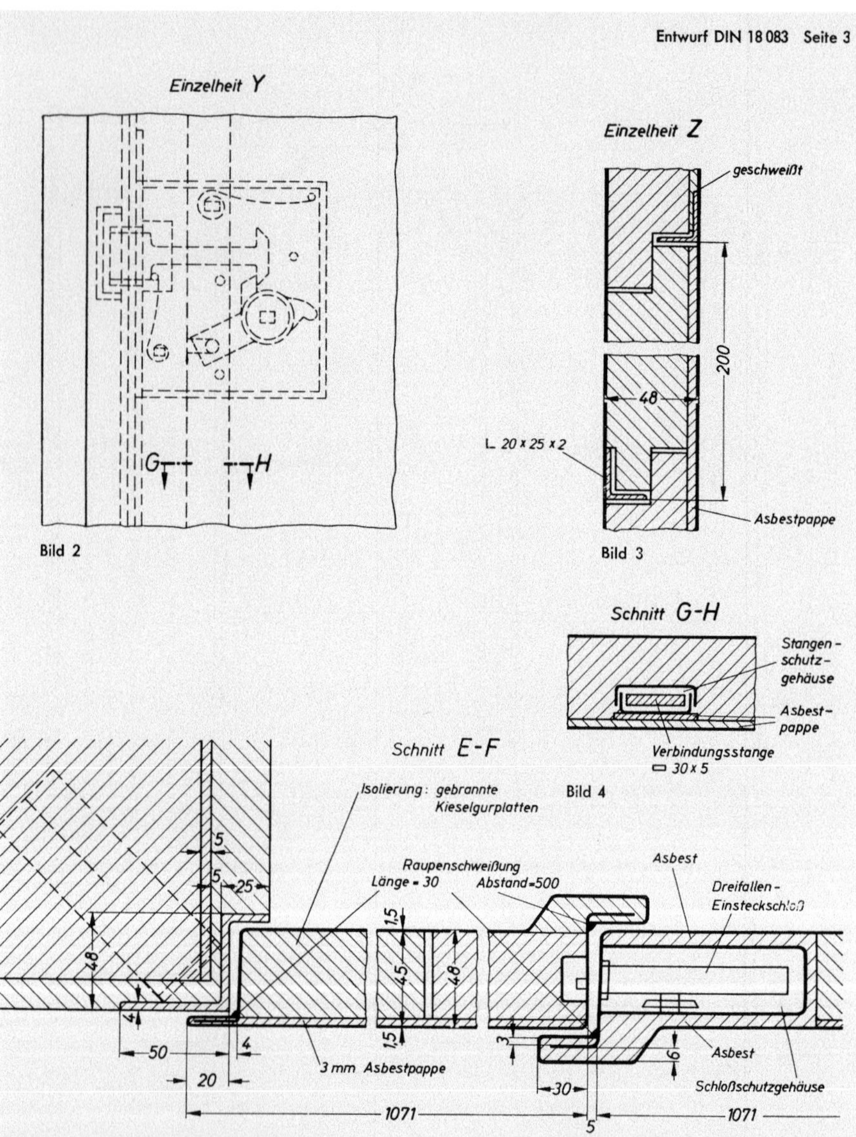

Bild 5

„Feuerbeständige Stahltür. Güte- und Prüfvorschriften für gebrannte Kieselgurplatten" siehe DIN 18 081 Blatt 2.

DIN 18084 3.6

Zu feuerhemmenden zweiflügligen Stahltüren erschien zum Februar 1969 eine gesonderte Norm unter DIN 18084.

In Tabelle 6 ist die Übersicht zu dieser Norm enthalten.

Tabelle 6: DIN 18084

Dokumenten-nummer	Dokumenten-art	Ausgabe	Titel des Normteils
DIN 18084	Norm	1969-02[1)]	Feuerhemmende zweiflügelige Stahltüren (T30-2-Türen) Maße und Anforderungen
Erläuterungen: 1) *Diese Norm wurde im Jahr 1976 ohne Ersatz zurückgezogen.*			

DK 69.028.1 : 699.81 : 614.84 Februar 1969

Feuerhemmende zweiflügelige Stahltüren (T30-2-Türen)

Maße und Anforderungen

DIN 18084

Fire retarding two wings steel doors (T30-2-doors); dimensions and requirements

1. Begriff

Feuerhemmende zweiflügelige Stahltüren (T30-2-Türen) sind selbstschließende Stahltüren, die den Festlegungen dieser Norm entsprechen und ohne besonderen Nachweis als feuerhemmend nach DIN 4102 „Brandverhalten von Baustoffen und Bauteilen" gelten [1]).

2. Maße und Gewicht

2.1. Rohbau-Richtmaße der Wandöffnungen

Die Breite eines Türflügels darf 700 mm nicht unter- und 1250 mm nicht überschreiten. Die größte zulässige Breite des Rohbau-Richtmaßes ist 2250 mm.

Die Höhe des Rohbau-Richtmaßes darf 1750 mm nicht unter- und 2250 mm nicht überschreiten.

Vorzugsmaße siehe Tabelle. Bei Ausführung mit Schwelle (siehe Abschnitt 3.5.1) verringern sich die lichten Durchgangsmaße in der Höhe um 20 mm.

2.2. Das Gewicht des Türblattes je m² beträgt in der Regel etwa 43 kg.

3. Beschreibung und Anforderungen

3.1. Türblatt

Jedes Türblatt (Bild 1) wird aus zwei spannungsfrei gerichteten Feinblechen mindestens der Grundgüte TSt 10 03, zunderfrei, nach DIN 1623 Blatt 1 von je 1,5 mm Dicke zu einem Türkasten von mindestens 54 mm Dicke zusammengefalzt.

Die beiden Türbleche sind in den Kastenecken und an den Falzecken (d. h. am Stoß der überfalzten Bleche) dicht zu verschweißen. Die Bleche sind an den Falzkanten (d. h. an der Umbördelung des Anschlagfalzes) an drei Seiten des Türblattes in Abständen von höchstens 500 mm, an der vierten, unteren Seite in Abständen von höchstens 200 mm durch etwa 2 mm dicke und 30 mm lange Schweißnähte zu verbinden (siehe Schnitt *E–F*). Die Falzkanten sind hinter den Bandoberteilen mindestens mit 2 Schweißnähten von je 30 mm Länge zu verbinden.

Jedes Türblech wird durch zwei waagerecht liegende aufgeschweißte Winkelprofile von mindestens 2 mm Dicke ausgesteift. Die freien Schenkel der Aussteifungen müssen 15 mm bis 20 mm lang sein (siehe Bild 1 Einzelheit *Z*). Ferner werden die Türblätter in senkrechter Richtung an den mittleren Falzen durch je einen über die ganze Türhöhe gehenden angeschweißten 6 mm dicken Flachstahl von mindestens 50 mm Breite ausgesteift (siehe Bild 2 und 3).

In die mittleren Türfalze sind über die gesamte Türhöhe zwischen den Blechen Asbestpappestreifen eingebördelt.

An jedem Türblatt ist das Blech an der Bandseite für das Anbringen eines automatischen Türschließers (siehe Abschnitt 3.2) durch ein aufgeschweißtes 4 mm dickes Blech zu verstärken, dessen Abmessungen und Lage sich nach den Angaben des Türschließer-Herstellers richten.

Die Türen dürfen keine Verglasung haben.

[1]) Für feuerhemmende zweiflügelige Türen, die dieser Norm nicht entsprechen, ist die Eignung nachzuweisen.

3.2. Türbänder und Türschließer

Jedes Türblatt wird in drei stählerne Türbänder 180 mm × 14 mm × 4 mm eingehängt. Das obere Türband ist 200 mm von Oberkante Türkasten, das untere 200 mm von Unterkante Türkasten, das mittlere in der halben Türhöhe anzuschrauben oder anzuschweißen. Die Maße beziehen sich jeweils auf Bandmitte.

An jedem Türblatt ist ein automatischer (federhydraulischer) Türschließer vorzusehen. Die Türschließer müssen ein selbsttätiges Schließen aus jedem Öffnungswinkel gewährleisten.

3.3. Verschluß

Der Verschluß muß den Schloßflügel an drei Stellen mit dem anderen Türblatt verbinden. Er muß den Festlegungen der DIN 18 081 Blatt 1, Ausgabe Februar 1969, Abschnitt 3.3, in allen Einzelheiten entsprechen.

Der andere Flügel (Riegelflügel) ist mit einem eingebauten Schnappriegel auszurüsten. Die Riegelstange greift etwa 12 mm tief in die Zarge ein. Mittels eines Drückers kann die Riegelstange betätigt und der Riegelflügel geöffnet werden. Diese Verriegelung muß Bild 4 sowie der dazugehörenden Stückliste entsprechen.

Um die richtige Schließfolge sicherzustellen, sind am oberen Zargenprofil die Grundplatte des Schließreglers mit Abweiser und Auflaufkurve, am Riegelflügel die Auflaufrollvorrichtung des Schließreglers anzubringen (siehe Bild 5). Von den Angaben dieser Norm abweichende Schließregler-Ausführungen bedürfen einer bauaufsichtlichen Genehmigung.

Die Schließlöcher im Riegelflügel sind so anzuordnen, daß Falle und Riegel einen Spielraum nach oben von mindestens 5 mm und nach unten von mindestens 10 mm haben.

Schließlöcher für das Hauptschloß siehe DIN 18 081 Blatt 1, Ausgabe Februar 1969, Bild 5. Die Durchbrüche im Riegelflügel für Falle und Riegel sowie im Sturz der Zarge für den Schnappriegel sind mit Schutzkästen zu versehen.

3.4. Dämmstoffe

Als Dämmstoff sind Mineralfaser-Einlagen zu verwenden. Sie müssen mindestens 51 mm dick sein und die Anforderungen DIN 18 081 Blatt 3 erfüllen. Die Einlagen müssen hinsichtlich ihres Flächengewichtes und ihrer Dicke im eingebauten Zustande den Angaben eines Prüfzeugnisses einer amtlichen Prüfstelle entsprechen, das nicht älter als ein halbes Jahr ist. Die Mineralfaser-Einlagen dürfen während des Transportes, der Lagerung und des Einbaues weder zusammengerollt noch geknickt werden. Sie sind lufttrocken und ungeteilt einzubauen und dürfen an den Aussteifungswinkeln der Türblätter nicht eingeschnitten werden. Die Einlagen müssen die gesamte Fläche der Türkästen ausfüllen.

Bei Türkästen von mehr als 1000 mm Breite ist ein senkrechter Stoß der Matten zulässig. Um in diesem Falle ein festes Aneinanderliegen der beiden Mattenteile zu gewährleisten, ist am Stoß eine Zugabe von mindestens 10 mm erforderlich. Die Drahtgewebe der beiden Mattenteile müssen durch Bindedraht miteinander verbunden sein.

Fortsetzung Seite 2 bis 9
Erläuterungen Seite 9 bis 11

Fachnormenausschuß Bauwesen im Deutschen Normenausschuß (DNA)
Arbeitsgruppe Einheitliche Technische Baubestimmungen (ETB)

3.5. Zarge

3.5.1. Die Zarge besteht aus gewalztem oder kaltgezogenem oder gepreßtem Z-Stahl mindestens 54 mm × 50 mm × 25 mm × 4 mm (Schnitt *E–F*). Die Zargenenden sind bei Ausführung ohne Schwelle durch Winkelstahl mindestens 30 × 3 nach DIN 1028 oder DIN 59 370 zu verbinden.

Eine Schwelle kann in besonderen Fällen erforderlich sein[2]). Bei Ausführung mit Schwelle ist hochkant ein Flachstahl anzuschweißen (siehe Bild 1).

3.5.2. An jedes der beiden seitlichen Zargenprofile sind 3, an das obere Zargenprofil 1 bzw. 3 flachgestellte Maueranker aus Bandstahl 40 × 4 nach DIN 1016 angeschweißt (siehe Bild 1).

Anstelle des 4 mm dicken Bandstahles dürfen auch 2 Bandstähle von je 2 mm Dicke angebracht werden (siehe Bild 1 Schnitt *E–F*). Die freien Enden der Maueranker müssen vom Hersteller der Tür mindestens 10 mm rechtwinklig abgekantet oder mindestens 25 mm lang aufgeschlitzt und um etwa 45° nach oben und unten abgebogen oder gewellt (mindestens eine volle Welle von 10 mm Höhe) sein.

3.6. Rostschutz

Sämtliche Metallteile sind allseitig vor dem Zusammenbau mit einem Rostschutz zu versehen; die Zarge mindestens insoweit, als sie nicht eingeputzt wird. Anstelle von Rostschutzfarben kann auch eine Verzinkung angebracht werden.

4. Einbau

4.1. Die Zarge wird mit ihren flachgestellten Ankern nach dem Höhenriß ausgerichtet und lotrecht in der Wand befestigt. Sie ist voll und bündig einzuputzen. Um einen einwandfreien Arbeitsablauf zu erreichen, ist es zweckmäßig, die Löcher für die Anker in der Wand auszusparen.

4.2. Falls die Feuerschutztür in eine Wand von weniger als 240 mm Dicke oder in eine Wand aus Baustoffen geringer Festigkeit eingebaut wird (Druckfestigkeit unter 100 kp/cm²), ist die Zarge in Pfeiler und einen Türsturz aus Vollsteinen von mindestens 100 kp/cm² Druckfestigkeit einzusetzen. Die Pfeiler sollen einen Querschnitt von mindestens 240 mm × 240 mm haben. Sie sind in Mörtel der Mörtelgruppe II (nach DIN 1053 „Mauerwerk; Berechnung und Ausführung") zu mauern. Die Pfeiler und Türstürze dürfen wahlweise auch aus Beton mindestens der Güte B 160 nach DIN 1045 „Bestimmungen für Ausführung von Bauwerken aus Stahlbeton" gefertigt werden.

5. Gütesicherung

Zur Gütesicherung haben die Hersteller der Feuerschutztüren die Güte ihrer Erzeugnisse selbständig zu überwachen und zu prüfen (Eigenüberwachung). Sie haben sich ferner einer Fremdüberwachung zu unterziehen.

Der Eigenüberwachung und der Fremdüberwachung sind die Forderungen dieser Norm zugrundezulegen.

Zur Gütesicherung der Dämmstoffe siehe DIN 18 081 Blatt 3, zur Gütesicherung der Schlösser siehe DIN 18 081 Blatt 1.

5.1. Eigenüberwachung

Im Rahmen der Gütesicherung hat der Türenhersteller von den in der Fertigung befindlichen Türblättern und Zargen bei großen Fertigungsserien an jedem Arbeitstage mindestens 1 Stück, bei nicht ständig laufender Fertigung je 50 Feuerschutztüren mindestens 1 Stück wahllos zu entnehmen und auf Übereinstimmung mit den Forderungen des Abschnittes 3 zu überprüfen.

Von den verwendeten Mineralfaser-Einlagen sind vom Türenhersteller bei Anlieferung der Einlagen 1 Stück je 500 Einlagen, mindestens aber 2 Stück je Lieferung wahllos zu entnehmen und hinsichtlich ihres Flächengewichtes (ermittelt an der ganzen Einlage) zu überprüfen. Einlagen, deren Flächengewicht nicht mit den Angaben des Prüfzeugnisses (siehe Abschnitt 3.4) übereinstimmt, oder die bei der Lagerung beschädigt wurden, sind von der Verwendung auszuschließen.

Sämtliche Prüfungsergebnisse der Eigenüberwachung sind schriftlich niederzulegen; die Niederschriften sind der die Fremdüberwachung durchzuführenden Stelle unaufgefordert vorzulegen und 5 Jahre lang aufzubewahren.

5.2. Fremdüberwachung

Die normgerechte Ausführung der Feuerschutztüren und die ordnungsmäßige Durchführung der Eigenüberwachung sind mindestens halbjährlich zu überprüfen. Die Überprüfung hat sich auch auf die Kennzeichnung zu erstrecken.

Zum Nachweis einer Fremdüberwachung hat jeder Hersteller von Türen nach dieser Norm einen Überwachungsvertrag mit einer anerkannten Güteschutzgemeinschaft oder mit einer anerkannten Materialprüfstelle abzuschließen.

6. Kennzeichnung

6.1. Auf den Stulp der in Türen nach dieser Norm eingebauten Schlösser müssen das Herstellerzeichen und „DIN 18 081" eingeschlagen sein.

6.2. Die verwendeten Mineralfaser-Einlagen müssen durch einen roten Beilauffaden oder rote Kennfarbe sowie durch einen Zettel gekennzeichnet sein, der Angaben über Hersteller, Herstelljahr, Sortenbezeichnung, Auslieferungsgröße und Gewicht enthält (siehe DIN 18 081 Blatt 3).

Auf der Verpackung müssen die Herstellerfirma das Herstellungsjahr, die Bezeichnung „Mineralfaser-Einlagen nach DIN 18 081 Blatt 3", die Kennfarbe sowie ein Gütesicherungsvermerk angegeben sein.

6.3. Auf jeder Tür ist vom Hersteller ein Schild 52 mm × 105 mm aus Stahlblech mit 4 Schweißungen oder Nieten aus Stahl anzubringen. Dieses Kennzeichnungsschild trägt erhöht eingeprägt den Namen des Herstellers oder ein ihm zugewiesenes Hersteller-Kennzeichen[3]), das Herstelljahr, den Vermerk der Gütesicherung und die Bezeichnung „T30-2-Tür DIN 18 084".

Der Name des Herstellers darf über dem Schild 52 mm × 105 mm auch auf einem zweiten Stahlblechschild angegeben werden, das 105 mm breit und mindestens 26 mm hoch sein muß. Das zweite Schild ist an den vier Ecken ebenso mit dem Kastenblech zu verbinden wie das erste.

Wird die Tür nicht durch die Herstellerfirma vertrieben, darf zusätzlich ein Schild aus Stahlblech mit dem Namen der Vertriebsfirma angebracht werden.

---

[2]) Diese Fälle können gegeben sein, wenn es sich um den Abschluß von Räumen handelt, in denen rauchempfindliche Waren, Lebensmittel, Tabak, Textilien und dgl. lagern, oder wenn im Brandfall mit besonderer Rauchentwicklung zu rechnen ist.

[3]) siehe Erlasse der Länder zu dieser Norm

DIN 18 084 Seite 3

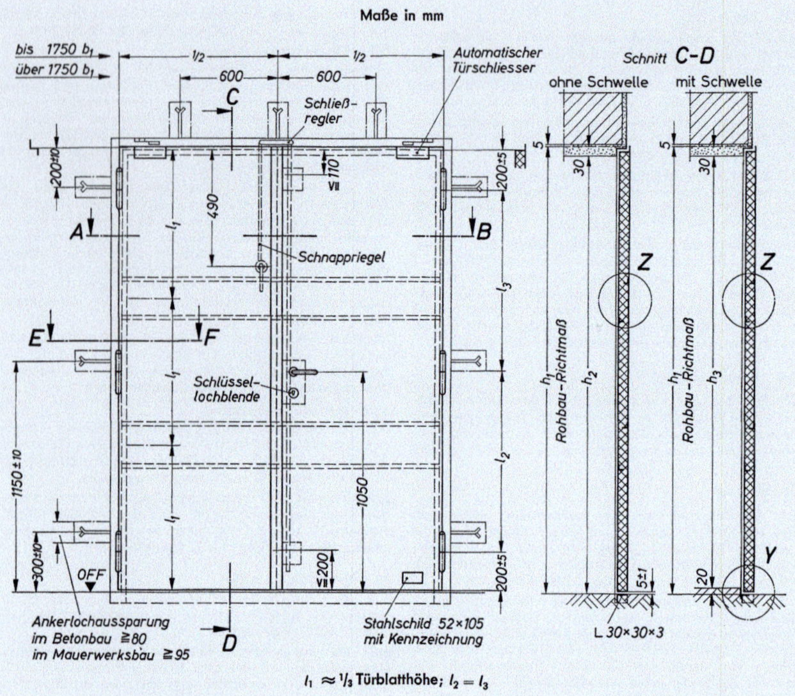

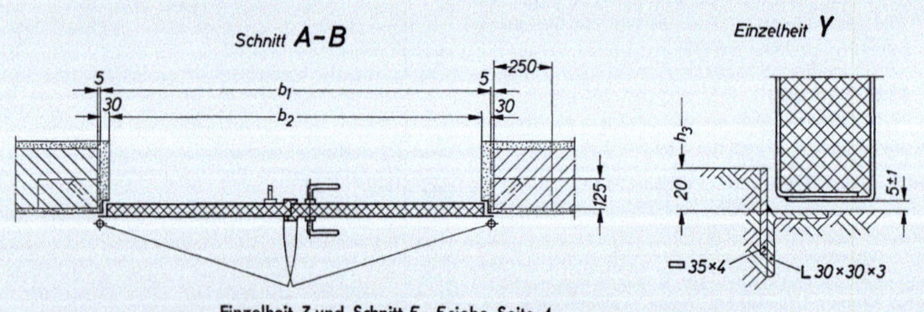

Bild 1. Zweiflügelige Tür mit DIN rechts Schloßflügel (mit DIN links Schloßflügel spiegelbildlich)

Bezeichnung einer feuerhemmenden zweiflügeligen Stahltür (T30-2-Tür) mit DIN rechts Schloßflügel (R) für eine Breite $b_1 = 2000$ mm und eine Höhe $h_1 = 2125$ mm (Rohbau-Richtmaße) mit Dreifallen-Verriegelung ohne Schwelle:

Feuerschutztür T30-2 R 2000 × 2115 DIN 18084

Ausführung mit Schwelle bei Bestellung besonders vereinbaren

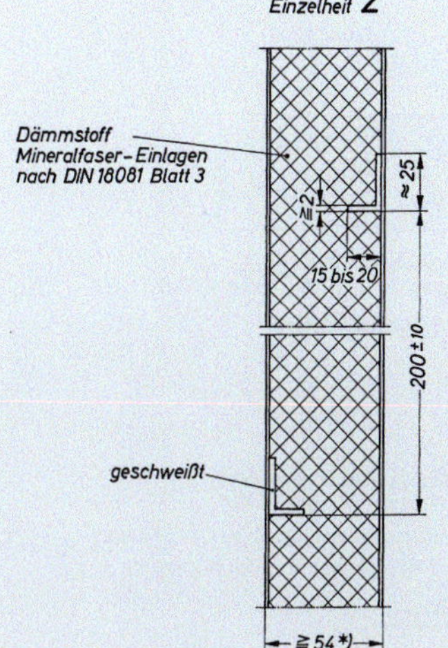

Tabelle 1. **Breiten- und Höhenmaße (Vorzugsmaße)**

Rohbau-Richtmaß		lichtes Durchgangsmaß		
b_1	h_1	b_2	ohne Schwelle h_2	mit Schwelle h_3
1500	2000	1440	1970	1950
	2125		2095	2075
1750	2000	1690	1970	1950
	2125		2095	2075
2000	2000	1940	1970	1950
	2125		2095	2075
2250	2000	2190	1970	1950
	2125		2095	2075

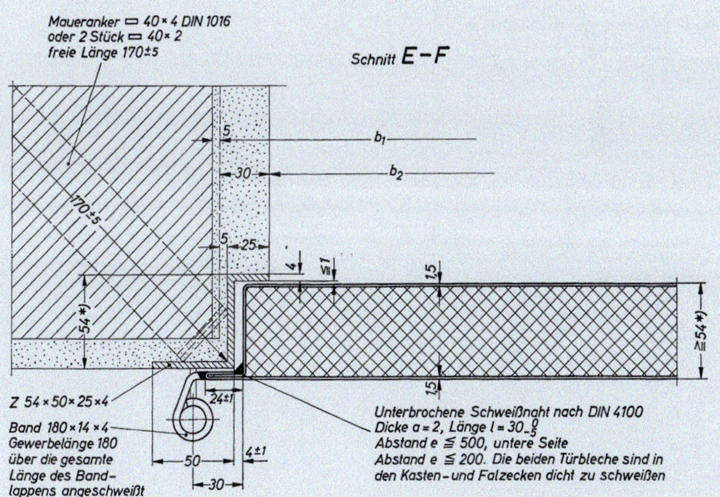

*) Größere Türblatt-Dicke als angegebenes Mindestmaß erfordert Zargen-Profile mit entsprechend längerem Steg

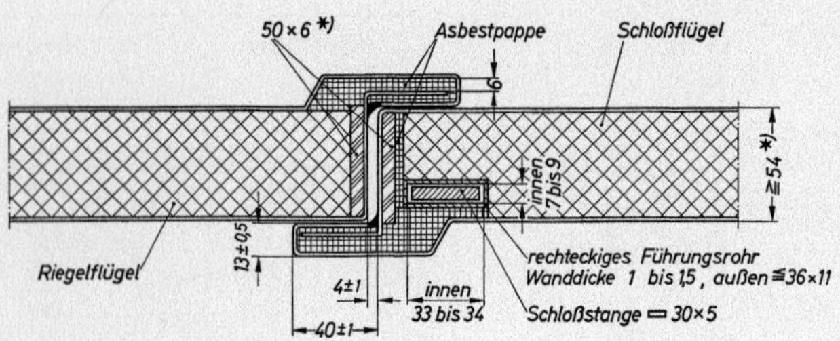

Bild 2. Schnitt zwischen den Schloßtaschen

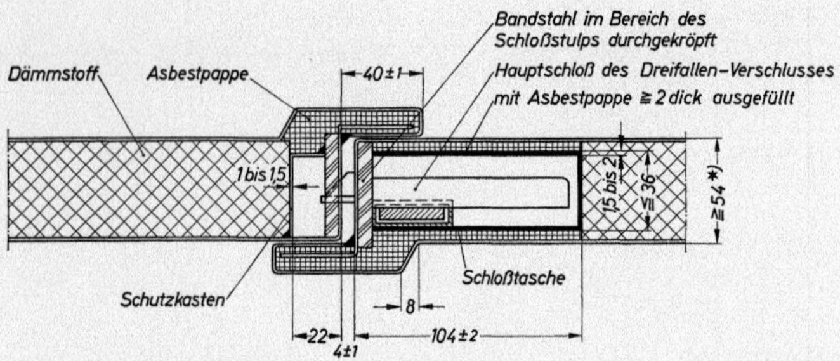

Bild 3. Schnitt im Bereich des Hauptschlosses

*) Die Breite der Aussteifungs-Flachstähle an den mittleren Falzen muß bei Türblatt-Dicken über 54 mm entsprechend größer gewählt werden.

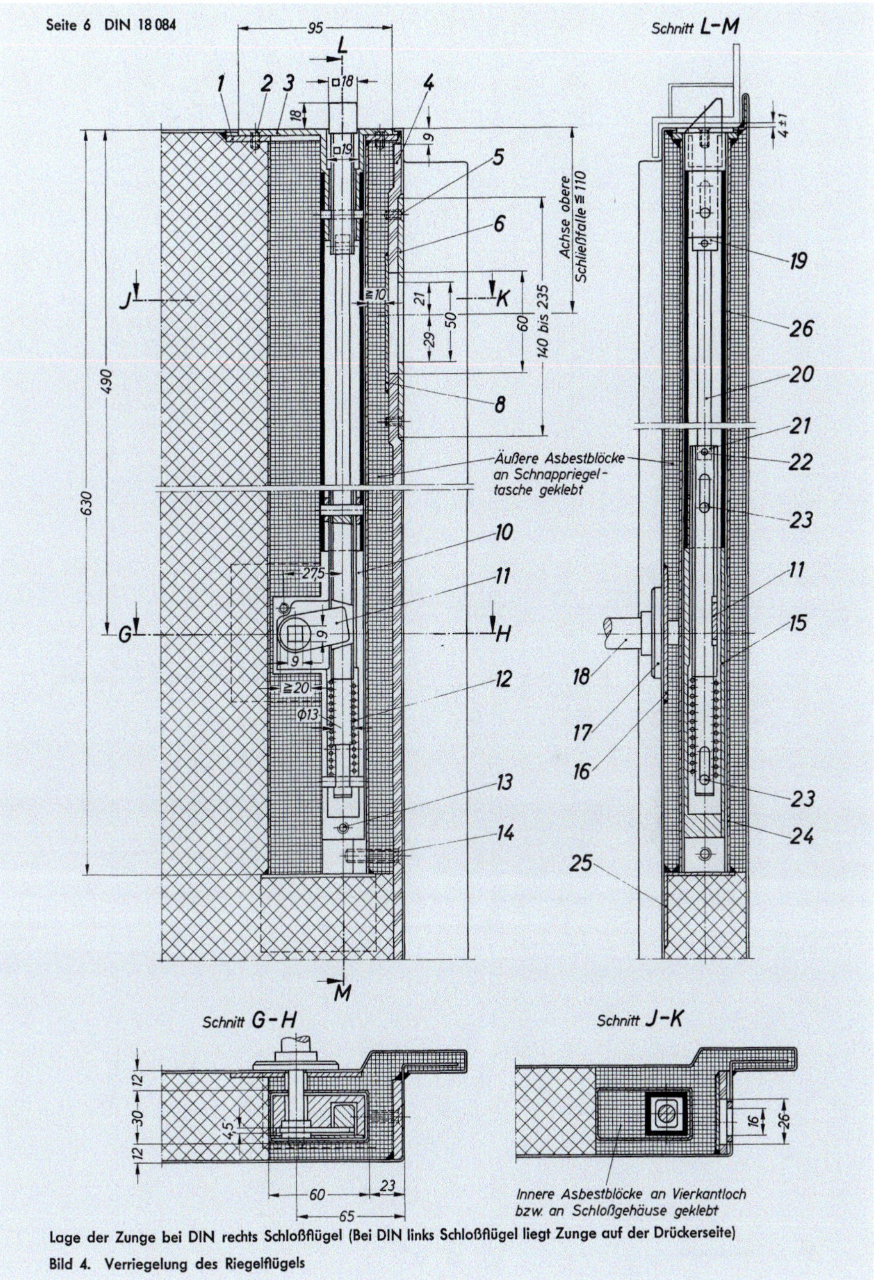

Lage der Zunge bei DIN rechts Schloßflügel (Bei DIN links Schloßflügel liegt Zunge auf der Drückerseite)

Bild 4. Verriegelung des Riegelflügels

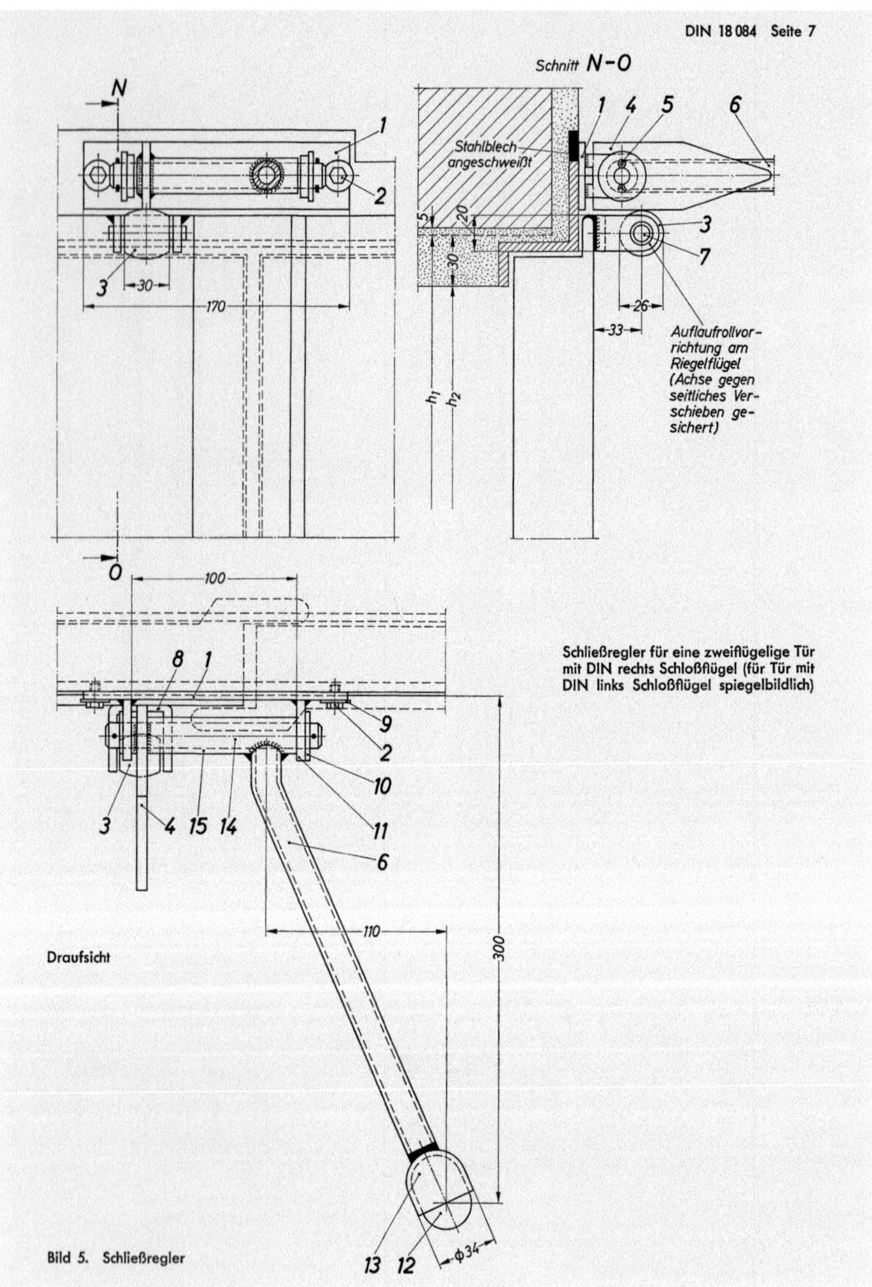

Bild 5. Schließregler

Tabelle 2. **Stückliste zu Bild 4**

Lfd. Nr	Stückzahl	Benennung bzw. Bezeichnung		Werkstoff (Halbzeug)
1	1	Kopfplatte	40×4×105	St 37-2 nach DIN 17 100, verwendbares Halbzeug nach DIN 1542
2	2	Senkschraube	A M 5×10 DIN 63 – 4 S	
3	1	Schnappriegelstulp mit Fallenführung	35×3×95	GTW-35 nach DIN 1692
4	1	Verstärkung	50×6	St 37-2 nach DIN 17 100, verwendbares Halbzeug nach DIN 1017
5	6	Senkschraube	A M 5×10 DIN 63 – 4 S	
6	2	Gegenstulp für Fallenschloß	24×3×140 bis 235	Stahl nach DIN 1652
7*)	1	Gegenstulp für Hauptschloß	24×3×235	Stahl nach DIN 1652
8	2	Abdeckblech für Fallenloch	45×(1,0 bis 1,5)×80	TSt 10 01 nach DIN 1623, verwendbares Halbzeug nach DIN 1541
9*)	1	Abdeckblech für Fallen- sowie Riegelloch	45×(1,0 bis 1,5)×180	TSt 10 01 nach DIN 1623, verwendbares Halbzeug nach DIN 1541
10	1	Schnappriegelschloßgehäuse		GTW-35 nach DIN 1692
11	1	Drückernuß		GTW-35 nach DIN 1692
12	1	Schnappriegelfeder		X 12 CrNi 17 7 nach DIN 17 225, zu verwenden Draht 1,5 nach DIN 2076
13	2	Senkschraube (für Gehäusedeckblech)	M 4×8 DIN 63 – 4 S	
14	1	Senkschraube	M 8×35 DIN 63 – 4 S	
15	1	Gehäusedeckblech	2 mm dick	TSt 10 01 nach DIN 1623, verwendbares Halbzeug nach DIN 1541
16	1	Verstärkung	80×2×80	TSt 10 01 nach DIN 1623, verwendbares Halbzeug nach DIN 1541
17	1	Drückerrosette		
18	1	Drücker		
19	1	Riegeloberteil		GTW-35 nach DIN 1692
20	1	Riegelstange	ϕ 10×340	St 37 K nach DIN 1652, verwendbares Halbzeug nach DIN 668
21	1	Riegelunterteil		GTW-35 nach DIN 1692
22	2	Spannhülse	4×14 DIN 1481	
23	3	Spannhülse	4×26 DIN 1481	
24	1	Schnappriegeltasche	60×30×(1,5 bis 2) (geschweißt)	St 33-2 nach DIN 17 100
25	1	Stützwinkel	45×2	TSt 10 01 nach DIN 1623, verwendbares Halbzeug nach DIN 1541
26	1	Führungsrohr	25×25×2 (geschweißt)	St 33-2 nach DIN 17 100

*) nicht zeichnerisch dargestellt

Tabelle 3. **Stückliste zu Bild 5**

Lfd. Nr	Stückzahl	Benennung bzw. Bezeichnung		Werkstoff (Halbzeug)
1	1	Grundplatte	40×5×170	St 33-2 nach DIN 17 100
2	2	Sechskantschraube	M 8×15 DIN 558	3.6 oder 4.6 (bisher 4 D) nach DIN 267
3	1	Auflaufrolle		St 37 nach DIN 1652
4	1	Auflaufkurve	40×5×102	St 37 nach DIN 1652
5	2	Splint	4×20 DIN 94	Stahl
6	1	Abweiserarm	3/8"	St 00 nach DIN 1629, zu verwenden Rohr 3/8" DIN 2440 – nahtlos, schwarz
7	1	Rollenachse	⌀ 10	St 37 K nach DIN 1652
8	1	Kloben	20×5	St 33-2 nach DIN 17 100
9	2	Scheibe	9,5 DIN 126	Stahl
10	2	Blanke Scheibe	14 DIN 1440	Stahl
11	2	Steg	25×5×34	St 33-2 nach DIN 17 100
12	1	Puffer		elastischer Kunststoff oder Gummi
13	1	Aufnahmehülse		TSt 10 01 nach DIN 1623, verwendbares Halbzeug nach DIN 1541
14	1	Abweiserachse	⌀ 14	St 37 K nach DIN 1652, verwendbares Halbzeug nach DIN 668
15	1	Abweiserhülse	1/2"	St 00 nach DIN 1629, zu verwenden Rohr 1/2" DIN 2440 – nahtlos, schwarz

Erläuterungen

Nach Einführung der ersten Ausgaben der Normen DIN 18 081 (Oktober 1953) und DIN 18 082 (Juni 1959) haben sich dem Bau von Feuerschutztüren auch Hersteller zugewandt, die keine oder nur geringe Erfahrungen auf diesem Gebiet hatten. Da die Normen zunächst absichtlich wenig eingengende Forderungen enthielten, wurden leider von diesen Herstellern häufig Feuerschutztüren angefertigt, die nicht die vorgesehenen brandschutztechnischen Eigenschaften besaßen.

Der FNBau-Arbeitsausschuß „Feuerschutztüren" hat deshalb die Normen überarbeitet und ergänzt. Nach den inzwischen bei vielen Gütesicherungs-Überprüfungen gesammelten Erfahrungen schien es unumgänglich, Text und Bilder eingehender zu fassen und Fertigungstoleranzen anzugeben. Die Normen wurden ferner erweitert durch eine ausführlichere Fassung des Abschnittes „Gütesicherung", da dies von den zuständigen Fachkommissionen der ARGEBAU (Arbeitsgemeinschaft der für das Bau-, Wohnungs- und Siedlungswesen zuständigen Minister der Länder) für notwendig gehalten wurde.

Dadurch und durch die Aufnahme von Festlegungen für die einzubauenden Schlösser sind die Normen wesentlich umfangreicher geworden. Um ihren Inhalt übersichtlich zu halten, werden einige beim Bau von Feuerschutztüren nach DIN 18 081, DIN 18 082 und DIN 18 084 zu beachtende Punkte, die auch allgemein für Feuerschutztüren anderer Bauart gelten, nachfolgend angeführt:

a) Die Normen sind aufgestellt nach Brandversuchen an Türen bestimmter Bauart und Größe. Bei diesen Versuchen hat sich herausgestellt, daß die bei einer bestimmten Türgröße gesammelten Erfahrungen nicht ohne weiteres auf Türen anderer Größe — auch nicht auf kleinere Türen — übertragen werden können. Die in den Normen angegebenen oberen und unteren Grenzwerte für Breite und Höhe dürfen also nicht überschritten werden, auch nicht, wenn die Konstruktionsmerkmale im übrigen beibehalten werden.

   Kleinere oder größere Türen dürfen deshalb nicht als Türen nach diesen Normen bezeichnet werden; ihre Eignung ist gesondert nachzuweisen. Auch gelten diese Normen nicht für waagerechte Raumabschlüsse, z. B. Bodenlukenklappen.

b) Feuerschutztüren sollen die Öffnungen in Brandabschnitte bildenden Wänden so verschließen, daß ein Schadensfeuer nicht durchtreten kann. Sie dürfen — um ein Durchzünden zu verhindern — unter der Einwirkung eines Brandes auf der dem Feuer abgekehrten Seite nur eine gewisse Temperaturerhöhung erfahren.

Der für die zulässige Temperaturerhöhung nach Erfahrungswerten festgelegte Grenzwert wird in jedem Falle weit überschritten, wenn die Tür mit einer Verglasung versehen ist. Um der Gefahr des Durchzündens eines Schadensfeuers durch Strahlung vorzubeugen, wird deshalb in den Normen ausdrücklich erwähnt, daß die Türen keine Verglasung haben dürfen.

c) Ein Schadensfeuer kann auch durch Fugen und Spalte, z. B. zwischen Türblatt und Zarge, übertragen werden. Um dies zu verhindern und um sicherzustellen, daß die Schloßfallen richtig in die Zarge eingreifen, müssen die Abmessungen des Türkastens und der Zarge so aufeinander abgestimmt sein, daß die zulässige Spaltbreite (4 mm ± 1 mm seitlich und oben bzw. 5 mm ± 1 mm an der Schwelle) nicht überschritten wird. Die Spaltbreite darf aber auch nicht wesentlich geringer als gefordert sein, damit nicht bei einer geringen Verformung der Tür möglicherweise das selbsttätige Zufallen unmöglich wird.

Das sorgfältige Abstimmen der Abmessungen aufeinander ist nur möglich, wenn Türblatt und Zarge gleichzeitig hergestellt und zusammen ausgeliefert werden. Es ist deshalb — auch wenn dies in den Normen nicht ausdrücklich erwähnt ist — grundsätzlich unzulässig, einzelne Türblätter oder Zargen als Türen oder Zargen nach diesen Normen zu kennzeichnen und auszuliefern.

Einzeln angelieferte Türblätter und Zargen von Feuerschutztüren dürfen nicht zum Zwecke des baulichen Brandschutzes verwendet werden, auch nicht, wenn sie vom gleichen Hersteller stammen.

Aus gegebener Veranlassung wird ferner darauf hingewiesen, daß es nicht zulässig ist, eine Tür nachträglich zu verändern, z. B. durch Kürzen des Türblattes oder Anbringen von Zusatzkonstruktionen am Türblatt oder an der Zarge.

d) Die bezüglich der Verschweißung der Türbleche gestellten Forderungen sollen zur Folge haben, daß das Türblatt ausreichend steif ist und daß ein möglichst geringer Luftaustausch von der freien Atmosphäre zum Innern des Türkastens stattfindet, um die Gefahr einer Korrosion durch Kondensationsfeuchtigkeit herabzumindern.

Es liegt im Sinne dieser Forderung, daß auch andere Durchbrüche in den Türblechen, z. B. zum Einstecken von Bandlappen, möglichst klein gehalten und dichtgeschweißt werden. Die Eignung einer Punktschweißung als alleiniges Verbindungsmittel der Türkastenbleche ist für Türen dieser Bauart bisher nicht nachgewiesen worden.

e) Zweiflügelige Feuerschutztüren müssen mit einer Vorrichtung (Schließregler) versehen sein, die die richtige Reihenfolge beim selbsttätigen Schließen der beiden Türflügel sicherstellt.

Schließregler, deren Ausbildung nicht den Angaben DIN 18 084 entspricht, bedürfen einer bauaufsichtlichen Genehmigung.

f) Die Schloßtaschen müssen staubdicht sein, um zu verhindern, daß wichtige Teile des Schlosses durch feine Bestandteile verschmutzt werden, die sich bei häufigem Gebrauch einer Feuerschutztür von den Dämmstoffen lösen. Der Begriff „staubdicht" konnte bisher nicht festgelegt werden, weil der notwendige Grad der Dichtheit von der Größe der Dämmstoffteilchen abhängt. Bei der Verwendung von Einlagen mit sehr dünnen und kurzen Mineralfasern ist an die Dichtheit der Schloßtaschen ein strengerer Maßstab anzulegen als bei der Verwendung von Einlagen aus langen Mineralfasern. Bei der Gefahr des Auftretens feiner pulverförmiger Bestandteile dürfen Spalte oder Stoßfugen an der Schloßtasche nicht so groß sein, daß solche Teile durchgerüttelt werden können. Wenn sich im Türkasten langfaserige Mineralfaser-Einlagen befinden, dürfen an der Schloßtasche keine Fugen sein, die breiter als 0,2 mm und länger als 50 mm sind.

Es ist nicht zulässig, das Abdichten von Spalten oder Fugen an der Schloßtasche nur mit Hilfe der zur Wärmedämmung eingelegten Asbestpappe zu bewirken.

g) Das Führungsrohr für die Schloßstange der Dreifallen-Verriegelung muß staubdicht sein, damit sich die Schloßstange nicht bei Verschmutzung des Rohres festklemmt. Der Arbeitsausschuß „Feuerschutztüren" hält es für erforderlich, Führungsrohre, in welche die Schloßstange von oben eingeführt wird, oben so abzudichten, daß kein Staub eindringen kann. Bei Führungsrohren, die am unteren Rande des Türkastens offen sind, braucht die untere Öffnung nicht abgedichtet zu werden, weil angenommen werden kann, daß der hier gegebenenfalls eindringende Staub sich nicht festsetzt.

h) Beim Zusammenbau des Türkastens sind Wärmebrücken zu vermeiden. Es ist also nicht zulässig, Türschließer in das Türblatt einzubauen, zusätzliche durchgehende Aussteifungen für die Türbleche einzusetzen, Schloßtaschen mit anderen Abmessungen als in den Normen angegeben zu verwenden oder am Türblatt außen Verstärkungen anzubringen mit Hilfe von Schrauben oder Niete, die beide Türbleche miteinander verbinden (Ausnahme: Hülsenschrauben zur Befestigung der Langschilder oder Rosetten).

Wärmebrücken können auch entstehen, wenn die Schloßtaschenisolierung nicht hinreichend sicher am Blech der Taschen befestigt ist, so daß sie sich während des Transports oder bei Benutzung der Türen verlagert. Die Asbestpappen sind mit Hilfe metallischer Verbindungsmittel oder geeigneter Kleber zu befestigen. Die Verwendung von Klebestreifen oder Gummibändern ist nicht zulässig.

i) Mineralfaser-Einlagen dürfen nicht so gelagert werden, daß ihre Dämmwirkung dauernd beeinträchtigt wird oder daß sie Stoffe aufnehmen können, die sich nach dem Zusammenbau der Tür schädigend auswirken.

Sie sollen deshalb trocken (möglichst in einem geschlossenen Raum) und so gelagert werden, daß sie nicht beschädigt oder bleibend verdichtet werden können. Es hat sich als zweckmäßig erwiesen, auf Drahtgeflecht gesteppte Mineralfaser-Einlagen mit Holzbeilagen so zu verpacken, daß sie aufrechtstehend transportiert werden können. Es dürfen jedoch — gegebenenfalls unter Verwendung von Distanzstücken — nur soviel Mineralfaser-Einlagen übereinander gelagert oder verpackt werden, daß die geforderte Mindestdicke unmittelbar nach Entlastung noch gewährleistet ist.

j) Da die Dämmwirkung von Mineralfaser-Einlagen bei der Herstellung, gewollt oder ungewollt, von vielen Faktoren beeinflußt werden kann, sind die Hersteller dieser Einlagen zu einer strengen Eigenkontrolle verpflichtet. Sie haben immer wieder nachzuweisen, mit welchem Flächengewicht die Einlagen die hinsichtlich der Dämmwirkung gestellten Forderungen erfüllen.

Wegen der besonderen Wichtigkeit dieses Punktes sind auch die Verarbeiter zu stichprobeartigen Überprüfungen der Einlagen verpflichtet.

k) Die Normen enthalten keine Aussagen über Umfassungszargen, da deren Eignung bei Feuerschutztüren bisher nicht nachgewiesen ist. Es ist nicht zulässig, Feuerschutztüren nach DIN 18 081, DIN 18 082 und DIN 18 084 mit anderen als den in diesen Normen geforderten Zargen zu versehen. Es ist ebenfalls nicht zulässig, mit den vorgeschriebenen Zargen-Profilen andere Teile als die in den Normen angegebenen Maueranker, Schutzkästen, Bänder und Türschließer-Bestandteile zu verbinden. Für jeden konstruktiven Zusatz zur genormten Zargen-Ausführung ist ein Eignungsnachweis erforderlich.

Die Verbraucher sind in geeigneter Weise darauf hinzuweisen, daß die Türen nur dann die vorgesehene Schutzwirkung besitzen, wenn die Zarge voll eingeputzt ist.

DIN 18 084 Seite 11

l) Der Rostschutz — auch im Inneren des Türkastens — muß lückenlos sein. Ein ungeschützter Streifen zwischen Türblech und Aussteifungswinkel wird noch hingenommen, wenn der Anschluß zwischen Türblech und angeschweißtem Winkel gut mit Rostschutzfarbe abgedichtet wird.

Der Rostschutz im Inneren des Türkastens ist mangelhaft, wenn die Mineralfaser-Einlage in die noch feuchte Farbe gelegt und dabei der Farbfilm stellenweise abgewischt oder beschädigt wurde.

m) Das selbsttätige Schließen der Tür ist nicht sicher gewährleistet, wenn die Bänder so angebracht sind, daß sie nicht genau fluchten.

Der Verschweißung der Kastenbleche im Bereich der oberen Bandlappen sowie der Verschweißung dieser Bandlappen mit dem Türblatt ist besondere Sorgfalt zuzuwenden.

n) Zusatzgeräte zu den genormten Feuerschutztüren, die das selbsttätige Schließen dauernd oder zeitweise verhindern, z. B. Schließzeitverzögerer, Vorrichtungen mit Auslösung infolge Temperaturerhöhung oder Rauch, bedürfen einer bauaufsichtlichen Genehmigung. Sie dürfen ferner nur mit besonderer Genehmigung der örtlich zuständigen Bauaufsichtsbehörde verwendet werden. Diese Geräte bedürfen ständiger Kontrolle. Das Festsetzen der Türflügel durch Keile, Feststeller oder das Entspannen der Türschließmittel ist nicht zulässig.

o) Als „freie Länge" eines Mauerankers wird der Abstand von der Spitze des Zargenwinkels bis zum Ende des waagerecht von der Zarge abgebogenen Ankerprofils bezeichnet. Die freie Länge ist nicht gleichbedeutend mit der Abwicklung des Ankerbandstahls.

p) Langschilder sollen möglichst mit 4 Schrauben am Türblatt befestigt sein, mindestens aber mit 2 Schrauben. Im letzteren Falle müssen durchgehende Hülsenschrauben verwendet werden. Rosetten sind mit jeweils 2 durchgehenden Hülsenschrauben zu befestigen.

Diese Beschläge müssen aus mindestens 1 mm dickem Stahlblech, Grau- oder Stahlguß hergestellt sein.

Drückergarnituren nur aus Leichtmetall oder mit durchgehenden Kunststoffgriffen sind nicht zulässig, da die Tür bei ihrer Verwendung im Falle eines Brandes möglicherweise von Eingeschlossenen vom Brandraum her nicht geöffnet werden kann und als Fluchtweg ausfällt.

Die in den Normen bezüglich der Ausbildung von Drücker und Drückerlager in Langschild oder Rosette gestellten Anforderungen sollen sicher gewährleisten, daß die am Drückerlager auftretenden Zug-, Druck- und Kippkräfte von den Beschlägen aufgenommen werden.

q) Der Hersteller der Tür muß aus der Beschriftung des Kennzeichnungsschildes zu ersehen sein. Enthält das Schild nicht den Namen des Herstellers, sondern eine entsprechende verschlüsselte Angabe (z. B. durch Kennziffern), so muß vor dieser das Wort „Hersteller" stehen.

In diesem Falle dürfen auf dem Kennzeichnungsschild außer der Jahreszahl und der Normblatt-Nummer keine anderen Zahlen angegeben sein.

Die Kennzeichnungsschilder müssen an 4 Stellen mit dem Türblech verbunden sein. Dazu dürfen keine Schrauben oder Schlagschrauben verwendet werden.

Die Kennzeichnungsschilder müssen auch dann 105 mm × 52 mm groß sein, wenn sie anstelle des Namens der Herstellfirma nur deren Kennziffer enthalten. Ist der Hersteller auf einem aufgesteckten Zusatzschild zum Kennzeichnungsschild angegeben, so muß das Kennzeichnungsschild mit der verschlüsselten Herstellerangabe versehen sein.

Feuerschutztüren ohne Kennzeichnungsschild oder mit einem Kennzeichnungsschild, das unvollständig oder nicht den Forderungen der Normen entsprechend beschriftet ist, sind nicht normgerecht.

DIN 18090 bis DIN 18093 3.7

Eine besondere Beachtung ist auch Öffnungsabschlüssen für Fachschächte von Aufzügen zu widmen, damit über diese keine Brandausbreitung erfolgen kann. Deswegen wurden seit dem Jahr 1960 auch diese Bauteile genormt.

In Tabelle 7 ist eine Zusammenstellung der betreffenden Normen für Fahrschachttüren enthalten.

Tabelle 7: Normblätter von DIN 18090 bis 18092

Dokumentennummer	Dokumentenart	Ausgabe	Titel des Normteils
DIN 18090	Norm	1960-10[1),2),3)]	Aufzüge Fahrschachttüren (ein- und zweiflügelig) für Fahrschächte mit feuerbeständigen Wänden
DIN 18090	Norm	1969-07[2),3)]	Aufzüge Flügel- und Falttüren für Fahrschächte mit feuerbeständigen Wänden
DIN 18091	Norm	1969-02[2),3)]	Aufzüge Horizontal- und Vertikal-Schiebetüren für Fahrschächte mit feuerbeständigen Wänden
DIN 18092	Norm	1963-05[2)]	Kleinlasten-Aufzüge Vertikal-Schiebetüren für Fahrschächte mit feuerbeständigen Wänden

Erläuterungen:

[1)] *In den Normen wurde u. a. auch die maximal zulässige Größe von Fensterflächen der Türen geregelt. Bei der Ausgabe des Jahres 1960 wurde hinsichtlich der notwendigen Bauart dieser Verglasungen in den Türen noch auf das Blatt 3 von DIN 4102:11-1940 Bezug genommen.*

[2)] *In den Normfassungen sind keine Bestimmungen hinsichtlich einer spezifischen Kennzeichnungspflicht enthalten. Ein Vergleich mit im Bestand vorhandenen Türen in Fahrschächten ist aber anhand der enthaltenen Konstruktionszeichnungen möglich.*

[3)] *In allen drei Normen wird davon ausgegangen, dass bei einer Ausführung der Türen nach den entsprechenden Bestimmungen der Normteile eine Übertragung von Feuer in andere Geschosse bei einer Ausführung des Fahrkorbes aus nichtbrennbaren Materialien und einer wirksamen Entrauchung des Fahrschachtes ausreichend verhindert wird.*

DK 69.028.1 : 621.876 — Oktober 1960

Aufzüge

Fahrschachttüren (ein- und zweiflügelig) für Fahrschächte mit feuerbeständigen Wänden

DIN 18 090

Maße in mm

1. Allgemeines

1.1. Für Fahrschachtwände, die nach den bauaufsichtlichen (baupolizeilichen) Vorschriften „feuerbeständig" nach DIN 4102 hergestellt werden müssen, sind Fahrschachttüren nach dieser Norm ohne besonderen Nachweis geeignet, wenn der Fahrkorb aus nichtbrennbaren Werkstoffen besteht [1]).

1.2. Fahrschachttüren nach dieser Norm sind weder „feuerbeständig" noch „feuerhemmend" nach DIN 4102 Blatt 1.

1.3. Für Fahrschachttüren, die dieser Norm nicht entsprechen, ist die Eignung im Einzelfalle oder durch eine allgemeine Zulassung nachzuweisen.

2. Maße

Die größten lichten Türbreiten und -höhen (Durchgangsmaße) nach dieser Norm sind

bei	Breite	Höhe
einflügeligen Türen	1100	2250
zweiflügeligen Türen	2500	2500

3. Beschreibung

3.1. Türblatt

Jedes Türblatt besteht aus 2 Stahlblechwänden von 1 bis 3 mm Dicke, die zu einem mindestens 38 mm dicken, verwindungssteifen Kasten (Bild 1 und 6) zusammengeschweißt sind.

Die Überdeckung beträgt bei einflügeligen Türen seitlich und oben, bei zweiflügeligen Türen an den Bandseiten und oben, mindestens 15 mm (Schnitt A–B und G–H, Schnitt E–F und L–M). Unten ist kein Anschlag erforderlich (Schnitt E–F und L–M). Bei zweiflügeligen Türen darf zwischen beiden Türflügeln die Spaltbreite bis 5 mm betragen (Schnitt I–K). Die Anordnung einer Deckleiste ist wahlweise zulässig.

Die innere Aussteifung des Türblattes besteht aus Rippen aus U- oder Z-förmig gebogenen, 2 mm dicken Blechen (Bild 1 und 6). Bei Türdicken größer als 38 mm ist die Dicke der Rippen verhältnisgleich zu vergrößern, d. h. es soll sich in diesem Fall verhalten Rippendicke : Türdicke wie 2 : 38.

Die Rippen sind entweder beiderseitig an den Türblechen durch Punktschweißung befestigt (Bild 4 a und 9 a) oder an einer Seite angeschweißt und an der anderen angeklemmt (Bild 4 b und 9 b). Der Abstand der Schweiß- und Klemmpunkte einer Rippe darf höchstens 120 mm betragen. Der Abstand der Rippen voneinander muß mindestens 150 mm sein.

Fahrschachttüren müssen mit Fenstern versehen sein. Die Türblätter sind oben und unten an den Fenstern durch Stege auszusteifen (Bild 1 und 6).

3.2. Fenster

In jedem Türblatt darf ein Fenster mit höchstens folgenden lichten Maßen vorhanden sein [2]):

bei	Breite	Höhe
einfacher Verglasung	100	600
doppelter Verglasung	150	900

Für die Verglasung ist Drahtspiegelglas von 6 bis 8 mm Dicke mit viereckigem, punktgeschweißtem Drahtnetz von 12 mm Maschenweite oder mit sechseckigem Geflecht von etwa 20 mm Maschenweite zu verwenden. Für das Glas muß der Nachweis „ausreichend widerstandsfähig gegen Feuereinwirkung" nach DIN 4102 Blatt 3 erbracht sein. Die Scheibe muß mindestens 25 mm breit gefaßt und oben sowie an den Seiten zusätzlich durch Stifte befestigt sein (Bild 1 und 6). Bei lichter Fenstergröße von 300 cm² ist eine Verstiftung nicht erforderlich.

3.3. Türzarge

Die Türzarge ist aus Stahl St 37 nach DIN 17 100 in mindestens 2 mm Dicke herzustellen (Schnitt A–B und G–H, Schnitt E–F und L–M) und darf auch in Kastenform ausgeführt werden (Bild 3 und 8). Die Zarge ist beiderseitig durch mindestens je drei Stück Maueranker aus Stahl von den Mindestabmessungen 40 × 4 × 130 mm in der Wand zu befestigen und im Fußboden ausreichend zu verankern.

3.4. Türaufhängung

Die Drehpunkte der Türaufhängung sind in höchstens 200 mm Mittenabstand von Oberkante und Unterkante der Tür zu legen.

3.5. Schutzanstrich

Alle Stahlteile sind vor dem Zusammenbau allseitig mit einem Rostschutzanstrich zu versehen, die Zarge wenigstens insoweit, als sie nicht eingeputzt wird.

1) Die Innenflächen des Fahrkorbes können bis zu einer Dicke von 1,5 mm mit mindestens schwer entflammbaren Stoffen ausgekleidet werden. Der Fußboden des Fahrkorbes darf aus Eichenholz bestehen, sofern er auf der unteren Seite mit Stahlblech verkleidet und zwischen Holz und Stahlblech eine mindestens 4 mm dicke Asbestschicht eingefügt ist.

2) Die Fensterfläche darf bei Personenaufzügen auch in mehrere kleine Schauöffnungen von mindestens 60 mm und höchstens 150 mm lichter Weite mit einer Durchsichtsfläche von insgesamt mindestens 300 cm² aufgeteilt werden. Das Fenster bzw. die Schauöffnungen sind in der Tür so anzuordnen und auszuführen, daß sie Aufzugsbenutzern unterschiedlicher Größe den ungehinderten Durchblick gestatten.

Fortsetzung Seite 2 und 3

Fachnormenausschuß Bauwesen im Deutschen Normenausschuß (DNA)
Arbeitsgruppe Einheitliche Technische Baubestimmungen (ETB) des Fachnormenausschusses Bauwesen im DNA
Fachnormenausschuß Maschinenbau im DNA

Deutscher Normenausschuß, Berlin W 15

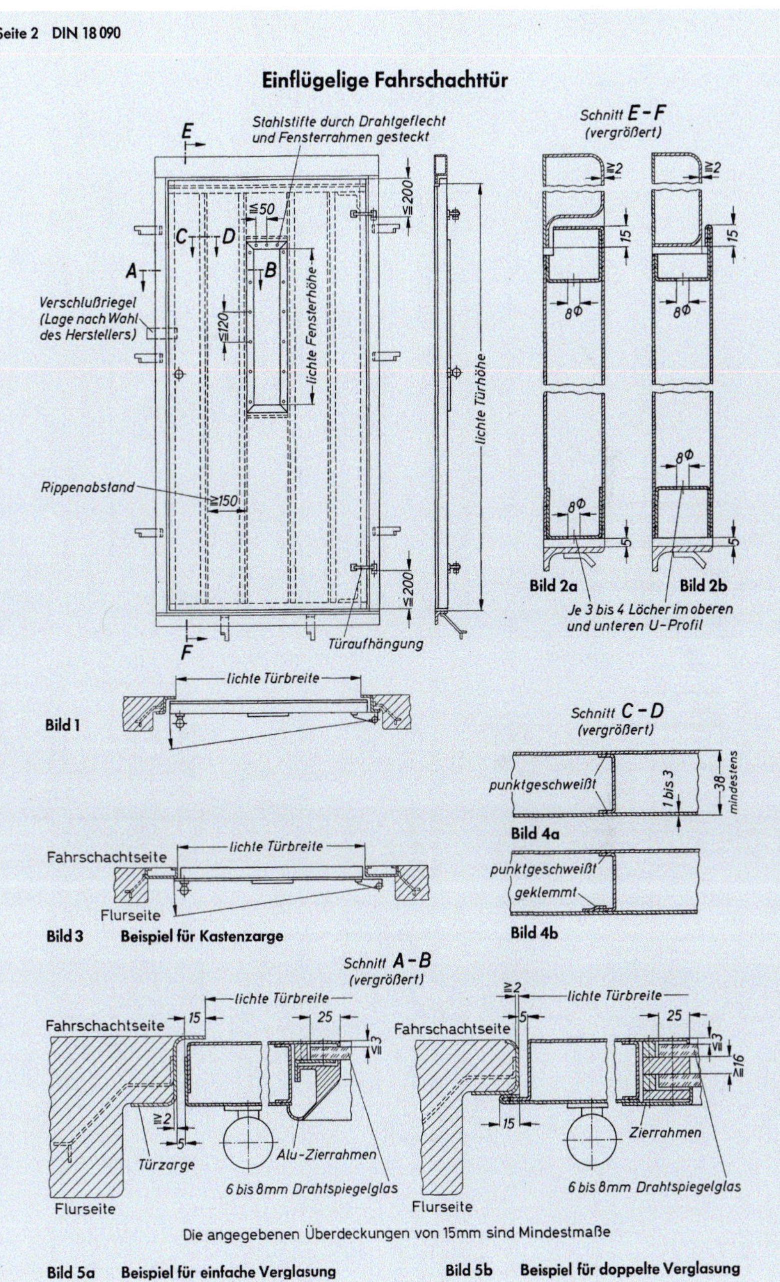

Bild 1

Bild 2a Bild 2b

Bild 3 **Beispiel für Kastenzarge**

Bild 4a

Bild 4b

Die angegebenen Überdeckungen von 15mm sind Mindestmaße

Bild 5a Beispiel für einfache Verglasung

Bild 5b Beispiel für doppelte Verglasung

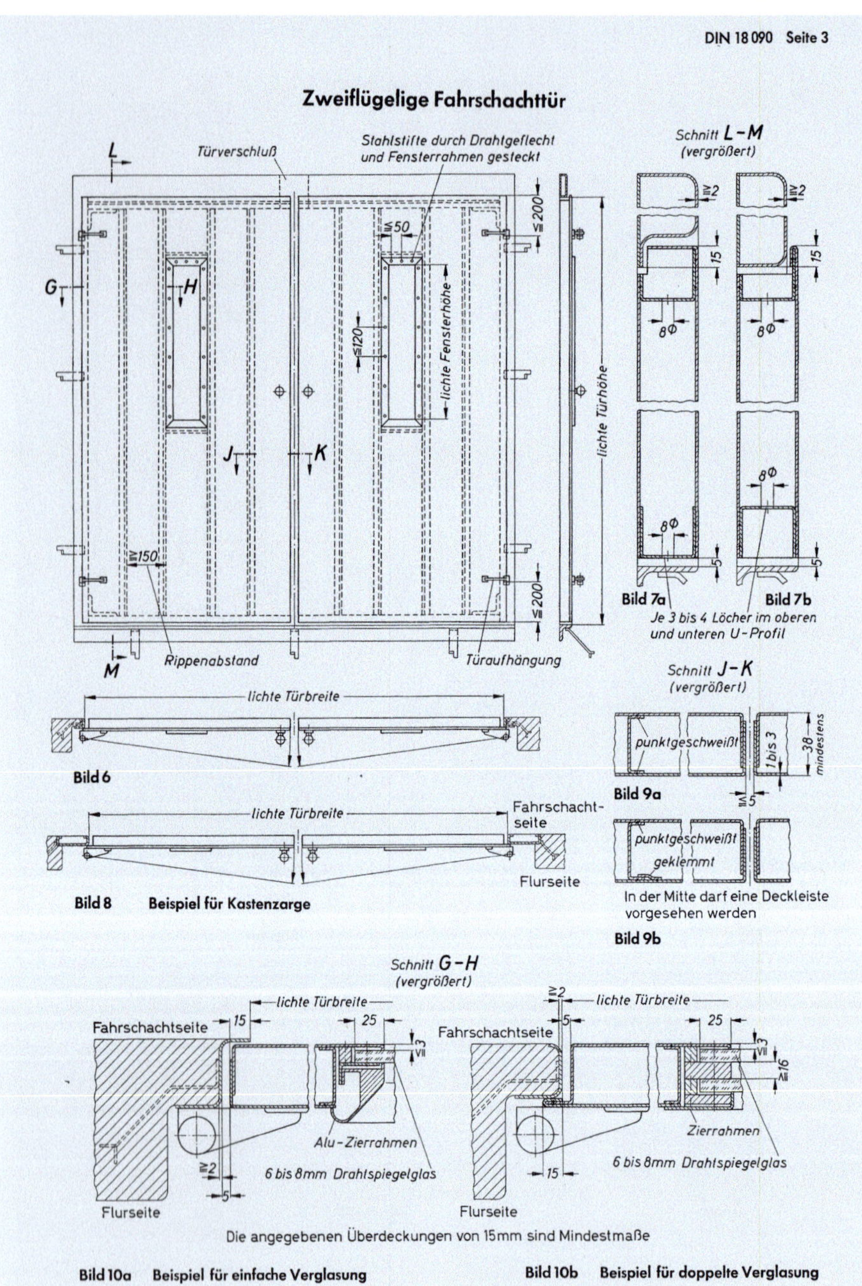
DIN 18 090 Seite 3
Zweiflügelige Fahrschachttür
Türverschluß
Stahlstifte durch Drahtgeflecht und Fensterrahmen gesteckt
Schnitt L-M (vergrößert)
≦50
≦200
≦120
lichte Fensterhöhe
lichte Türhöhe
≦150
Rippenabstand
Türaufhängung
≦200
Bild 7a
Bild 7b
Je 3 bis 4 Löcher im oberen und unteren U-Profil
Schnitt J-K (vergrößert)
lichte Türbreite
Bild 6
punktgeschweißt
1 bis 3
38 mindestens
Bild 9a
≦5
lichte Türbreite
Fahrschacht-seite
Flurseite
Bild 8 Beispiel für Kastenzarge
punktgeschweißt
geklemmt
In der Mitte darf eine Deckleiste vorgesehen werden
Bild 9b
Schnitt G-H (vergrößert)
lichte Türbreite
Fahrschachtseite
Alu-Zierrahmen
6 bis 8mm Drahtspiegelglas
Flurseite
Zierrahmen
6 bis 8mm Drahtspiegelglas
Flurseite
Die angegebenen Überdeckungen von 15mm sind Mindestmaße
Bild 10a Beispiel für einfache Verglasung
Bild 10b Beispiel für doppelte Verglasung

DK 69.028.1 : 729.391.69 : 699.81 Februar 1969

Aufzüge
Flügel- und Falttüren für Fahrschächte mit feuerbeständigen Wänden

DIN 18090

Lifts; leave- and folding-doors for elevator shafts with fireproof walls

Maße in mm

Frühere Ausgaben: 10.60

Deutscher Normenausschuß, Berlin 30

Änderung Februar 1969: Titel geändert. Inhalt vollständig überarbeitet und dem neuesten Stand angepaßt. Abschnitt Gütesicherung aufgenommen.

1. Begriff

Fahrschachttüren nach dieser Norm[1]) sind ohne besonderen Nachweis als Türen in Fahrschächten geeignet, deren Wände nach den bauaufsichtlichen (baupolizeilichen) Vorschriften „feuerbeständig nach DIN 4102" ausgeführt sein müssen. Diese Fahrschachttüren verhindern die Übertragung von Feuer in andere Geschosse, wenn der Fahrkorb aus nicht brennbaren Werkstoffen hergestellt ist[2]). Die Übertragung von Rauch in andere Geschosse ist bei Verwendung solcher Türen ausreichend verhindert, wenn der Fahrschacht wirksam entlüftet wird[3]).

Flügeltüren nach dieser Norm sind horizontal bewegliche Fahrschachttüren für Aufzüge mit einem oder zwei Türflügeln.

Falttüren nach dieser Norm sind horizontal oder vertikal bewegliche Fahrschachttüren für Aufzüge mit einem oder zwei Türflügeln, die aus zwei oder mehreren gelenkig miteinander verbundenen Türblättern zusammengesetzt sind.

2. Maße

Die größten lichten Durchgangsmaße nach dieser Norm sind:

bei	Breite	Höhe
einflügeligen Türen horizontal beweglich	1100	2250
zweiflügeligen Türen horizontal beweglich	2500	2500
zweiteiligen Falttüren vertikal beweglich	2500	2500
mehrteiligen Falttüren horizontal beweglich	2500	2500

3. Beschreibung und Anforderungen

3.1. Türblatt

Jedes Türblatt besteht aus zwei Stahlblechwänden von 1 bis 3 mm Dicke, die zu einem mindestens 38 mm dicken, verwindungssteifen Kasten zusammengeschweißt sind.

Die innere Aussteifung des Türblattes besteht aus Rippen aus U- oder Z-förmig gebogenen, höchstens 2 mm dicken Blechen. Wenn die Türdicke größer als 38 mm ausgeführt wird, darf die Dicke der Rippen verhältnisgleich vergrößert werden, d. h. es darf sich in diesem Fall verhalten Rippendicke : Türdicke wie 2 : 38.

Die Rippen sind entweder beiderseitig an den Türblechen durch Punktschweißung befestigt oder an einer Seite angeschweißt und an der anderen angeklemmt (siehe z. B. Bild 1 Schnitt *C–D*). Der Abstand der Schweißpunkte zueinander an den Rippen und Klemmleisten darf höchstens 120 mm betragen. Der Abstand der Rippen zueinander muß mindestens 150 mm sein. Wenn Fenster vorhanden sind, müssen die Türblätter oben und unten an den Fenstern durch Stege ausgesteift werden.

Die Hohlräume zwischen den einzelnen Rippen müssen bei horizontal beweglichen Türen oben und unten, bei vertikal beweglichen Türen an beiden seitlichen Stirnseiten des Türblattes Luftdurchtrittsöffnungen haben.

Sämtliche Sperrmittel[4]), die das Türblatt verriegeln, müssen aus Stahl oder aus einem anderen metallischen Werkstoff mit einem Schmelzpunkt von mindestens 900 °C bestehen.

3.2. Überdeckung

Die Überdeckung beträgt bei einteiligen Flügeltüren und zweiteiligen Falttüren seitlich und oben, bei mehrteiligen Flügel- und mehrteiligen Falttüren an den Bandseiten und oben mindestens 15 mm (siehe z. B. Bild 1 Schnitt *A–B*).

An der Türschwelle ist kein Anschlag erforderlich. Bei mehrteiligen Flügel- und mehrteiligen Falttüren darf zwischen den Türflügeln die Spaltbreite bis 5 mm betragen (siehe z. B. Bild 4). Die Anordnung einer Deckleiste ist zulässig.

---

[1]) Für Fahrschacht-Flügeltüren und Fahrschacht-Falttüren, die dieser Norm nicht entsprechen, ist nach den bauaufsichtlichen Vorschriften die Eignung durch eine allgemeine bauaufsichtliche Zulassung nachzuweisen.

[2]) Die Innenflächen des Fahrkorbes dürfen bis zu einer Dicke von 1,5 mm mit mindestens schwerentflammbaren Stoffen ausgekleidet sein. Der Fußboden des Fahrkorbes darf aus Eichenholz bestehen, sofern er auf der unteren Seite mit Stahlblech verkleidet und zwischen Holz und Stahlblech eine mindestens 4 mm dicke Asbestschicht eingefügt ist. Falls der Fußboden des Fahrkorbes aus Stahlblech besteht, darf die aus mindestens schwerentflammbaren (Klasse B 1) Baustoffen bestehende Bekleidung der Wände und der Decke bis zu 3 mm dick sein. Der Fußbodenbelag muß aus mindestens normalentflammbaren (Klasse B 2) Baustoffen bestehen und darf ebenfalls bis zu 3 mm dick sein.

Die Begriffe „schwerentflammbar (Klasse B 1)" und „normalentflammbar (Klasse B 2)" sind in Ergänzungserlassen zu DIN 4102 festgelegt.

[3]) siehe Durchführungsverordnung zu den Bauordnungen der Länder.

[4]) Teile des Verriegelungselements wie z. B. Schubriegel, Hakenriegel, Verschlußklappe.

Fortsetzung Seite 2 bis 7

Fachnormenausschuß Bauwesen im Deutschen Normenausschuß (DNA)
Arbeitsgruppe Einheitliche Technische Baubestimmungen (ETB)
Fachnormenausschuß Maschinenbau im DNA

Seite 2 DIN 18 090

3.3. Fenster

In jedem Türflügel darf ein Fenster mit höchstens folgenden lichten Maßen vorhanden sein:

bei	Breite	Höhe
einfacher Verglasung	100	600
doppelter Verglasung	150	900

Die Fensterfläche darf auch in (bis zu drei) kleine Schauöffnungen von mindestens 60 mm und höchstens 150 mm lichter Weite mit einer Durchsichtsfläche von insgesamt mindestens 300 cm² aufgeteilt werden. Das Fenster bzw. die Schauöffnungen sind in der Tür so anzuordnen und auszuführen, daß sie Aufzugsbenutzern unterschiedlicher Größe den ungehinderten Durchblick gestatten.

Für die Verglasung ist Drahtspiegelglas von mindestens 6 mm Dicke mit viereckigem, punktgeschweißtem Drahtnetz von 12 mm Maschenweite aus Stahldraht von 0,5 mm Durchmesser oder mit sechseckigem Geflecht von 19 mm Maschenweite zu verwenden. Für die Verglasung muß der Nachweis „ausreichend widerstandsfähig' gegen Feuereinwirkung" nach DIN 4102 Blatt 3 erbracht sein. Die Scheibe muß mindestens 25 mm breit gefaßt und oben sowie an den Seiten zusätzlich durch Stifte befestigt sein. Bei lichter Fenstergröße bis 300 cm² ist eine Verstiftung nicht erforderlich.

3.4. Türzarge

Die Türzarge ist aus Stahl in mindestens 2 mm Dicke herzustellen (siehe z. B. Bild 1 Schnitt *E–F*) und darf auch in Kastenform ausgeführt werden.

Die Zarge ist beiderseitig durch mindestens je drei Stück Maueranker aus Stahl in den Abmessungen von mindestens 40 mm × 4 mm × 140 mm in der Wand zu befestigen und im Fußboden ausreichend zu verankern.

3.5. Türaufhängung

Die Bänder müssen so angebracht sein, daß der der Ober- bzw. Unterkante des Türblattes nächstgelegene Verbindungspunkt zwischen Türblatt und Zarge von diesen Kanten nicht mehr als 300 mm Abstand hat. Als Verbindungspunkt ist beim oberen Bande der untere Rand des obersten Bandlappens, beim unteren Bande der obere Rand des untersten Bandlappens anzusehen.

3.6. Korrosionsschutz

Sämtliche Metallteile sind allseitig vor dem Zusammenbau mit einem Rostschutz zu versehen; die Zarge mindestens insoweit, als sie nicht eingeputzt wird.

4. Gütesicherung

Zur Gütesicherung haben die Hersteller von Türen nach dieser Norm die Güte ihrer Erzeugnisse selbständig zu überwachen und zu prüfen (Eigenüberwachung). Sie haben sich ferner einer Fremdüberwachung zu unterziehen.

Der Eigenüberwachung und der Fremdüberwachung sind die Forderungen dieser Norm zugrunde zu legen.

4.1. Eigenüberwachung

Der Türenhersteller hat von den in der Fertigung befindlichen Türblättern und Zargen bei großen Fertigungsserien an jedem Arbeitstage mindestens 1 Stück, bei nicht ständig laufender Fertigung je 50 Türen mindestens 1 Stück, wahllos zu entnehmen und auf Übereinstimmung mit den Forderungen der Abschnitte 2 und 3 zu überprüfen.

Sämtliche Prüfungsergebnisse der Eigenüberwachung sind schriftlich niederzulegen; die Niederschriften sind der die Fremdüberwachung durchführenden Stelle unaufgefordert vorzulegen und 5 Jahre lang aufzubewahren.

4.2. Fremdüberwachung

Die normgerechte Ausführung der Türen und die ordnungsgemäße Durchführung der Eigenüberwachung ist stichprobenweise mindestens einmal jährlich zu überprüfen. Zum Nachweis einer Fremdüberwachung hat jeder Hersteller von Türen nach dieser Norm einen Überwachungsvertrag mit einer anerkannten Güteschutzgemeinschaft oder mit einer anerkannten Prüfstelle abzuschließen.

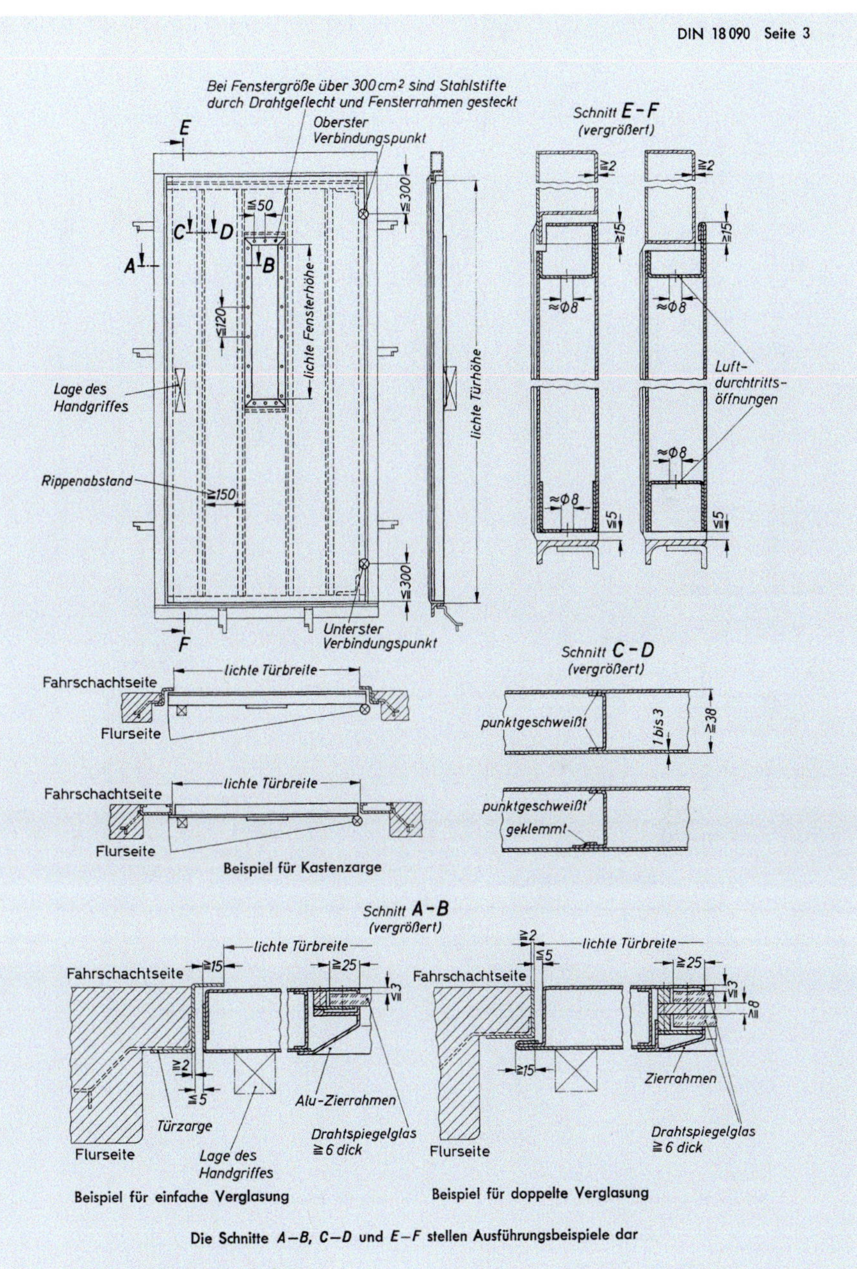

Die Schnitte A–B, C–D und E–F stellen Ausführungsbeispiele dar

Bild 1. Einflügelige Fahrschachttür

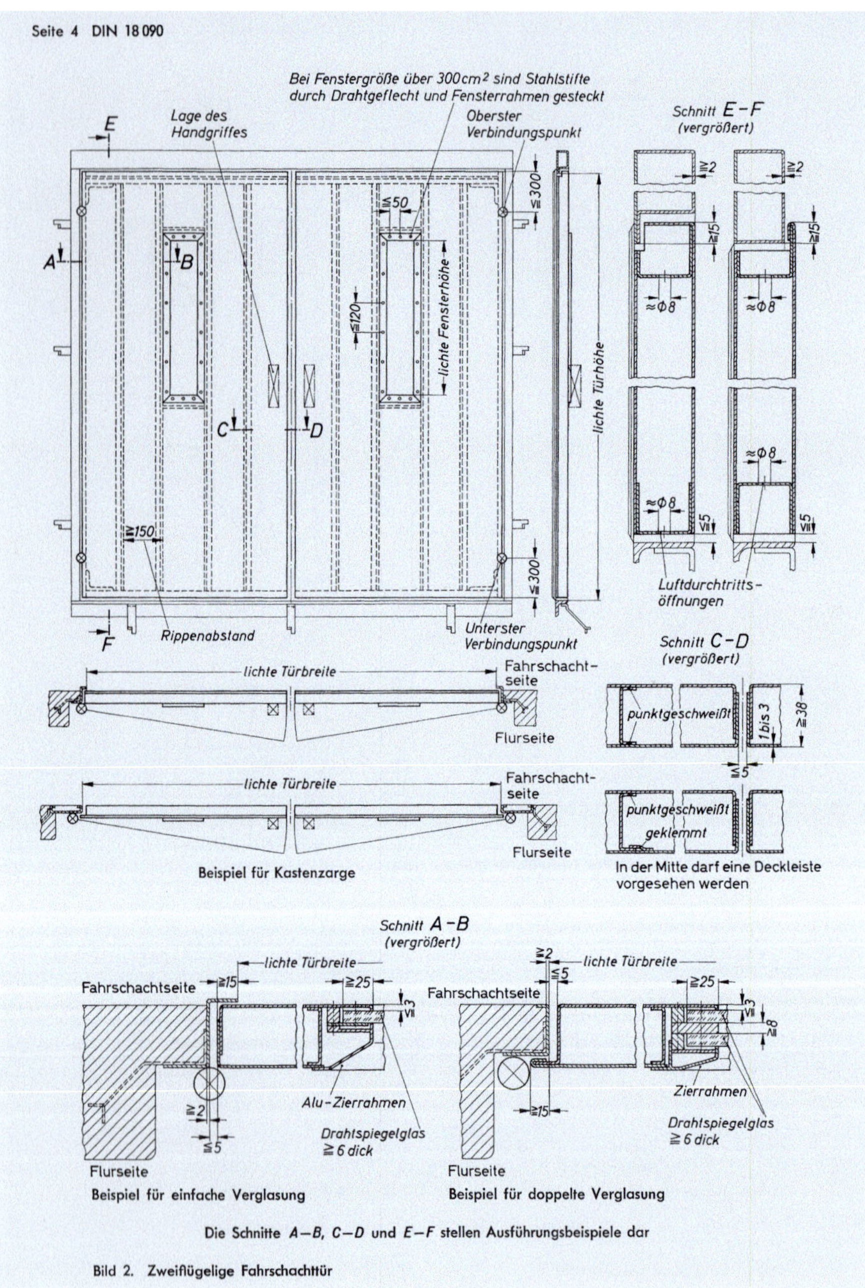

Bild 2. Zweiflügelige Fahrschachttür

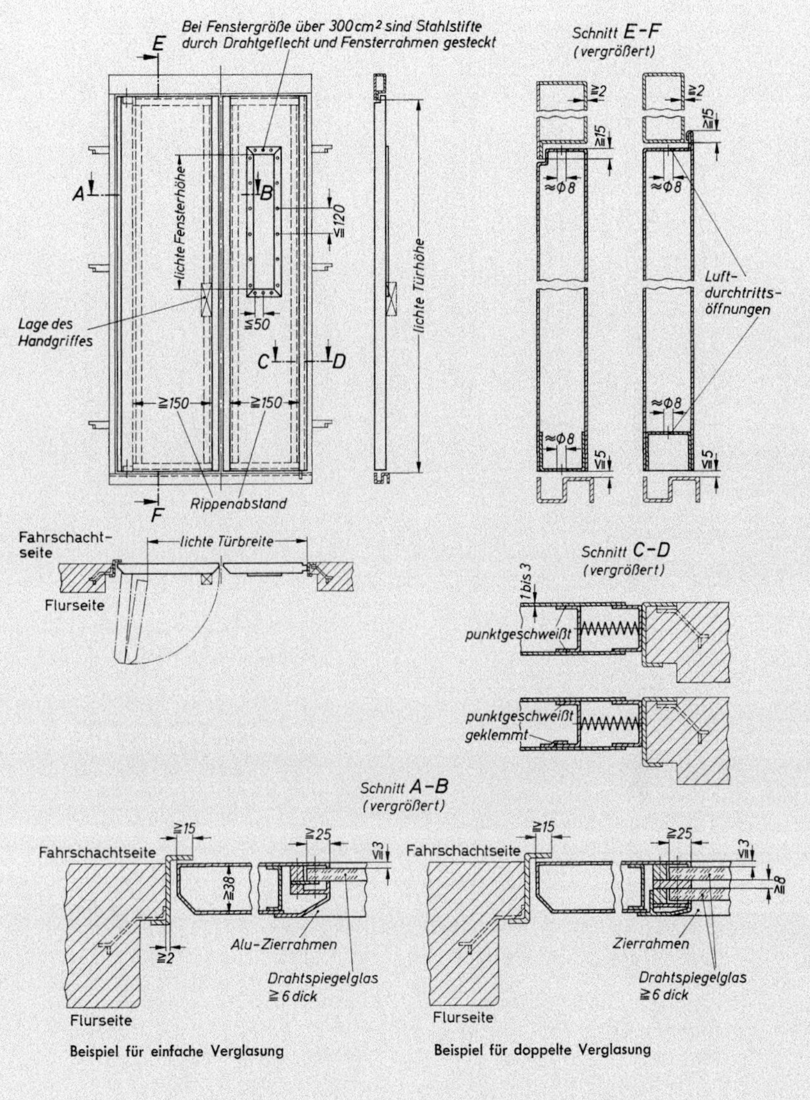

Die Schnitte *A–B*, *C–D* und *E–F* stellen Ausführungsbeispiele dar

Bild 3. Zweiteilige Fahrschacht-Falttür (horizontal beweglich)

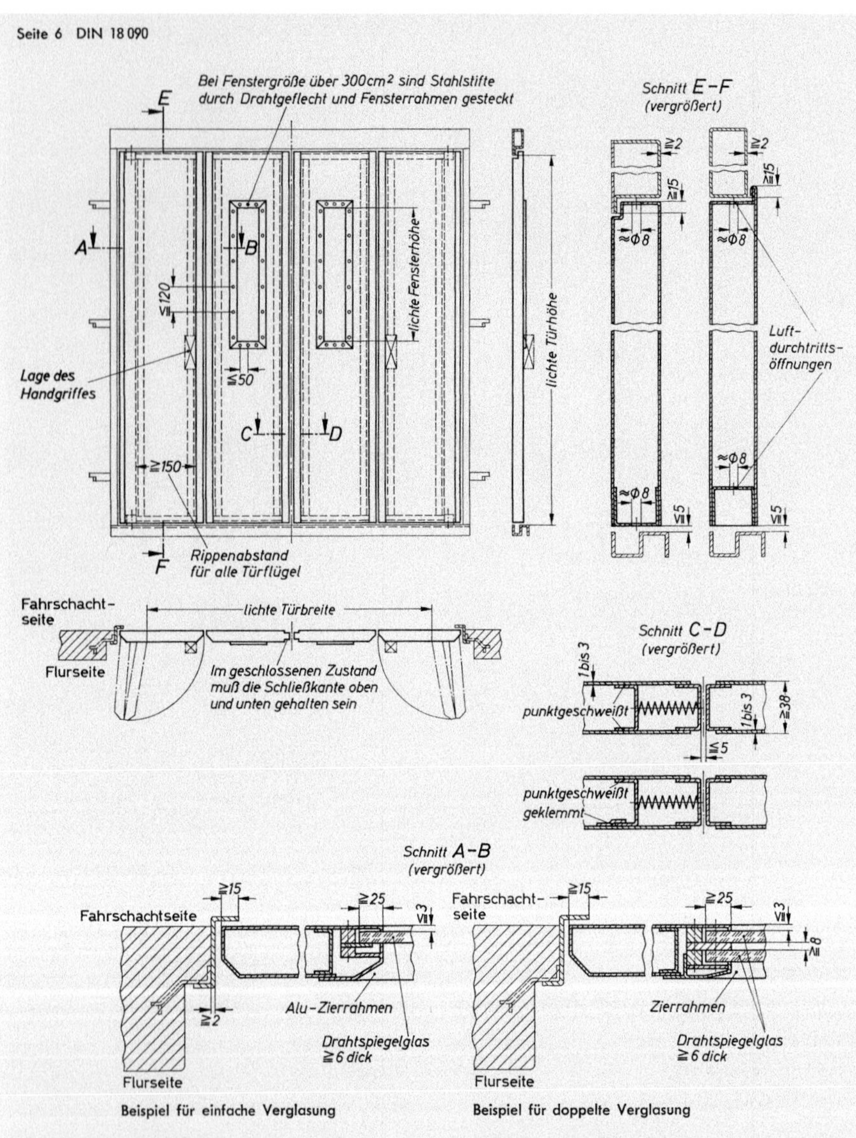

Bild 4. Vierteilige Fahrschacht-Falttür (horizontal beweglich)

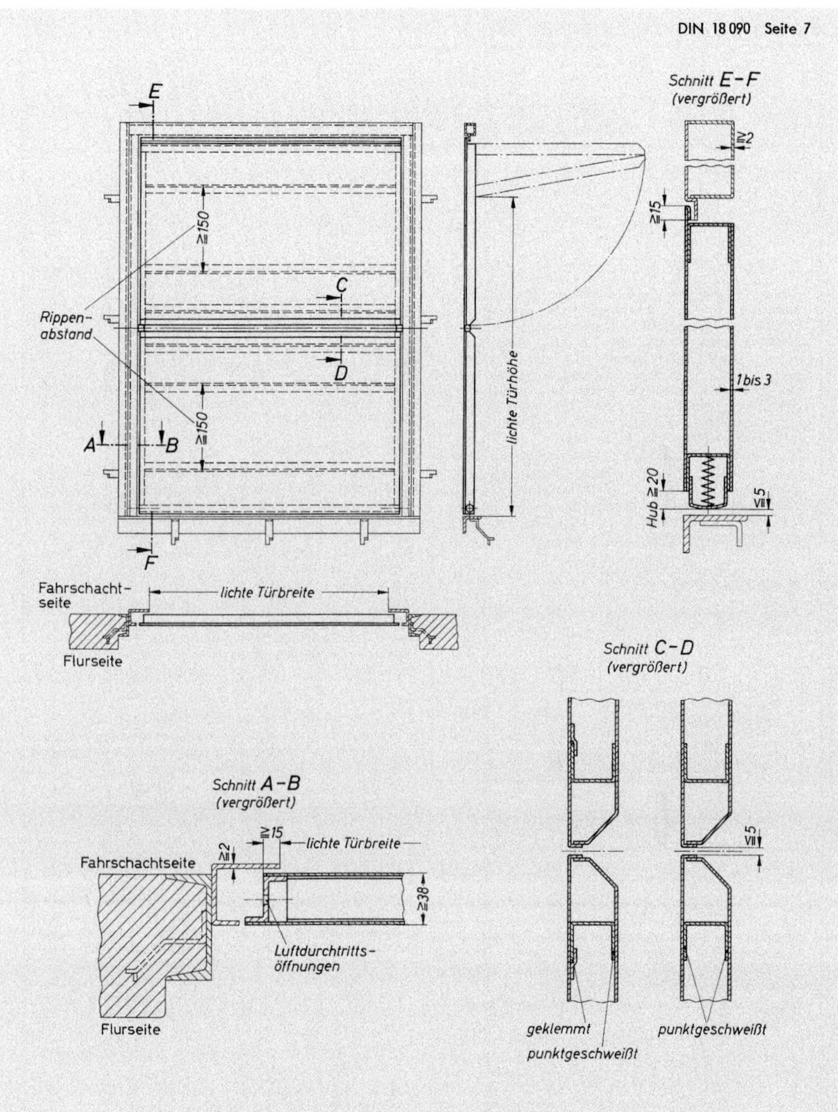

Die Schnitte *A–B*, *C–D* und *E–F* stellen Ausführungsbeispiele dar

Bild 5. Vertikal bewegliche Fahrschacht-Falttür

DK 69.028.12 : 729.391.69 : 699.81 Februar 1969

Aufzüge
Horizontal- und Vertikal-Schiebetüren für Fahrschächte mit feuerbeständigen Wänden

DIN 18091

Lifts; horizontal and vertical sliding doors for elevator shafts with fireproof walls

Maße in mm

1. Begriff

Fahrschachttüren nach dieser Norm [1]) sind ohne besonderen Nachweis als Türen in Fahrschächten geeignet, deren Wände nach den bauaufsichtlichen (baupolizeilichen) Vorschriften „feuerbeständig nach DIN 4102" ausgeführt sein müssen. Diese Fahrschachttüren verhindern die Übertragung von Feuer in andere Geschosse, wenn der Fahrkorb aus nicht brennbaren Werkstoffen hergestellt ist [2]). Die Übertragung von Rauch in andere Geschosse ist bei Verwendung solcher Türen ausreichend verhindert, wenn der Fahrschacht wirksam entlüftet wird [3]).

Horizontal-Schiebetüren werden als einteilige und als zweiteilige zentralöffnende Fahrschacht-Schiebetüren sowie als Teleskop- und zentralöffnende Teleskop-Fahrschacht-Schiebetüren hergestellt.

Vertikal-Schiebetüren werden als einteilige und mehrteilige Vertikal-Schiebetüren hergestellt.

2. Maße

Die größten zulässigen Durchgangsmaße nach dieser Norm sind:

bei	Breite	Höhe
Horizontal- und einteiligen Vertikal-Schiebetüren	2500	2500
Zweiteiligen Vertikal-Schiebetüren	3000	3000

3. Beschreibung und Anforderungen

3.1. Türblatt

Jedes Türblatt besteht aus zwei Stahlblechwänden von 1 bis 3 mm Dicke, die zu einem mindestens 33 mm dicken Kasten (Bild 1, Schnitt *C – D*) zusammengeschweißt sind.

Bei Horizontal-Schiebetüren werden die Türblätter durch mindestens je ein Führungsstück im Kämpfer und in der Türschwelle, bei Vertikal-Schiebetüren durch mindestens je zwei Führungsstücke aus nichtbrennbaren Baustoffen an beiden Seiten geführt.

Feste Anschläge müssen aus nichtbrennbaren Baustoffen bestehen.

Die innere Aussteifung des Türblattes besteht aus Rippen aus U- oder Z-förmig gebogenen, höchstens 2 mm dicken Blechen nach Bild 1, Schnitt *A – B*. Wenn die Türdicke größer als 33 mm ausgeführt wird, darf die Dicke der Rippen verhältnisgleich vergrößert werden, d. h. es darf sich in diesem Fall verhalten Rippendicke : Türdicke wie 2 : 33. Der Abstand der Rippen zueinander muß mindestens 150 mm sein. Werden Schließkanten mit federnden Leisten versehen, so müssen diese aus mindestens 0,75 mm dickem Stahlblech bestehen.

Die Hohlräume zwischen den einzelnen Rippen müssen oben und unten Luftdurchtrittsöffnungen haben.

Sämtliche Sperrmittel [4]), die das Türblatt verriegeln, müssen aus Stahl oder aus einem anderen metallischen Werkstoff mit einem Schmelzpunkt von mindestens 900 °C bestehen.

3.2. Überdeckung

Die Breite der Überdeckung beträgt bei Horizontal-Schiebetüren seitlich und oben, bei Teleskoptüren auch an den Stellen, wo die Türblätter übereinandergreifen, mindestens 15 mm. Die in den Bildern 1 bis 4 angegebenen Spaltbreiten dürfen nicht überschritten werden. An der Seite, an der ein Türblatt an der Türleibung anliegt, fällt die Überdeckung (Bild 1 und 2) weg.

Bei Vertikal-Schiebetüren beträgt die Überdeckung unten, oben und an den beiden Seiten mindestens 20 mm. An den Schließkanten fällt die Überdeckung weg.

Der Luftspalt zwischen Türblatt und Zarge darf bis zu 6 mm breit sein; bei Vertikal-Schiebetüren über 2500 mm × 2500 mm kann die Spaltbreite bis zu 10 mm betragen.

---

[1]) Für Horizontal- und Vertikal-Schiebetüren, die dieser Norm nicht entsprechen, ist nach den bauaufsichtlichen Vorschriften die Eignung durch eine allgemeine bauaufsichtliche Zulassung nachzuweisen.

[2]) Die Innenflächen des Fahrkorbes dürfen bis zu einer Dicke von 1,5 mm mit mindestens schwerentflammbaren Stoffen ausgekleidet sein. Der Fußboden des Fahrkorbes darf aus Eichenholz bestehen, sofern er auf der unteren Seite mit Stahlblech verkleidet und zwischen Holz und Stahlblech eine mindestens 4 mm dicke Asbestschicht eingefügt ist. Falls der Fußboden des Fahrkorbes aus Stahlblech besteht, darf die aus mindestens schwerentflammbaren (Klasse B 1) Baustoffen bestehende Bekleidung der Wände und der Decke bis zu 3 mm dick sein. Der Fußbodenbelag muß aus mindestens normalentflammbaren (Klasse B 2) Baustoffen bestehen und darf ebenfalls bis zu 3 mm dick sein. Die Begriffe „schwerentflammbar (Klasse B 1)" und „normalentflammbar (Klasse B 2)" sind in Ergänzungserlassen zu DIN 4102 festgelegt.

[3]) siehe Durchführungsverordnung zu den Bauordnungen der Länder.

[4]) Teile des Verriegelungselements wie z. B. Schubriegel, Hakenriegel, Verschlußkappe.

Fortsetzung Seite 2 bis 5

Fachnormenausschuß Bauwesen im Deutschen Normenausschuß (DNA)
Arbeitsgruppe Einheitliche Technische Baubestimmungen (ETB)
Fachnormenausschuß Maschinenbau im DNA

Deutscher Normenausschuß, Berlin 30

3.3. Fenster

In jedem Türblatt mit Schließkante darf ein Fenster mit höchstens folgenden lichten Maßen vorhanden sein:

bei	Breite	Höhe
einfacher Verglasung	100	600
doppelter Verglasung	150	900

Die Fensterfläche darf auch in (bis zu drei) kleine Schauöffnungen von mindestens 60 mm und höchstens 150 mm lichter Weite mit einer Durchsichtsfläche von insgesamt mindestens 300 cm² aufgeteilt werden. Das Fenster bzw. die Schauöffnungen sind an der Tür so anzuordnen und auszuführen, daß sie Aufzugsbenutzern unterschiedlicher Größe den ungehinderten Durchblick gestatten.

Für die Verglasung ist Drahtspiegelglas von mindestens 6 mm Dicke mit viereckigem, punktgeschweißtem Drahtnetz von 12 mm Maschenweite aus Stahldraht von 0,5 mm Durchmesser oder mit sechseckigem Geflecht von 19 mm Maschenweite zu verwenden. Für die Verglasung muß der Nachweis „ausreichend widerstandsfähig gegen Feuereinwirkung" nach DIN 4102 Blatt 3*) erbracht sein. Die Scheibe muß mindestens 25 mm breit gefaßt und oben sowie an den Seiten zusätzlich durch Stifte befestigt sein (Bild 5). Bei lichter Fenstergröße bis 300 cm² ist eine Verstiftung nicht erforderlich.

3.4. Türzarge

Die Zarge — einschließlich Kopfteil und Schwelle — darf als Winkelprofil oder in Kastenform ausgeführt werden. Sie muß aus Stahlblech von mindestens der Dicke des Türblechs bestehen. Falls ein einfacher, bündig am Mauerwerk anliegender Kantenschutz angebracht werden soll, muß dieser aus nichtbrennbaren Werkstoffen sein.

*) z. Z. noch Entwurf

3.5. Türaufhängung

Die Türblätter von Horizontal-Schiebetüren müssen so aufgehängt sein, daß ein Abfallen der Türblätter in den Schacht auch im Brandfall mit Sicherheit verhindert wird.
Die Türblätter von Vertikal-Schiebetüren müssen an zwei Tragseilen oder Ketten aufgehängt sein, die so befestigt sind, daß sie sich auch bei Feuereinwirkung nicht lösen können.

3.6. Korrosionsschutz

Alle Stahlteile sollen dauerhaft gegen Korrosion geschützt sein; bei der Zarge soll mindestens der nicht eingeputzte Teil gegen Korrosion geschützt sein.

4. Gütesicherung

Zur Gütesicherung haben die Hersteller von Türen nach dieser Norm die Güte ihrer Erzeugnisse selbständig zu überwachen und zu prüfen (Eigenüberwachung). Sie haben sich ferner einer Fremdüberwachung zu unterziehen.

Der Eigenüberwachung und der Fremdüberwachung sind die Forderungen dieser Norm zugrunde zu legen.

4.1. Eigenüberwachung

Der Türenhersteller hat von den in der Fertigung befindlichen Türblättern und Zargen bei großen Fertigungsserien an jedem Arbeitstage mindestens 1 Stück, bei nicht ständig laufender Fertigung je 50 Türen mindestens 1 Stück, wahllos zu entnehmen und auf Übereinstimmung mit den Forderungen der Abschnitte 2 und 3 zu überprüfen.

Sämtliche Prüfungsergebnisse der Eigenüberwachung sind schriftlich niederzulegen; die Niederschriften sind der die Fremdüberwachung durchführenden Stelle unaufgefordert vorzulegen und 5 Jahre lang aufzubewahren.

4.2. Fremdüberwachung

Die normgerechte Ausführung der Türen und die ordnungsgemäße Durchführung der Eigenüberwachung ist stichprobenweise mindestens einmal jährlich zu überprüfen. Zum Nachweis einer Fremdüberwachung hat jeder Hersteller von Türen nach dieser Norm einen Überwachungsvertrag mit einer anerkannten Güteschutzgemeinschaft oder mit einer anerkannten Prüfstelle abzuschließen.

DIN 18 091 Seite 3

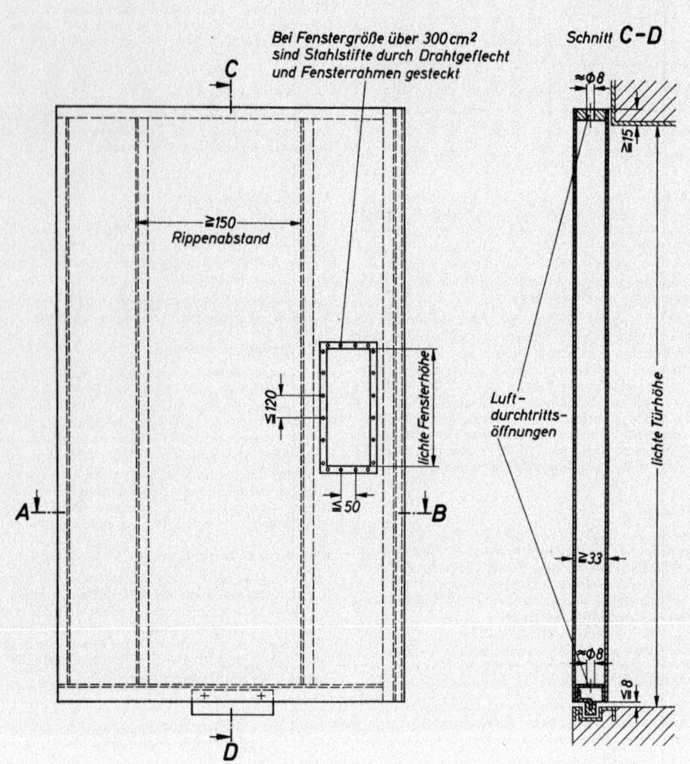

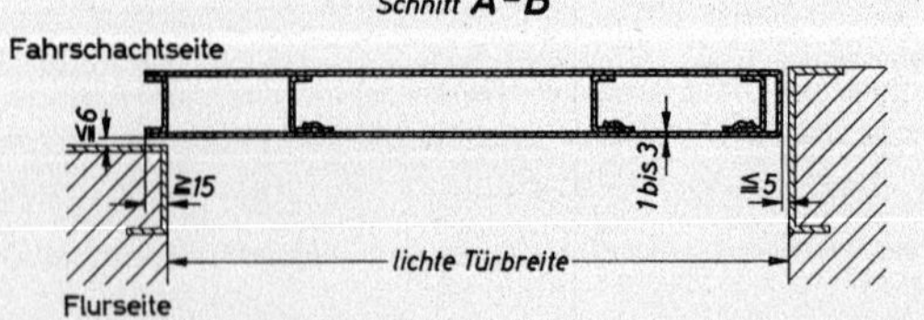

Die Schnitte *A – B* und *C – D* stellen Ausführungsbeispiele dar

Bild 1. Einteilige Fahrschacht-Schiebetür

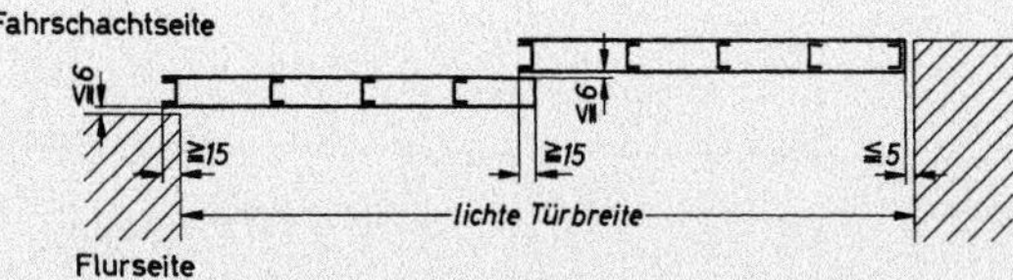

Bild 2. Teleskop-Fahrschacht-Schiebetür

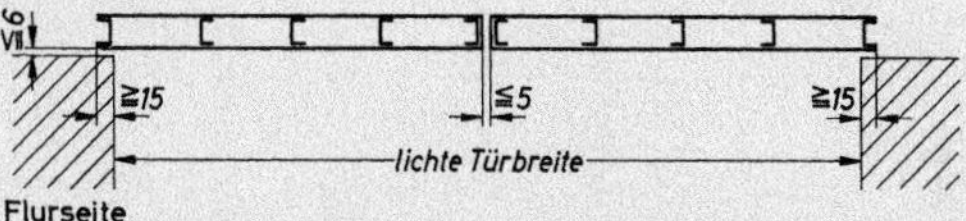

Bild 3. Zentralöffnende Fahrschacht-Schiebetür

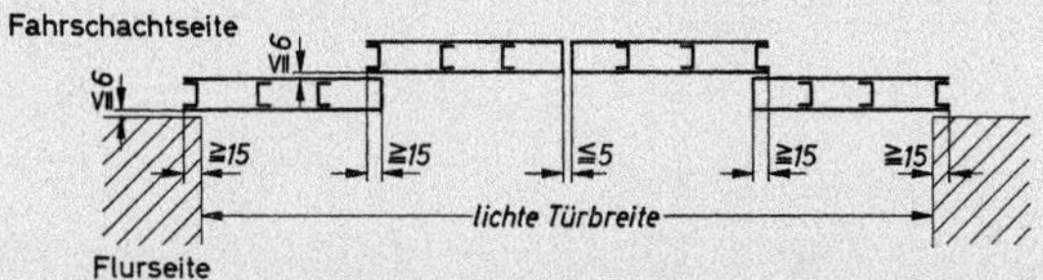

Bild 4. Zentralöffnende Teleskop-Fahrschacht-Schiebetür

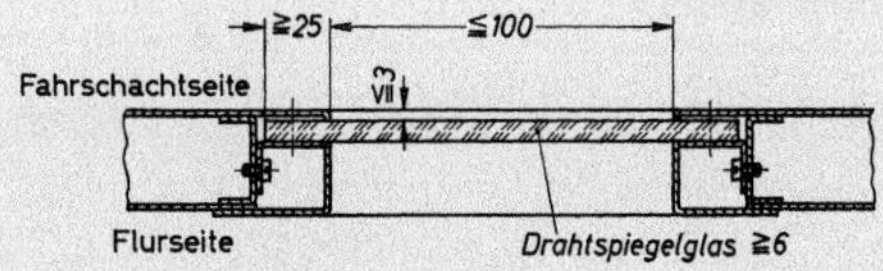

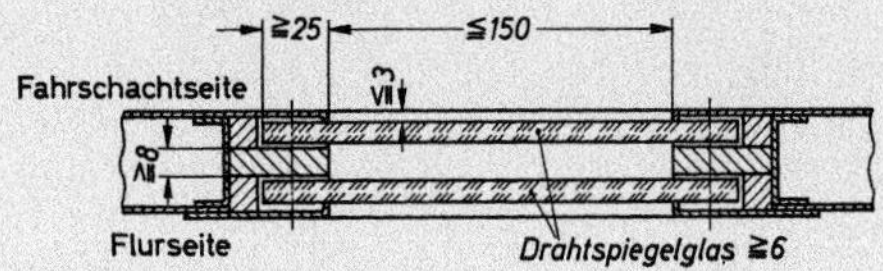

Bild 5. Beispiele für einfache und doppelte Verglasung

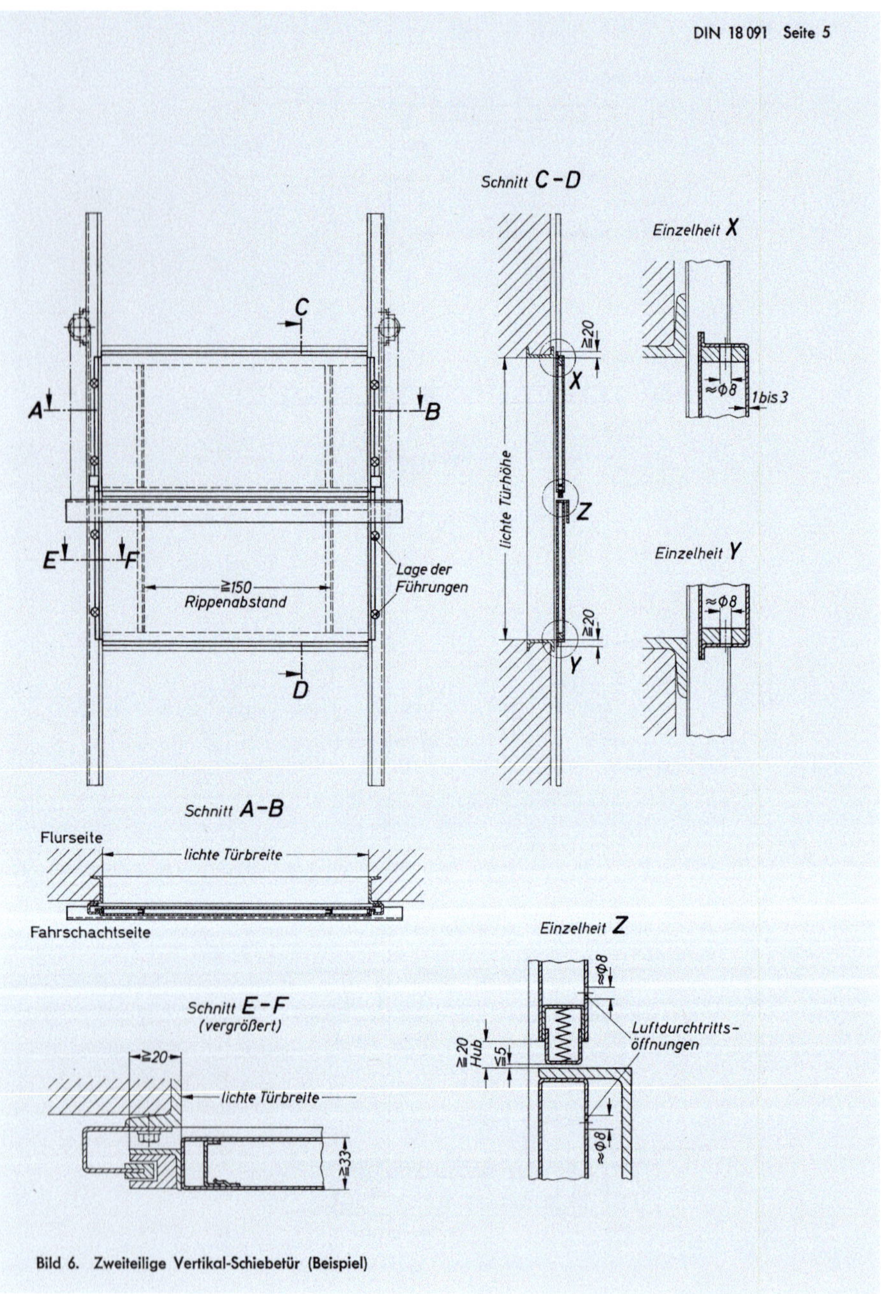

Bild 6. Zweiteilige Vertikal-Schiebetür (Beispiel)

DK 69.028.125:699.81:621.876.112.078.3 Mai 1963

Kleinlasten-Aufzüge

Vertikal-Schiebetüren
für Fahrschächte mit feuerbeständigen Wänden

DIN 18092

Small freight-carrying lifts; vertically sliding doors for lift shafts with fire-proof walls.

Maße in mm

1. Allgemeines

Fahrschachttüren nach dieser Norm [1]) sind ohne besonderen Nachweis als Türen in Fahrschächten geeignet, deren Wände nach den bauaufsichtlichen (baupolizeilichen) Vorschriften „feuerbeständig nach DIN 4102" ausgeführt sein müssen. Diese Fahrschachttüren verhindern die Übertragung von Feuer in andere Geschosse, wenn der Fahrkorb aus nicht brennbaren Werkstoffen hergestellt wird [2]) und die innere Oberfläche des Schachtes einschließlich der Türdurchbrüche mindestens das 30fache der lichten Maueröffnung eines Türdurchbruches beträgt. Die Übertragung von Rauch in andere Geschosse ist bei Verwendung solcher Türen ausreichend verhindert, wenn der Fahrschacht wirksam entlüftet wird.

2. Maße

Die größten zulässigen lichten Maße nach dieser Norm sind:

Türbreite	1000
Türhöhe	1200

Deutscher Normenausschuß, Berlin 15

3. Anforderungen

3.1. Türblatt

Jedes Türblatt besteht aus einem Stahlblech von 1 bis 3 mm Dicke und muß an den Seiten, oben und unten durch mindestens 20 mm hohe Abkantungen oder Profile und in der Mitte durch eine senkrechte Rippe verstärkt sein. Am oberen Türblatt befindet sich ein Handgriff. Die Türblätter müssen seitlich an einer Schiene geführt sein. Fenster dürfen in die Türblätter nicht eingebaut werden.

3.2. Türzarge

Eine Zarge in Winkelprofil- oder Kastenform darf ausgeführt werden. Sie muß aus Stahlblech von mindestens der Dicke des Türbleches bestehen. Falls ein einfacher, bündig am Mauerwerk anliegender Kantenschutz angebracht werden soll, muß dieser aus nicht brennbaren Werkstoffen bestehen.

3.3. Überdeckung

Die Überdeckung muß allseitig mindestens 20 mm betragen.

3.4. Aufhängung

Die Türblätter müssen an 2 Tragseilen oder Ketten aufgehängt sein, die so befestigt sind, daß sie sich auch bei Feuereinwirkung nicht lösen können.

3.5. Rostschutz

Alle Stahlteile sind vor dem Zusammenbau allseitig mit einem Rostschutz zu versehen.

---

[1]) Für Vertikal-Schiebetüren, die dieser Norm nicht entsprechen, ist die Eignung im Einzelfall oder durch eine allgemeine Zulassung nachzuweisen.

[2]) Die Innenflächen des Fahrkorbes dürfen bis zu einer Dicke von 1,5 mm mit mindestens schwer entflammbaren Stoffen ausgekleidet werden. Der Fußboden des Fahrkorbes darf aus Eichenholz bestehen, sofern er auf der unteren Seite mit Stahlblech verkleidet und zwischen Holz und Stahlblech eine mindestens 4 mm dicke Asbestschicht eingefügt ist.

Fortsetzung Seite 2

Fachnormenausschuß Bauwesen im Deutschen Normenausschuß (DNA)
Arbeitsgruppe Einheitliche Technische Baubestimmungen (ETB) des Fachnormenausschusses Bauwesen
Fachnormenausschuß Maschinenbau im DNA

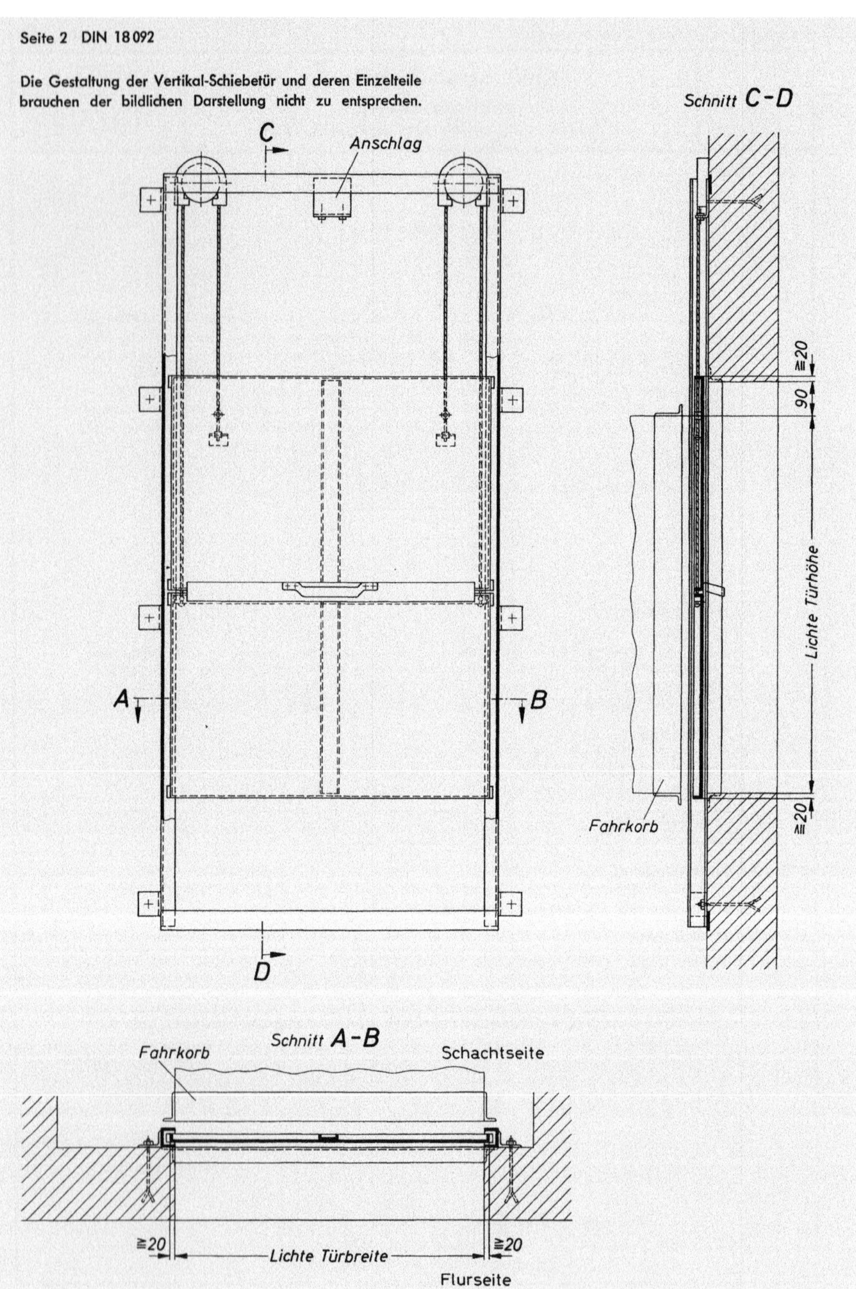

Seite 2 DIN 18092

Die Gestaltung der Vertikal-Schiebetür und deren Einzelteile brauchen der bildlichen Darstellung nicht zu entsprechen.

DIN 18095 3.8

Der normative „Startschuss“ zur Regelung von Rauchschutztüren erfolgte in der Bundesrepublik Deutschland mit der Herausgabe eines Norm-Entwurfes für DIN 18095-1 im August 1983. Mit diesem Entwurf wurde zunächst versucht, die Begriffe und die Anforderungen an Rauchschutztüren zu definieren.

Erhebliche Einsprüche der Fachwelt führen dazu, dass im September 1986 ein erneuter Entwurf vorgelegt wurde, der dann schließlich im ersten Weißdruck zum Oktober 1988 mündete.

Der Tabelle 8 können die entsprechenden Normungsstände der jeweiligen Teile von DIN 18095 entnommen werden.

Tabelle 8: Chronologische Abfolge zu DIN 18095

Dokumenten-nummer	Dokumenten-art	Ausgabe	Titel des Normteils
DIN 18095 Teil 1	Norm-Entwurf	1983-08[1)]	Türen Rauchschutztüren Begriffe und Anforderungen
DIN 18095 Teil 1	Norm-Entwurf	1986-09	Türen Rauchschutztüren Begriffe und Anforderungen
DIN 18095 Teil 1	Norm	1988-10[2)]	Türen Rauchschutztüren Begriffe und Anforderungen
DIN 18095 Teil 2	Norm-Entwurf	1983-08[1)]	Türen Rauchschutztüren Bauartprüfung der Dauerfunktion und Dichtheit
DIN 18095 Teil 2	Norm-Entwurf	1986-09	Türen Rauchschutztüren Bauartprüfung der Dauerfunktion und Dichtheit
DIN 18095 Teil 2	Norm	1988-10	Türen Rauchschutztüren Bauartprüfung der Dauerfunktion und Dichtheit
DIN 18095 Teil 2	Norm	1991-03[2)]	Türen Rauchschutztüren Bauartprüfung der Dauerfunktion und Dichtheit
DIN 18095 Teil 3	Norm	1999-06[2)]	Rauchschutzabschlüsse Teil 3: Anwendung von Prüfergebnissen

Erläuterungen:

[1)] *Die Vielzahl von Einsprüchen gegenüber den Norm-Entwürfen veranlasste den Ausschuss im Jahr 1986, zunächst einen überarbeiteten Entwurf zu veröffentlichen, der dann in der Normfassung vom Oktober 1988 mündete.*

[2)] *Diese Fassungen sind gegenwärtig noch gültig.*

DK 699.814.32:692.81:620.1 **Oktober 1988**

Türen

Rauchschutztüren

Bauartprüfung der Dauerfunktionstüchtigkeit und Dichtheit

DIN 18 095 Teil 2

Doors; smoke control doors; type testing of durability and tightness

Inhalt

1 Anwendungsbereich

Diese Norm beschreibt das beim Eignungsnachweis für Rauchschutztüren nach DIN 18 095 Teil 1 anzuwendende Prüfverfahren für die Dauerfunktionstüchtigkeit und für die Dichtheit bei Umgebungstemperatur und bei erhöhter Temperatur.

2 Begriffe

2.1 Leckrate Q_d[1])

Definition siehe DIN 18 095 Teil 1/10.88, Abschnitt 2.5. Die Leckrate wird ermittelt aus $Q_d = Q_t - Q_a$.

2.2 Leckrate Q_a[1])

Leckrate der Prüfeinrichtung (Kammer) ohne Probekörper bei abgedichteter Prüföffnung, umgerechnet nach Gleichung (1) oder Gleichung (2) auf den Zustand (T_0, p_0), siehe Abschnitt 4.1.

2.3 Leckrate Q_t[1])

Gesamtleckrate des Probekörpers einschließlich der Prüfeinrichtung, umgerechnet nach Gleichung (1) oder Gleichung (2) auf den Zustand (T_0, p_0), siehe Abschnitt 4.1.

2.4 Druckdifferenz Δp

Die Druckdifferenz Δp ist die Differenz des Luftdruckes zwischen beiden Seiten des eingebauten Probekörpers.

$\Delta p > 0$, also positiv, bedeutet: Überdruck in der Kammer;
$\Delta p < 0$, also negativ, bedeutet: Unterdruck in der Kammer.

2.5 Umgebungstemperatur[2])

(en: ambient temperature)

Die Umgebungstemperatur ist für das nachfolgend beschriebene Prüfverfahren eine Lufttemperatur von 25 °C ± 15 K.

2.6 Erhöhte Temperatur[2])

(en: medium temperature)

Erhöhte Temperatur ist für das nachfolgend beschriebene Prüfverfahren eine Lufttemperatur von 200 °C ± 20 K.

---

[1]) Die Indizes bedeuten:
d von en: door (Tür)
a von en: apparatus (Prüfeinrichtung, Kammer)
t von en: total (Gesamt; Tür und Kammer)

[2]) Siehe DIN 18 095 Teil 1/10.88, Erläuterungen Ziffer 3; siehe auch ISO 5925/1-1981 und ISO/DP 5925/2-1987

Fortsetzung Seite 2 bis 8

Normenausschuß Bauwesen (NABau) im DIN Deutsches Institut für Normung e. V.

Seite 2 DIN 18 095 Teil 2

3 Prüfungen

3.1 Probekörper

Die Bauartprüfung wird an mindestens zwei Probekörpern durchgeführt, die hinsichtlich ihrer Maße und Ausführung der praktischen Verwendung entsprechen (siehe auch DIN 18 095 Teil 1/10.88, Abschnitt 2.1, a) bis f)).

Anmerkung: Es empfiehlt sich, die größte zur Verwendung vorgesehene Türgröße einer Bauart der Prüfung auszusetzen, da in der Regel eine Übertragung der Prüfergebnisse auf Türen größerer Maße nicht möglich ist. Die größtmöglich zu prüfende Tür ist bei der Prüfstelle zu erfragen.

Jeder Probekörper wird zur Prüfung in einen Prüfrahmen eingebaut. Der Einbau hat in einer der Praxis (Einbauanleitung des Herstellers) entsprechenden Weise zu erfolgen, so daß die üblichen Luftspalten und Fugen zwischen festen und beweglichen Teilen entstehen.

Sofern die Zarge der zu prüfenden Bauart bei der praktischen Verwendung nicht vollständig eingeputzt bzw. voll mit einem mineralischen Mörtel hintergossen wird, ist beim Einbau in den Prüfrahmen der in der Praxis vorgesehene Zustand herzustellen.

Bauarten mit eingeputzten bzw. hintergossenen Zargen werden zur Prüfung so dicht eingebaut, daß sich zwischen Zarge und Wandbauteil im Prüfrahmen keine Spalten befinden.

3.2 Prüfung der Dauerfunktionstüchtigkeit

Die Prüfung der Dauerfunktionstüchtigkeit wird an zwei Probekörpern durchgeführt, die jeweils in einem Prüfrahmen eingebaut sind.

Einflügelige Rauchschutztüren müssen mit Hilfe einer Prüfeinrichtung 200 000mal durch Betätigen des Drückers aufgeklinkt sowie um einen Winkel von 90° geöffnet und nach jedem Öffnen von dem für diese Türenbauart vorgesehenen Türschließmittel geschlossen werden (200 000 Prüfzyklen).

Der Drücker ist durch ein Gewicht zu betätigen. Das Gewicht (bei einem Einfallenschloß mit einer Masse von 2,5 kg) soll dabei aus einer Höhe von 70 mm vom unteren Anschlag des Drückers aus gemessen – herabfallen. Das Gewicht darf hierbei lediglich durch den Schloßmechanismus am freien Fall gehindert werden.

Die vom Gewicht auf den Drücker aufgebrachte Kraft soll über eine Kette an einem Hebel von 75 mm – vom Drückerdrehpunkt aus gemessen – angreifen.

Bei anderen Verschlüssen und Beschlägen ist sinngemäß zu verfahren.

Nach jeweils 50 000 Prüfzyklen der Tür sind die Bänder der Tür und die Schloßfallen nach Herstellerangaben zu ölen bzw. zu fetten. Für zweiflügelige Rauchschutztüren ohne Standflügel gelten für beide Gangflügel gleichfalls 200 000 Prüfzyklen.

100 000 Prüfzyklen für beide Flügel gelten für zweiflügelige Rauchschutztüren mit Standflügel; dabei sind sämtliche Schlösser praxisgerecht zu betätigen. Die Funktion des Schließfolgereglers bei zweiflügeligen Türen ist durch entsprechende Betätigung des Stand- und Gangflügels zu überprüfen. Anschließend sind mit dem Gangflügel allein weitere 100 000 Prüfzyklen durchzuführen. Zu Beginn der Prüfung der Dauerfunktionstüchtigkeit und nach jeweils 50 000 Prüfzyklen sind die Bänder, Schließfolgeregler, Schnappriegel, Drückerlager und Schloßfallen nach Herstellerangabe zu ölen bzw. zu fetten.

Im Rahmen der Dauerfunktionsprüfung ist auch die geforderte Zwängungsfreiheit nach DIN 18 095 Teil 1/10.88, Abschnitt 4.12, für zweiflügelige Rauchschutztüren nachzuweisen. Der durch Versuche an der Tür, an einem Modell im Maßstab 1:1 oder zeichnerisch ermittelte erforderliche Mindestluftspalt zwischen den beiden Flügeln ist dann der Prüfung nach Abschnitt 3.3 zugrundezulegen, d. h. bei den Probekörpern einzustellen.

3.3 Prüfung der Dichtheit

Zwei Probekörper nach Abschnitt 3.1 sind in einer Prüfeinrichtung nach Abschnitt 3.4 auf ihre Dichtheit zu prüfen. Dabei ist jeweils die Leckrate sowohl bei Überdruck auf die Öffnungsseite der Tür als auch bei Überdruck auf die Schließseite der Tür zu ermitteln. Sofern keine Einwände der Prüfstelle vorliegen, darf die Prüfung der Dichtheit an Probekörpern der gleichen Bauart und Größe vorgenommen werden, die vorher nicht einer Prüfung der Dauerfunktionstüchtigkeit unterzogen wurden. Als Maß für die Leckrate Q_t wird das in die Prüfkammer eingeblasene bzw. das aus der Prüfkammer abgesaugte Luftvolumen bestimmt.

Maßgebend für die Beurteilung der geprüften Türenbauart ist stets das schlechtere Ergebnis Q_d der beiden Probekörper.

3.4 Prüfeinrichtung

3.4.1 Prüfkammer

Die Prüfkammer (Kammer) ist ein Raum, dessen Außenwände so dicht sein sollen, daß die Leckrate Q_a bei abgedichteter Prüföffnung, einem Überdruck von 50 Pa und bei Umgebungstemperatur nicht größer als 5 m^3/h ist.

Die Prüföffnung der Prüfkammer soll so ausgebildet sein, daß ein Prüfrahmen mit eingebautem Probekörper dicht angeflanscht werden kann.

Die Prüfkammer ist ausgerüstet

- mit einer Einrichtung zur Erzeugung einer Druckdifferenz zwischen den beiden Oberflächen des Probekörpers und zur Umwälzung erwärmter Luft in der Prüfkammer, z. B. einem oder mehreren Gebläsen,
- mit einem Rohrsystem, in welchem Luft gefördert werden kann
- mit Meßgeräten zur Ermittlung des Luftvolumenstromes, der in die Prüfkammer hineingeblasen oder aus der Prüfkammer herausgesaugt wird
- mit verschiedenen Druckregelarmaturen, mit denen die Richtung des Luftvolumenstromes im Rohrsystem und die Menge der geförderten Luft gesteuert werden können
- mit Dichtungsstreifen und Befestigungsmaßnahmen zum Anflanschen eines Prüfrahmens
- mit einem Wärmetauscher, der es ermöglicht, in die Prüfkammer eingeblasene Luft auf etwa max. 300 °C aufzuheizen
- mit Maßnahmen zur Wärmedämmung der Prüfkammer-Außenwände und der außerhalb der Kammer liegenden Teile des Rohrsystems, in denen erwärmte Luft geführt wird
- mit Meßgeräten zur Ermittlung der Druckdifferenz und der Lufttemperatur in der Prüfkammer.

In Bild 1 ist eine entsprechende Prüfkammer als Beispiel angegeben.

3.4.2 Gebläse

Durch außerhalb der Kammer befindliche Gebläse wird bei geschlossenen Druckregelungsarmaturen des Bypasses über eine Druck- und Saugleitung die Luft in der Kammer umgewälzt. Bei geeigneter Stellung der Druckregelungsarmatur des Bypasses kann Luft in die Kammer eingesaugt bzw. herausgedrückt werden. Dadurch stellt sich in der Prüfkammer ein Überdruck bzw. Unterdruck ein. Die hierbei je Zeiteinheit abgesaugte bzw. eingespeiste Luftmenge, die zur Aufrechterhaltung eines gewünschten Differenzdruckes erforderlich ist, ist ein Maß für die Leckrate Q_d der Tür.

3.4.3 Lufttemperatur in der Kammer, Druckverhältnisse

Um eine möglichst praxisgerechte Darstellung des Risikofalles – Schwelbrand mit starker Rauchentwicklung in einem an einen Rettungsweg angrenzenden Raum – zu erzielen, wird bei Prüfungen mit erhöhter Temperatur von etwa 200 °C die heiße Luft durch einen Verteiler von schräg oben auf den oder die Türflügel geleitet und im Schwellenbereich abgesaugt. Maßgebend für die Prüfung ist das Mittel aus den 12 Meßwerten (siehe Abschnitt 3.4.6). Die einzelnen Meßwerte sollen vom Mittelwert nicht mehr als ± 40 K abweichen.

Die Druckverhältnisse in der Kammer sind nahezu gleichmäßig; für die Prüfung maßgebend ist die Anzeige der auf der Mittelachse in etwa 1 m Höhe über Unterkante Türflügel gelegenen Meßstelle (siehe Abschnitt 3.4.5).

3.4.4 Messung des Luftvolumenstromes

Die in die Kammer eingeblasene bzw. aus der Kammer abgesaugte Luftmenge je Zeiteinheit wird mit Hilfe eines geeigneten Meßgerätes gemessen.

3.4.5 Messung der Druckdifferenz, Lage der Meßstellen

Die Druckdifferenz zwischen Prüfkammer und Außenluft wird mit Hilfe mindestens eines Druckmeßgerätes gemessen. Die Meßstelle (T-Rohr) befindet sich in der Kammer in einem Abstand von etwa 10 cm von der Türoberfläche, und zwar in der Mitte der lichten Türöffnung.

Weitere Meßstellen dürfen senkrecht oberhalb und/oder unterhalb dieser Meßstelle angeordnet werden, und zwar etwa in Höhe der Meßebenen 1 und 4 nach Abschnitt 3.4.6.

3.4.6 Messung der Temperatur, Lage der Meßstellen

Während der Prüfung mit erhöhter Temperatur wird die Temperatur in der Prüfkammer mit Hilfe von 12 Thermoelementen gemessen, die in etwa 10 cm Abstand von der Türoberfläche angeordnet sind. Die Meßstellen sind in 4 Meßebenen mit jeweils 3 Thermoelementen angeordnet, von denen eines auf der senkrechten Achse in der Mitte der lichten Türöffnung, die anderen beiden in einem Abstand von 10 cm von den Türlaibungen angebracht sind. Meßebene 1 ist 10 cm vom Sturz der zu verschließenden Öffnung, Meßebene 2 etwa in ⅔ der Türhöhe, Meßebene 3 in etwa ⅓ der Türhöhe angeordnet. Meßebene 4 liegt 10 cm oberhalb der Schwelle bzw. des Fußbodens.

Tabelle 1. **Stellung der Druckregelarmatur(en) in Bild 1**

Druckverhältnisse in der Kammer (Druckdifferenz gegen Außenluft)	Druckregel-armatur(en)-Nr			
	1	2	3	4
Überdruck	+	–	–	0
Unterdruck	–	+	0	–
Stellung der Druckregelarmatur(en) + = offen, – = geschlossen, 0 = Durchflußregelung				

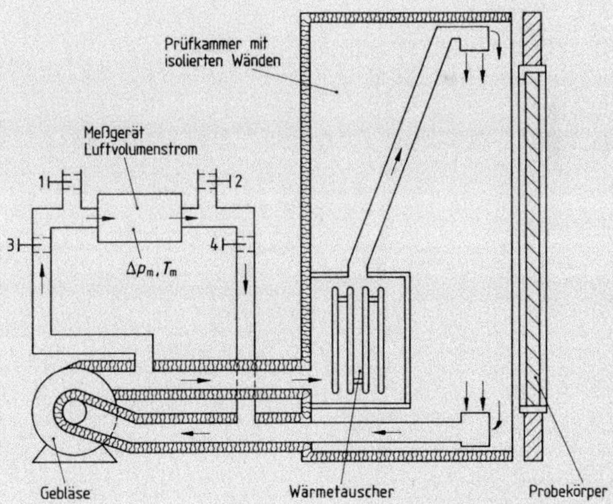

Bild 1. Prüfkammer (Prinzip)

Seite 4 DIN 18 095 Teil 2

4 Ermittlung der Leckraten

4.1 Umrechnung auf Zustand (T_0, p_0)

Alle gemessenen Luftvolumina sind auf den Zustand (T_0, p_0) umzurechnen. Diese Umrechnung bezieht sich auf T_0 = 293,15 K, p_0 = 101 325 Pa.

Bei gemessener Leckrate $Q_m > 20$ m³/h muß zur Ermittlung der Leckraten im Zustand (T_0, p_0) die Gleichung (1) benutzt werden.

$$Q = Q_m \cdot \frac{(p_a + \Delta p_m)}{101\,325} \cdot \frac{293{,}15}{T_m} \cdot \left[1 - 0{,}3795 \cdot \frac{U_m}{100} \cdot \frac{e_m}{p_a \cdot \Delta p_m}\right] \quad (1)$$

Hierin bedeuten:

- Q Leckrate in m³/h, auf den Zustand (T_0,p_0) umgerechnet
- Q_m Meßwerte der Leckrate in m³/h bei T_m und ($p_a + \Delta p_m$)
- Δp_m Druckdifferenz am Ort der Luftmengenmessung in Pa, unmittelbar hinter dem Meßgerät
- p_a Luftdruck in Pa
- T_m Temperatur in K am Ort der Luftmengenmessung, unmittelbar hinter dem Meßgerät
- U_m relative Luftfeuchte in % bei der Temperatur T_m
- e_m Wasserdampfsättigungsdruck in Pa bei T_m

Bei gemessener Leckrate $Q_m \leq 20$ m³/h darf Gleichung (2) benutzt werden, die den Einfluß der relativen Luftfeuchte nicht berücksichtigt.

$$Q = Q_m \cdot \frac{p_a + \Delta p_m}{345{,}65 \cdot T_m} \quad (2)$$

4.2 Ermittlung der Leckrate Q_a

Vor der Ermittlung der Leckrate Q_t der Probekörper wird die Leckrate Q_a der Prüfeinrichtung bei Umgebungstemperatur bestimmt.

Dazu wird die Prüföffnung der Prüfkammer abgedichtet und anschließend die Leckrate Q_a als Funktion der Druckdifferenz (Prüfkammer/Umgebung) bei abgedichteter Prüföffnung ermittelt. Die Leckraten Q_a sind bei den Druckstufen Δp = 5, 10, 20, 30 und 50 Pa zu ermitteln.

Diese Leckrate wird in gleicher Weise auch bei erhöhter Temperatur ermittelt.

4.3 Ermittlung der Leckrate Q_t

4.3.1 Zur Ermittlung der Leckrate Q_t wird der in den Prüfrahmen eingebaute Probekörper vor die Prüfkammer gesetzt, aber noch nicht angeflanscht. Der Probekörper wird dann von seinem Türschließmittel aus einem Öffnungswinkel von 30° geschlossen.

Anschließend wird der Prüfrahmen mit eingebautem Probekörper an die Kammeröffnung angeflanscht, und es wird mit der Ermittlung der Leckrate des Probekörpers einschließlich der Leckrate der Prüfeinrichtung ($Q_t = Q_d + Q_a$) begonnen.

4.3.2 Die Leckrate Q_t wird zunächst bei Umgebungstemperatur bei den in Abschnitt 4.2 angegebenen Druckstufen ermittelt, und zwar sowohl bei Überdruck auf die Öffnungsseite der Probekörper als auch bei Überdruck auf die Schließseite der Probekörper. Der Luftvolumenstrom wird bei konstanten Druckverhältnissen in der Prüfkammer gemessen.

4.3.3 Im Anschluß daran wird die Leckrate Q_t bei erhöhter Temperatur ermittelt, und zwar bei einem Probekörper bei Überdruck auf der Schließseite und bei dem anderen Probekörper bei Überdruck auf der Öffnungsseite.

Dazu soll jeweils die Luft in der Prüfkammer möglichst in 30 min auf 200 °C ± 20 K (Mittelwert) aufgeheizt und anschließend die Leckrate Q_t bei den in Abschnitt 4.2 angegebenen Druckstufen ermittelt werden. Diese Aufheizzeit darf in begründeten Ausnahmefällen überschritten, nicht jedoch unterschritten werden. Jede Druckstufe ist für 2 min aufrechtzuerhalten. Innerhalb dieser Zeit wird der Luftvolumenstrom bei konstanten Druck- und Temperaturverhältnissen in der Prüfkammer gemessen. Maßgebend ist die am Ende der Meßzeit von 2 min ermittelte Leckrate.

4.4 Ermittlung der Leckrate Q_d

Die Leckrate des Probekörpers ergibt sich bei jeder Druckstufe aus

$$Q_d = Q_t - Q_a \text{ in m}^3\text{/h} \quad (3)$$

Sie ist für Umgebungstemperatur und für erhöhte Temperatur getrennt zu ermitteln, wobei der Berechnung die bei diesen Temperaturen bestimmten Werte Q_t und Q_a zugrunde zu legen sind.

5 Beobachtungen

5.1 Während der Prüfung ist die Verformung der Probekörper zu beobachten. Es ist festzustellen, ob Verschluß- oder Verriegelungsteile oder Halterungen versagen.

Beobachtungen, die Anlaß zu Beanstandungen bei der praktischen Verwendung der Probekörper sein können, sind in das Prüfprotokoll unter Angabe der dabei während der Prüfung herrschenden Beanspruchungszustände (Druck, Temperatur, Zeit u. a.) aufzunehmen.

5.2 Unmittelbar nach der Prüfung ist festzustellen, ob die Probekörper ohne Werkzeug geöffnet werden können.

Die Probekörper sind ferner auf Veränderungen gegenüber ihrem Zustand vor Beginn der Prüfung zu untersuchen.

6 Auswertung

Bei der Auswertung werden zunächst die Meßwerte auf den Zustand nach Abschnitt 4.1 umgerechnet. Die nach Gleichung (3) errechneten Leckraten Q_d der Probekörper in m³/h bei den Druckstufen 5, 10, 20, 30 und 50 Pa sind zahlenmäßig (gerundet auf drei signifikante Stellen) anzugeben. Die Zahlenwerte sind nach dem Muster des Anhanges A zusammenzustellen.

7 Prüfzeugnis

7.1 Über die positiv verlaufene Prüfung ist ein Prüfzeugnis auszustellen. Es muß folgende Angaben enthalten:

a) Prüfstelle[3])
b) Datum der Anlieferung der Probekörper
c) Antragsteller
d) Bezeichnung der Türenbauart nach Herstellerangabe (Produktbezeichnung)
e) Aufbau, Maße und Gewichte der Probekörper einschließlich der verwendeten Werkstoffe, Schlösser und Beschläge, Dichtungsmaßnahmen, Türschließmittel und gegebenenfalls Zubehör, ferner alle Spaltbreiten, z. B. Luftspalt an Türunterkante, im Falzbereich, zwischen den Türflügeln (Beschreibung und zeichnerische Darstellung)

---

3) Im bauaufsichtlichen Verfahren dürfen nur Prüfberichte oder Prüfzeugnisse von Prüfstellen anerkannt werden, die in einem Verzeichnis beim Institut für Bautechnik, Reichpietschufer 72–76, geführt werden. Dieses Verzeichnis wird in den „Mitteilungen" des Instituts für Bautechnik veröffentlicht und jeweils ergänzt.

f) Angabe, ob die Probekörper selbstschließend sind
g) Wirkung der Prüfung der Dauerfunktionstüchtigkeit
h) Leckrate der Probekörper (größte ermittelte Werte) bei Umgebungstemperatur und bei erhöhter Temperatur, jeweils ermittelt bei den Druckstufen 5, 10, 20, 30 und 50 Pa
i) Angabe, ob während der Dichtheitsprüfung Verschluß- oder Verriegelungsteile oder Halterungen versagten
k) Angabe, ob die Probekörper nach der Dichtheitsprüfung noch ohne Werkzeug geöffnet werden können
l) Angabe, ob während der Prüfung Beobachtungen gemacht wurden, die Anlaß zu Beanstandungen geben
m) abschließende Beurteilung der geprüften Probekörper
n) Angabe der Normbezeichnung
„Tür DIN 18 095 RS-1" bzw.
„Tür DIN 18 095 RS-2"
o) weitere Angaben nach den Abschnitten 7.3 und 7.4

7.2 Neben dem Prüfzeugnis nach Abschnitt 7.1 ist eine Kurzfassung des Prüfzeugnisses auszustellen, die nur die äußeren Merkmale enthält, die für den Anwender zur Identifizierung notwendig sind.

In dieser Kurzfassung des Prüfzeugnisses müssen die Angaben nach den Abschnitten 7.1 a), b), c), d), m), n) und o) enthalten sein. Ferner müssen die für den Einbau der Rauchschutztür notwendigen Angaben in der Kurzfassung des Prüfzeugnisses enthalten sein.

7.3 Die Prüfungsergebnisse gelten zunächst für die geprüften Probekörper.

In einem Abschnitt „Gutachtliche Stellungnahme" des Prüfzeugnisses bzw. der Kurzfassung des Prüfzeugnisses oder in einer gesonderten gutachtlichen Stellungnahme ist von der Prüfstelle anzugeben, welcher Größenbereich und gegebenenfalls welche Ausrüstungsvarianten (z. B. Bänder, Türschließmittel) oder Einbauvarianten für eine Rauchschutztür sonst gleicher Konstruktion mit diesem Zeugnis abgedeckt sind.

Die Stellungnahme darf sich nur auf Vorschläge des Inhabers des Prüfzeugnisses beziehen und muß von derselben Prüfstelle stammen.

7.4 Die Gültigkeitsdauer jedes Prüfzeugnisses ist auf höchstens 5 Jahre zu begrenzen; sie kann auf Antrag verlängert werden.

Seite 6 DIN 18 095 Teil 2

Anhang A[4])

Muster eines Auswertungsprotokolles

Ermittelte Leckrate Q_d von Rauchschutztüren gleicher Bauart

Anzahl der Türflügel:

Maße der Prüföffnung: __________ mm × __________ mm (lichte Wandöffnung);

lichte Zargenöffnung __________ mm × __________ mm.

	1	2	3	4	5	6	7	8
	geprüft wurde	Überdruck auf	Lufttemperatur	Leckrate in m³/h bei Druckdifferenz Δp in Pa				
				5	10	20	30	50
1	Probekörper 1, Schließseite[1]) der Tür der Prüfkammer zugewandt	Schließseite	Umgebungstemperatur					
2		Öffnungsseite	Umgebungstemperatur					
3		Schließseite	erhöhte Temperatur					
4	Probekörper 2, Öffnungsseite[1]) der Tür der Prüfkammer zugewandt	Öffnungsseite	Umgebungstemperatur					
5		Schließseite	Umgebungstemperatur					
6		Öffnungsseite	erhöhte Temperatur					

[1]) Öffnungsseite, Schließseite siehe DIN 107
Öffnungsseite, auch: Bandseite
Schließseite, auch: Gegenbandseite, Kastenseite

Der Beurteilung zugrunde gelegter Wert der Leckrate Q_d = __________ m³/h

[4]) Für den Anwender dieser Norm unterliegt der Anhang A nicht dem Vervielfältigungsrandvermerk auf Seite 1.

Zitierte Normen

DIN 107	Bezeichnung mit links oder rechts im Bauwesen
DIN 18 095 Teil 1	Türen; Rauchschutztüren; Begriffe und Anforderungen
ISO 5925/1 – 1981	Fire tests – Evaluation of performance of smoke control door assemblies – Part 1: Ambient temperature test
ISO/DP 5925/2 – 1987	Tests for smoke control doors – Part 2: Medium temperature test (Dok. ISO/TC 92/WG 3 N 347 vom 02.04.1987 „6. Entwurf", beraten am 18.06.1987 in Røros, Norwegen)

Erläuterungen

1. Diese Norm enthält Einzelheiten des beim Eignungsnachweis (Bauartprüfung) für Rauchschutztüren anzuwendenden Prüfverfahrens, die sehr detailliert festgelegt werden mußten, um reproduzierbare und vergleichbare Ergebnisse zu bekommen.

Die Norm ist weitgehend ausgerichtet nach den Internationalen Normen ISO 5925/1 – 1981 und ISO/DP 5925/2 – 1987. Ebenso wie diese ISO-Normen enthält DIN 18 095 Teil 2 keine Anforderungen – diese sind in DIN 18 095 Teil 1 festgelegt – sondern nur die Prüfvorschriften für Rauchschutztüren.

2. Es erschien dem NABau-Arbeitsausschuß IX 24 „Rauchschutztüren" vertretbar, die Eignungsprüfungen im Regelfall auf die Prüfung von nur 2 Türen je Bauart zu beschränken. Es kann sich als notwendig erweisen, zum Schutze des Verbrauchers weitere Eignungsprüfungen durchzuführen, wenn die Bauart der Tür und/oder der vorgesehene Verwendungsort dies erfordert, z. B. bei Türblättern aus Holz oder Holzwerkstoffen, die zwischen Räumen unterschiedlicher und/oder wechselnder klimatischer Bedingungen eingebaut werden sollen. Hier sind dann gegebenenfalls weitere Prüfungen auf der Basis der entsprechenden DIN-EN-Prüfnormen für Türen aus Holz oder Holzwerkstoffen erforderlich.

3. Ein Vergleich dieser Norm mit den o. a. Internationalen Normen zeigt, daß die deutsche Norm eine Prüfung der Dauerfunktionstüchtigkeit enthält (siehe Abschnitt 3.2), die in den Internationalen Normen nicht enthalten ist.

Der NABau-Arbeitsausschuß „Rauchschutztüren" hielt es – nach Erfahrungen, die an Feuerschutztüren gesammelt wurden – für notwendig, diesen Nachweis zu fordern, um zu erreichen, daß die Entwickler von Rauchschutztüren ihr Augenmerk darauf richten, daß diese für den Schutz von Menschenleben wichtigen Türen auch nach langjähriger Nutzung noch zuverlässig schließen und ausreichend dicht sind.

4. Im Abschnitt 3.3 wird freigestellt, die Prüfung der Dauerfunktionstüchtigkeit nicht an den gleichen Probekörpern durchzuführen, die auch anschließend der Prüfung der Dichtheit unterzogen werden, sondern an anderen Probekörpern, die allerdings identisch aufgebaut sein müssen. Diese Möglichkeit bringt einen Zeitgewinn beim Ablauf des Prüfverfahrens und erspart unter Umständen den Transport von Probekörpern während der Prüfungen.

Die im Text angeführten „Einwände der Prüfstelle" sollen der Prüfstelle ein Mitspracherecht bei dieser Regelung einräumen, das in erster Linie einem Mißbrauch vorbeugen soll. Ein Einwand muß erhoben werden, wenn bei der Prüfung der Dauerfunktionstüchtigkeit Beobachtungen gemacht werden, die darauf schließen lassen, daß sich die Dichtheit eines Probekörpers als Folge der mechanischen Beanspruchung verschlechtert hat. Soweit möglich, sollte vor Beginn der Prüfungen mit der Prüfstelle vereinbart werden, ob die Prüfungen (Dauerfunktionstüchtigkeit und Dichtheit) an den gleichen (2) oder an besonderen (d. h. insgesamt 4) Probekörpern durchgeführt werden sollen.

5. Sofern vom Hersteller nicht anders angegeben, werden die Türen zur Durchführung der Eignungsprüfung so eingebaut, daß zwischen Zarge und anschließenden Wandbauteilen kein Rauchdurchtritt möglich ist. Das entspricht der Dichtheit einer voll hintermörtelten und eingeputzten Stahlzarge zur Wand.

Sofern Rauchschutztüren in der Praxis mit Zargen aus Holz oder Holzwerkstoffen verwendet werden sollen, müssen die Probekörper zur Prüfung mit den Dichtungsmaßnahmen zwischen Zarge und Wand eingebaut werden, die in der Praxis vorgesehen sind.

6. Wie aus Abschnitt 4.2 hervorgeht, ist die Leckrate der Prüfeinrichtung Q_a sowohl bei Umgebungstemperatur als auch bei erhöhter Temperatur zu ermitteln. Diese „Nullmessung" mit vollständig abgedichteter Prüföffnung muß nur dann vor (und gegebenenfalls auch nach) jeder Prüfung eines Probekörpers durchgeführt werden, wenn die Prüfergebnisse Anlaß zu der Vermutung geben, daß sich die Leckrate der Prüfeinrichtung während dieser Prüfungen merklich geändert hat. Nach bisher vorliegenden Erfahrungen mit einer Prüfkammer mit dichtgeschweißten stählernen Wandungen erscheint die Wiederholung der Nullmessung nur nach einer längeren Unterbrechung der Benutzung der Prüfeinrichtung oder (etwa quartalsweise) bei ständiger Benutzung erforderlich. Bei einer unbemerkten Vergrößerung der Leckrate der Prüfeinrichtung errechnet sich die Leckrate Q_d des Probekörpers kleiner als sie in Wirklichkeit ist.

7. Die Übertragbarkeit der Prüfergebnisse auf Türen der gleichen Bauart, jedoch anderer Größe, ist nicht uneingeschränkt möglich: während eine Extrapolation nach unten bei Rauchschutztüren nach DIN 18 095 Teil 1 in jedem Fall unbedenklich erscheint, ist die Übertragbarkeit der Ergebnisse auf eine größere Ausführung der gleichen Bauart in der Regel nicht zulässig.

Wegen der unterschiedlichen Steifigkeit der Bauarten, wegen ihres unterschiedlichen Verhaltens bei einseitiger Erwärmung, wegen der Vielfalt der möglichen konstruktiven und materialbedingten Ausführungen der Dichtungsmaßnahmen und anderer Konstruktionsmerkmale läßt sich ein bestimmter Wert für eine zulässige Extrapolation auf größere Türgrößen nicht angeben. Die Prüfstellen sind angewiesen, in einer gutachtlichen Stellungnahme anzugeben, welcher Größenbereich durch das Prüfergebnis abgedeckt wird.

8. Eine Übertragbarkeit der Prüfergebnisse auf Rauchschutztüren ähnlicher Bauart ist nur sehr selten gegeben. Nur geringfügige Änderungen, wie ein Auswechseln der nachfolgend beispielhaft aufgezählten Bauteile können sich nachteilig auf die für Rauchschutztüren wichtigen Eigenschaften auswirken: Bänder, Türschließmittel, Schwellenausbildung, Verglasung (auch Weglassen einer Verglasung), Zargenausführung (Profil, Werkstoff), Einbau, Werkstoffe des Türblattes.

Die Prüfstellen sind angewiesen, in einer gutachtlichen Stellungnahme anzugeben, welche (vom Hersteller vorzuschlagende) Ausführungvarianten durch das Prüfergebnis abgedeckt sind. Dabei kann sich ergeben, daß bestimmte Ausführungsvarianten nicht in beliebiger Türgröße positiv beurteilt werden können.

9. Das in dieser Norm festgelegte Prüfverfahren gestattet keine Aussagen über die Rauchdichtheit von Wänden. Bei der Beurteilung der Rauchschutztüren wird davon ausgegangen, daß die anschließenden Gebäudeteile selbst ausreichend dicht sind.

10. Auf Wunsch einiger Hersteller wurde neben der Aufstellung eines vollständigen Prüfzeugnisses die Möglichkeit einer Kurzfassung des Prüfzeugnisses in die Norm aufgenommen.

Der Hersteller kann diese Kurzfassung des Prüfzeugnisses als Eignungsnachweis an Dritte weitergeben. Auf diese Weise soll ein unbefugter Nachbau der geprüften Bauart erschwert werden, da im Prüfzeugnis nach Abschnitt 7 der vollständige Aufbau der Tür beschrieben ist. Die Angaben zur Bauart der geprüften Tür sind in der Kurzfassung des Prüfzeugnisses bereits so ausführlich, daß die Rauchschutztür in der Praxis identifiziert werden kann.

11. Die redaktionelle Gestaltung von Prüfzeugnissen ist nicht genormt oder anderweitig festgelegt, sondern bleibt den Prüfstellen überlassen.

Um die Eigenschaften der geprüften Türen ohne Schwierigkeiten und Mißverständnisse miteinander vergleichen zu können und um das Testat der durchgeführten Prüfungen internationalen Gepflogenheiten anzupassen, wurden in Abschnitt 7 Mindestangaben für ein Prüfzeugnis festgelegt.

Dabei ist großer Wert auf die Beschreibung der geprüften Probekörper zu legen (siehe Abschnitt 7.1 e)), weil es sonst nicht möglich ist, die Bauart in Zweifels- oder Streitfällen zu identifizieren. Es muß in jedem Falle davon ausgegangen werden, daß dem Prüfzeugnis beigefügte Zeichnungen in jeder Einzelheit dem geprüften Probekörper entsprechen. Sofern es der Prüfstelle nicht möglich ist, den Probekörper selbst zeichnerisch darzustellen, kann das Prüfzeugnis erst ausgestellt werden, wenn sie überprüft hat, daß die vorgelegten Zeichnungen hinsichtlich Umfang und Inhalt diesen Ansprüchen gerecht werden.

12. In Abschnitt 7.2, letzter Satz, werden Angaben für den Einbau der Tür erwähnt, die in der Kurzfassung des Prüfzeugnisses enthalten sein müssen. Einzelheiten hierzu sind in DIN 18 095 Teil 1/10.88, Abschnitt 6.2, angeführt. Es ist Aufgabe der Prüfstellen, nachzuprüfen, ob die vom Hersteller der Tür vorgelegte Einbauanleitung keine Angaben enthält, die im Widerspruch zu Angaben des Prüfzeugnisses oder gegebenenfalls einer gutachtlichen Stellungnahme nach Abschnitt 7.3 stehen.

13. Obgleich in DIN 18 095 Teil 1 Anforderungen lediglich an ein- und zweiflügelige Flügeltüren festgelegt sind, bestehen keine Bedenken, wenn das in dieser Norm festgelegte Prüfverfahren auch auf Türen anderer Bauarten, z.B. auf Hub-, Glieder- oder Schiebetüren angewendet wird, um weitere Erkenntnisse zu sammeln, damit zu einem späteren Zeitpunkt bei Überarbeitung der Norm DIN 18 095 Teil 1 auch Anforderungen an solche Türen zusätzlich zu den Flügeltüren in die Norm aufgenommen werden können.

Internationale Patentklassifikation

A 62 C 3/14
E 06 B 5/16
G 01 F 1/00
G 01 K 7/02
G 01 M 3/00

DIN 18250, Teile 1 und 2 3.9

Ergänzend zu DIN 18081 und DIN 18082 wurde hinsichtlich der Einfallenschlösser und dem Dreifallenverschluss in den Jahren 1976 bzw. 1979 erstmals mit DIN 18250 in zwei Teilen eine gesonderte Norm für die Beschläge in Feuerschutzabschlüssen veröffentlicht. Damit wurden die bisherigen normativen Bestimmungen in DIN 18081 und DIN 18082 dazu ersetzt.

Der Tabelle 9 können die Teile von DIN 18250 entnommen werden.

Tabelle 9: DIN 18250, Teile 1 und 2

Dokumenten-nummer	Dokumenten-art	Ausgabe	Titel des Normteils
DIN 18250 Teil 1	Norm	1976-12[1)]	Baubeschläge Einsteckschlösser für Feuerschutzabschlüsse Einfallenschlösser
DIN 18250 Teil 1	Norm	1979-07[1)]	Baubeschläge Einsteckschlösser für Feuerschutzabschlüsse Einfallenschlösser
DIN 18250 Teil 2	Norm	1979-07[2)]	Baubeschläge Einsteckschlösser für Feuerschutzabschlüsse Dreifallenverschluß

Erläuterungen:

1) *Diese Norm war gemeinsam mit DIN 18082-1 der Ersatz für DIN 18082-1 (Ausgabe Februar 1969) hinsichtlich der betreffenden Regelungen. Sie ergänzte bzw. ersetzte jedoch nur die normativen Regelungen für die Einfallenschlösser.*

2) *Dieser Teil ist als teilweiser Ersatz für DIN 18081-1 veröffentlicht worden.*

DIN 18 250 Teil 1 Seite 3

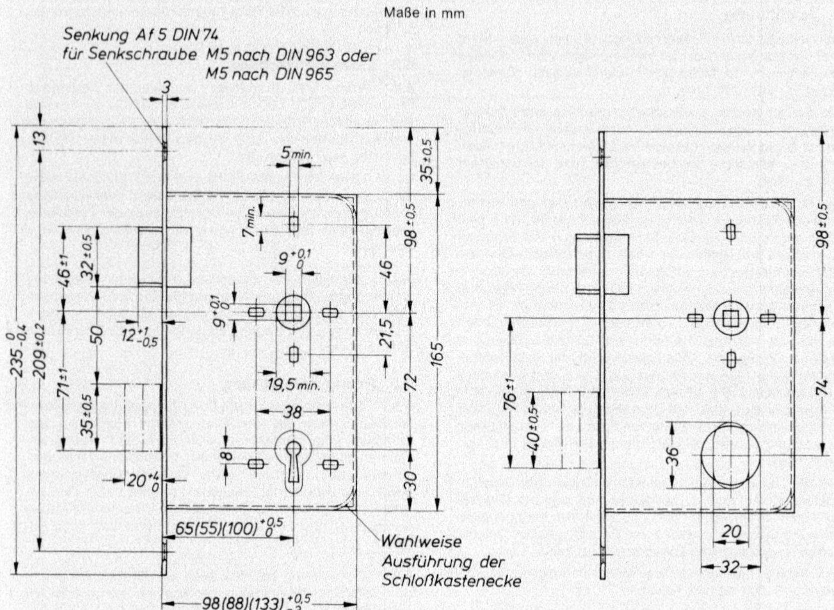

Bild 1. Seitenansicht eines Einsteckschlosses

Die Darstellung gilt sowohl für ein Profilzylinderschloß als auch für ein Buntbart- wie Zuhaltungsschloß.

Bild 2. Seitenansicht eines Einsteckschlosses

Die Darstellung gilt sowohl für ein Rundzylinderschloß als auch für ein Ovalzylinderschloß.

Übrige Maße und Angaben wie Bild 1.

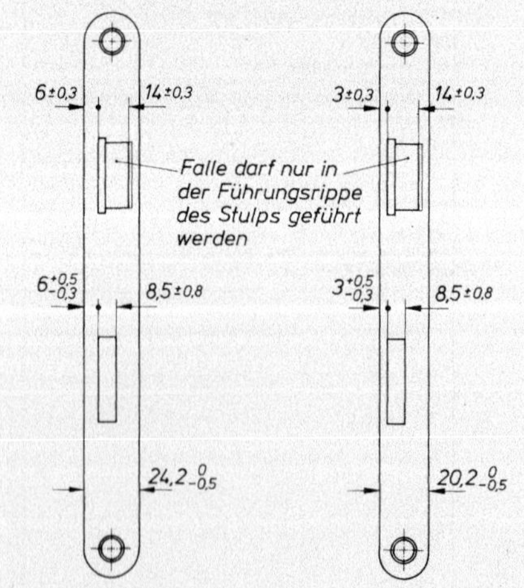

Bild 3. Stulp mit Breite 24 mm Bild 4. Stulp mit Breite 20 mm

Die Wahl der Stulpbreite ist abhängig von der jeweiligen Konstruktion des Feuerschutzabschlusses.

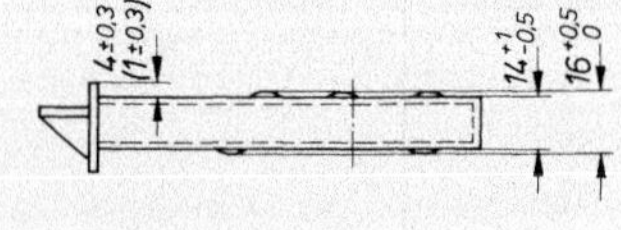

Bild 5. Draufsicht

Das Maß in Klammern bezieht sich auf ein Einsteckschloß mit Stulpbreite 20 mm.

Lfd. Nr.	Stückzahl	Benennung	Werkstoff
1	1	Stulp	Stahl nach DIN 1652 X 8 Cr 17 nach DIN 17 440
2	1	Falle	GTW-35 nach DIN 1692 GTS-35 nach DIN 1692
3	1	Schloßblech	St 1203 nach DIN 1623 Teil 1 zu verwenden: Band NK nach DIN 1544-St 2
4	1	Drückernuß	GTW-35 nach DIN 1692 GTS-35 nach DIN 1692 St 1203 nach DIN 1623 Teil 1
5	1	Schloßdecke	St 1203 nach DIN 1623 Teil 1, zu verwenden: Band NK nach DIN 1544-St 2
6	1	Vierkantdorn für Drückerhochhaltefeder	9 SMn 28 K DIN 1651
7	3	Stulpniet*)	USt 36-2 nach DIN 17 111 X 8 Cr 17 nach DIN 17 440
8	1	Riegel	St 1203 nach DIN 1623 Teil 1, zu verwenden: Band NK nach DIN 1544-St 2
9	1	Drückerhochhaltefeder (gehärtet)	55 Si 7 nach DIN 17 222
10	1	Fallenfeder (gehärtet)	Ck 53 nach DIN 17 222 X 12 CrNi17 7 KBK nach DIN 17 224 55 Si 7 nach DIN 17 222
11	1	Doppelansatzdorn	9 SMn 28 K DIN 1651
12	mind. 3	Gewindebuchse	9 SMn 28 K DIN 1651
13	mind. 3	Deckenschraube (Senkschraube)	9 SMn 28 K DIN 1651
14	1	Vierkantdorn für Fallenfeder	9 SMn 28 K DIN 1651
15	1	Wechsel**)	MUSt 2 nach DIN 1624
16	mind. 1	Zuhaltung	CuZn39Pb2 nach DIN 17 660 MUSt 2 nach DIN 1624
17	mind. 1	Zuhaltungsfeder	55 Si 7 nach DIN 17 222

*) Bei Schweißung keine Stulpniete
**) Nur bei Wechselschloß

Erläuterungen

Feuerschutzabschlüsse müssen bestimmte Anforderungen und Prüfungen erfüllen (siehe Abschnitt 2 dieser Norm).

In der bisherigen Fassung (Ausgabe Februar 1969) der Norm DIN 18 082 Teil 1 über feuerhemmende einflügelige Stahltüren war das für diese Bauart erforderliche Einsteckschloß in Abschnitt 3.3.1 genormt. Für andere Teile des Feuerschutzabschlusses als Ganzes wurde bereits früher auf andere Normen verwiesen – für die Mineralfaser-Einlagen des Türkastens auf DIN 18 082 Teil 2, für die Federbänder auf DIN 18 262, für obenliegende hydraulische Türschließer auf DIN 18 263 usw.

Bei der Überarbeitung der DIN 18 082 Teil 1 beschloß der zuständige FNBau-Arbeitsausschuß „Feuerschutztüren" daher, das Schloß aus der Norm über die Türen zu lösen. Im Entwurf April 1976 der DIN 18 082 Teil 1 ist das noch nicht berücksichtigt worden. Ein weiterer Folgeteil ist in Vorbereitung, der sich mit dem Dreifallenschloß befaßt (bisher genormt in DIN 18 081 Teil 1, Ausgabe Februar 1969).

DK 683.336.96 : 69.028.1-034.14
: 699.814.32 : 614.84

Juli 1979

Schlösser

Einsteckschlösser für Feuerschutzabschlüsse

Einfallenschloß

DIN 18 250 Teil 1

Locks; mortice locks for fire barriers; single latch bolt lock

Frühere Ausgaben:
DIN 18 082 Teil 1: 02.69
DIN 18 250 Teil 1: 12.76

Maße in mm

1 Geltungsbereich

Einfallenschlösser im Sinne dieser Norm erfüllen die Voraussetzungen zu sicherem Betrieb von bestimmten Bauarten von Feuerschutzabschlüssen auch im Brandfall.

Die Verwendung von Schlössern nach dieser Norm ist in DIN-Normen oder allgemeinen bauaufsichtlichen Zulassungen von Feuerschutzabschlüssen geregelt (siehe z. B. DIN 18 082 Teil 1).

2 Mitgeltende Normen

DIN 74 Teil 1	Senkungen für Senkschrauben, neu
DIN 963	Senkschrauben mit Schlitz (Senkköpfe nach ISO)
DIN 965	Senkschrauben mit Kreuzschlitz (Senkköpfe nach ISO)
DIN 4102 Teil 5	Brandverhalten von Baustoffen und Bauteilen; Feuerschutzabschlüsse, Abschlüsse in Fahrschachtwänden und gegen Feuer widerstandsfähige Verglasungen, Begriffe, Anforderungen und Prüfungen
DIN 7168	Allgemeintoleranzen (Freimaßtoleranzen); Längen- und Winkelmaße
DIN 18 082 Teil 1	Feuerschutzabschlüsse; Stahltüren T 30-1; Bauart für Größenbereich A

3 Anforderungen

Die Schlösser nach dieser Norm müssen in Verbindung mit bestimmten Bauarten von Feuerschutzabschlüssen brandschutztechnische Anforderungen erfüllen.

Die Anforderungen an den Feuerschutzabschluß als Ganzes (bestehend aus Zarge, Türblatt, Schließmittel, Schloß und Beschlägen) sind in DIN 4102 Teil 5, Ausgabe September 1977, Abschnitt 5, festgelegt.

Darüber hinaus gelten – bis zur Herausgabe entsprechender Normen – die Anforderungen und Prüfungen aus den „Richtlinien für die Zulassung von Feuerschutzabschlüssen; Anlage 1 – Anforderungen und Prüfungen für Schlösser für Feuerschutztüren –" (jeweils gültige Fassung) des Instituts für Bautechnik, Berlin [1]).

4 Bezeichnung

In der nachfolgenden Tabelle sind die für das Bilden der DIN-Bezeichnungen möglichen Kurzzeichen [2]) und Kennzahlen festgelegt:

Einfallenschloß	E
Schloßart	
Buntbartschloß	BB
Zuhaltungsschloß	ZH
Zylinderschloß vorgerichtet für Profilzylinder	PZ
Zylinderschloß vorgerichtet für Rund- und Ovalzylinder	RZ
Dornmaß	
55 mm (nicht für Schlösser mit 24 mm Stulpbreite)	55
65 mm (Vorzugsmaß)	65
100 mm (nicht für Schlösser mit 20 mm Stulpbreite)	100
Stulpbreite	
20 mm	20
24 mm	24
Wechseleinrichtung (mit Wechsel)	W
Links-/Rechtsbezeichnung (siehe DIN 107)	
Linksschloß	L
Rechtsschloß	R

Bezeichnung eines Einfallenschlosses (E) nach dieser Norm, vorgerichtet für Profilzylinder (PZ), mit einem Dornmaß von 65 mm, mit einer Stulpbreite von 24 mm, mit Wechsel (W), als Rechtsschloß (R):

Schloß DIN 18 250 – E – PZ – 65 – 24 – W – R

Bezeichnung eines Einfallenschlosses (E) nach dieser Norm, als Zuhaltungsschloß (ZH), mit einem Dornmaß von 55 mm, mit einer Stulpbreite von 20 mm, jedoch ohne Wechsel, als Linksschloß (L):

Schloß DIN 18 250 – E – ZH – 55 – 20 – L

[1]) Anschrift: Reichpietschufer 72-76, 1000 Berlin 30.

[2]) Siehe auch DIN 18 251 (Vornorm)

Änderung Juli 1979:
Redaktionell überarbeitet.

Fortsetzung Seite 2 bis 4
Erläuterungen Seite 4

Normenausschuß Bauwesen (NABau) im DIN Deutsches Institut für Normung e. V.

5 Ausführung

Die Ausführung von Einfallenschlössern nach dieser Norm muß den Bildern und der Stückliste entsprechen.

Allgemeintoleranzen: DIN 7168 – m

Das Schloß besitzt einen allseitig geschlossenen Schloßkasten. Alle Teile des Schlosses – mit Ausnahme der Federn – sind (z. B. durch Verzinken oder Kadmieren) mit einem Korrosionsschutz zu versehen. Die beweglichen Teile der Schlösser sind zu fetten.

Das Schloß ist mit abgerundeten Stulpenden und ebener Stulpoberfläche zu liefern. Die Senklöcher im Stulp sind nicht durchgedrückt. Das Schloßblech ist am Stulp an mindestens drei Stellen dauerhaft zu befestigen. Die Falle darf in zurückgezogenem Zustand nicht mehr als 0,5 mm, die Riegelvorderkante – einschließlich Wölbung (Wellung) – in zurückgeschlossenem Zustand nicht mehr als 1,0 mm über die Stulpoberfläche vorstehen; in den Durchbrüchen im Stulp ist ein Spiel von höchstens 0,3 mm in Höhe und Breite zulässig. Die Anfangsfederkraft der selbstschließenden Falle muß mindestens 2,5 N und darf höchstens 4,0 N betragen. Sie besitzt eine Fallenschräge von 45°, hat keine Rippe und ist nicht von rechts auf links oder umgekehrt umlegbar. Vorderkanten von Falle und Riegel müssen gerade und parallel zum Stulp sein. Der Riegel muß verdeckt liegen.

Die Werkhöhe beträgt mindestens 10 mm. Die Drückerhochhaltefeder muß so ausgelegt sein, daß der Drücker mit einem Drehmoment von $(1{,}5 \pm 0{,}4)$ N · m hochgehalten wird. Die Deckenschrauben zur Befestigung der Schloßdecken müssen gegen Lösen gesichert sein.

Das Schloß darf mit einem Wechsel ausgerüstet sein (siehe z. B. DIN 18082 Teil 1).

Hinweis: Die Schlösser können auch mit „Panikfunktion" ausgestattet werden. Sie besteht darin, daß sich die Falle zusammen mit dem vorgeschlossenen Riegel bei abgezogenem Schlüssel über die ungeteilte Schloßnuß bzw. über eine geteilte Schloßnuß mit geeigneter (geprüfter) Drückerverbindung zurückziehen läßt. Die Kennzeichnung ist dann um das Wort „Panik" zu ergänzen.

Die Werkstoffe des Schlosses müssen den Angaben der Stückliste entsprechen.

Kennzeichnung des Schlosses siehe Abschnitt 7.

[3] Z. Z. nur Staatl. Materialprüfungsamt Nordrhein-Westfalen, Marsbruchstraße 186, 4600 Dortmund 41 (Aplerbeck). Weitere Prüfstellen gegebenenfalls erfragen bei: Institut für Bautechnik, Berlin, Reichpietschufer 72-76, 1000 Berlin 30.

6 Überwachung/Güteüberwachung

6.1 Allgemeines

Die Hersteller von Schlössern nach dieser Norm haben die ordnungsgemäße Beschaffenheit ihrer Erzeugnisse zu prüfen (Eigenüberwachung). Sie haben sich ferner einer Fremdüberwachung durch eine anerkannte Überwachungsgemeinschaft oder auf der Grundlage eines Überwachungsvertrages durch eine anerkannte Prüfstelle zu unterziehen. Der Eigenüberwachung und der Fremdüberwachung sind die Forderungen dieser Norm zugrunde zu legen.

6.2 Eigenüberwachung

6.2.1 Vom Schloßhersteller ist aus der laufenden Produktion von je 500 Schlössern je 1 Stück, mindestens aber an jedem Arbeitstag 1 Stück wahllos zu entnehmen und auf Übereinstimmung mit den Forderungen des Abschnittes 5 zu überprüfen.

Es ist ferner mit 1 Stück von je 10000 Schlössern, mindestens aber jährlich mit 9 Schlössern, eine Funktionsprüfung durchzuführen. Die Durchführung der Funktionsprüfung ist im Überwachungsvertrag (siehe Abschnitt 6.3.1) zu regeln.

6.2.2 Sämtliche Prüfergebnisse der Eigenüberwachung sind aufzuzeichnen und auszuwerten. Die Aufzeichnungen sind der die Fremdüberwachung durchführenden Stelle auf Verlangen vorzulegen und mindestens 5 Jahre lang aufzubewahren.

6.3 Fremdüberwachung

6.3.1 Die ordnungsgemäße Durchführung der Eigenüberwachung durch die Hersteller und die Ausführung der Schlösser sind mindestens halbjährlich durch eine anerkannte Güteschutzgemeinschaft (Überwachungsgemeinschaft) oder aufgrund eines Überwachungsvertrages durch eine anerkannte Prüfstelle[3]) zu überprüfen. Der laufenden Produktion oder dem Lager sind bei jeder Prüfung mindestens 3 Schlösser zu entnehmen und nach Abschnitt 6.2.1 zu überprüfen.

6.3.2 Die Prüfung hat sich auch auf die Kennzeichnung der Schlösser (überwachungspflichtige Erzeugnisse) zu erstrecken.

7 Kennzeichnung

Auf den Stulp jedes Schlosses nach dieser Norm müssen folgende Angaben eingeschlagen sein:

- DIN 18250,
- das Herstellungsjahr,
- das Herstellerzeichen und/oder ein dem Hersteller von der fremdüberwachenden Stelle zugewiesenes Kennzeichen,
- Panik, wenn Schloß mit Panikfunktion ausgestattet.

DIN 18 250 Teil 1 Seite 3

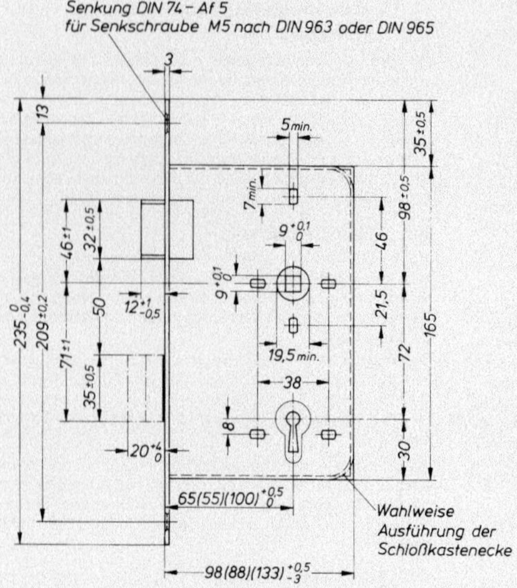

Bild 1. Seitenansicht eines Einsteckschlosses

Die Darstellung gilt sowohl für ein Profilzylinderschloß als auch für ein Buntbart- wie Zuhaltungsschloß

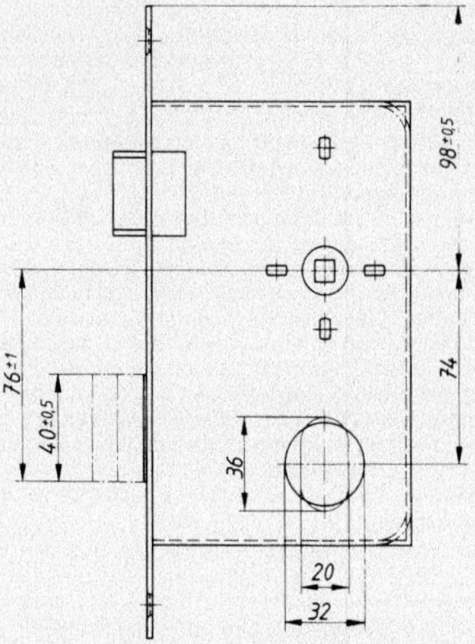

Bild 2. Seitenansicht eines Einsteckschlosses

Die Darstellung gilt sowohl für ein Rundzylinderschloß als auch für ein Ovalzylinderschloß

Übrige Maße und Angaben wie Bild 1.

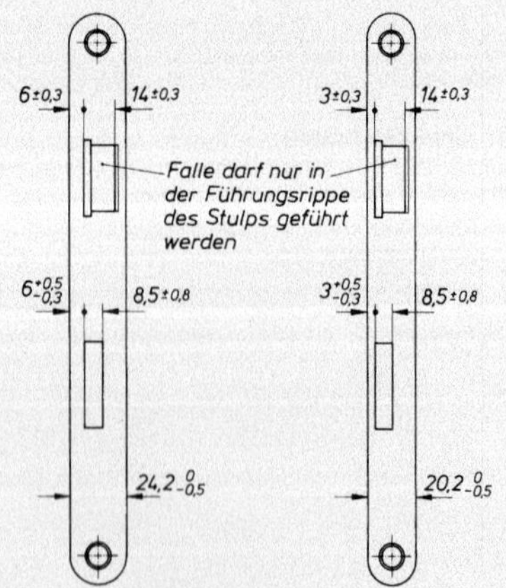

Bild 3. Stulp mit Breite 24 mm

Bild 4. Stulp mit Breite 20 mm

Die Wahl der Stulpbreite ist abhängig von der jeweiligen Konstruktion des Feuerschutzabschlusses.

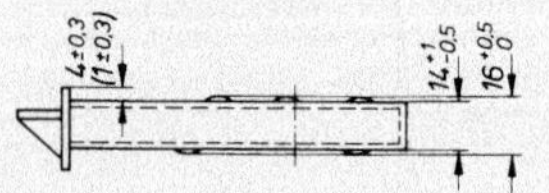

Bild 5. Draufsicht

Das Maß in Klammern bezieht sich auf ein Einsteckschloß mit Stulpbreite 20 mm.

Nr	Stückzahl	Benennung	Werkstoff [6])
1	1	Stulp	Stahl nach DIN 1652 oder X 8 Cr 17 nach DIN 17 440 } [7])
2	1	Falle	GTW-35 nach DIN 1692 oder GTS-35 nach DIN 1692 } [7])
3	1	Schloßblech	St 1203 nach DIN 1623 Teil 1; zu verwenden: Band NK nach DIN 1544-St 2
4	1	Drückernuß	GTW-35 nach DIN 1692 oder GTS-35 nach DIN 1692 oder St 1203 nach DIN 1623 Teil 1 } [7])
5	1	Schloßdecke	St 1203 nach DIN 1623 Teil 1; zu verwenden: Band NK nach DIN 1544-St 2
6	1	Vierkantdorn für Drückerhochhaltefeder	9 SMn 28 K nach DIN 1651
7	3	Stulpniet [4])	USt 36-2 nach DIN 17 111 oder X 8 Cr 17 nach DIN 17 440 } [7])
8	1	Riegel	St 1203 nach DIN 1623 Teil 1; zu verwenden: Band NK nach DIN 1544-St 2
9	1	Drückerhochhaltefeder (gehärtet)	55 Si 7 nach DIN 17 222
10	1	Fallenfeder (gehärtet)	Ck 53 nach DIN 17 222 oder X 12 CrNi 17 7 KBK nach DIN 17 224 (Vornorm) oder 55 Si 7 nach DIN 17 222 } [7])
11	1	Doppelansatzdorn	9 SMn 28 K nach DIN 1651
12	mind. 3	Gewindebuchse	9 SMn 28 K nach DIN 1651
13	mind. 3	Deckenschraube (Senkschraube)	9 SMn 28 K nach DIN 1651
14	1	Vierkantdorn für Fallenfeder	9 SMn 28 K nach DIN 1651
15	1	Wechsel [5])	MUSt 2 und DIN 1624
16	mind. 1	Zuhaltung	CuZn 39 Pb 2 nach DIN 17 660 oder MUSt 2 nach DIN 1624 } [7])
17	mind. 1	Zuhaltungsfeder	55 Si 7 nach DIN 17 222

[4]) Bei Schweißung keine Stulpniete

[5]) Nur bei Wechselschloß

[6]) Andere Werkstoffe können verwendet werden, wenn deren Gleichwertigkeit und Eignung bei der Brand- und Funktionsprüfung nachgewiesen wurden.

[7]) Nach Vereinbarung

Erläuterungen

Feuerschutzabschlüsse müssen bestimmte Anforderungen und Prüfungen erfüllen (siehe Abschnitt 3 dieser Norm).

In der Fassung Februar 1969 der Norm DIN 18 082 Teil 1 über feuerhemmende einflüglige Stahltüren war das für diese Bauart erforderliche Einsteckschloß in Abschnitt 3.3.1 genormt. Für andere Teile des Feuerschutzabschlusses als Ganzes wurde bereits früher auf andere Normen verwiesen — für die Mineralfaser-Einlagen des Türkastens auf DIN 18 082 Teil 2, für die Federbänder auf DIN 18 262, für hydraulische Türschließer auf DIN 18 263 usw.

Bei der Überarbeitung der DIN 18 082 Teil 1 beschloß der zuständige NABau-Arbeitsausschuß „Feuerschutztüren" deshalb, das Schloß aus der Norm über die Türen zu lösen.

In Abweichung von VOB/C ATV DIN 18 357 werden bei Schlössern für Feuerschutztüren auch Buntbartschlösser üblicherweise mit 2 Schlüsseln geliefert.

DK 683.336.96 : 69.028.1-034.14
: 699.814.32 : 614.84

Juli 1979

Schlösser

Einsteckschlösser für Feuerschutzabschlüsse

Dreifallenverschluß

DIN 18 250 Teil 2

Locks; mortice locks for fire barriers; three latch bolt shutters

Teilweise Ersatz für DIN 18 081 Teil 1

Frühere Ausgaben:
DIN 18 081 Teil 1: 10.53, 02.69

Maße in mm

1 Geltungsbereich

Dreifallenverschlüsse im Sinne dieser Norm erfüllen die Voraussetzungen zum sicheren Betrieb von bestimmten Bauarten von Feuerschutzabschlüssen auch im Brandfall.

Die Verwendung von Verschlüssen nach dieser Norm ist in DIN-Normen oder allgemeinen bauaufsichtlichen Zulassungen von Feuerschutzabschlüssen geregelt.

2 Mitgeltende Normen

DIN 74 Teil 1	Senkungen für Senkschrauben, neu
DIN 963	Senkschrauben mit Schlitz (Senkköpfe nach ISO)
DIN 965	Senkschrauben mit Kreuzschlitz (Senkköpfe nach ISO)
DIN 4102 Teil 5	Brandverhalten von Baustoffen und Bauteilen; Feuerschutzabschlüsse, Abschlüsse in Fahrschachtwänden und gegen Feuer widerstandsfähige Verglasungen, Begriffe, Anforderungen und Prüfungen
DIN 7168	Allgemeintoleranzen (Freimaßtoleranzen); Längen- und Winkelmaße

3 Begriff

Ein Dreifallenverschluß besteht aus einem Hauptschloß mit Falle und Riegel und zwei Zusatzfallenschlössern, deren Fallen gemeinsam über eine Stange betätigt werden. Die Stange ist nicht Bestandteil des Dreifallenverschlusses, sondern der Tür.

4 Anforderungen

Die Schlösser nach dieser Norm müssen in Verbindung mit bestimmten Bauarten von Feuerschutzabschlüssen brandschutztechnische Anforderungen erfüllen.

Die Anforderungen an den Feuerschutzabschluß als Ganzes (bestehend aus Zarge, Türblatt, Schließmittel, Schlössern und Beschlägen) sind in DIN 4102 Teil 5, Ausgabe September 1977, Abschnitt 5, festgelegt.

Darüber hinaus gelten – bis zur Herausgabe entsprechender Normen – die Anforderungen und Prüfungen aus den „Richtlinien für die Zulassung von Feuerschutzabschlüssen; Anlage 1 – Anforderungen und Prüfungen für Schlösser für Feuerschutztüren –" (jeweils gültige Fassung) des Instituts für Bautechnik, Berlin [1]).

5 Bezeichnung [2])

Bezeichnung eines Dreifallenverschlusses (D) nach dieser Norm, vorgerichtet für Profilzylinder (PZ), als Rechtsschloß (R)

Verschluß DIN 18 250 – D – PZ – R

Bezeichnung eines Dreifallenverschlusses (D) nach dieser Norm, als Zuhaltungsschloß (ZH), als Linksschloß (L)

Verschluß DIN 18 250 – D – ZH – L

6 Ausführung

Die Ausführung von Dreifallenverschlüssen nach dieser Norm muß den Bildern und der Stückliste entsprechen.

Allgemeintoleranzen: DIN 7168 – m

Die Werte für die Maßbuchstaben a und b sind von der jeweiligen Türkonstruktion (Bauart) abhängig. Sie werden in entsprechenden Normen oder allgemeinen bauaufsichtlichen Zulassungen festgelegt.

Die Schlösser besitzen allseitig geschlossene Schloßkästen. Alle Teile der Schlösser – mit Ausnahme der Federn – sind (z. B. durch Verzinken oder Kadmieren) mit einem Korrosionsschutz zu versehen. Die beweglichen Teile der Schlösser sind zu fetten.

Die Schlösser sind mit abgerundeten Stulpenden und ebener Stulpoberfläche zu liefern. Die Senklöcher in den Stulpen sind nicht durchgedrückt. Die Schloßbleche sind an den Stulpen an mindestens drei Stellen dauerhaft zu befestigen (die Zusatzschlösser an mindestens zwei Stellen). Die Fallen dürfen in zurückgezogenem Zustand nicht mehr als 0,5 mm, die Riegelvorderkante – einschließlich Wölbung (Wellung) – in zurückgeschlossenem Zustand nicht mehr als 1,0 mm über die Stulpoberfläche vorstehen; in den Durchbrüchen im Stulp ist ein Spiel von höchstens 0,3 mm in Höhe und Breite zulässig. Die Anfangsfederkraft der selbstschließenden Fallen muß mindestens 2,5 N und darf höchstens 4,0 N betragen. Sie besitzen eine Fallenschräge von 45°, haben keine Rippe und sind nicht von rechts auf links oder umgekehrt umlegbar. Vorderkanten von Fallen und Riegel müssen gerade und parallel zum Stulp sein. Der Riegel muß verdeckt liegen. Die Werkhöhe beträgt mindestens 10 mm. Die Drückerhochhaltefeder muß so ausgelegt sein, daß der Drücker mit einem Drehmoment von $(1,5 \pm 0,4)$ N · m hochgehalten wird (gemessen ohne Verbindungsstange). Die Zusatzschlösser haben keine Drückerhochhaltefeder.

Die Deckenschrauben zur Befestigung der Schloßdecken müssen gegen Lösen gesichert sein.

[1]) Anschrift: Reichpietschufer 72-76, 1000 Berlin 30

[2]) Kurzzeichen siehe auch DIN 18 250 Teil 1

Änderung Juli 1979:
Gegenüber der im Jahre 1976 zurückgezogenen Norm DIN 18 081 Teil 1, Ausgabe Februar 1969, Inhalt teilweise übernommen und vollständig überarbeitet.

Fortsetzung Seite 2 bis 4
Erläuterungen Seite 4

Normenausschuß Bauwesen (NABau) im DIN Deutsches Institut für Normung e. V.

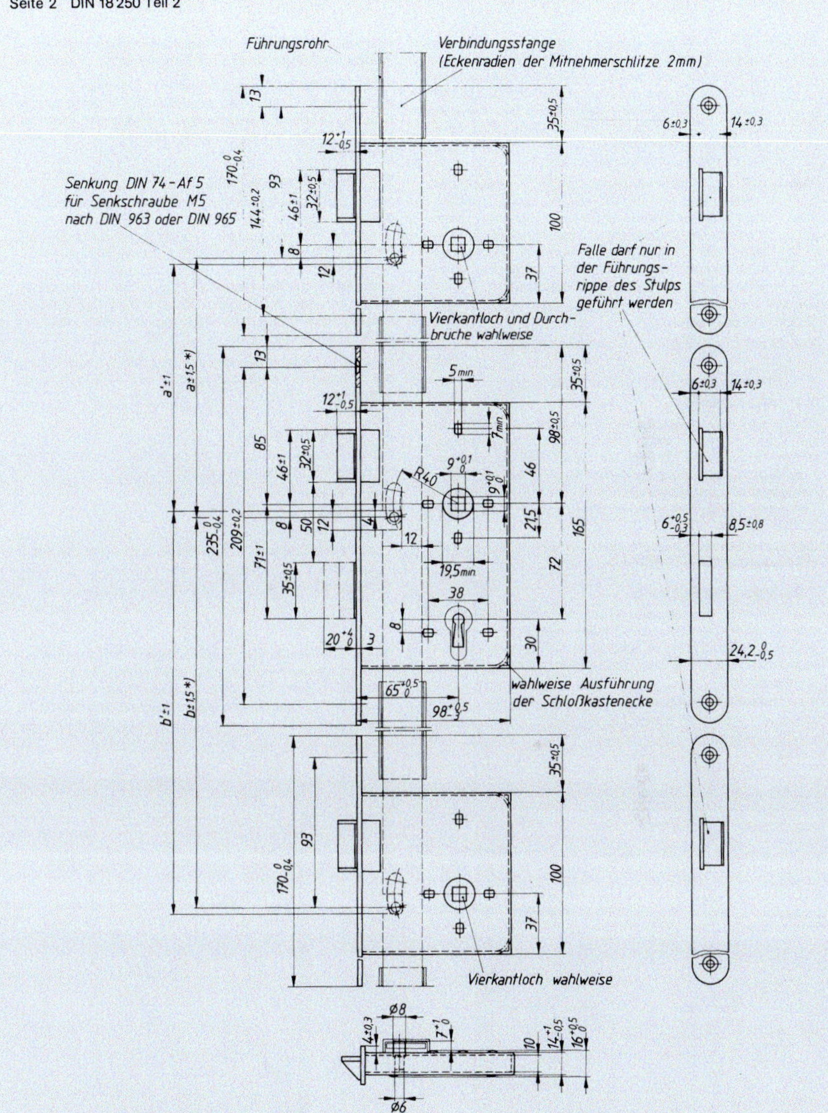

Bild 1. Seitenansicht eines Dreifallenverschlusses

Die Darstellung des Hauptschlosses gilt sowohl für ein Profilzylinderschloß als auch für ein Buntbartschloß und ein Zuhaltungsschloß.

*) Die Maße a und b sind bei der jeweiligen Türkonstruktion festzulegen.
$a' = a - 9$
$b' = b + 9$

Hinweis: Die Zusatzfallenschlösser können auch einzeln zur Anwendung kommen, z. B. für Öllagerklappen. Die Schlösser werden dann mit Rosettenlochungen für durchgehende Verschraubung der Beschläge sowie mit Drückernuß entsprechend Bild 1 ausgestattet. Zusätzlich haben die Schlösser dann immer eine Drückerhochhaltefeder. Der Mitnehmerdorn für die Verbindungsstange entfällt.

Hinweis: Die Schlösser können auch mit „Panikfunktion" ausgestattet werden. Sie besteht darin, daß sich die Fallen zusammen mit dem vorgeschlossenen Riegel bei abgezogenem Schlüssel über die geteilte Schloßnuß mit geeigneter (geprüfter) Drückerverbindung zurückziehen läßt. Die Kennzeichnung ist dann um das Wort „Panik" zu ergänzen.

Die Werkstoffe der Schlösser müssen den Angaben der Stückliste entsprechen.

Kennzeichnung des Schlosses siehe Abschnitt 8.

7 Überwachung/Güteüberwachung

7.1 Allgemeines

Die Hersteller von Schlössern nach dieser Norm haben die ordnungsgemäße Beschaffenheit ihrer Erzeugnisse zu prüfen (Eigenüberwachung). Sie haben sich ferner einer Fremdüberwachung durch eine anerkannte Überwachungsgemeinschaft oder auf der Grundlage eines Überwachungsvertrages durch eine anerkannte Prüfstelle[3]) zu unterziehen.

Der Eigenüberwachung und der Fremdüberwachung sind die Forderungen dieser Norm zugrunde zu legen.

7.2 Eigenüberwachung

7.2.1 Vom Schloßhersteller ist aus der laufenden Produktion von je 500 Verschlüssen 1 Stück, mindestens aber an jedem Arbeitstag 1 Stück wahllos zu entnehmen und auf Übereinstimmung mit den Forderungen des Abschnittes 6 zu überprüfen.

Es ist ferner mit 1 Stück von je 10000 Verschlüssen mindestens aber jährlich mit 9 Verschlüssen eine Funktionsprüfung durchzuführen. Die Durchführung der Funktionsprüfung ist im Überwachungsvertrag (siehe Abschnitt 7.3.1) zu regeln.

7.2.2 Sämtliche Prüfergebnisse der Eigenüberwachung sind aufzuzeichnen und auszuwerten. Die Aufzeichnungen sind der die Fremdüberwachung durchführenden Stelle auf Verlangen vorzulegen und mindestens 5 Jahre lang aufzubewahren.

7.3 Fremdüberwachung

7.3.1 Die ordnungsgemäße Durchführung der Eigenüberwachung durch die Hersteller und die Ausführung der Schlösser sind mindestens halbjährlich durch eine anerkannte Güteschutzgemeinschaft (Überwachungsgemeinschaft) oder aufgrund eines Überwachungsvertrages durch eine anerkannte Prüfstelle[3]) zu überprüfen. Der laufenden Produktion oder dem Lager sind bei jeder Prüfung mindestens 3 Verschlüsse zu entnehmen und nach Abschnitt 7.2.1 zu überprüfen.

7.3.2 Die Prüfung hat sich auch auf die Kennzeichnung der Schlösser (überwachungspflichtige Erzeugnisse) zu erstrecken.

8 Kennzeichnung

Auf den Stulp jedes Schlosses nach dieser Norm müssen folgende Angaben eingeschlagen sein:

- DIN 18250,
- das Herstellungsjahr,
- das Herstellerzeichen und/oder ein dem Hersteller von der fremdüberwachenden Stelle zugewiesenes Kennzeichen,
- Panik, wenn Schloß mit Panikfunktion ausgestattet.

[3]) Z. Z. nur Staatl. Materialprüfungsamt Nordrhein-Westfalen, Marsbruchstraße 186, 4600 Dortmund 41 (Aplerbeck). Weitere Prüfstellen gegebenenfalls erfragen bei: Institut für Bautechnik, Berlin, Reichpietschufer 72-76, 1000 Berlin 30.

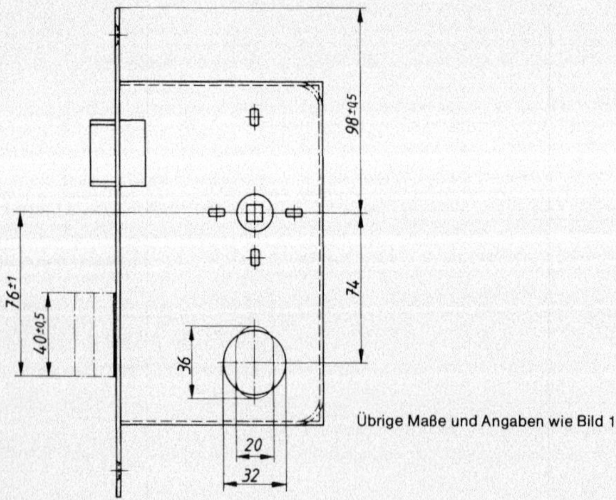

Bild 2. Seitenansicht eines Hauptschlosses

Die Darstellung gilt sowohl für ein Rundzylinder- als auch für ein Ovalzylinderschloß.

Nr	Stückzahl		Benennung	Werkstoff[4]
	Haupt-schloß	Fallen-schloß		
1	1	1	Stulp	Stahl nach DIN 1652 oder X 8 Cr 17 nach DIN 17 440 [6]
2	1	1	Falle	GTW-35 nach DIN 1692 oder GTS-35 nach DIN 1692 [6]
3	1	1	Schloßblech	St 1203 nach DIN 1623 Teil 1; zu verwenden: Band NK nach DIN 1544-St 2
4	1	1	Drückernuß	GTW-35 nach DIN 1692 oder GTS-35 nach DIN 1692 oder St 1203 nach DIN 1623 Teil 1 [6]
5	1	1	Schloßdecke	St 1203 nach DIN 1623 Teil 1; zu verwenden: Band NK nach DIN 1544-St 2
6	1	–	Vierkantdorn für Drückerhochhaltefeder	9 SMn 28 K nach DIN 1651
7	3	2	Stulpniet[5]	USt 36-2 nach DIN 17 111 oder X 8 Cr 17 nach DIN 17 440 [6]
8	1	–	Riegel	St 1203 nach DIN 1623 Teil 1, zu verwenden: Band NK nach DIN 1544-St 2
9	1	–	Drückerhochhaltefeder (gehärtet)	55 Si 7 nach DIN 17 222
10	1	1	Fallenfeder (gehärtet)	Ck 53 nach DIN 17 222 oder X 12 CrNi 17 7 KBK nach DIN 17 224 (Vornorm) oder 55 Si 7 nach DIN 17 222 [6]
11	1	–	Doppelansatzdorn	9 SMn 28 K nach DIN 1651
12	mind. 3	mind. 2	Gewindebuchse	9 SMn 28 K nach DIN 1651
13	mind. 3	mind. 2	Deckenschraube (Senkschraube)	9 SMn 28 K nach DIN 1651
14	1	1	Vierkantdorn für Fallenfeder	9 SMn 28 K nach DIN 1651
15	1	1	Mitnehmerdorn	St 60-2K nach DIN 1652
16	mind. 1	–	Zuhaltung	CuZn 39 Pb 2 nach DIN 17 660 oder MUSt 2 nach DIN 1624 [6]
17	mind. 1	–	Zuhaltungsfeder	55 Si 8 nach DIN 17 222

[4]) Andere Werkstoffe können verwendet werden, wenn deren Gleichwertigkeit und Eignung bei der Brand- und Funktionsprüfung nachgewiesen wurden.

[5]) Bei Schweißung keine Stulpniete

[6]) Nach Vereinbarung

Erläuterungen

Dreifallenverschlüsse nach dieser Norm werden noch für einige Bauarten von Feuerschutztüren benötigt, obgleich versucht wird, auch bei T 90-1-Türen (feuerbeständige einflüglige Türen) mit einem Einfallenschloß auszukommen.

In Abweichung von VOB/C ATV DIN 18 357 werden bei Schlössern für Feuerschutztüren auch Buntbartschlösser üblicherweise mit zwei Schlüsseln geliefert.

3.10 Bauaufsichtlich zugelassene Feuerschutzabschlüsse

Neben der Ausführung von Feuerschutztüren aus Stahl nach den normativen Regelungen war es möglich, für nicht nach der jeweiligen Norm produzierte Feuerschutzabschlüsse eine gesonderte Zulassung nach den Brandprüfungen gemäß der geltenden DIN 4102 (Teil 3 bzw. 5) zu erlangen.

Nachdem bis Mitte der 1970er Jahre auf der Grundlage von durchgeführten Brandprüfungen verschiedentlich Probleme mit Feuerschutzabschlüssen aus Stahl, die nach den bisherigen Normen hergestellt werden durften, bekannt geworden waren [31], wurden sowohl die betreffenden Normen überarbeitet (s. auch Kap. 3.1), als auch vom Sachverständigenausschuss „Feuerschutzabschlüsse“ gesonderte „Richtlinien für die Zulassung von Feuerschutzabschlüssen“ veröffentlicht, nach denen sich nunmehr das Zulassungsprozedere zu richten hatte. [32]

Die erste Ausgabe der Richtlinien erfolgte dabei durch das Institut für Bautechnik (IfBt), dem Vorgängerinstitut des DIBt, im Jahr 1972. Die zweite Fassung der Richtlinien erschien zum September 1976 und die dritte zum August 1983. [33]

Detaillierte Informationen über die Entwicklung und den Stand der Feuerschutzabschlüsse mit einer bauaufsichtlichen Zulassung können den einschlägigen Veröffentlichungen W. Westhoffs entnommen werden. [34]

In den Abbildungen 13 bis 16 sind zugelassene Feuerschutzabschlüsse zu sehen, die den vorgenannten Richtlinien entsprechen und im Bestand verbleiben konnten.

Abbildung 13: Zugelassene Feuerschutztür, nach Richtlinien aus dem Jahr 1972, einflüglig, aus dem Jahr 1974

Abbildung 14: Zugelassener Feuerschutzabschluss (einflüglig) aus dem Jahr 1977, Typ „Rixinger“

Abbildung 15: Zugelassener Feuerschutzabschluss (zweiflüglig) aus dem Jahr 1977, Typ „Rixinger“

Abbildung 16: wie Abb. 15, Kennzeichnungsschild gemäß bauaufsichtlicher Zulassung

Aktueller Stand 3.11

Gegenwärtig ist davon auszugehen, dass zur Drucklegung dieses Buches der Einsatz des weitaus größten Anteils von Feuerschutzabschlüssen gegenwärtig durch individuelle Verwendbarkeitsnachweise möglich ist, das bedeutet, insbesondere auf der Grundlage von allgemeinen bauaufsichtlichen Zulassungen.

Zukünftig ist jedoch damit zu rechnen, dass der Einsatz neuer Feuerschutzabschlüsse nur noch über europäisch harmonisierte Normen erfolgen soll (s. DIN EN 16034).

Die in diesem Band abgedruckten Normen bzw. Normteile sollen aber nicht dem nachträglichen Einsatz der betreffenden Bauteile, sondern der adäquaten Bewertung im Bestand, der möglichen Erhaltung unter dem Blickwinkel des Bestandsschutzes oder dem Ausloten ggf. denkbarer Reparaturen oder Modifikationen dienen.

Gesamtübersicht zur Normung von Feuer- und Rauchschutzabschlüssen sowie Türen in feuerbeständigen Aufzugsschächten 4

Allgemeines 4.1

Während in den Jahren 1934 und 1940 die Norm zunächst jeweils einheitlich in drei Teilen erschien, begann ab 1965 sukzessive eine Überarbeitung mit stetig einhergehender Änderung bzw. Erweiterung der Normgliederung. Bereits in den ersten beiden Ausgaben waren Regelungen für brandschutztechnisch einzustufende Öffnungsabschlüsse enthalten. Der Abdruck dieser beiden Normteile ist im Band 2 der Buchreihe [35] enthalten und wird hier nicht wiederholt.

In den 1950er Jahren setzte sich die Normung mit einflügligen feuerbeständigen und feuerhemmenden Stahltüren auseinander. Es ist zwar auch bereits eine erster Norm-Entwurf zu zweiflügligen Stahltüren zu verzeichnen, der im Weiteren jedoch zunächst wieder ausgesetzt wurde. Ergänzende Forschungen sind dahingehend noch erforderlich und wurden an dieser Stelle noch nicht weiter verfolgt.

In den 1960er Jahren erfolgte eine umfassende Normungstätigkeit zu den Feuerschutzabschlüssen. Diese Normteile bilden die wesentliche Grundlage für die Bewertung historischer Feuerschutzabschlüsse, weil zu dieser Zeit der größte Teil der Abschlüsse auf der Grundlage dieser Normen gefertigt wurde. Über die Probleme dabei wird in den Normungen in den Erläuterungen aber auch gesprochen, umso wichtiger für eine Bewertung in der Praxis.

Mitte der 1970er und in den 1980er Jahren wurde die Normung weiter vervollkommnet, wobei festzustellen ist, dass seit Mitte der 1970er Jahre immer mehr Hersteller begannen, sich um individuelle allgemeine bauaufsichtliche Zulassungen auf der Grundlage der Richtlinien für die Zulassung von Feuerschutzabschlüssen zu bemühen.

Zum Jahr 1988 wurde dann zum ersten Mal eine Normung für Rauchschutzabschlüsse abgeschlossen; eine Tatsache, die immer noch vielen Brandschutzplanern nahezu unbekannt ist. Somit ist es auch erst seit diesem Zeitpunkt möglich, entsprechende Rauchschutztüren nachzuweisen.

4.2 Abfolge der Normteile nach Erscheinen

Im Folgenden wird eine Übersicht über alle dem Autoren bekannten Normteile zusammengestellt, die zur normativen Bestimmung von brandschutztechnisch qualifizierten Öffnungsabschlüssen herangezogen werden können. Damit ist es möglich, anhand der zur Errichtungszeit geltenden Normteile normative Regelungen zu finden, die man zur Beurteilung entsprechend geregelter bestehender Öffnungsabschlüsse benötigt.

In der Tabelle 10 ist die weitgehend vollständige Übersicht zu den in der Bundesrepublik Deutschland zu Feuer- und Rauchschutzabschlüssen erschienenen Normen enthalten.

Tabelle 10: Gesamtübersicht zu normativ geregelten Feuer- und Rauchschutztüren sowie zu Türen für Fahrschächte in feuerbeständigen Türen, Stand Januar 2016

Dokumentennummer	Dokumentenart	Ausgabe	Titel des Normteils
DIN 18081 Blatt 1	N	1953-10	Feuerbeständige Stahltür (Fb1-Tür) Einflüglig
DIN 18081 Blatt 1	N-E	1962-07	Feuerbeständige Stahltür (Fb1-Tür) Einflüglig
DIN 18081 Blatt 1	N	1969-02	Feuerbeständige einflügelige Stahltüren (T90-1-Türen) Maße und Anforderungen
DIN 18081 Blatt 2	N	1953-10	Feuerbeständige Stahltür (Fb1-Tür) Güte- und Prüfvorschriften für gebrannte Kieselgurplatten
DIN 18081 Blatt 2	N-E	1962-07	Feuerbeständige Stahltür (Fb1-Tür) Güte- und Prüfvorschriften für gebrannte Kieselgurplatten
DIN 18081 Blatt 2	N	1969-02	Feuerbeständige einflügelige Stahltüren (T90-1-Türen) Gebrannte Kieselgurplatten, Anforderungen und Prüfung
DIN 18081 Blatt 3	N-E	1962-07	Feuerbeständige Stahltür (Fb-1-Tür) Güte- und Prüfvorschriften für Mineralfaser-Einlagen
DIN 18081 Blatt 3	N	1969-02	Feuerbeständige einflügelige Stahltüren (T90-1-Türen) Mineralfaser-Einlagen, Anforderungen und Prüfung

Tabelle 10 *(fortgesetzt)*

Dokumenten-nummer	Doku-mentenart	Ausgabe	Titel des Normteils
DIN 18082 Blatt 1	N	1959-06	Feuerhemmende Stahltür (Fh1-Tür) Einflüglig
DIN 18082 Blatt 1	N-E	1962-07	Feuerhemmende Stahltür (Fh1-Tür) Einflüglig
DIN 18082 Blatt 1	N	1969-02	Feuerhemmende einflügelige Stahltüren (T30-1-Türen) Maße und Anforderungen
DIN 18082 Teil 1	N-E	1976-04	Feuerschutzabschlüsse, T 30-1-Türen (feuerhemmende einflügelige Stahltüren) Größenbereich A; Maße und Anforderungen
DIN 18082 Teil 1	N	1976-12	Feuerschutzabschlüsse, Stahltüren T 30-1 Bauart für den Größenbereich A
DIN 18082 Teil 1	N	1986-01	Feuerschutzabschlüsse, Stahltüren T 30-1 Bauart A
DIN 18082 Teil 1	N	1991-12	Feuerschutzabschlüsse, Stahltüren T 30-1 Bauart A
DIN 18082 Blatt 2	N	1959-06	Feuerhemmende Stahltür (Fh1-Tür) Güte- und Prüfvorschriften für Mineralfaser-Einlagen
DIN 18082 Teil 2	N-E	1962-07	Feuerhemmende Stahltür (Fh1-Tür) Güte- und Prüfvorschriften für Mineralfaser-Einlagen
DIN 18082 Teil 2	N	1969-02	Feuerhemmende einflügelige Stahltüren (T30-1-Türen) Mineralfaser-Einlagen
DIN 18082 Teil 3	N-E	1981-02	Feuerschutzabschlüsse, Stahltüren T 30-1 Bauart B
DIN 18082 Teil 3	N	1984-01	Feuerschutzabschlüsse, Stahltüren T 30-1 Bauart B
nach DIN 18082 Teil 3	K	1984-01	Konstruktionsunterlagen nach DIN 18082 Teil 3
DIN 18083	N-E	1955-02	Feuerbeständige Stahltür (Fb2/1-Tür) Zweiflüglig mit einem selbsttätig zufallenden Flügel

Tabelle 10 *(fortgesetzt)*

Dokumenten-nummer	Doku-mentenart	Ausgabe	Titel des Normteils
DIN 18084	N	1969-02	Feuerhemmende zweiflügelige Stahltüren (T30-2-Türen) Maße und Anforderungen
DIN 18090	N	1960-10	Aufzüge Fahrschachttüren (ein- und zweiflügelig) für Fahrschächte mit feuerbeständigen Wänden
DIN 18090	N	1969-02	Aufzüge Flügel- und Falttüren für Fahrschächte mit feuerbeständigen Wänden
DIN 18091	N	1969-02	Aufzüge Horizontal- und Vertikal-Schiebetüren für Fahrschächte mit feuerbeständigen Wänden
DIN 18092	N	1963-05	Kleinlasten-Aufzüge Vertikal-Schiebetüren für Fahrschächte mit feuerbeständigen Wänden
DIN 18095 Teil 1	N-E	1983-08	Türen Rauchschutztüren Begriffe und Anforderungen
DIN 18095 Teil 1	N-E	1986-09	Türen Rauchschutztüren Begriffe und Anforderungen
DIN 18095 Teil 1	N	1988-10	Türen Rauchschutztüren Begriffe und Anforderungen
DIN 18095 Teil 2	N-E	1983-08	Türen Rauchschutztüren Bauartprüfung der Dauerfunktion und Dichtheit
DIN 18095 Teil 2	N-E	1986-09	Türen Rauchschutztüren Bauartprüfung der Dauerfunktion und Dichtheit
DIN 18095 Teil 2	N	1988-10	Türen Rauchschutztüren Bauartprüfung der Dauerfunktion und Dichtheit
DIN 18095 Teil 2	N	1991-03	Türen Rauchschutztüren Bauartprüfung der Dauerfunktion und Dichtheit

Tabelle 10 *(fortgesetzt)*

Dokumenten-nummer	Doku-mentenart	Ausgabe	Titel des Normteils
DIN 18095 Teil 3	N	1999-06	Rauchschutzabschlüsse Teil 3: Anwendung von Prüfergebnissen
DIN 18250 Teil 1	N	1976-12	Baubeschläge Einsteckschlösser für Feuerschutzabschlüsse Einfallenschlösser
DIN 18250 Teil 1	N	1979-07	Schlösser Einsteckschlösser für Feuerschutzabschlüsse Einfallenschloß
DIN 18250 Teil 2	N	1979-07	Schlösser Einsteckschlösser für Feuerschutzabschlüsse Dreifallenverschluß
DIN EN 16034	hEN	2014-12	Türen, Tore und Fenster – Produktnorm, Leistungseigenschaften – Feuer- und/oder Rauchschutzeigenschaften; Deutsche Fassung EN 16034:2014
Erläuterungen: N Norm N-E Norm-Entwurf K Konstruktionsunterlagen hEN Europäisch harmonisierte Norm			

Entwicklung von Fachbereichstandards zu Feuer- und Brandschutztüren in der DDR 5

TGL 8020 5.1

Mit TGL 8020 erfolgten ab 1960 für die DDR gesonderte Festlegungen für Feuerschutztüren aus Stahl. In TGL 8020 wird auch noch der Begriff der „Feuerschutztür" wie in der parallelen Normung in der Bundesrepublik Deutschland verwendet. Gemäß den Hinweisen in dem TGL-Standard entstand dieser in Überarbeitung von DIN 18082. Zu einem späteren Zeitpunkt wurden die betreffenden Stahltüren in den TGL dann als „Brandschutztüren" standardisiert.

Tabelle 11: Übersicht zu TGL 8020

Dokumentennummer	Dokumentenart	Ausgabe	Titel des Fachbereichstandards
TGL 8020 /01	Fachbereichstandard	1960-05[1]	Feuerschutztüren aus Stahl Bauvorschriften Technische Lieferbestimmungen, Hauptabmessungen (Auszug)
TGL 8020 /02	Fachbereichstandard	1960-05[2]	Feuerschutztüren aus Stahl Gebrannte Kieselgurplatten
TGL 8020 /03	Fachbereichstandard	1960-05[3]	Feuerschutztüren aus Stahl Mineralfaserplatten

Erläuterungen:

[1] *Für die Bewertung einer Einbausituation im Bestand sind insbesondere die Festlegungen des Pkt. 3 der TGL von Bedeutung.*

[2] *Mit diesem Standard wurden die bisherigen auch in der DDR verwendeten Bestimmungen von DIN 18081, Bl. 2 vom Oktober 1953 überarbeitet.*

[3] *Mit diesem Standard wurden die bisherigen auch in der DDR verwendeten Bestimmungen von DIN 18082, Bl. 2 vom Juni 1959 überarbeitet.*

Auszug aus TGL 8020

Deutsche Demokratische Republik	Feuerschutztüren aus Stahl *Bauvorschriften* Technische Lieferbedingungen Hauptabmessungen (Auszug)	TGL 8020 Blatt 1

Auszüge

Mai 1960 DK 69.028.1:699.81

Verbindlich ab 1. 10. 1960

Der Geltungsbereich dieser TGL umschließt alle Größen der Feuerschutztüren nachstehender Türarten bis zum zulässigen Größtmaß.

TÜRARTEN:	KURZZEICHEN:
Feuerhemmende Stahltür einflügelig	Fh 1-Tür
Feuerhemmende Stahltür zweiflügelig	Fh 2-Tür
Feuerbeständige Stahltür einflügelig	Fb 1-Tür
Feuerbeständige Stahltür zweiflügelig	Fb 2-Tür

Vorbemerkung

Feuerschutztüren unterliegen brandschutztechnischen Bestimmungen und müssen entsprechend den Brandschutzforderungen feuerhemmend oder feuerbeständig sein nach DIN 4102 Ausg. 11.40 "Widerstandsfähigkeit von Baustoffen und Bauteilen gegen Feuer und Wärme".

Eine Feuerschutztür gilt ohne Brandschutzversuch nach DIN 4102 Ausg.11.40 als feuerhemmend oder feuerbeständig, wenn sie in allen Einzelheiten einem staatlichen Standard entspricht.

Für Feuerschutztüren, die vom Standard abweichen, ist der Brandversuch nach DIN 4102 Blatt 3 Ausg. 11.40 und die Zulassung der Staatlichen Bauaufsicht erforderlich.

Ist für besondere Einzelfälle eine baulich bedingte Abweichung von den Bauvorschriften erforderlich und ein Brandversuch nicht möglich oder wirtschaftlich nicht vertretbar, so kann die örtliche Staatliche Bauaufsicht im Einvernehmen mit der Bezirksbehörde der DVP, Abteilung Feuerwehr, die Einbaugenehmigung für den betreffenden Einzelfall erteilen.

Bestätigt am 23. 5. 1960, Amt für Standardisierung, Berlin 63

Inhalt

1 BEGRIFFE UND ALLGEMEINE FESTLEGUNGEN

Feuerschutztüren aus Stahl, die den Festlegungen dieser TGL in allen Einzelheiten entsprechen, gelten ohne besonderen Brandversuch als feuerhemmend oder feuerbeständig nach DIN 4102 Ausg. 11.40.

Sie dürfen als feuerhemmende oder feuerbeständige Stahltüren bezeichnet werden, wenn das Prüfzeichen des DAMW die Einhaltung der Vorschriften bestätigt.

1.1. Größtmaße

Die Größtmaße der Feuerschutztüren sind durch den Feuerwiderstand begründete obere Grenzmaße.

1.2. Links- und Rechtsbezeichnung

Links- und Rechtsbezeichnung nach DIN 107 Ausg. 5.39.

1.3. Schwelle

Feuerschutztüren werden in der Regel ohne Schwelle hergestellt. Es kann jedoch eine Schwelle gefordert werden.

2. TECHNISCHE FORDERUNGEN

2.1. Abmessungen

Die Abmessungen der Feuerschutztür werden durch Breite x Höhe in mm ausgedrückt. Die Nenngröße ist gleich dem Rohbaurichtmaß.

2.2. Zarge

Die Zarge muß ein gewalztes, gepreßtes oder kalt gezogenes Z-Profil sein. Die Zargenenden sind durch Winkelstahl zu verbinden, dessen waagerechter Schenkel mit dem Fußboden bündig abschließt und nicht unter 30 mm breit sein darf. Bei Ausführung mit Schwelle soll die Verbindung der Zargenenden aus einem Winkelstahl bestehen, dessen senkrechter Schenkel eine mindestens 20 mm hohe Schwelle ergibt. Die Schließöffnungen für Schloßfalle und Riegel müssen ein Spiel von 5 mm nach oben und 10 mm nach unten haben und sind mit Schutzkästen abzudecken.

TGL 8020 Blatt 1

Auszüge

2.3. Türblatt

Das Türblatt besteht aus 2 spannungsfrei gerichteten Blechen St II 23 von je 1,5 mm Dicke, die in Form und Abmessung dem Standard entsprechend zusammengefalzt werden. In den Falzecken der Türseiten und der Oberkante sind mit etwa 400 mm, an der Unterkante mit etwa 100 mm Abstand 20 bis 30 mm lange Schweißverbindungen vorzunehmen.

Jedes Türblech wird ausgesteift durch 2 waagerechte elektrisch aufgeschweißte Winkelprofile, deren waagerechte Schenkel nicht über 15 mm breit sein dürfen. Eine Verbindung oder Berührung der beiden Türblechflächen bzw. Aussteifungen darf nicht eintreten.

Für die Befestigungsschrauben der Beschläge sind Gewindeverstärkungen anzubringen.

2.4. Türbänder

Jeder Türflügel ist mit 3 Bändern an der Zarge zu befestigen, wobei die Achsen übereinstimmen müssen. An geeigneter Stelle ist ein automatischer Türschließer oder anstelle des mittleren Bandes ein Federband anzubringen. Das Federband ist mit mindestens 2 Schrauben an der Zarge zu befestigen und gegen das Mauerwerk abzudecken. Es muß ein Abbeugen des Türblattes bei Brandbeanspruchung verhindern.

Türschließer bzw. Federband müssen unabhängig von Kälteeinwirkung ein selbsttätiges Schließen aus mindestens 45° Öffnungswinkel gewährleisten. Türbänder mit Blattfederkegel sowie Feststellvorrichtungen sind nicht zulässig.

Mindestgrößen für Tür- und Federbänder:

Türart	Rohbau-Richtmaß	Türband 1) Nenngröße 180	200	Federband Nenngröße 150	200
Fh 1-Tür	bis 875 x 2000	x		x	
	über 875 x 2000		x		x
Fh 2-Tür 2)	bis 1750 x 2000	x		x	
	über 1750 x 2000		x		x
Fb 1-Tür	bis 625 x 1875	x		x	
	über 625 x 1875		x		x
Fb 2-Tür 2)	bis 1250 x 1875	x		x	
	über 1250 x 1875		x		x

2.5. Verschluß

Die Anwendung eines Einfallenverschlusses oder Dreifallenverschlusses ist der Darstellung der betreffenden Türart zu entnehmen.

1) Türbänder nach TGL 7057

2) bei gleichbreiten Flügeln

65

Einsteckschlösser sind mit dem Stulp mindestens in die Blechdicke der Tür einzulassen, wobei die Schwächung infolge der Türdurchbrüche durch geeignete Verstärkung auszugleichen ist. Jedes Schloß muß in einem gesonderten, allseitig geschlossenen Gehäuse liegen und ist gegen seitliche Bewegung zu sichern. Die Wärmedämmung zwischen Gehäuse und Türblechen muß mindestens 2 mm dicke Asbestpappe sein, die gegen Verrutschen zu sichern ist. Der Eingriff der Schloßfallen darf nicht unter 6 mm betragen.

Türdrücker, Langschilder, Rosetten und Schlüsselschilder müssen aus Stahl sein. Schlüssellöcher sind durch ein Vorhängsel abzudecken. Türdrücker müssen mit Bund sein.

2.5.1. Einfallenverschluß (Bild 1)

Der Einfallenverschluß verbindet den Türflügel an nur einer Stelle mit der Zarge oder mit dem Gegenflügel. Er besteht aus dem Einsteckschloß nach TGL 7056.

2.5.2. Dreifallenverschluß (Bild 2)

Der Dreifallenverschluß muß den Türflügel an 3 Stellen mit der Zarge oder mit dem Gegenflügel verbinden. Der Verschluß besteht aus dem Einsteckschloß und 2 Einsteck-Fallenschlössern nach TGL 7056. Das obere und untere Fallenschloß wird mittels einer Verbindungsstange über das mittlere Einsteckschloß durch die Drückerbewegung geöffnet, während das Einschließen für jede der 3 Fallen unabhängig und selbsttätig erfolgen muß. Die Verbindungsstange ist durch geschlossene Kanäle zu schützen und muß zugängig sein. Die Räume zwischen Kanal und Türbleche sind mit Asbest auszufüllen. Den Schließöffnungen für die obere und untere Falle ist ein Spiel von 2 mm nach vorn zu geben (Bild 3).

2.5.3. Treibriegel

Der Treibriegel muß den Türflügel oben und unten durch etwa 15 mm Einriegelung fest an der Zarge halten und durch einen Handgriff von oben nach unten zu öffnen sein. Die Treibriegelstangen müssen an den Einriegelenden etwa 100 mm aus vollem Material sein und durch mindestens 4 Führungen gehalten werden. Für die untere Einriegelung ist ein Kloben oder eine Bodentülle vorzusehen. In besonderen Fällen kann der Treibriegel verschließbar vorgeschrieben werden.

2.6. Dämmstoffe

Als wärmedämmende Einlagen dürfen nur gebrannte Kieselgurplatten nach TGL 8020 Blatt 2 oder Mineralfaserplatten nach TGL 8020 Blatt 3 verwendet werden.

2.6.1. Kieselgur

Die Kieselgurplatten sind sorgfältig und lufttrocken einzubauen, wobei erforderliche Paßstücke glatte und ebene Schnittflächen haben müssen. Die Fugen, die nicht breiter als 1 mm sein dürfen, sind voll mit feuerfester Kittmasse auszufüllen. Abweichungen der Plattendicke sind mit Asbestpappe auszugleichen, die aber das durch die Aussteifungswinkel gegebene Feld ganzflächig überdecken muß. Für die feuerfeste Kittmasse ist der Nachweis der Eignung erforderlich.

2.6.2. Mineralfasermatte

Die Mineralfasermatte ist lufttrocken einzubauen und muß den Türkasten voll ausfüllen. Mattenstöße sind nur dann zulässig, wenn für den Stoß mindestens 10 mm Zugabe erfolgt und dadurch ein festes Aneinanderliegen der beiden Mattenteile gesichert ist.

TGL 8020 Blatt 1

Auszüge

2.7. Schutzanstrich

Alle Metallteile sind allseitig vor dem Zusammenbau mit einem Rostschutzanstrich zu versehen, die Zarge nur soweit, als sie nicht eingeputzt wird.

3. EINBAUVORSCHRIFT

Die Zarge wird beiderseits durch je drei Anker aus Flachstahl von etwa 40 x 5 x 180 mm in der Wand befestigt. Sofern Anker im Sturz oder im Fußboden erforderlich sind, ist dies der betreffenden Darstellung zu entnehmen. Die Zarge ist voll einzuputzen.

Falls die Feuerschutztür in eine dünne Wand oder in eine Wand aus Bauteilen geringer Festigkeit eingebaut wird (Druckfestigkeit unter 100 kp/cm^2), ist die Zarge in Pfeiler und einem Türsturz aus Vollstein mit mindestens 100 kp/cm^2 Druckfestigkeit einzusetzen. Die Pfeiler sollen einen Querschnitt von mindestens 240 x 240 mm haben, in die Wand einbinden und bis zur Decke hochgeführt werden. Sie sind in Mörtel der Mörtelgruppe II nach DIN 1053 Ausg. 12.52 "Mauerwerk, Berechnung und Ausführung" zu mauern. Die Pfeiler und Türstürze dürfen wahlweise auch aus Beton, mindestens der Güte B 160 nach DIN 1045 Ausg. 1943 § 5 "Bestimmungen für Ausführung von Bauwerken aus Stahlbeton", gefertigt werden.

Wird eine Feuerschutztür nicht vom Hersteller montiert, ist dem Besteller eine Einbauvorschrift zu übergeben.

4. GÜTESICHERUNG

Die vorschriftsmäßige Ausführung der Feuerschutztüren ist mindestens einmal im Jahr durch das Deutsche Amt für Material- und Warenprüfung (DAMW) zu prüfen. Die Prüfung ist vom Hersteller zu veranlassen und ist für jede Türart getrennt an einem offenen Türblatt und an einer fertigen Tür funktionsmäßig vorzunehmen.

5. KENNZEICHNUNG

Nach den gesetzlichen Bestimmungen

Die Kennzeichnung an der Tür hat durch ein Typenschild aus Metall zu erfolgen, wo das Kurzzeichen, der Standard und der Herstellerbetrieb erhaben eingeprägt sowie das Baujahr und das Prüfzeichen des DAMW sichtbar eingeschlagen sind.

6. DARSTELLUNG, ANSCHLUßMAßE, BEZEICHNUNG, HAUPTABMESSUNGEN

Die in den Darstellungen 6.1. bis 6.4. angegebenen Anker-Anschlußmaße 300 mm und 900 mm sowie das Maß 1050 mm von Oberfläche Fußboden bis Mitte Drücker bzw. 1500 mm bis Mitte Treibriegel sind bei Türhöhen unter h_1 = 1500 mm zweckentsprechend zu wählen.

In den Darstellungen bedeuten:

b_1 = Rohbau-Richtmaß für Breite
h_1 = Rohbau-Richtmaß für Höhe
b_2 = lichtes Durchgangsmaß für Breite
h_2 = lichtes Durchgangsmaß für Höhe ohne Schwelle
h_3 = lichtes Durchgangsmaß für Höhe mit Schwelle

67

Für alle Bauten, die nach dem Oktametersystem ausgeführt sind, sind folgende Abmessungen zulässig:

Rohbau-Richtmaß		Lichtes Durchgangsmaß		
b_1	h_1	b_2	h_2	h_3
Feuerschutztüren einflügelig				
875	2000	815	1970	1950
1000	2000	940	1970	1950
1250	2250	1190	2220	2200
Feuerschutztüren zweiflügelig				
1500	2000	1440	1970	1950
1750	2000	1690	1970	1950
2000	2250	1940	2220	2200

Für alle Bauten, die nach dem Dezimetersystem ausgeführt sind, sind folgende Abmessungen zulässig:

Rohbau-Richtmaß		Lichtes Durchgangsmaß		
b_1	h_1	b_2	h_2	h_3
Feuerschutztüren einflügelig				
900	2100	840	2070	2050
1200	2100	1140	2070	2050
Feuerschutztüren zweiflügelig				
1800	2100	1740	2070	2050
2400	2100	2340	2070	2050

Erläuterungen

Der erhöhte Bedarf an Feuerschutztüren für die Bauindustrie, die Forderung nach sicherem und kontrollierbarem Feuerschutz und die Beseitigung der Vielzahl von Sonderkonstruktionen mit den dadurch verbundenen Eignungsprüfungen gaben Veranlassung für die Ausarbeitung der Standards.

Die in den Standards festgelegten Bauvorschriften und Technischen Lieferbedingungen entbinden den Hersteller der Türen von kostspieligen Brandprüfungen, die bisher aus Sicherheitsgründen jeweils für die verschiedenen Konstruktionen durchgeführt werden mußten. Den staatlichen Überwachungsorganen stehen mit den Standards für die Kontrolle und Prüfung der Türen die notwendigen Arbeitsunterlagen zur Verfügung.

Durch die Festlegung einer einheitlichen Konstruktion ist es weiterhin möglich, Konstruktionsarbeiten einzusparen.

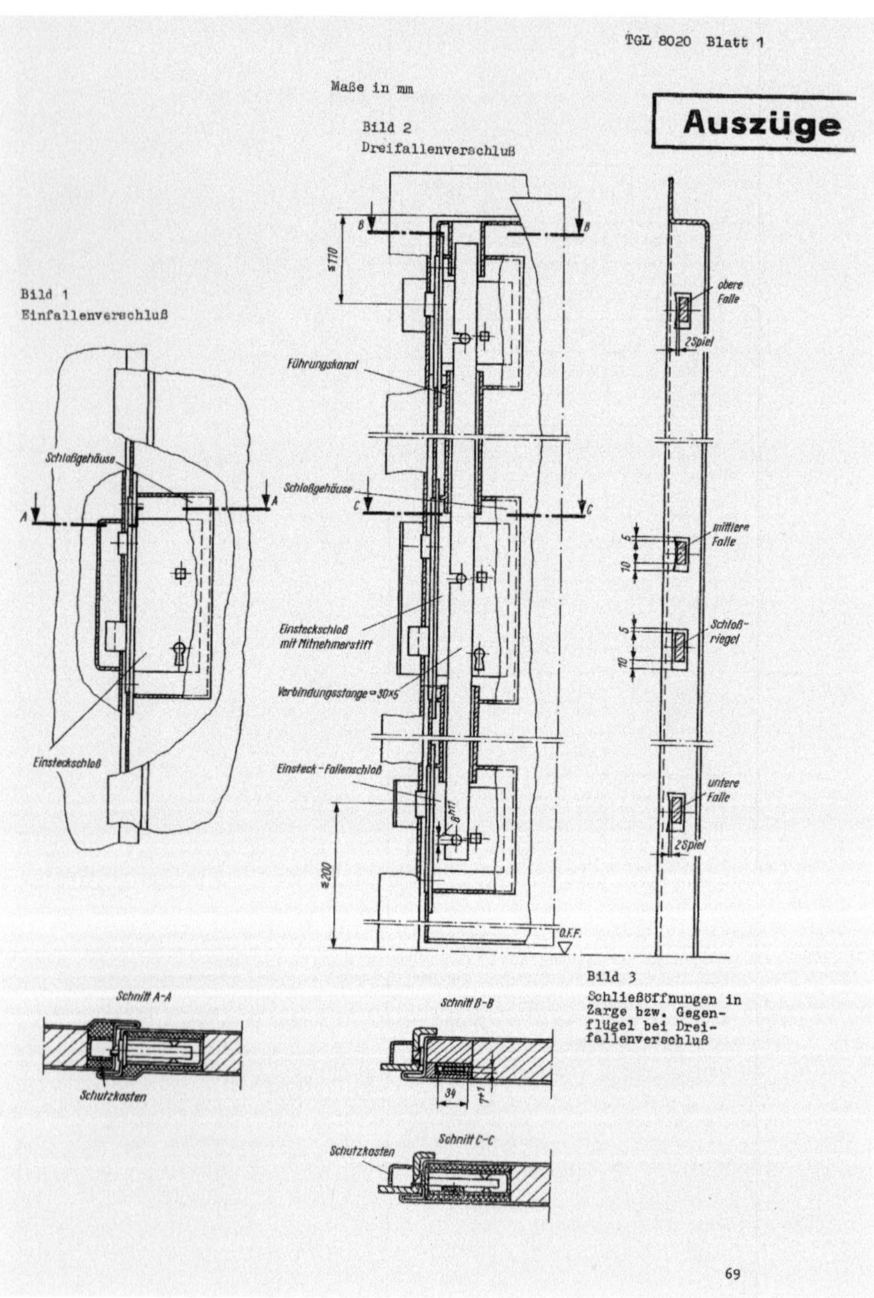
TGL 8020 Blatt 1
Maße in mm
Auszüge
Bild 2
Dreifallenverschluß
Bild 1
Einfallenverschluß
Schloßgehäuse
Einsteckschloß
Führungskanal
Schloßgehäuse
Einsteckschloß
mit Mitnehmerstift
Verbindungsstange ▭ 30x5
Einsteck-Fallenschloß
obere
Falle
2Spiel
mittlere
Falle
Schloß-
riegel
untere
Falle
2Spiel
O.F.F.
Bild 3
Schließöffnungen in
Zarge bzw. Gegen-
flügel bei Drei-
fallenverschluß
Schnitt A-A
Schutzkasten
Schnitt B-B
34
Schnitt C-C
Schutzkasten
69

Auszug aus TGL 0 - 1053 [1)] "Mauerwerk, Berechnung und Ausführung"

Auszüge

Mauermörtel

Es werden 3 Mörtelgruppen unterschieden:

MG I keine besonderen Festigkeitsanforderungen
MG II mittlere Druckfestigkeit 25 kp/cm²
MG III mittlere Druckfestigkeit 100 kp/cm²

Die in Tabelle 3 angegebenen Mörtelzusammensetzungen sind ohne Festigkeitsnachweis als geeignet anzusehen.

Tabelle 3 Mörtelzusammensetzung

Mörtelgruppen	Mischungsverhältnis in Raumteilen					
	Zement Z 225 nach TGL 9272 9273	Luft- u. Wasserkalk		Hydraulischer Kalk	Hochhydraulischer Kalk und Romankalk	Natursand
		Kalkteig	Kalkhydrat			
	1,2 kg/l	1,3 kg/l	0,6 kg/l	0,8 kg/l	1,0 kg/l	1,3 kg/l
I	-	1	-	-	-	3,5
	-	-	1	-	-	3
	-	-	-	1	-	3
II	1	1,5	-	-	-	8
	1	-	2	-	-	8
	-	-	-	-	1	3
III	1	-	-	-	-	4

Die für den Sandanteil genannten Zahlen sind Richtwerte. Abweichungen bis zu 20 % sind je nach Art des verwendeten Sandes zulässig.

Dem Mörtel darf zur Verbesserung seiner Geschmeidigkeit Kalkhydrat bis zu 20 % des Zementgehaltes zugesetzt werden. Der Zementgehalt darf dabei nicht vermindert werden.

1) Ab 1965 TGL 112 - 0880.

70

5.2 TGL 21-382 877/01

Nachdem zunächst in der DDR auch die Bestimmungen von DIN 4102, Ausgabe November 1940, weiterhin gültig waren und Feuerschutztüren aus Stahl mit dem Standard 8020 geregelt wurden (s. Kap. 5.1) sowie auch einige wenige Vorgaben für Brandschutztüren in TGL 10685 enthalten waren (s. Band 3 [36]), wurden ab 1967 vollständig neue Standards für diese Türen herausgegeben, die nunmehr als „Brandschutztüren" bezeichnet wurden.

Im Dezember 1967 erschien dieser vollständig neu erarbeitete Fachbereichstandard TGL 21-382 877/01 „Brandschutztüren aus Stahl" (Blatt 1) und galt für derartige Türen mit einem Feuerwiderstand von 30 (= fw 0,5), 45 (= fw 0,75) und 90 Minuten (= fw 1,5) bis zu einer maximalen Größe von 2,40 m × 2,40 m. Unter Brandschutztüren verstand man zur damaligen Zeit gemäß dem Standard *„doppelwandige Stahltüren mit eingelegtem, nicht brennbaren Dämmstoff, die durch ihre Konstruktion dem Feuer eine festgelegte Zeit Widerstand leisten"*. In dem Fachbereichstandard wurden zunächst die konstruktiven Details und daran anschließend Verpackung, Transport, Lagerung und Einbau sowie die erforderliche Prüfungen und die Kennzeichnung verbal geregelt. Jeweils getrennt wurde dem folgend eine zeichnerische Darstellung für einflügelige und zweiflügelige Brandschutztüren abgedruckt.

In Tabelle 12 ist die entsprechende TGL mit ergänzenden Erläuterungen angegeben.

Tabelle 12: TGL 21-382 877

Dokumentennummer	Dokumentenart	Ausgabe	Titel des Fachbereichstandards
TGL 21-382 877 Blatt 1	Fachbereichstandard	1967-12[1)]	Brandschutztüren aus Stahl Technische Forderungen, Prüfung
Erläuterungen: 1) *Dieser Standard wurde zum 01. Juli 1974 durch den TGL-Standard 22891 (Fassung Dezember 1973) abgelöst und wurde nicht weitergeführt. Übergrößen und Sondermaße waren nach dem geltenden Standard TGL 10685 Bl. 13 (s. Bd. 3 der Buchreihe* [37]*) gesondert einer Brandprüfung zu unterziehen. In besonderen Fällen durften aber auch die „örtlich zuständigen Organe" im Einzelfall besondere Genehmigungen erteilen, wenn eine ausreichende Sicherheit vorausgesetzt werden konnte. Somit hängt im Einzelfall auch die Entscheidung über einen Bestandsschutz von dem Nachweis dieser besonderen Entscheidung ab. Besonders zu beachten ist auch die Verbindlichkeit der Anwendung, die für die jeweilige Feuerwiderstandsklassifikation unterschiedlich war.*			

DK 69.028.1 **Fachbereichstandard** Dezember 1967

Stahlbau	Brandschutztüren aus Stahl Technische Forderungen Prüfung	TGL 21-382877 Blatt 1 Gruppe 311

Стальные Противопожарные двери Технические требования Испытание	Door for fire protection of steel Technical requirements Testing

Verbindlichkeit aufgehoben 1.7.74 ohne Ersatz ab 1.7.74
ersetzt durch TGL 22891 ... 18.3.74
II. AO 250

Für fw 0,5 und 1,5 verbindlich ab 1.6.1968
Für fw 0,75 verbindlich ab 1.7.1969

D i e s e r S t a n d a r d g i l t für Stahldrehtüren mit einem Feuerwiderstand von fw 0,5; 0,75 und 1,5 nach TGL 10 685 Bl.2 bis zu einer Baurichtmaßbreite und -höhe von 2400 mm.

Maße in mm

1. Begriff

Brandschutztüren sind doppelwandige Stahltüren mit eingelegtem, nicht brennbarem Dämmstoff, die durch ihre Konstruktion dem Feuer eine festgelegte Zeit Widerstand bieten.

2. Anwendung

Brandschutztüren sind nach den geltenden Vorschriften über den bautechnischen Brandschutz anzuordnen.

3. Bestellangaben

nach TGL 21 - 382 875

4. Konstruktion

4.1. Hauptabmessungen

nach TGL 21 - 382 875
Für Sonderfälle, z.B. Ersatzbedarf, mangelnder Platz durch Einbau technologischer Anlagen, sind Zwischengrößen und kleinere Größen, die von den Standardgrößen nach TGL 21 - 382 875 abweichen, zulässig; sie unterliegen jedoch erschwerten Lieferbedingungen und bedürfen besonderer Vereinbarung mit dem Hersteller.
Bei Übergrößen und Sonderkonstruktionen ist der Feuerwiderstand durch Brandversuche nach TGL 10 685 Bl.13 nachzuweisen.
In besonderen Fällen dürfen die örtlich zuständigen staatlichen Organe Einbaugenehmigungen erteilen, wenn die Gewähr für eine ausreichende Sicherheit gegeben ist.

Fortsetzung Seite 2 bis 5

Bestätigt: 6.12.1967 VVB Industrieanlagenmontagen und Stahlbau, Leipzig

Seite 2 TGL 21 - 382 877 Blatt 1

4.2. Zarge

Die Zarge ist für den doppelten Türblattanschlag aus gewalztem, kaltgezogenem oder gepreßtem Z - Profil aus mindestens 3 mm Materialdicke herzustellen. Die unteren Zargenenden sind durch ein Winkelprofil zu verbinden, dessen waage - recht liegender Schenkel bündig mit dem Fußboden abschließen muß.
Eine Schwellenausführung ist zu vereinbaren.
Schließöffnungen sind durch Schutzkästen abzudecken.

4.3. Türblatt

Für das Türblatt sind zwei Feinbleche 1,5 mm dick nach TGL 10 022 zu verwenden, die zu einem Türkasten zusammenzufalzen sind. In den Falzecken sind 20 bis 30 mm lange Schweißnähte seitlich und oben in Abständen von etwa 400 mm und an der Türunterkante von etwa 200 mm anzubringen.

4.4. Türbänder

Jedes Türblatt ist in zwei 3teilige Türbänder nach TGL 21 - 382 803 einzu - hängen, wobei der obere und untere Bandlappen an der Zarge und der mittlere am Türblatt anzuschließen ist.
Zwischen beiden Türbändern ist ein Pendeltürband anzuschrauben, das einseitig wirkt und unabhängig von Kälteeinwirkung ein selbsttätiges Schließen des Türflügels aus mindestens 45° Öffnungswinkel gewährleisten muß.
Flügel-Feststellvorrichtungen sind nur zulässig, wenn sie sich bei Temperaturerhöhung oder Rauchentwicklung selbsttätig auslösen und ein Prüfzeugnis einer staatlich anerkannten Prüfdienststelle vorliegt.

4.5. Verschluß

Brandschutztüren müssen mit einem Dreifallenverschluß versehen sein. Bei der zweiflügeligen Tür mit fw 0,5 genügt ein Einfallenverschluß. Schloßeinrichtung für Sicherheitszylinder ist zu vereinbaren. Jedes Schloß muß in einem gesonderten, allseitig geschlossenen Gehäuse und die Verbindungsstange in einem geschlossenen Kanal liegen. Zur Wärmedämmung zwischen Gehäuse und Türblechen ist hier zusätzlich noch eine mindestens 2 mm dicke Asbestplatte einzulegen.
Türdrücker, Langschilder oder Drücker- und Schlüsselrosetten müssen aus Stahl sein. Schlüssellöcher müssen durch ein drehbares Verdeck verschlossen sein.
Bei zweiflügeligen Türen ist der feststellbare (Riegel-) Flügel mit einem Treibriegel zu versehen, der durch einen Handgriff von oben nach unten zu öffnen ist.

4.6. Dämmstoff

Als Dämmstoff zwischen den Stahlblechen sind Mineralfasermatten oder -platten oder andere geeignete Werkstoffe zu verwenden, so daß der jeweils geforderte Feuerwiderstand (fw) eingehalten wird. Die Einlagen sind lufttrocken einzubauen. An den Stoßstellen der Einlagen ist eine Zugabe von mindestens 10 mm vorzusehen, damit ein festes Aneinanderliegen ohne Zwischenräume gewährleistet ist.

4.7. Oberflächenschutz

Sämtliche Metallteile, ausgenommen Maueranker, sind vor dem Zusammenbau allseitig mit einem Schutzanstrich mit einer Mindestschichtdicke von 60 µm auf Oberflächen mit Säuberungsgrad 3 nach TGL 18 730 Bl.2 zu versehen. Der Grundanstrich ist vom Hersteller höchstens 6 Wochen vor Auslieferung der Türen aufzubringen. Dem Besteller ist Anstrichsystem und Monat der Herstellung des Grundanstriches mitzuteilen. Vom Besteller sind nach der Montage der Brandschutztüren weitere Anstriche bis zu einer Gesamtschichtdicke von mindestens 90 µm bei Türen in trockenem Innenraumklima oder 120 µm bei Türen in feuchtem Klima auf trockenem, staub- und fettfreiem Untergrund innerhalb 4 Monaten aufzubringen.
Durch Transport und Montage entstandene Beschädigungen und Unterrostungen sind vor dem Aufbringen des Fertiganstriches auszubessern.

5. Verpackung, Transport und Lagerung

Die Brandschutztüren sind unverpackt, jedoch durch Beilagen o.ä. beschädigungsfrei zum Versand zu bringen. Türdrücker, Maueranker, Schrauben und Schlüssel sind zu verpacken. Andere Verpackungsarten und der Transport sind zu vereinbaren. Die Lagerung ist vor Beschädigung und Feuchtigkeit geschützt vorzunehmen. Die Forderungen über die Lagerung sind dem Besteller im Vertrag mitzuteilen.

6. Einbau

Die Zarge ist nach TGL 21 - 382 875 an der Wand durch Maueranker oder Ankerplatte zu befestigen und voll einzuputzen. Werden Brandschutztüren in Wände aus Mauervollziegeln mit einer Dicke unter 240 mm oder in Wände mit einer Druckfestigkeit unter 100 kp/cm^2 eingebaut, so ist die Zarge in Pfeiler und einen Türsturz aus Mauervollziegeln - vollfugig gemauert mit M II nach der TGL 112 - 0880 oder aus Beton mit einer Betongüte von mindestens B 120 einzusetzen. Pfeiler und Türsturz müssen einen Querschnitt von mindestens 240 mm mal 240 mm haben. Der Einbau der Brandschutztüren durch den Hersteller ist besonders zu vereinbaren.
Wird die Brandschutztür nicht vom Herstellerbetrieb eingesetzt, ist dem Besteller eine Einbauvorschrift zu übergeben, nach welcher der Einbau durch Fachkräfte durchzuführen ist.

7. Prüfung

7.1. Prüfung zum Nachweis der qualitätsgerechten Fertigung

Probenahme, Prüfumfang, Prüfhilfsmittel und Durchführung der Prüfung nach der Prüftechnologie des Herstellers.

7.2. Prüfung zum Nachweis der unveränderten Funktionseigenschaften

Mindestens einmal im Jahr ist aus der laufenden Fertigung je Türtyp an einem offenen Türblatt die Ausführung und an einer fertigen Tür die Funktionsprüfung am Prüfstand vorzunehmen. Die Durchführung der Prüfung ist vom Hersteller bei dem Deutschen Amt für Meßwesen und Warenprüfung (DAMW) zu veranlassen.

7.3. Der geforderte Feuerwiderstand der Brandschutztüren muß nach TGL 10 685 Bl. 13 durch eine zugelassene Prüfdienststelle nachgewiesen werden. Prüfzeugnisse müssen auf Verlangen des Bestellers zur Einsichtnahme ausgehändigt werden.

8. Kennzeichnung

An jeder Brandschutztür ist ein Typschild aus Stahlblech mit erhabener Schrift brandsicher anzubringen, das folgende Angaben enthalten muß:

Hersteller — Prüfzeichen des DAMW
Standard - Nr.
Baujahr
Feuerwiderstand

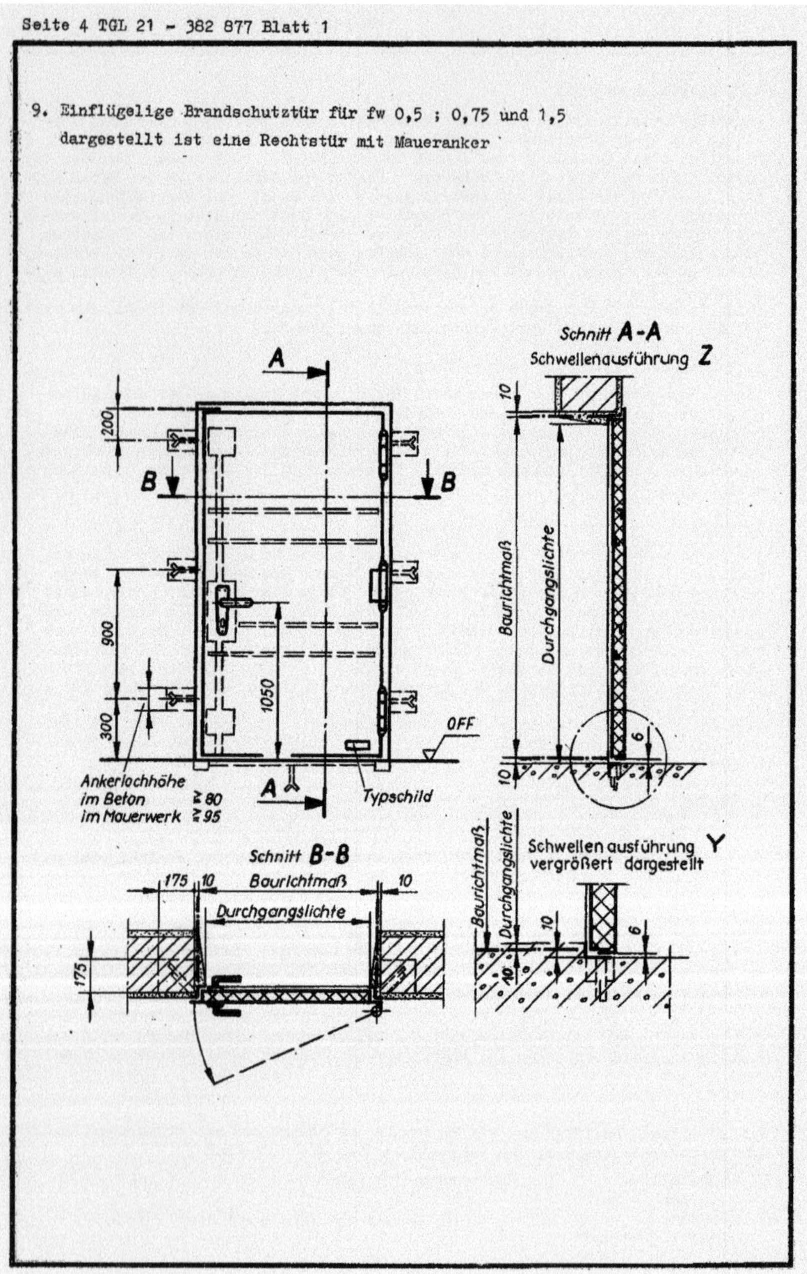

Seite 4 TGL 21 - 382 877 Blatt 1

9. Einflügelige Brandschutztür für fw 0,5 ; 0,75 und 1,5
dargestellt ist eine Rechtstür mit Maueranker

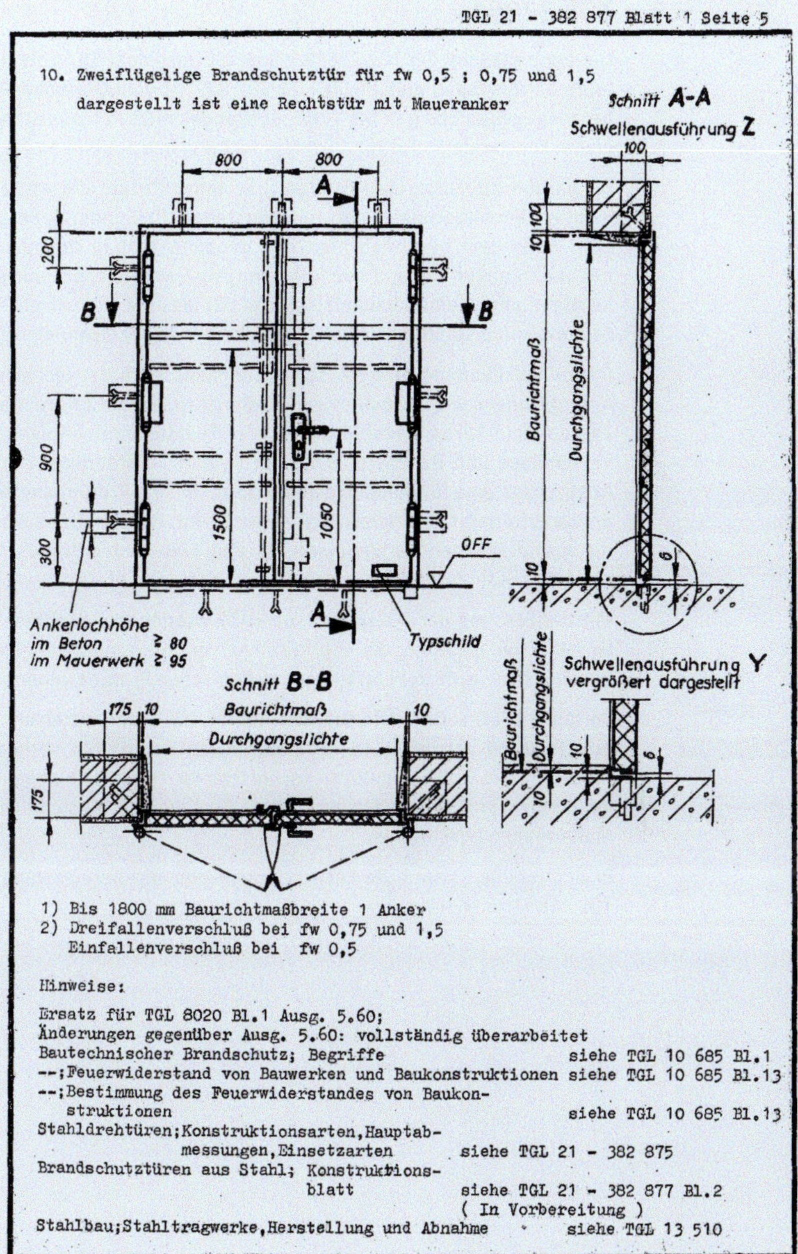

10. Zweiflügelige Brandschutztür für fw 0,5 ; 0,75 und 1,5
dargestellt ist eine Rechtstür mit Maueranker

1) Bis 1800 mm Baurichtmaßbreite 1 Anker
2) Dreifallenverschluß bei fw 0,75 und 1,5
Einfallenverschluß bei fw 0,5

Hinweise:

Ersatz für TGL 8020 Bl.1 Ausg. 5.60;
Änderungen gegenüber Ausg. 5.60: vollständig überarbeitet

Bautechnischer Brandschutz; Begriffe	siehe TGL 10 685 Bl.1
--;Feuerwiderstand von Bauwerken und Baukonstruktionen	siehe TGL 10 685 Bl.13
--;Bestimmung des Feuerwiderstandes von Baukonstruktionen	siehe TGL 10 685 Bl.13
Stahldrehtüren;Konstruktionsarten,Hauptabmessungen,Einsetzarten	siehe TGL 21 - 382 875
Brandschutztüren aus Stahl; Konstruktionsblatt	siehe TGL 21 - 382 877 Bl.2 (In Vorbereitung)
Stahlbau;Stahltragwerke,Herstellung und Abnahme	siehe TGL 13 510

5.3 TGL 22891

Die erste Fassung der TGL 22891 wurde im Dezember 1973 als Nachfolge der bis dahin gültigen TGL 21-381 877/01 vom Dezember 1967 herausgegeben und galt bis 1980 für Brandschutztüren aus Stahl mit einem Feuerwiderstand von 0,75 h (= fw 0,75) und 1,5 h (= fw 1,5).

Es wurden die zulässigen Größen („Sortiment“) und die vorzunehmenden Vereinbarungen mit dem Hersteller für Sondermaße geregelt. Außerdem beschrieb man den genauen Aufbau und die Einbaubedingungen anhand von Zeichnungen – vergleichbar mit einer heutigen allgemeinen bauaufsichtlichen Zulassung bzw. einem Prüfzeugnis – und standardisierte die erforderlichen Bezeichnungen.

Daran anschließend erfolgte das Zusammenstellen der technischen Anforderungen wie der zulässigen Maßtoleranzen, der erforderlichen Zargen- und Türbandausführungen, der Feststelleinrichtungen, der Verschlüsse und Dämmstoffe bis hin zu den Anforderungen an die Anstrichsysteme für den Korrosionsschutz, an den Prüfumfang sowie an die erforderliche Kennzeichnung der Türen. Abschließend wurden die grundlegenden Bedingungen für den Einbau der Brandschutztüren aus Stahl formuliert.

Mit der Fassung der TGL des Jahres 1979 wurden das Sortiment auf fw 1,5 eingeschränkt, die Prüfkriterien verändert und detaillierter beschrieben sowie der Entfall der mechanischen Prüfung vereinbart.

Im Jahre 1988 wurden die Brandschutztür aus Stahl mit einem Feuerwiderstand von fw 45 (= 45 Minuten, entspricht der vorherigen Klassifikation 0,75) eingeführt, technische Weiterentwicklungen aufgenommen und eine Präzisierung des Sortimentes hinsichtlich der Maßangaben beschrieben.

In der Tabelle 13 sind die Entwicklungen des Fachbereichstandards TGL 22891 zu sehen.

Tabelle 13: Entwicklung von TGL 22891

Dokumentennummer	Dokumentenart	Ausgabe	Titel des Normteils
TGL 22891	Fachbereichstandard	1973-12[1)]	Brandschutztüren aus Stahl
TGL 22891 /01	Fachbereichstandard	1979-11[2)]	Brandschutztüren aus Stahl für Gebäude Feuerwiderstand fw 1,5
TGL 22891	Fachbereichstandard	1988-09	Brandschutztüren aus Stahl für Gebäude

Erläuterungen:

1) *Mit dem Inkrafttreten der TGL 22891 verlor TGL 21-382 877/01 seine Gültigkeit.*

2) *Mit dem Fachbereichstandard wurde die Gültigkeit auf Türen mit dem Feuerwiderstand fw 1,5 beschränkt. Offensichtlich erfolgte man das Ziel, darüber hinaus einen gesonderten Standard für Brandschutztüren mit dem Feuerwiderstand fw 0,75 zu erarbeiten.*

DK 69.028.1:699.81 **Fachbereichstandard** Dezember 1973

Deutsche Demokratische Republik	***Brandschutztüren aus Stahl***	**TGL 22891**
		Gruppe 135 876

Противопожарные стальные двери	Fire resisting Steel Doors

Deskriptoren: Feuerschutztür; Baurichtmaße; Dämmstoff; Oberflächenschutz; Prüfung; Sprache; Sortimentierung; Gebrauchswert; technisch-konstruktive Gestaltung;

Verbindlich ab 1. 7. 1974

Dieser Standard gilt für Stahltüren mit einem Feuerwiderstand von fw 0,75 und fw 1,5

Maße in mm

1. BEGRIFF

Brandschutztüren = mittels selbsttätig wirkender Antriebselemente in Schließstellung gehaltene Türen, die infolge ihrer Konstruktion und der verwendeten Baustoffe das Übergreifen eines Feuers auf einen nicht vom Feuer erfaßten Teil eines Bauwerks für eine vorgeschriebene Zeit verhindern. Sie werden z. B. in Brandtrennwände eingebaut oder dienen als Abschlüsse von Brand- und Sicherheitsschleusen.

1.7.80 ohne Ersatz

2. SORTIMENT

2.1. Baurichtmaße, Nenngrößen

ersetzt durch Ausg. 11.79

1900: 9x19
2100: 10,5x21, 12x21, 18x21, 21x21
2400: 12x24, 18x24, 21x24, 24x24
900, 1050, 1200, 1800, 2100, 2400

Für Ersatzbedarf ist die Herstellung und Verwendung abweichender Größen ab 600 mm x 1900 mm bis zu einer maximalen Größe von 2400 mm x 2400 mm nach Vereinbarung mit dem Hersteller zulässig.

2.2. Ausführungsarten, Hauptabmessungen

Tabelle 1

Ausführungsart		Nenngröße	b_1	h_1	b_2 ≈	h_2 ≈ Z	h_3 ≈ Y	Masse je Tür bei kg fw 0,75	fw 1,5
einflüglig	mit Schwelle (Y) oder ohne Schwelle (Z) mit Wetterschenkel (W)[1]	9 x 19	900	1900	835	1870	1850	89	94
		10,5 x 21	1050	2100	985	2070	2050	109	114
		12 x 21	1200	2100	1135	2070	2050	120	125
		12 x 24	1200	2400	1135	2370	2350	134	141
zweiflüglig		18 x 21	1800	2100	1735	2070	2050	177	194
		21 x 21	2100	2100	2035	2070	2050	199	218
		18 x 24	1800	2400	1735	2370	2350	198	217
		21 x 24	2100	2400	2035	2370	2350	223	245
		24 x 24	2400	2400	2335	2370	2350	249	273

1) nur bei Außentüren

Fortsetzung Seite 2 bis 8

Verantwortlich/bestätigt: 20. 12. 1973 VEB Metalleichtbaukombinat, Leipzig

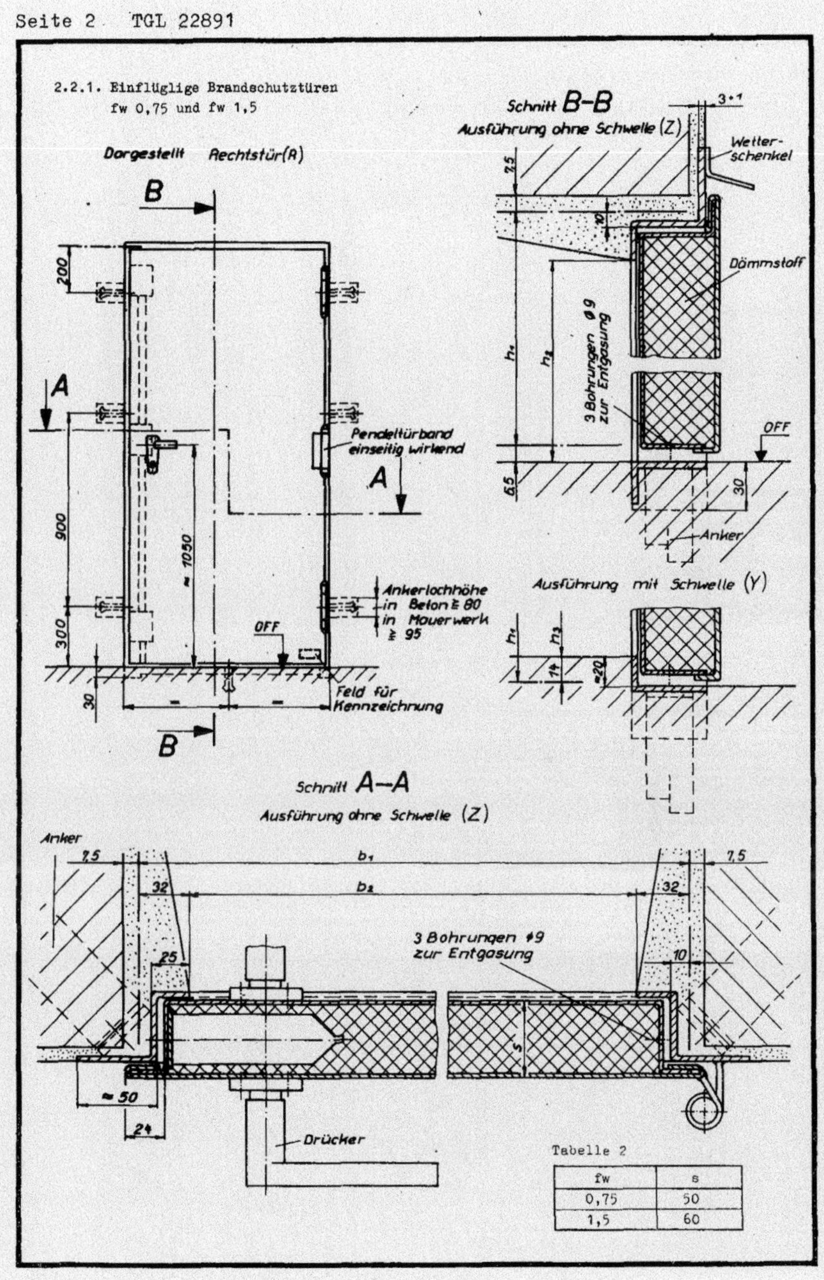

Tabelle 2

fw	s
0,75	50
1,5	60

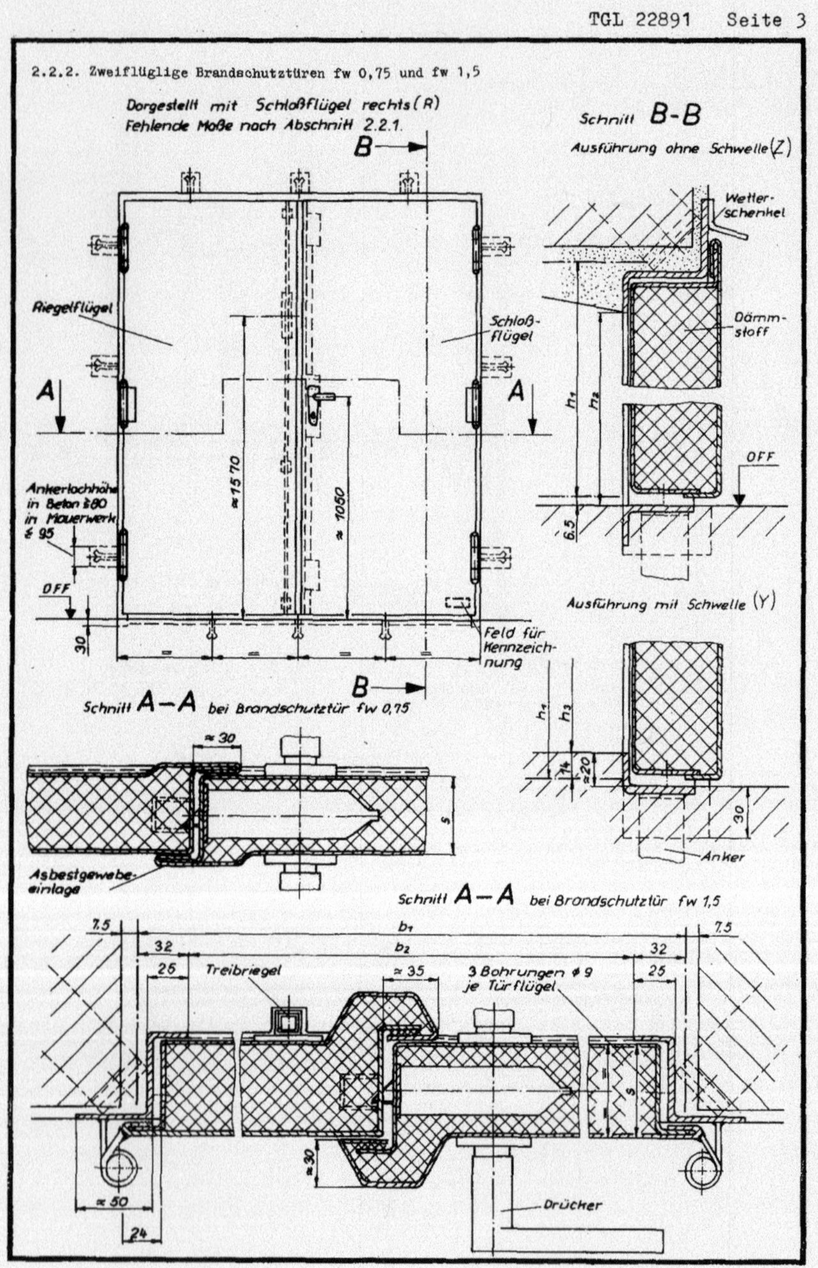
TGL 22891 Seite 3
2.2.2. Zweiflüglige Brandschutztüren fw 0,75 und fw 1,5
Dargestellt mit Schloßflügel rechts (R)
Fehlende Maße nach Abschnitt 2.2.1.
Schnitt B-B
Ausführung ohne Schwelle (Z)
Wetter-schenkel
Dämm-stoff
Riegelflügel
Schloß-flügel
Ankerlochhöhe in Beton ≥80 in Mauerwerk ≤95
OFF
Feld für Kennzeichnung
Ausführung mit Schwelle (Y)
Anker
Schnitt A–A bei Brandschutztür fw 0,75
Asbestgewebe-einlage
Schnitt A–A bei Brandschutztür fw 1,5
Treibriegel
3 Bohrungen ø 9 je Türflügel
Drücker

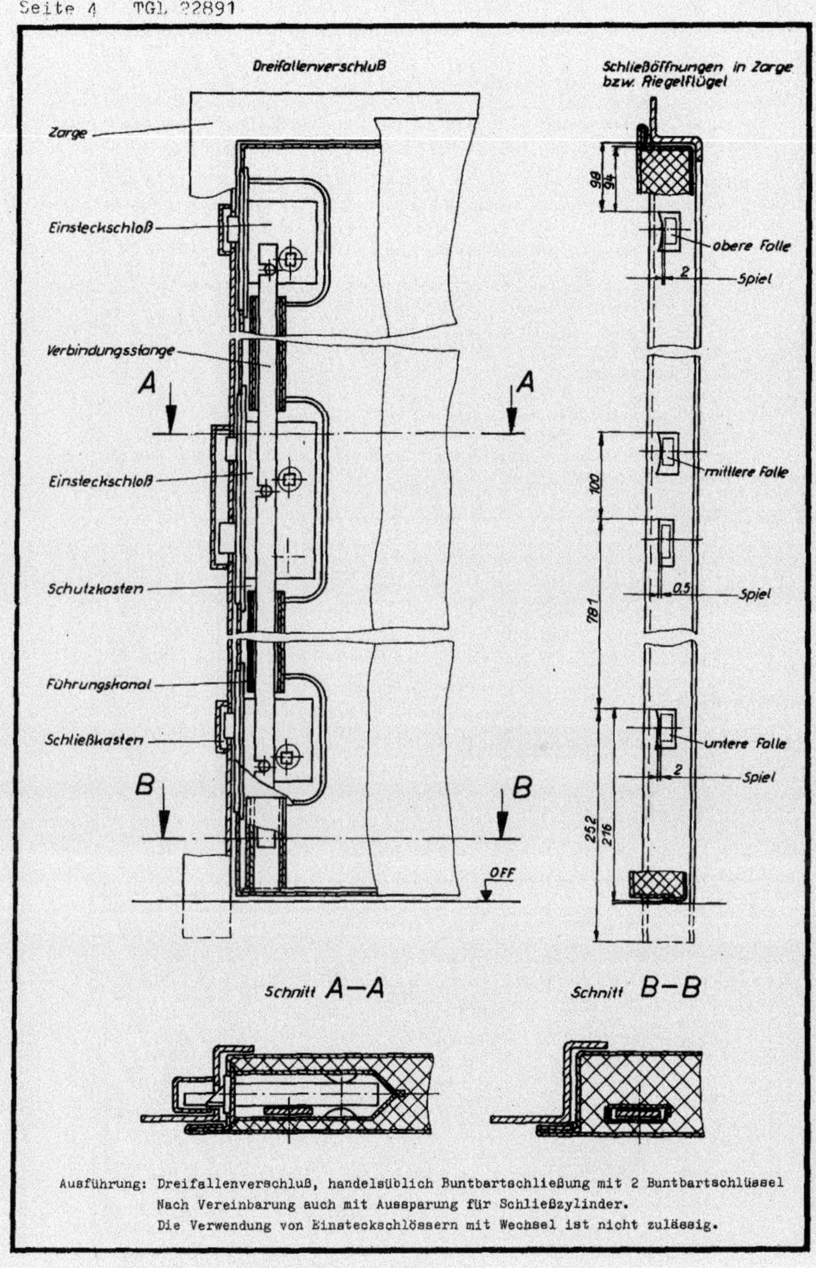
Seite 4 TGL 22891
Dreifallenverschluß
Schließöffnungen in Zarge bzw. Riegelflügel
Zarge
Einsteckschloß
Verbindungsstange
A
A
Einsteckschloß
Schutzkasten
Führungskanal
Schließkasten
B
B
OFF
98
94
obere Falle
2
Spiel
mittlere Falle
100
0,5
Spiel
781
untere Falle
2
Spiel
252
216
Schnitt A–A
Schnitt B–B
Ausführung: Dreifallenverschluß, handelsüblich Buntbartschließung mit 2 Buntbartschlüssel
Nach Vereinbarung auch mit Aussparung für Schließzylinder.
Die Verwendung von Einsteckschlössern mit Wechsel ist nicht zulässig.

TGL 22891 Seite 5

2.2.3. Zulässige konstruktive Veränderungen
Konstruktive Veränderungen, die durch technische Weiterentwicklungen, besonders bei Dämmstoffen, bedingt sind, können zu Abweichungen von der bildlichen Darstellung führen. Die angegebenen Baurichtmaße und lichten Durchgangsmaße bleiben unverändert.

3. BEZEICHNUNG
Bezeichnung einer einflügligen Brandschutztür fw 0,75, rechts (R), mit Wetterschenkel (W), mit Schwelle (Y), von Baurichtmaß der Breite b_1 = 1050 mm und der Höhe h_1 = 2100 mm:

Brandschutztür fw 0,75 RWY 10,5 x 21 TGL 22891

Bezeichnung einer zweiflügligen Brandschutztür fw 1,5, Schloßflügel links (L), ohne Schwelle (Z), von Baurichtmaß der Breite b_1 = 2100 mm und der Höhe h_1 = 2400 mm:

Brandschutztür fw 1,5 LZ 21 x 24 TGL 22891

4. TECHNISCHE FORDERUNGEN
4.1. Eigenschaften
Die Türen müssen ausreichend verwindungssteif und leicht beweglich sein.
Die Ausbeulung des Türblattes darf auf 1000 mm Länge maximal 8 mm betragen.
Zur Gewährleistung einer einwandfreien Funktion der Türen im Einbauzustand sind die Funktionsspiele nach Tabelle 3 einzuhalten.

Tabelle 3

Abstand zwischen		mm
Anschlagflächen der Türflügel und Zarge		≦ 3
Türflügel und Zarge, unten zwischen Türflügel und Fußbodenoberfläche	oben	4 + 1 / - 2
	unten	6 + 1 / - 2
	Bandseite	4 + 1 / - 2
	Schloßseite	6 + 1 / - 2
den Türflügeln bei zweiflügligen Türen		5 + 1 / - 2

4.2. Halbzeuge und Werkstoffe

Tabelle 4

Bauteil		Halbzeug		Werkstoff
Zarge	fw=0,75	für Rahmen	Z 50x49x25x3 gekantet aus Blech TGL 8445	St 38u-2 A4 TGL 9560
		für Schwelle	L 40x25x3 TGL 7967	St 38u-2 TGL 7960
	fw=1,5	für Rahmen	Z 50x59x25x3 gekantet aus Blech TGL 8445	St 38u-2 A4
		für Schwelle	L 40x25x3 TGL 7967	St 38u-2 TGL 7960
Türflügel	fw=0,75	für Kastenblech für Deckblech für Füllung	Blech maximal 1,5 TGL 23036 Blech maximal 1,5 TGL 23036 Mineralwolleplatten P 140/50 TGL 23440/07	St Qu- A3 TGL 23035 Mineralwolle
	fw=1,5	für Kastenblech für Deckblech für Füllung	wie bei fw 0,75 Mineralwolleplatten P 170/60 TGL 23440/07	Mineralwolle

4.3. Zarge
Die Zarge (Türrahmen) ist für den doppelten Türflügelanschlag auszubilden. Die unteren Enden der Zargenstiele sind durch einen Profilstahl zu verbinden. Schließöffnungen sind durch Schutzkappen abzudecken.

4.4. Türbänder
Jeder Türflügel ist in zwei 3teilige Türbänder einzuhängen, wobei der obere und untere Bandlappen an der Zarge und der mittlere am Türblatt anzuschließen sind. Die Tür ist konstruktiv so auszubilden, daß unabhängig von Temperatureinwirkung ein selbsttätiges Schließen der Türflügel aus mindestens 45° Öffnungswinkel gewährleistet ist.

4.5. Flügel-Feststellvorrichtung
Flügel-Feststellvorrichtungen sind nur zulässig, wenn sie sich im Brandfall automatisch auslösen. Für die Funktionssicherheit ist ein Nachweis zu erbringen.

4.6. Verschluß
Brandschutztüren müssen mit einem Dreifallenverschluß versehen sein.
Schloßeinrichtung für Sicherheitszylinder ist zu vereinbaren.
Jedes Schloß muß in einem geschlossenen Schutzkasten, die Verbindungsstange in einem geschlossenen Kanal liegen.
Schlüssellöcher müssen durch ein drehbares Verdeck aus Stahl - entfällt bei Sicherheitszylindern - verschlossen sein.
Bei 2flügligen Türen ist der feststellbare Flügel mit einem Treibriegel oder anderen geeigneten Riegelsystemen zu versehen. Die Verriegelung muß sich durch Handbetätigung von oben nach unten öffnen lassen.

4.7. Dämmstoff
Als Dämmstoff zwischen den Türblechen sind Mineralwolleplatten oder andere gleichwertige Werkstoffe zu verwenden, die biologisch resistent und rüttelfest sein müssen.
Der Dämmstoff ist lufttrocken einzubauen.

4.8. Korrosionsschutz
Brandschutztüren sind durch ein Anstrichsystem vor Korrosion zu schützen, bevor sie ausgeliefert werden. Das gilt sowohl für die sichtbare Oberfläche als auch für die Flächen, die durch Teile verdeckt werden, die mittels lösbarer Verbindungselemente mit der Baugruppe verbunden sind.
Untergrundvorbehandlung nach TGL 18738/01 und Säuberungsgrad 3 nach TGL 18730/02.

Folgende Anstrichsysteme (as) sind anzuwenden:

ofentrocknendes - as Alkyd-Aminharz-Basis	95 µm
lufttrocknendes - as	110 µm

Die angegebenen as gelten für ständige Außenbewitterung. Bei aggressiver Zusatzbeanspruchung sind gesonderte Festlegungen zu treffen.
Teilschutzsysteme sind besonders zu vereinbaren. Dem Besteller müssen dabei das as, der Monat der Herstellung und der Zeitraum bis zur Komplettierung des as bekannt gegeben werden.

4.9. Feuerwiderstand
Der entsprechende Feuerwiderstand ist ständig zu gewährleisten und durch Prüfzeugnisse einer staatlich anerkannten Prüfstelle nachzuweisen.

TGL 22891 Seite 7

5. PRÜFUNG

Die Prüfung erstreckt sich auf eine allgemeine Sichtprüfung der Oberfläche, die Zargenmaße, Abstandsmaße Tür - Zarge, Anschlagdichte, Türblattbeulung, Korrosionsschutz, Funktionskontrolle einschließlich des Funktionsspiels und den Feuerwiderstand.
Der Prüfumfang erfolgt nach TGL 14450.
Prüfquoten sind entsprechend der betrieblichen statistischen Qualitätskontrolle festzulegen.
Bei der Fertigung ist die Prüfstufe I anzuwenden.
Es ist zulässig, bei Fertigung in Vorrichtungen die reduzierte Prüfung anzuwenden, wenn die Bedingungen hierfür nach TGL 14450 erfüllt sind.
Alle Nennmaße ohne Toleranzangabe sind nach TGL 2897 -mittel- zu prüfen.
Beim Korrosionsschutz ist die Schichtdicke nach TGL 107-06 101.1 und die Haftfestigkeit nach TGL 14302/04 und /05 zu prüfen. Funktionskontrollen einschließlich Ermittlung des Funktionsspiels an fertigen Türen sind in einem Prüfstand durchzuführen.
Der Feuerwiderstand ist nach TGL 10685/13 nachzuweisen.

6. KENNZEICHNUNG

An jeder Brandschutztür sind folgende Angaben mit erhabener Schrift anzubringen:
Hersteller
Standard-Nr.
Baujahr
Feuerwiderstand

7. VERPACKUNG, TRANSPORT UND LAGERUNG

Die Brandschutztüren sind in geeigneter Verpackung, durch Beilagen gesichert, stehend, Schloßseite unten zu transportieren. Einzelteile und Verbindungsmittel sind gesondert zu verpacken. Die Türen sind bei der Lagerung gegen Beschädigung und Feuchtigkeit zu schützen. Weitere Forderungen hinsichtlich Verpackung, Transport und Lagerung sind zwischen Hersteller und Besteller zu vereinbaren.

8. EINBAU

Vom Herstellerwerk ist für den Einbau der Türen eine Einbauvorschrift mitzuliefern.
Die Zarge ist an der Wand durch Anker zu befestigen und voll einzuputzen.
Werden Brandschutztüren in Wände aus Mauervollziegeln mit einer Dicke unter 240 mm oder in Wände mit einer Druckfestigkeit unter 100 kp/cm^2 eingebaut, so ist die Zarge in Pfeiler und einen Türsturz aus Mauervollziegeln, vollfugig gemauert mit MG II nach TGL 112-0880, oder aus Beton mit einer Betongüte von mindestens B 120 einzusetzen.
Der Querschnitt des Pfeilers und des Türsturzes muß mindestens 240 mm x 240 mm betragen.
Für andere konstruktive Anschlüsse ist die Standsicherheit für den Brandfall nachzuweisen.
Nach dem Einbau der Türen ist zu prüfen, ob die 3 Schloßfallen leicht in die Zarge bzw. in den Riegelflügel eingreifen. Nach Schließen des Schloßriegels mittels Schlüssel und Betätigung des Türdrückers bis zum tiefsten Anschlag ist nach Lösen desselben der Schloßriegel wieder zu öffnen. Dabei darf die Tür nicht aufgehen, sondern die Fallen des oberen und unteren Schlosses müssen eingerastet bleiben.

Hinweise

Ersatz für TGL 21-382 877/01, Ausgabe 12.67

Änderungen gegenüber TGL 21-382 877/01: Vollständig überarbeitet, Sortiment erweitert.

Im vorliegenden Standard ist auf folgende Standards Bezug genommen:

TGL 2897	Zulässige Abweichungen für Maße ohne Toleranzangabe
TGL 7960	Allgemeine Baustähle; Stahlmarken; Allgemeine technische Forderungen
TGL 7967	Stahlleichtprofile kalt geformt; Ungleichschenkliges Winkelprofil; Abmessungen, statische Werte
TGL 8445	Stahlfeinblech warm gewalzt; Dicke unter 4 mm, Maße, Maßabweichungen
TGL 9560	Feinblech aus allgemeinen Baustählen; warm gewalzt, kalt nachgewalzt; Technische Lieferbedingungen
TGL 10685/13	Bautechnischer Brandschutz; Bestimmung des Feuerwiderstandes von Baukonstruktionen
TGL 14302/04	Prüfung von Anstrichfilmen; Spanprüfung
TGL 14302/05	-; Bestimmung der Haftfestigkeit nach der Gitterschnittmethode
TGL 14450	Statistische Qualitätskontrolle; Stichprobenpläne für die Attributprüfung
TGL 18730/02	Korrosionsschutz; Oberflächenbehandlung; mechanisches und thermisches Entzundern und Entrosten von Stahl
TGL 18738/01	Korrosionsschutz; Herstellung von Anstrichen, Allgemeine Richtlinien
TGL 23035	Breitband kalt gewalzt aus weichen unlegierten Stählen; Technische Lieferbedingungen
TGL 23036	-; Abmessungen
TGL 23 440/07	Mineralwolle und Mineralwolle-Erzeugnisse; Platten; Technische Lieferbedingungen
TGL 107-06 101.1	Prüfung von Anstrichfilmen; Bestimmung der Schichtdicke
TGL 112-0880	Mauerwerksbau aus künstlichen Steinen; Projektierung

Gebäude; Systemlinien, Systemmaße, Baurichtmaße siehe TGL 8472

Bautechnischer Brandschutz; Feuerwiderstandsklassen, Feuerwiderstand von Baukonstruktionen siehe TGL 10685/02

DK 69.028.1:699.81

Fachbereichstandard

September 1988

Brandschutztüren aus Stahl für Gebäude

TGL 22 891

Gruppe 135 876

Стальные противопожарные двери для зданий
Fire Doors of Steel for Buildings
Deskriptoren: Brandschutz; Tür
Umfang 6 Seiten

Verantwortlich/bestätigt: 15.9.1988, VEB Metalleichtbaukombinat, Leipzig

Verbindlich ab 1.8.1989

Maße in mm

1. TERMINI UND DEFINITIONEN

Brandschutztüren sind Brandverschlüsse nach TGL 10 685/01 mit klassifizierten Feuerwiderständen nach TGL 10 685/13.
Weitere Termini nach TGL 35 043/01.

2. SORTIMENT

Feuerwiderstand fw 45 oder fw 90

Tabelle 1

Ausführungsart	Baurichtmaße Breite b_0	Baurichtmaße Höhe h_0	Rohbaumaße Breite b_1	Rohbaumaße Höhe h_1
einflügelige Drehtüren, rechts oder links gehangen	750	1900	765	1915
	900		915	
	1050	2100	1065	2115
	1200	2400	1215	2415
zweiflügelige Drehtüren, Gangflügel – rechts oder links gehangen	1800	2100	1815	2115
	2100		2115	
	1800		1815	
	2100	2400	2115	2415
	2400		2415	

Darstellungen und Maße b_0, b_1, h_0 und h_1 nach Bild 1 und Bild 2

3. BEZEICHNUNG

Bezeichnung einer einflügeligen Brandschutztür mit Feuerwiderstand fw 45, rechts gehangen (R), vom Baurichtmaß der Breite b_0 = 1050 mm und Baurichtmaß der Höhe h_0 = 2100 mm:

Brandschutztür fw 45 *R* 10,5 x 21 TGL 22 891

Bezeichnung einer zweiflügeligen Brandschutztür mit Feuerwiderstand fw 90, Gangflügel links gehangen (L), vom Baurichtmaß der Breite b_0 = 1800 mm und Baurichtmaß der Höhe h_0 = 2400 mm:

Brandschutztür fw 90 L 18 x 24 TGL 22 891

4. TECHNISCHE FORDERUNGEN

4.1. Zuordnung zum Bauwerk

Die Brandschutztüren dürfen nur als Innentüren verwendet werden.

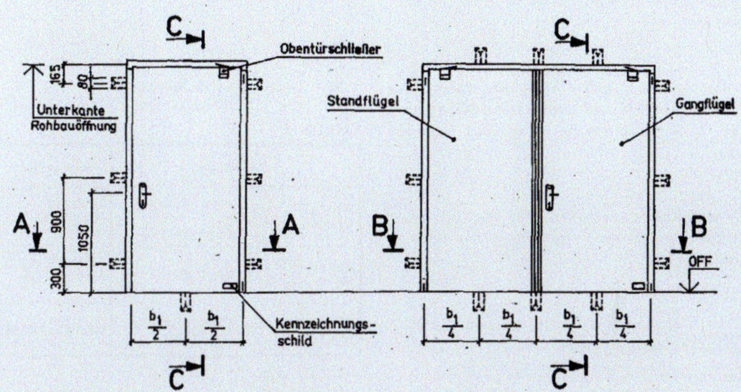

Bild 1 Einflügelige Brandschutztür, dargestellt rechts gehangen

Bild 2 Zweiflügelige Brandschutztür, dargestellt Gangflügel rechts gehangen

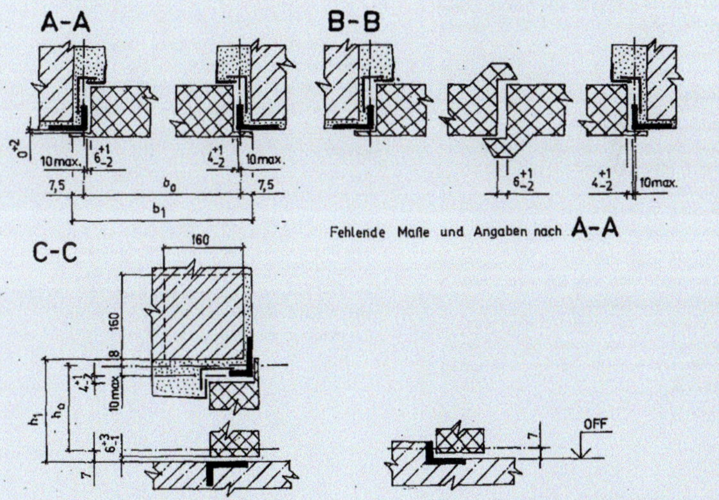

Ausführung ohne unteren Anschlag nur für einflügelige Brandschutztüren zulässig

Ausführung mit unterem Anschlag

Die Ausführung mit oder ohne unteren Anschlag wird durch Drehung der Schwelle in eine andere Einbaulage erreicht.

4.2. Brandschutztechnische, konstruktive und mechanische Forderungen

4.2.1. Der Feuerwiderstand ist durch Prüfzeugnisse einer staatlich anerkannten Prüfstelle[1] nachzuweisen.

4.2.2. Der Dämmstoff muß die gesamte Fläche des Türkastens ausfüllen und seine Einbaulage beibehalten. Eine Verschiebung um maximal 5 mm ist zulässig.

4.2.3. Formänderungsverhalten des Türblattes und der Deckflächen nach Festlegung des Herstellers[1].

4.2.4. Das Aushängen der geschlossenen Türflügel darf nicht möglich sein.

4.2.5. Schließeinrichtungen (Schloß, Vertikalverriegelung, Obentürschließer) müssen funktionssicher sein.

- Der Obentürschließer muß das selbsttätige Schließen des Türflügels aus jeder Stellung des Öffnungsbereiches ≥ 15 ° gewährleisten.
- Das Schloß ist durch einen Schloßschutz zu schützen.
- Die Schlüssellöcher in den Langschildern müssen auf beiden Seiten des Türblattes durch ein drehbares Verdeck aus Stahl verschlossen sein.
  Die Forderung entfällt bei Sicherheitszylindern.
- Im Gangflügel sind nur Einsteckschlösser mit genietetem Stulp und geschlossenem Schloßkasten einzubauen[2].
- Die Verriegelung des Standflügels bei zweiflügeligen Brandschutztüren muß sich durch Handbetätigung von oben nach unten öffnen lassen.

4.2.6. Die auftretenden dynamischen Kräfte aus der mechanischen Belastung müssen von der Zarge auf das Türgewände aus Mauerwerk oder Beton dauerhaft übertragen werden.

4.3. Halbzeuge, Werkstoffe

Tabelle 2

Halbzeug		Werkstoff
Profilstahl	warm gewalzt	St38u-2 TGL 7960
	kalt gewalzt	St G-LG-A3 TGL 23 035
Breitband	kalt gewalzt	
Dämmstoff	Mineralwolleplatten	TGL 32 328/11

Die Verwendung anderer Werkstoffe ist bei Erfüllung der Forderungen nach Abschnitt 4.2., 4.4. und 4.5. zulässig.

4.4. Geometrische Genauigkeit

Grenzabweichungen für Maße ohne Toleranzangabe: mittel TGL 2897
Abweichungen von der Ebene ≤ 16 mm.
Bei profilierten Oberflächen sind diese Abweichungen auf die Einzelflächen zu beziehen.

4.5. Korrosionsschutz

Die Oberfläche der Brandschutztüren ist mit einem Vollschutzsystem zu versehen.
Herstellung von Anstrichen nach TGL 18 738 und TGL 18 708/04 bis /10 sowie nach Festlegung des Herstellers[1].

1 siehe Hinweise

2 zur Zeit der Bestätigung dieses Standards entsprachen diesen Forderungen die Einsteckschlösser G 65 C und G 65 G nach TGL 38 850/03

Tabelle 3

Lfd. Nr.	Prüfgegenstand und/oder nachzuweisendes Merkmal		Prüfdichte	Ort der Prüfung	Prüfmittel, Vorschrift Prüfverfahren	Bewertung
5.1.	Zuordnung zum Bauwerk	Baurichtmaße	nach Festlegung des Herstellers [1] und bei Neukonstruktion oder die Brandschutzfunktion betreffenden konstruktiven Veränderungen	Prüfstand	nach TGL 37 707	Einhaltung der festgelegten Einbaumaße
		Abstandsmaße nach Bild 1 und Bild 2			nach TGL 37 714	
		Lage der Befestigungsstellen				
5.2.1.	Brandschutztechnische, konstruktive und mechanische Forderungen	Feuerwiderstand (fw)	bei Neukonstruktion oder die Brandschutzfunktion betreffenden konstruktiven Veränderungen eine bandseitige und eine gegenbandseitige Prüfung	Prüfstelle[1]	nach TGL 10 685/13	der geforderte Feuerwiderstand muß erreicht sein
5.2.2.		Einbaulage Dämmstoff	jeder Türflügel	Zusammenbau	Sichtprüfung[1]	Vorgegebene Einbaulage
			vor jeder Feuerwiderstandsprüfung	Prüfstand	Meßmittel der erforderlichen Genauigkeitsklasse nach TGL 15 041, nach 5000 Schließvorgängen aus einem Öffnungswinkel von 90°	Verschiebung ≦ 5 mm zulässig
5.2.3.		Formänderungsverhalten des Türblattes und der Deckflächen	bei Neukonstruktion und die Brandschutzfunktion betreffenden konstruktiven und technologischen Veränderungen		nach Festlegung des Herstellers[1]	Einhaltung der Kennwerte
5.2.4.		Türflügel			Sichtprüfung[1] vor und nach 200 000 Schließvorgängen aus einem Öffnungswinkel von 90°	Lockerung der Verbindungen unzulässig
		Türband				einschränkender Verschleiß unzulässig
		Schließeinrichtung				Funktionstüchtigkeit muß erhalten sein, der Schließvorgang muß aus einem Öffnungswinkel von 15° gewährleistet sein
5.2.5.		Zarge				darf nicht deformiert sein oder sich aus der Verankerung lösen
5.3.	Halbzeuge/ Werkstoffe	Stahl Dämmstoff	jede Lieferung	Wareneingang	Sichtprüfung[1] und Kontrolle der Werkatteste und nach geltenden Standards	Transportschäden und Einhaltung der zulässigen Grenzabweichungen
		Dämmstoff	jede 150. Platte		Stichprobenprüfung[1]	Rohdichte organische Bestandteile
5.4.	Geometrische Genauigkeit	Grenzabweichungen für Maße ohne Toleranzangabe	jede 200. Tür	Prüfstand	Meßmittel der erforderlichen Genauigkeitsklasse nach TGL 15 041	Einhaltung der zulässigen Grenzabweichungen nach TGL 2897
5.5.	Korrosionsschutz	Mittlere rauheitsbezogene Schichtdicke nach TGL 18 708/02	jede 20. Tür	Zusammenbau	nach TGL 29 778	Einhaltung der Mindestschichtdicke
		Haftfestigkeit			nach TGL 14 302/05	Einhaltung der Kennwerte
		Korrosionsschutzschicht	jeder Türflügel		Sichtprüfung[1]	keine Beschädigung der Sichtflächen zulässig

1 siehe Hinweise

6. KENNZEICHNUNG

An jeder Brandschutztür ist ein Schild aus Stahlblech mit folgenden Angaben in erhabener Schrift anzubringen:

Hersteller
Standard-Nr.
Baujahr
Feuerwiderstand

7. VERPACKUNG, TRANSPORT, LAGERUNG, MONTAGE, WARTUNG

Transport und Lagerung der Brandschutztür nach TGL 13 510/05.

Die Türen sind in Paletten zu verpacken und vor Feuchtigkeit und Chemikalien geschützt zu lagern und zu transportieren.

Holzpaletten dürfen nur einfach, Stahlpaletten zweifach gestapelt werden.

Der Hersteller hat dem Kunden bei Auslieferung des Erzeugnisses eine Transport-, Lager-, Montage- und Wartungsvorschrift zu übergeben.

8. TÜREINBAU

Die Zarge ist im Mauerwerk oder Beton nur durch die Steinanker der Zarge mit Mörtel MG III nach Vorschrift der Staatlichen Bauaufsicht[3] zu befestigen und voll einzuputzen.

Werden Brandschutztüren in Wände aus Mauerziegeln mit einer Dicke unter 240 mm oder in Wände, die mit Steinen der Steinfestigkeitsklasse ≦ V oder Mörtelgruppe I nach Vorschrift der Staatlichen Bauaufsicht[3] hergestellt wurden, eingebaut, so ist die Zarge wie folgt zu verankern:
Der seitliche Anschlag in Pfeiler aus Mauervollziegeln, vollfugig mit Mörtel MG II nach Vorschrift der Staatlichen Bauaufsicht[3] oder aus Beton mit einer Betongüte von mindestens BK 12,5.
Der Querschnitt des Pfeilers und des Türsturzes muß mindestens 240 mm x 240 mm betragen.

Für andere konstruktive Anschlüsse ist die Standsicherheit für den Brandfall nachzuweisen.

Hinweise

Ersatz für TGL 22 891/01, Ausg. 11.79

Änderungen: Brandschutztür mit einem Feuerwiderstand fw 45 aufgenommen; Inhalt infolge technischer Weiterentwicklung vollständig überarbeitet; Präzisierung des Sortimentes.

Im vorliegenden Standard ist auf folgende Standards Bezug genommen:
TGL 2897; TGL 7960; TGL 10 685/01 und /13; TGL 13 510/05; TGL 14 302/05; TGL 15 041; TGL 18 708/02; TGL 18 708/04 bis /10; TGL 18 738; TGL 23 035; TGL 29 778; TGL 32 328/11; TGL 35 043/01; TGL 37 707; TGL 37 714; TGL 38 850/03

Türen, Tore, Luken, Klappen und Zargen aus Stahl für Gebäude; Begriffe, Formen siehe TGL 35 043/01

Staatlich anerkannte Prüfstellen für Brandschutztüren:
(siehe Abschnitt 4.2.1. und Tabelle 3)

Institut für Bergbausicherheit,
Bereich Freiberg
Reiche Zeche, PSF 9
Freiberg
9 2 0 0

Ministerrat der DDR
Amt für Standardisierung,
Meßwesen und Warenprüfung
Georg-Schumann-Str. 7
Dresden
8 0 2 7

Katalog des Katalogwerkes Bauwesen:

Brandschutztüren aus Stahl;
Feuerwiderstand fw 45 und fw 90
- M 8734 PET -

Bezugsquelle:

Bauakademie der DDR, Bauinformation
Abt. Informationsmittelverbreitung
Wallstraße 27
Berlin
1 0 2 0

---

3 zur Zeit der Bestätigung dieses Standards galt:
Vorschrift der Staatlichen Bauaufsicht des Ministeriums für Bauwesen Nr. 158/85
- Mauerwerk aus künstlichen Steinen, Projektierung und Ausführung -
Mitteilungsblatt "Staatliche Bauaufsicht Nr. 10/11 (1985) S. 69

Zentraler Artikelkatalog der Volkswirtschaft Nr. 135 80:

Brandschutztüren aus Stahl, Feuerwiderstand fw 45 und fw 90 (siehe Abschnitt 3.)

Bezugsquelle:
Ministerium für Materialwirtschaft
Zentrales Büro für Artikelkatalogisierung
Bautzener Str., PSF 25
Leipzig

7 0 2 4

Qualitätssicherungssystem des VEB Metallleichtbaukombinat, Werk Blankenburg (siehe Abschnitt 4.2.3., 5.1., 5.2.2., 5.2.3., 5.2.4. und 5.3.)

Richtlinie Korrosionsschutz durch Anstriche im Stahl-, Metalleicht- und Feinstahlbau (im Abschnitt 4.5., 5.5.)

Bezugsquelle:

VEB Metalleichtbaukombinat
Forschungsinstitut
Arno-Nitzsche-Str. 43/45
Leipzig

7 0 3 0

DK 69.028.1:699.81 **Fachbereichstandard** HA November 1979

Deutsche Demokratische Republik	Brandschutztüren aus Stahl für Gebäude Feuerwiderstand fw 1,5	TGL 22891/01 Gruppe 135876

Стальные противопожарные двери для зданий
Огнестойкость fw 1,5

Fire doors of Steel for Buildings
Fire resistance fw 1,5

Deskriptoren: Tuer; Feuerschutztuer

Verbindlich ab 1. 7. 1980

Dieser Standard gilt nicht für Außentüren.

Maße in mm

Verbindlichkeit aufgehoben ab 1.8.89 ohne Ersatz – ersetzt durch 22891, 9.88 1.10 M32

1. BEGRIFF

Brandschutztür siehe TGL 10685/01

2. SORTIMENT

1900: 9 × 19
2100: 10,5×21; 12×21; 18×21; 21×21
2400: 12×24; 18×24; 21×24; 24×24
900 1050 1200 1800 2100 2400

Abweichende Größen bis zu einer maximalen Türflügelgröße von 12 x 24 nach Vereinbarung mit dem Hersteller zulässig.

Tabelle 1

Ausführungsart	Nenngröße[1] Breite × Höhe	Masse	Durchgangs- breite b_2	Durchgangs- höhe h_2	Durchgangs- höhe h_3	Rohbauöffnung Breite b_1	Rohbauöffnung Höhe h_1
				Ausführung[2] y	Ausführung[2] z		
	dm	≈ kg					
einflüglig	9 × 19	114	822	1846	1868	915	1915
	10,5 × 21	135	972	2046	2068	1065	2115
	12 × 21	147	1122			1215	
	12 × 24	164		2346	2368		2415
zweiflüglig	18 × 21	233	1722	2046	2068	1815	2115
	21 × 21	255	2022			2115	
	18 × 24	259	1722	2346	2368	1815	2415
	21 × 24	285	2022			2115	
	24 × 24	313	2322			2415	

1) entspricht Baurichtmaß nach TGL 8472
2) siehe Seite 2

Fortsetzung Seite 2 bis 6

Verantwortlich/bestätigt: 30.11.1979, VEB Metalleichtbaukombinat, Leipzig

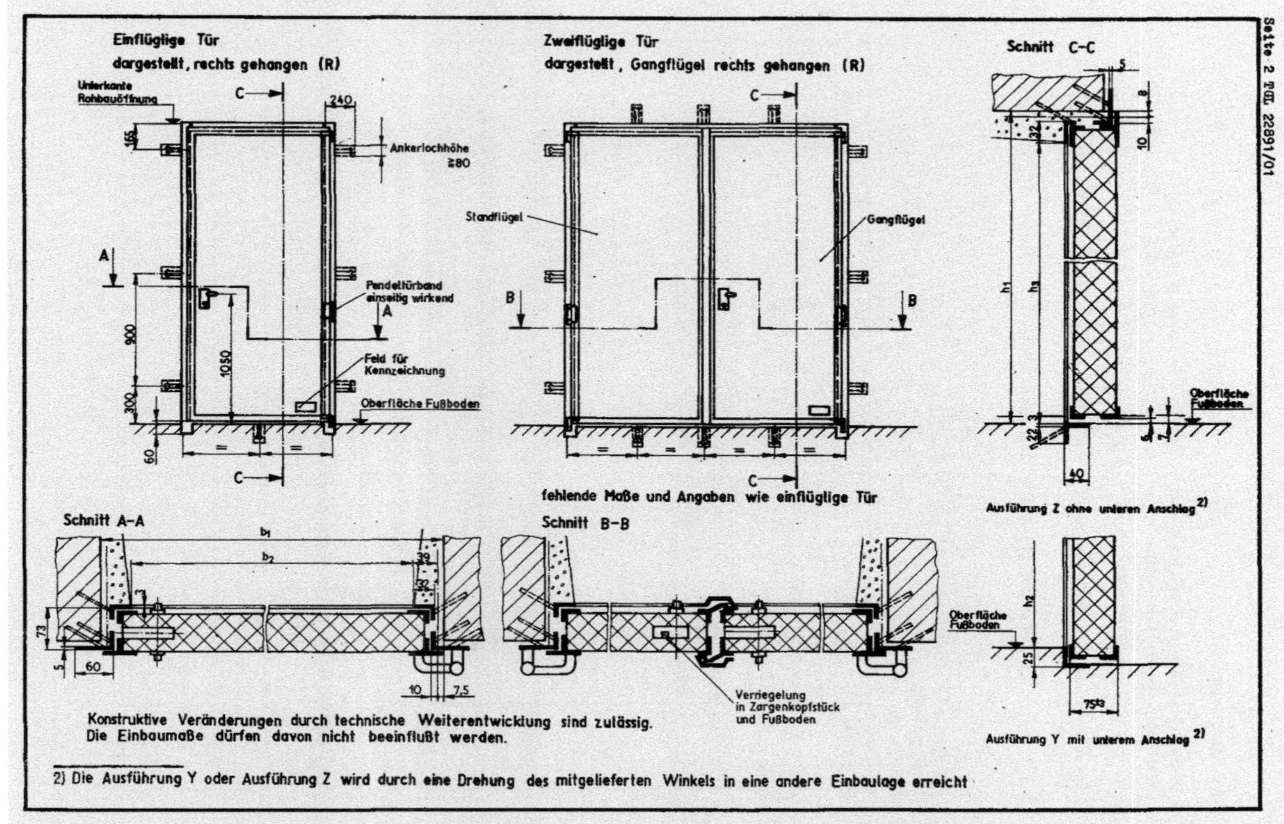
Seite 2 TGL 22891/01
Einflüglige Tür
dargestellt, rechts gehangen (R)
Unterkante Rohbauöffnung
Ankerlochhöhe ≥80
Pendeltürband einseitig wirkend
Feld für Kennzeichnung
Oberfläche Fußboden
Zweiflüglige Tür
dargestellt, Gangflügel rechts gehangen (R)
Standflügel
Gangflügel
fehlende Maße und Angaben wie einflüglige Tür
Schnitt C–C
Ausführung Z ohne unteren Anschlag 2)
Ausführung Y mit unterem Anschlag 2)
Schnitt A–A
Schnitt B–B
Verriegelung in Zargenkopfstück und Fußboden
Konstruktive Veränderungen durch technische Weiterentwicklung sind zulässig.
Die Einbaumaße dürfen davon nicht beeinflußt werden.
2) Die Ausführung Y oder Ausführung Z wird durch eine Drehung des mitgelieferten Winkels in eine andere Einbaulage erreicht

3. BEZEICHNUNG

Bezeichnung einer einflügligen Brandschutztür fw 1,5, rechts gehangen (R), Nenngröße 10,5 x 21:

Brandschutztür fw 1,5 R 10,5 x 21 TGL 22891/01

Bezeichnung einer zweiflügligen Brandschutztür fw 1,5, Gangflügel links gehangen (L), Nenngröße 18 x 24:

Brandschutztür fw 1,5 L 18 x 24 TGL 22891/01

4. TECHNISCHE FORDERUNGEN

4.1. Werkstoffe

Tabelle 2

Bauteil	Halbzeug		Werkstoff		zusätzliche Forderungen
Zarge	Profilstahl	warm gewalzt	St 38u-2	TGL 7960	-
	Stahlleicht-profil	warm geformt	St 38u-2	TGL 7960	
		kalt geformt	StGu-LG A3	TGL 23035	
	oder Breitband nach Wahl des Herstellers	kalt gewalzt, gekantet	StGu-LG A3	TGL 23035	
Tür-flügel	Breitband max 1,5 mm nach Wahl des Herstellers	kalt gewalzt	StGu-LG A3	TGL 23035	-
	Profilstahl für inneren Rahmen		St 38u-2	TGL 7960	-
	Dämmstoff, vorzugsweise Mineralwolleplatten		TGL 32328/03		biologisch resistent und rüttelfest

Die Verwendung anderer Werkstoffe ist bei Erfüllung der Forderungen nach Abschnitt 4.2. bis 4.4. zulässig.

4.2. Geometrische Genauigkeit

Maße ohne Toleranzangabe nach TGL 2897, mittel

Tabelle 3

Türblatt	Sorte A	Sorte B
Abweichung von der Ebene	$\leq$ 16	
Anzahl der Beulen	$\leq$ 1	$\geq$ 2

Tabelle 4

Abstand zwischen		Funktionsmaße	zulässige Abweichungen
Anschlagflächen der Türflügel und Zarge		≦ 3	-
Türflügel und Zargenkopfstück		4	+ 1 - 2
Türflügel und Fußbodenoberfläche		6	+ 3 - 1
Türflügel und	Zargenbandstiel	4	+ 1 - 2
	Zargenschloßstiel	6	+ 1 - 2
den Türflügeln bei zweiflügligen Türen		6	+ 1 - 2

4.3. Korrosionsschutz
Die Oberfläche der Brandschutztüren ist gegen Korrosion mit einem Vollschutzsystem zu versehen.

Herstellung von Anstrichen nach TGL 18738.

4.4. Brandschutztechnische und mechanische Forderungen

4.4.1. Der Feuerwiderstand ist ständig zu gewährleisten und durch Prüfzeugnisse einer staatlich anerkannten Prüfstelle nachzuweisen.

4.4.2. Der Dämmstoff muß seine Einbaulage beibehalten. Eine Verschiebung um max 5 mm ist zulässig.

4.4.3. Die Funktionssicherheit der konstruktiven Verbindungen des Türflügels ist zu sichern.

4.4.4. Die Türbänder müssen die wartungsarme Lagerung des Türflügels gewährleisten.

4.4.5. Öffnungs- und Schließeinrichtungen müssen funktionssicher sein.

Das Schloß muß in einem geschlossenen Schutzkasten liegen.

Schlüssellöcher müssen durch ein drehbares Verdeck aus Stahl verschlossen sein.
Die Forderung entfällt bei Sicherheitszylindern.

Die Verwendung von Einsteckschlössern mit Wechsel ist nicht zulässig.

Die Verriegelung bei zweiflügligen Brandschutztüren muß sich durch Handbetätigung von oben nach unten öffnen lassen.

4.4.6. Pendeltürbänder müssen in Verbindung mit Öffnungs- und Schließeinrichtungen das selbsttätige Schließen des Türflügels für einen Öffnungsbereich von 15° bis 180° gewährleisten.

4.4.7. Die bei der mechanischen Belastung auftretenden dynamischen Kräfte müssen von der Zarge auf das Mauerwerk oder auf den Beton dauerhaft übertragen werden.

TGL 22891/01 Seite 5

5. PRÜFUNG

Tabelle 5

lfd. Nr.	Prüfgegenstand und / oder nachzuweisendes Merkmal		Prüfdichte	Ort der Prüfung	Prüfmittel, Vorschrift Prüfverfahren	Bewertung
5.1.	Werkstoffe	Stahl Dämmstoff	jede Lieferung	Wareneingang	Sichtprüfung und Kontrolle der Werkatteste	Transportschäden, Deformierung
		Dämmstoff Sortiment	jede 150. Platte	Zusammenbau	Sichtprüfung	Einlage des vorgegebenen Sortiments
5.2.	Geometrische Genauigkeit	Ebenheit und Anzahl Beulen nach Tab. 3	jeder Türflügel		Meßmittel 3)	Einstufung in Sorte A und B
		Abstandsmaße nach Tab. 4	jede 200. Tür	Prüfstand		Einhaltung der zulässigen Abweichungen
5.3.	Korrosionsschutz	Schichtdicke	jede 20. Tür	Zusammenbau	nach TGL 107-06 101.1	Einhaltung der Schichtdicke
		Haftfestigkeit			nach TGL 14302/05	Einhaltung der Kennwerte
		Beschädigung d. Korrosionsschutzschicht	jeder Türflügel		Sichtprüfung	keine Beschädigung der Sichtflächen zulässig
5.4.1.	Feuerwiderstand (fw)		Prüfung einer einflügligen und einer zweiflügligen Tür pro Jahr	Prüfkammer	nach TGL 10685/13 und Vorschrift Nr. 1/76 und 1. Ergänzung zur Vorschrift 1/76 der Staatlichen Bauaufsicht	fw muß erreicht sein
5.4.2.	Einbaulage Dämmstoff		vor jeder Feuerwiderstandsprüfung		Meßmittel 3), nach 5000 Schließvorgängen aus einem Öffnungswinkel von 50°	Verschiebung ≦ 5 mm zulässig
5.4.3.	mechanische Funktionssicherheit	Türflügel				keine Lockerung der Verbindungen
5.4.4.		Türband				kein einschränkender Verschleiß
5.4.5.		Öffnungs- und Schließeinrichtung	Prüfung einer einflügligen und einer zweiflügligen Tür pro Jahr	Prüfstand	Sichtprüfung oder mit geeignetem Werkzeug nach 200 000 Schließvorgängen aus einem Öffnungswinkel von 90°	Funktionstüchtigkeit muß erhalten sein
5.4.6.		Pendeltürband				Schließvorgang muß aus einem Öffnungswinkel von 15° gewährleistet sein
5.4.7.		Zarge				darf nicht deformiert sein oder sich aus der Verankerung lösen

3) Meßmittel, z. B. Rollbänder, Stahlmaßstäbe, Stahllineale, Meßschieber
Sie müssen mindestens der Genauigkeitsklasse 13 nach TGL 15041/01 entsprechen.

6. KENNZEICHNUNG

An jeder Brandschutztür ist ein Schild mit folgenden Angaben in erhabener Schrift anzubringen:

Hersteller
Standard-Nr.
Baujahr
Feuerwiderstand

7. TRANSPORT, LAGERUNG, MONTAGE, WARTUNG

Transport und Lagerung der Brandschutztür nach TGL 13510/05.
Außerdem sind die vom Hersteller mitzuliefernde Transport-, Lager- und Montage - und Wartungsvorschrift einzuhalten.

8. TÜRANSCHLUSS

Die Zarge ist im Mauerwerk oder Beton nur durch Anker mit Mörtel MG III nach TGL 112-0880 zu befestigen und voll einzuputzen.
Werden Brandschutztüren in Wände aus Mauervollziegeln mit einer Dicke unter 240 mm oder in Wände mit einer Druckfestigkeit unter 10 N/mm^2 eingebaut, so ist die Zarge wie folgt zu verankern:
Der seitliche Anschlag in Pfeiler aus Mauervollziegeln, vollfugig mit Mörtel MG II nach TGL 112-0880 oder aus Beton mit einer Betongüte von mindestens B 160, der Türsturz aus Beton mit einer Betongüte von mindestens B 160.
Der Querschnitt des Pfeilers und des Türsturzes muß mindestens 240 mm x 240 mm betragen.
Für andere konstruktive Anschlüsse ist die Standsicherheit für den Brandfall nachzuweisen.

Hinweise

Ersatz für TGL 22891, Ausgabe 12.73.
Änderungen gegenüber Ausgabe 12.73: Feuerwiderstand auf fw 1,5 eingeschränkt, mechanische Prüfung aufgenommen.

Im vorliegenden Standard ist auf folgende Standards Bezug genommen:
TGL 2897; TGL 7960; TGL 8472; TGL 10685/01; TGL 10685/13; TGL 13510/05; TGL 14302/05; TGL 15041/01; TGL 18738 ; TGL 23035; TGL 32328/03; TGL 107-06 101.1; TGL 112-0880

Vorschrift der Staatlichen Bauaufsicht im Ministerium für Bauwesen Nr. 1/76 vom 1. April 1976 - Bautechnischer Brandschutz; Bestimmung des Feuerwiderstandes von Baukonstruktionen - Bauinformation 6/76, Serie Bauaufsicht, Seite 41/42

1. Ergänzung zur Vorschrift der Staatlichen Bauaufsicht im Ministerium für Bauwesen Nr. 1/76 vom 15. September 1979 - Bautechnischer Brandschutz; Bestimmung des Feuerwiderstandes von Baukonstruktionen - unveröffentlicht.

Bautechnischer Brandschutz; Brandschutzkonstruktionen in Bauwerken siehe TGL 10685/03

Türen, Tore, Luken, Klappen und Zargen aus Stahl für Gebäude;
Begriffe, Formen siehe TGL 35043/01
-; Allgemeine technische Forderungen, Anschlüsse siehe TGL 35043/02
-; Prüfung siehe TGL 35043/03
-; Verpackung, Kennzeichnung, Wartung, Montage siehe TGL 35043/04

Stahlbautechnische Projekte, Korrosionsschutz siehe MLK-S 1001/03
Bezugsquelle: VEB Metalleichtbaukombinat
Forschungsinstitut
703 Leipzig
Arno-Nitzsche-Str. 45

5.4 Zusammenwirken der TGL mit anderen Vorschriften der Staatlichen Bauaufsicht

In der DDR waren nicht nur die technischen Standards der jeweiligen TGL anzuwenden, sondern ergänzend dazu waren auch die Vorgaben der jeweiligen Vorschrift „Bautechnischer Brandschutz“ für die staatlichen Organe verbindlich.

Die Vorschrift „Bautechnischer Brandschutz“ war damit ein ganzheitliches Regelwerk zum vorbeugenden Brandschutz, das sowohl von den technologischen Projektanten als auch von den zuständigen Organen der Staatlichen Bauaufsicht anzuwenden war. Neben Aktualisierungen der vorliegenden TGL-Teile hinsichtlich der Einstufung des Feuerwiderstandes von Bauwerksteilen, der Modernisierung der Vorschriften zur Löschwasserversorgung einschl. Sprinkleranlagen sowie zu Rauchabzügen erfolgte mit dieser Vorschrift eine Zusammenführung der bislang zur Verfügung stehenden Teile der TGL 10685 mit zusätzlich bei der Planung des bautechnischen Brandschutzes zu handhabenden Bestimmungen.

Dabei wurden in der Vorschrift „Bautechnischer Brandschutz“ zum einen ergänzend zu den vorliegenden TGL-Teilen abweichende Vorgaben getroffen und zum anderen bisher noch nicht geklärte Sachverhalte festgeschrieben.

Weil u. a. in den bisher verfügbaren TGL-Teilen veraltete Angaben zu den Feuerwiderständen von Bauwerksteilen oder zu wenig bzw. keine Angaben zur Bestimmung des Ausbreitungsgrades von Bauwerksteilen geregelt waren, wurden in den Anlagen 1 und 2 der Vorschrift deswegen vielfältige Angaben zu den sog. Brandverhaltensgruppen von Bauelementen und Bauwerksteilen aufgenommen, beispielsweise zu vergleichen mit den heutigen Feuerwiderstandsklassen von Bauteilen nach DIN 4102-4. [38]

6 Gesamtübersicht der TGL zu Feuerschutztüren

6.1 Allgemeines

Während zunächst auch in der DDR die aus dem November 1940 stammende DIN 4102 weiterhin galt und die Prüfgrundlage für brandschutztechnisch zu klassifizierende Bauteile bildete sowie auch die Anwendung von Normen des DIN zulässig war, erfolgte ab 1960 eine systematische Überarbeitung vorhandener Normen.

Ab der Mitte der 1960er Jahre wurden daran anschließend vollkommen eigenständige TGL-Standards geschaffen, die dann im Zusammenhang mit ergänzenden Vorschriften der staatlichen Bauaufsicht anzuwenden waren. Der Abdruck der historischen DIN 4102 aus dem Jahr 1940 ist im Band 2 und der historischen TGL 10685 bzw. der Vorschriften der Staatlichen Bauaufsicht im Band 3 der Buchreihe enthalten und wird hier nicht wiederholt.

6.2 Abfolge der TGL nach dem Erscheinen

Im Folgenden wird eine Übersicht über die dem Autor bisher bekannten Fachbereichstandards zusammengestellt, die zur entsprechenden regelgerechten Bestimmung von Brandschutztüren herangezogen werden kann. Damit ist es möglich, die zur Errichtungszeit geltende Bestimmung zu finden, die man zur Beurteilung entsprechend geregelter bestehender Öffnungsabschlüsse benötigt.

In der Tabelle 14 ist die weitgehend vollständige Übersicht zu den für Brandschutztüren aus Stahl erschienenen TGL enthalten.

Tabelle 14: Gesamtübersicht zu TGL für Brandschutztüren, Stand 1990

Dokumenten-nummer	Dokumenten-art	Ausgabe	Titel des Normteils
TGL 8020 /01	F	1960-05	Feuerschutztüren aus Stahl Bauvorschriften Technische Lieferbestimmungen, Hauptabmessungen (Auszug)
TGL 8020 /02	F	1960-05	Feuerschutztüren aus Stahl Gebrannte Kieselgurplatten
TGL 8020 /03	F	1960-05	Feuerschutztüren aus Stahl Mineralfaserplatten
TGL 21-382 877 Blatt 1	F	1967-12	Brandschutztüren aus Stahl Technische Forderungen, Prüfung
TGL 22891	F	1973-12	Brandschutztüren aus Stahl
TGL 22891 /01	F	1979-11	Brandschutztüren aus Stahl für Gebäude Feuerwiderstand fw 1,5
TGL 22891	F	1988-09	Brandschutztüren aus Stahl für Gebäude

Erläuterungen:
F Fachbereichstandard

Anmerkungen

[1] Bauordnung für Berlin (BauO Bln) vom 29. September 2005, zuletzt geändert durch Gesetz vom 29. Juni 2011, in Kraft getreten am 10. Juli 2011, § 85 (1)

[2] Geburtig, G., Baulicher Brandschutz im Bestand, Band 1: Brandschutztechnische Beurteilung vorhandener Bausubstanz, Berlin 2014 [3]; hier wird u. a. auf den Entwurf einer Bauordnung – Erlass des Staatskommissars für das Wohnungswesen vom 25. April 1919 (hrsg. v. Preußischen Ministerium für Volkswohlfahrt) und Baupolizeiliche Bestimmungen über Feuerschutz (feuerbeständige und feuerhemmende Bauweisen), Erlass vom 12. März 1925 des Preußischen Ministeriums für Volkswohlfahrt Bezug genommen.

[3] Geburtig, G., Baulicher Brandschutz im Bestand, Band 2: Brandschutztechnische Beurteilung vorhandener Bausubstanz, Ausgewählte historische Normteile von DIN 4102, Berlin 2015

[4] Geburtig, G., Baulicher Brandschutz im Bestand, Band 3: Brandschutztechnische Beurteilung vorhandener Bausubstanz, Ausgewählte historische TGL, Berlin 2015

[5] Musterbauordnung, Fassung November 2002, zuletzt geändert durch Beschluss der Bauministerkonferenz vom 21.09.2012

[6] Vgl. Entscheidung des Verwaltungsgerichtes Schwerin: Beschluss vom 12. September 2008 – 3 L 18/02 –

[7] Geburtig, G., Baulicher ... wie Anm. [3], S. 4

[8] Oberverwaltungsgericht Nordrhein-Westfalen, Urteil vom 28.8.2001, Az.: 10 A 3051/99, Baurecht 2002, S. 763

[9] Temme, H.-G., Bauordnungsrechtliche Forderungen bei der Modernisierung oder Umnutzung auch denkmalgeschützter Gebäude, in: Deutsches Architektenblatt, H. 11, Berlin November 1992, S. OST 463 – OST 470

[10] Bauordnung für ..., wie Anm. 1, hier § 85 (3)

[11] Bundesgerichtshof, Urteil vom 10.02.2011, Az.: 1 U 28/07

[12] DIN 18095, Teil 1, Türen; Rauchschutztüren; Begriffe und Anforderungen, Oktober 1988

[13] Geburtig, G., Baulicher ..., wie Anm. [2], hier S. 94

[14] VERORDNUNG (EU) Nr. 305/2011 DES EUROPÄISCHEN PARLAMENTS UND DES RATES vom 9. März 2011 zur Festlegung harmonisierter Bedingungen für die Vermarktung von Bauprodukten und zur Aufhebung der Richtlinie 89/106/EWG des Rates, hier (34)

[15] Zentralblatt der Bauverwaltung 1920 (Preußen), S. 452 f.

[16] Ebd.

[17] Entwurf einer Bauordnung. Erlass des Staatskommissars für das Wohnungswesen vom 25. April 1919, in: Baupolizeiliche Vorschriften, hrsg. v. Preußischen Ministerium für Volkswohlfahrt, Druckschrift Nr. 3, Berlin 1925, S. 16–62

[18] Baupolizeiliche Bestimmungen über Feuerschutz (feuerbeständige und feuerhemmende Bauweisen). Erlass vom 12. März 1925, in: Baupolizeiliche Vorschriften, hrsg. v. Preußischen Ministerium für Volkswohlfahrt, Druckschrift Nr. 3, Berlin 1925, S. 64–67

[19] Rundschreiben des preußischen Ministers für Volkswohlfahrt (II 6200. 31.5, gez. Dr. Schohpohl), Betrifft: Zulassung neuer Bauweisen, Berlin 4. Juli 1930

[20] Geburtig, G., Baulicher ..., wie Anm. [2] und [3]

[21] Derzeit gilt noch: DIN 4102, Brandverhalten von Baustoffen und Bauteilen, Teil 4: Zusammenstellung und Anwendung klassifizierter Baustoffe, Bauteile und Sonderbauteile, Berlin März 1994 i. V. m. Teil 22: Anwendungsnorm zu DIN 4102-4 auf der Basis von Teilsicherheitsbeiwerten, Berlin November 2004 und Dokument A1: Zusammenstellung und Anwendung klassifizierter Baustoffe, Bauteile und Sonderbauteile, Änderung A1, Berlin November 2004. Demnächst ist die Einführung der vollständigen Überarbeitung des Normteils zu erwarten.

[22] DIN 4102, Widerstandsfähigkeit von Baustoffen und Bauteilen gegen Feuer und Wärme, Bl. 2, Einreihung in die Begriffe, Berlin August 1934 Blatt 2 Nr. IV g) bzw. November 1940 Blatt 2 Nr. IV h)

[23] Westhoff., W. u. H. Nolde, Bericht über Brandversuche nach DIN 4102 Blatt 3, Ausgabe Februar 1970, an Feuerschutztüren aus Stahl, Teil 1 – Prüfung von Feuerschutztüren nach DIN 18081, DIN 18082 und DIN 18084 (Ausgaben Februar 1969), Untersuchungen durchgeführt im Auftrage des Bundesministers für Raumordnung, Bauwesen und Städtebau, in: Berichte aus der Bauforschung, Heft 97, Berlin 1975, S. 7

[24] Ebd.

[25] Ebd. und Westhoff., W. u. H. Nolde, Bericht über Brandversuche nach DIN 4102 Blatt 3, Ausgabe Februar 1970, an Feuerschutztüren aus Stahl, Teil 2 – Entwicklung und Prüfung von neuen Türenbauarten, Untersuchungen durchgeführt im Auftrage des Bundesministers für Raumordnung, Bauwesen und Städtebau, in: Berichte aus der Bauforschung, Heft 97, Berlin 1975, S. 36 ff.

[26] DIN 4102, Brandverhalten von Baustoffen und Bauteilen, Teil 5, Feuerschutzabschlüsse, Abschlüsse in Fahrschachtwänden und gegen Feuer widerstandsfähige Verglasungen – Begriffe, Anforderungen und Prüfungen, September 1977; der Nachdruck ist in Geburtig, G., Baulicher ... wie Anm 3., enthalten

[27] Westhoff, W. u. H. Nolde, Bericht ..., wie Anm. [23], hier S. 33

[28] Westhoff., W. u. H. Nolde, Bericht ... wie in Anm. [25], hier S. 63 f.

[29] Westhoff, W., Feuerschutzabschlüsse, in: Mitteilungen des IfBt Nr. 4/1983, S. 161 – 165, Berlin 1. Dezember 1976, S. 164; Es wird hier zu diesem Sachverhalt ausgeführt: *„Genormte Feuerschutztüren, die bis zum 31.12.1976 eingebaut werden, sollen als den bisherigen Bestimmungen entsprechend belassen werden dürfen.";* s. auch Mitteilungen des IfBt, Heft 6/1975, S. 175 sowie Rd.Erl. der ob. Baubehörden der Länder (z. B. MBl. NW 1976, S. 990)

[30] Geburtig, G., Baulicher ..., wie Anm. [3]

[31] Westhoff, W. u. H. Nolde, Bericht über ..., wie Anm. [23] und [25]

[32] Westhoff, W., Feuerschutzabschlüsse ... wie Anm. [29]

[33] Richtlinien für die Zulassung von Feuerschutzabschlüssen des Deutschen Instituts für Bautechnik, Fassung Februar 1983, Richtlinien Seite 1/2

[34] Westhoff, W., Bauaufsichtlich zugelassene Feuerschutzabschlüsse/Stand 1983, in: Mitteilungen des IfBt Heft 4/1983, S. 109–114, Berlin 1. August 1983

[35] Geburtig, G., Baulicher ..., wie Anm. [3]

[36] Geburtig, G., Baulicher ..., wie Anm. [4]

[37] Geburtig, G., Baulicher ..., wie Anm. [4], S. 199 ff.

[38] Ebd., S. 207 ff.